HISTOIRE NATURELLE

DES

VÉGÉTAUX.

PHANÉROGAMES.

Par M. Édouard SPACH,

AIDE-NATURALISTE AU MUSÉUM D'HISTOIRE NATURELLE, MEMBRE DE
PLUSIEURS SOCIÉTÉS SAVANTES.

TOME DOUZIÈME.

OUVRAGE ACCOMPAGNÉ DE PLANCHES.

PARIS.

LIBRAIRIE ENCYCLOPÉDIQUE DE RORET,

RUE HAUTEFEUILLE, N° 10 BIS.

1846.

VÉGÉTAUX PHANÉROGAMES.

MONOCOTYLÉDONES.

VEGETABILIA MONOCOTYLEDONEA.

MONOCOTYLEDONES Juss.— ENDORHIZÆ Rich.— ENDO-GENÆ De Cand.— CRYPTOCOTYLEDONEÆ Agardh.— CO-LEOPHYTA Reichenb.— CORMOPHYTA-AMPHIBRYA Endl.

Herbes annuelles, ou vivaces et le plus souvent soit bulbeuses, soit tubéreuses; ou bien végétaux ligneux (arbrisseaux ou arbres) à bois homogène, fibreux, sans couches concentriques, et sans *liber* distinct des filets ligneux. Jeunes tiges et rameaux cylindriques, ou trigones, ou ancipités, ou irrégulièrement angu-leux, articulés. Feuilles simples, parallélinervées (ra-rement palmatinervées, ou pédatinervées, ou penniner-vées), très-rarement veineuses, ordinairement très-entières, en général alternes-distiques ou éparses. Fleurs hermaphrodites ou unisexuelles, périanthées, ou apérianthées. Périanthe en général simple, à 6 lo-bes ou segments bisériés; les 3 intérieurs alternant avec les 3 extérieurs. Étamines antépositives, le plus souvent soit au nombre de 3, soit au nombre de 6. Pistil en général solitaire et à ovaire 3-loculaire. Graines le plus fréquemment périspermées. Embryon monoco-tylédoné; cotylédon en général convoluté et recouvrant la plumule.

QUARANTE-TROISIÈME CLASSE.

LES HYDROCHARIDÉES.

HYDROCHARIDEÆ Bartl.

CARACTÈRES.

Herbes aquatiques, la plupart vivaces. Tiges noueuses, cylindriques, en général presque nulles.

Feuilles alternes ou verticillées, pétiolées, très-entières, parallélinervées, souvent flottantes.

Fleurs dioïques (par exception hermaphrodites), régulières, renfermées avant l'épanouissement dans des spathes bivalves. *Fleurs mâles* le plus souvent agrégées sur un spadice, sessiles ou pédicellées. *Fleurs femelles* solitaires dans chaque spathe et sessiles.

Périanthe partagé en 6 segments bisériés : les 3 intérieurs pétaloïdes ; les 3 extérieurs herbacés ; chez certaines espèces, le périanthe des fleurs mâles est constamment à 3 segments.

Étamines en nombre défini (soit égal à celui des segments du périanthe, soit en nombre double ou triple de ces segments), ou en nombre indéfini. Filets libres. Les fleurs femelles offrent souvent des étamines abortives épigynes.

Pistil : Ovaire 1-ou pluri-loculaire, infère ; placentaires pariétaux, multi-ovulés. Styles au nombre de 3 ou de 6, ordinairement bifides.

Péricarpe charnu ou coriace, 1-loculaire, ou 5-loculaire, ou 6-loculaire, indéhiscent, polysperme.

Graines renversées, apérispermées. Embryon rectiligne, à radicule infère.

Cette classe n'est fondée que sur la famille des *Hydrocharidées*.

LES HYDROCHARIDÉES. — *HYDROCHARIDEÆ.*

Hydrocharides Juss. Gen. — *Hydrocharideæ* R. Brown, Prodr.
p. 344. — Rich. in Mém. du Mus. vol. 1, p. 365. — Bartl. Ord. Nat.
p. 74. — *Hydrocharideæ*, *Stratioteæ* et *Vallisneriaceæ* Link,
Handb. — *Hydrocharaceæ* Lindl. Nat. Syst. ed. 2, p. 335. — *Flu-
viales-Hydrocharideæ* Ad. Brongn. Enum. Gen. Hort. Par. p. XVI
et 25.

Les caractères de cette famille sont les mêmes que
ceux de la classe qu'elle constitue ; on y rapporte les
genres suivants :

Hydrocharis L. — *Limnobium* Rich. (Hydromis-
tria G.-F.-W. Meyer.) — *Damasonium* Schreb. (Otte-
lia Pers.) — *Stratiotes* L. — *Euhalus* Rich. — *Blyxa*
Petit-Thou. — *Vallisneria* Micheli. (Physcium Lour.)
— *Anacharis* Rich. — *Udora* Nutt. (Elodea Mich. non
Adans. Serpicula Roxb. Hydrilla Rich.)—*Boottia* Wallich. —*Saivala* Wallich.

Genre VALLISNÉRIA. — *Vallisneria* Micheli.

Fleurs mâles : Spathe ovoïde, inégalement trivalve,
multiflore. Périanthe à 3 segments herbacés, obovés, concaves. Quatre staminodes pétaloïdes, dont 3 insérés devant les segments du périanthe ; le quatrième interposé.
Étamines au nombre de 3 (quelquefois 2 ou une seule),
alternes avec les segments du périanthe. — *Fleurs femelles :* Spathe tubuleuse, uniflore, bifide au sommet.
Périanthe supère, à 3 segments elliptiques. Trois staminodes alternes avec les segments du périanthe. Ovaire
uniloculaire, à 3 placentaires pariétaux. Style très-
court. Stigmates 3, gros, ellipsoïdes, souvent bifides. Baie
cylindracée, polysperme, uniloculaire, couronnée du limbe

du périanthe. — Herbes aquatiques, vivaces, acaules, drageonnantes. Feuilles longues, linéaires, engaînantes à la base, denticulées au sommet. Fleurs-mâles subsessiles, très-petites, agrégées sur un spadice conique, à hampe très-courte. Fleurs-femelles sessiles dans la spathe, solitaires ; hampe filiforme, très-longue, roulée en spirale avant et après la floraison.

VALLISNÉRIA SPIRALÉ. — *Vallisneria spiralis* Linn. — Rich. in Mém. de l'Inst. 1811, II, tab. 5. — Jacq. fil. Eclog. tab. 1. — Nees, Gen. Plant. fasc. VI, tab. 17. — Cette plante est très-abondante dans le canal du Languedoc et dans quelques localités du Rhône ; on la retrouve en Italie, et, à ce qu'il paraît, dans les provinces méridionales des États-Unis. A l'époque de la floraison, les hampes des fleurs femelles, d'abord tordues en spirale, se déroulent de manière à élever ces fleurs au-dessus de la surface de l'eau. A la même époque, à ce qu'on assure, les fleurs mâles se détachent spontanément du spadice, et viennent voguer au voisinage des fleurs femelles. Après la fécondation, les hampes de ces dernières se roulent de nouveau en spirale et le raccourcissement qui en résulte submerge le jeune fruit, qui accomplit sa maturation au fond de l'eau, ainsi que cela arrive chez beaucoup d'autres plantes aquatiques.

LES HÉLOBIÉES.

HELOBIEÆ Bartling. (*Fluviales* Ad. Brongn.)

CARACTÈRES.

Herbes aquatiques ou de marais, annuelles, ou vivaces. Tiges nulles, ou noueuses, cylindriques, ou anguleuses.

Feuilles alternes ou subopposées, pétiolées, planes, très-entières, ou dentées, ou déchiquetées; pétiole engaînant à la base, ou amplexicaule.

Fleurs hermaphrodites ou unisexuelles, souvent incomplètes.

Périanthe ou nul, ou régulier, inadhérent, 6-parti, persistant.

Étamines soit en nombre défini, soit en nombre indéfini. Anthères dithèques.

Pistil. Ovaire 1-ou pluri-loculaire, inadhérent; ou bien plusieurs ovaires disjoints, inadhérents, 1-loculaires.

Péricarpe indéhiscent ou capsulaire.

Graines apérispermées. Embryon en général courbé.

M. Bartling comprend dans cette classe les *Butomées,* les *Alismacées,* les *Podostémées,* et les *Najadées.*

CENT QUATRE-VINGT-QUINZIÈME FAMILLE.

LES BUTOMÉES. — *BUTOMEÆ*.

Butomeæ Rich. in Mém. du Mus. I, p. 364. — Bartl. Ord. Nat. p. 74. — Ad. Brongn. Enum. Gen. Hort. Par. p. XVI et 29. — *Butomaceæ* Lindl. Nat. Syst. ed. 2, p. 355. — Endl. Gen. Plant. p. 128. — *Alismaceæ-Butomeæ* Duby, Bot. Gall. — Reichb. Syst. Nat. p. 144.

Le *Butomus umbellatus* L. (plante connue sous le nom vulgaire de *Jonc fleuri*), commun dans les marais, aux bords des étangs, des rivières, etc., est, dans nos climats, le seul représentant de cette famille qui d'ailleurs ne compte qu'un petit nombre d'espèces.

Caractères de la famille.

Herbes vivaces, glabres, acaules, habitant les localités marécageuses.

Feuilles radicales, touffues, très-entières, paralléliveinées ; pétiole engaînant ; lame quelquefois abortive.

Fleurs hermaphrodites, régulières, disposées en ombelle simple (au sommet d'une longue hampe) et accompagnée d'une collerette, ou bien solitaires.

Périanthe persistant, ou marcescent, 6-parti : les 3 segments extérieurs herbacés ; les 3 intérieurs pétaloïdes, alternes avec les extérieurs.

Étamines hypogynes, libres, en plus grand nombre que les segments du périanthe (9 ou plus), 2-ou plurisériées ; les extérieures quelquefois stériles. Anthères dressées, introrses.

Pistil : Ovaires au nombre de 3, ou de 6, ou plus, disjoints, ou cohérents par la suture ventrale ; placentaires rameux, formant un réseau sur toute la paroi interne des ovaires. Styles simples, en même nombre que les ovaires, à stigmates longitudinaux introrses. Quelquefois le stigmate est immédiatement sessile au sommet de l'ovaire.

Péricarpe : Étairion de 3, ou 6, ou d'un plus grand nombre de follicules 1-loculaires, polyspermes.

Graines apérispermées. Embryon rectiligne ou courbé.

La famille des Butomées ne comprend que 3 genres, savoir :

Limnocharis Humb. et Bonpl. — *Hydrocleis* Rich. — *Butomus* Linn.

LES ALISMACÉES. — *ALISMACEÆ*.

Juncorum genn. Juss. Gen. — *Alismoideæ* Vent. Tabl. II, p. 157. — *Alismaceæ* R. Br. (exclus. genn.) Prodr. p. 342. — Bartl. Ord. Nat. p. 73. — Endl. Gen. p. 127. — Ad. Brongn. Enum. Gen. Hort. Par. p. XVI et 29. — *Alismaceæ* et *Juncagineæ* Rich. in Mém. du Mus. I, p. 365. — Lindl. Nat. Syst. ed. 2, p. 355 et 367. — *Alismaceæ-Alismeæ* Reichb. Syst. Nat. p. 144.

La plupart des espèces de cette famille habitent les régions tempérées de l'hémisphère septentrional; quelques-unes produisent des rhizomes charnus et comestibles.

Caractères de la famille.

Herbes vivaces (quelques espèces annuelles), habitant les localités marécageuses. Tiges nulles ou très-courtes.

Feuilles radicales, touffues, pétiolées, planes, entières, nerveuses; nervures convergentes au sommet, anastomosées par des veines rameuses; pétiole engaînant à la base; lame abortive chez quelques espèces.

Fleurs hermaphrodites ou monoïques, régulières, disposées en grappes ou en panicules; pédicelles alternes, ou verticillés-ternés.

Périanthe (nul chez quelques espèces) 6-parti : les 3 segments extérieurs herbacés, persistants ; les 3 intérieurs (nuls chez quelques espèces) ordinairement pétaloïdes, alternes avec les extérieurs.

Étamines libres, hypogynes, dans la plupart des espèces au nombre de 6 et insérées devant les segments du périanthe, moins souvent en nombre indéfini et plurisériées. Anthères dithèques, introrses, ou extrorses.

Pistil : Ovaires disjoints ou cohérents, 1-loculaires, 1-ou 2-ovulés, au nombre de 3 ou de 6, ou en nombre indéfini, ou (par exception) solitaires ; ovules attachés à l'angle interne de la loge. Styles disjoints, en même nombre que les ovaires. Stigmates simples ou (par exception) aspergilliformes.

Péricarpe : Étairion à coques indéhiscentes, ou folliculaires, ou pyxidiennes, 1-ou 2-spermes, coriaces.

Graines apérispermées. Embryon rectiligne ou courbé.

La famille des Alismacées comprend les genres suivants :

Iʳᵉ TRIBU. **JONCAGINÉES.** — *JUNCAGINEÆ* Rich.

Périanthe herbacé ou nul. Anthères extrorses. Graines dressées. Embryon rectiligne. Feuilles phyllodiennes.

Lilæa Humb. et Bonpl.—*Tetroncium* Willd. (Cathanthes Rich.) — *Scheuchzeria* Linn. — *Triglochin* Linn. (Juncago Tourn. Tristemon Rafin.)

IIᵉ TRIBU. **ALISMÉES.** — *ALISMACEÆ* Rich.

Périanthe à segments intérieurs pétaloïdes. Graines renversées. Embryon le plus souvent courbé. Feuilles à lame distincte du pétiole.

Sagittaria L. — *Alisma* L. (Echinodorus Rich.) — *Actinocarpus* R. Br. (Damasonium Juss.)

Genre voisin des Alismacées ? *Hydrogeton* Pers. (Ouvirandra Petit-Thou.) (1).

---

(1) M. Endlicher (Gen. p. 267) place ce genre, avec doute, à la suite des Saururées.

LES PODOSTÉMÉES. — *PODOSTEMEÆ* (1).

Podostemeæ Rich. in Humb. et Bonpl. Nov. Gen. et Spec. I, p. 197.
— Martius, Nov. Gen. et Spec. I, p. 6. — Bartl. Ord. Nat. p. 72. —
Arnott, in Edinb. Encycl. 1832, p. 157. — *Podostemaceæ* Lindl.
Nat. Syst. ed. 2, p. 190. — *Podostemmeæ* Endl. Gen. p. 268 et 1375.
— *Podostemoneæ* Reichb. Syst. p. 162. — *Philocrenaceæ* Bongard,
in Mém. de l'Acad. de St.-Pétersb., 6ᵉ sér. vol. 3, p. 72.

Cette famille est entièrement exotique, peu riche
en espèces, et d'un intérêt purement scientifique; la
plupart des espèces habitent l'Amérique équatoriale.

CARACTÈRES DE LA FAMILLE.

Herbes aquatiques, submergées, rameuses, flottantes.

Feuilles déchiquetées en lanières capillaires, ou très-
entières (linéaires ou capillaires), décurrentes, inarti-
culées, quelquefois très-petites et imbriquées.

Fleurs hermaphrodites ou unisexuelles, axillaires,
ou terminales, solitaires, ou en épis, ou en grappes,
petites, en général apérianthées, renfermées chacune
dans une spathe soit tubuleuse et irrégulièrement
ruptile, soit 2-ou 3-ou poly-phylle.

Périanthe (nul chez la plupart des espèces) à 2, ou

---

(1) D'après les observations de M. A. de Jussieu (Voyez *Delessert,
Icones Selectæ*, III, tab. 91 à 95), cette famille appartient sans contredit aux Dicotylédones, où elle doit être classée auprès des Saururées et des Urticées, où l'avaient déjà placée MM. Bongard, Lindley
et Endlicher, contrairement à la manière de voir de MM. Richard,
Kunth, de Martius, et Bartling.

5, ou à un plus grand nombre de folioles concaves, membranacées, quelquefois unilatérales.

Étamines : une seule, ou 2, ou en nombre indéfini, hypogynes, unilatérales, ou en verticille, libres, ou monadelphes.

Pistil : Ovaire soit 2-ou 3-loculaire, à placentaires axiles, soit presque 1-loculaire à placentaires intervalvaires ; loges multi-ovulées. Styles en même nombre que les loges de l'ovaire, indivisés, ou bifides, à stigmates introrses.

Péricarpe capsulaire, strié, 2-ou 3-valve, septifrage, complétement ou incomplétement 2-ou 3-loculaire, polysperme.

Graines minimes, imbriquées, renversées, apérispermées ; tégument extérieur celluleux. Embryon rectiligne, dicotylédoné ; radicule infère.

Cette famille comprend les genres suivants :

Mniopsis Martius. (Crenias Spreng.) — *Hydrobryum* Endl. — *Podostemon* Rich. (Dicraeia Petit-Thou.) —*Mourera* Aubl. (Marathrum Humb. et Bonpl. Lacis Schreb. Neolacis Chamiss.) — *Lacis* Lindl. — *Tristicha* Petit-Thou. (Dufourea Bory. Philocrena Bongard.) — *Hydrostachys* Petit-Thou. — *Halophila* Petit-Thou.

CENT QUATRE-VINGT-DIX-HUITIÈME FAMILLE.

LES NAJADÉES. — *NAJADEÆ.*

Najades Juss. Gen. (exclus. genn. plurr.) — *Fluviales* Vent. Tabl.
II, p. 80. — Kunth, Enum. vol. 3, p. 111. — *Potamophilæ* Rich.
Anal. du Fruit. — *Potameæ* Juss. in Dict. des Sciences Nat. vol. 43,
p. 93. — *Fluviales* Rich. in Mém. du Mus. vol. 1, p. 364. —
Najadeæ Rich. Fil. Elem. p. 416. — *Naiadeæ* Agardh, Aphor.
p. 125. — *Najadeæ* Bartl. Ord. Nat. p. 71. — Endl. Gen. Plant.
p. 229 et 1368. — Ad. Brongn. Enum. Gen. Hort. Par. p. XVI et
29. — *Fluviales* sive *Naiadaceæ* Lindl. Nat. Syst. ed. 2, p. 566. —
Fluviales, Hydrogetones et Naiadeæ Link, Handb. p. 280 et 282. —
Potamogetoneæ Reichb. Consp.; Id. Flor. Germ. Excurs. p. 6. —
Alismaceæ-Potamogetoneæ (exclusis *Lemneis*) Reichb. Syst. Nat.
p. 144.

Cette famille, dont on connaît environ soixante espèces, est répartie dans toutes les contrées du globe;
elle n'offre qu'un intérêt purement scientifique.

CARACTÈRES DE LA FAMILLE.

Plantes aquatiques, la plupart submergées.
Feuilles éparses (dans quelques espèces opposées ou
ternées), stipulées; stipules engaînantes et intrapétio-
laires, soudées en gaîne avec la base du pétiole.
Fleurs axillaires ou terminales, solitaires, ou glomérulées, ou en épis, unisexuelles, ou hermaphrodites.
Périanthe (le plus souvent nul dans les fleurs mâles)
membranacé ou herbacé; dans les fleurs unisexuelles
spathacé, ou bien réduit à une squamule; dans les
fleurs hermaphrodites régulier, 2-ou 4-ou 5-phylle.
Étamines solitaires dans les fleurs mâles; au nombre
de 4 et hypogynes dans les fleurs hermaphrodites.
Pistil: Ovaires 1-loculaires, 1-ovulés, 1-styles ou

astyles, soit solitaires, soit au nombre de 2 à 5 disjoints. Stigmates indivisés, ou 2-partis, ou 3-partis.

Péricarpe indéhiscent ou irrégulièrement ruptile, sec, ou charnu.

Graines suspendues, ou renversées, ou pendantes, solitaires, apérispermées. Embryon soit rectiligne, soit infléchi ou roulé en crosse à l'extrémité cotylédonaire; extrémité radiculaire épaissie.

M. Kunth classe les genres de cette famille ainsi qu'il suit :

Ire TRIBU. **NAJADÉES**. — *NAJADEÆ* Kunth.

Style très-court, à 2 ou 3 stigmates allongés. Graines à radicule infère. Embryon rectiligne. Pollen globuleux. Feuilles ternées ou opposées, innervées, érosées-dentées.

Najas Linn. (Caulinia Willd. Fluvialis Pers. Ittnera Gmel. Flor. Bad.)

IIe TRIBU. **ZOSTÉRÉES**. — *ZOSTEREÆ* Kunth.

Style à 2 stigmates allongés. Graine à radicule supère; extrémité cotylédonaire grêle, latérale. Pollen confervoïde.

Zostera Linn. — *Cymodocea* Kœn. (Amphibolis Agardh. Graumüllera Reichb. Phucagrostis Cavol.)

IIIe TRIBU. **POSIDONIÉES**. — *POSIDONIEÆ* Kunth.

Fleurs hermaphrodites, disposées en épis. Stigmates subsessiles, indivisés. Graine pariétale; extrémité cotylédonaire nichée dans une fente latérale de la radicule, allongée, infléchie. Pollen confervoïde.

Thalassia Soland. — *Posidonia* Kœnig. (Caulinia D.C. Kernera Willd.)

IVᵉ TRIBU. **RUPPIÉES.** — *RUPPIEÆ* Kunth.

Fleurs hermaphrodites, disposées en épis. Stigmates sessiles, indivisés. Graine suspendue ; extrémité cotylédonaire grêle, supère, incombante. Pollen en forme de boyaux.

Ruppia Linn.

Vᵉ TRIBU. **ZANNICHELLIÉES** — *ZANNICHELLIEÆ* Kunth.

Styles allongés, à stigmate dilaté, indivisé. Graines suspendues ; extrémité cotylédonaire supère, allongée, roulée en crosse. Pollen globuleux.

Zannichellia Micheli. — *Althenia* Petit. (Bellevalia Delile.)

VIᵉ TRIBU. **POTAMOGÉTONÉES** — *POTAMOGETONEÆ* Kunth.

Fleurs hermaphrodites. Stigmates subsessiles, simples. Graines suspendues ; extrémité cotylédonaire supère, oncinée. Pollen globuleux.

Potamogeton Linn. (Peltopsis Rafin.)

LES AROÏDÉES.

AROIDEÆ Bartling.

CARACTÈRES.

Herbes vivaces à racine tubéreuse ou à rhizome charnu ; ou sous-arbrisseaux ; quelques espèces ont un tronc arborescent, semblable à celui des Palmiers.

Feuilles alternes, ou agrégées, ou disposées en spirales, sessiles, ou pétiolées, entières, ou palmées, ou pédalées, ou pennatifides.

Fleurs hermaphrodites, ou unisexuelles, agrégées sur des spadices, en général sessiles, le plus souvent apérianthées ; spadice accompagné d'une spathe.

Périanthe herbacé ou pétaloïde, infère, 3-ou 4-ou 6-phylle.

Étamines en nombre indéfini lorsque la fleur est dépourvue de périanthe, ou en même nombre que les segments du périanthe, hypogynes dans les fleurs hermaphrodites.

Pistil : Dans la fleur unisexuelle : Ovaire 1-loculaire, 1-ou pluri-ovulé, à stigmate simple, sessile ; les ovaires d'un même spadice souvent entregreffés par groupes. — Dans la fleur hermaphrodite : Ovaire inadhérent (par exception adné au périanthe), ordinairement 3-loculaire, à placentaires axiles et à un seul style.

Péricarpe baccien, ou drupacé, ou nucamentacé, ou utriculaire.

Graines périspermées ; embryon central, cylindracé, rectiligne.

Cette classe comprend les *Typhacées*, les *Pandanées*, les *Orontiacées*, et les *Callacées*. (1).

---

(1) Les Callacées et les Orontiacées constituent la famille des Aroïdées d'A. L. de Jussieu, telle qu'elle a été maintenue par la plupart des auteurs.

CENT QUATRE-VINGT-DIX-NEUVIÈME FAMILLE.

LES TYPHACÉES. — *TYPHACEÆ*.

Typhæ Juss. Gen. — *Typhoideæ* Vent. Tabl. II, p. 87. — *Typhinæ* Agardh, Aphor. — *Cyperaceæ-Typhoideæ* et *Cyperaceæ-Sparganioideæ* Link, Handb. p. 152 et 133. — *Typhareæ* D.C. Bot. Gall. p. 482. — Bartl. Ord. Nat. p. 69. — Lindl. Nat. Syst. ed. 2, p. 365. — Rich. Fil. in Guillem. Arch. de Bot. I, p. 198. — Endl. Gen. p. 241. — *Typhineæ* Kunth, Enum. vol. 3, p. 88. — *Aroideæ-Typheæ* R. Br. Prodr. p. 338. — *Typhaceæ-Typheæ* et *Typhaceæ-Sparganieæ* Reichb. Syst. Nat. p. 149. — *Aroideæ-Typhaceæ* Ad. Brongn. Enum. Gen. Hort. Par. p. XIV et 14.

Famille dont on ne connaît que 10 espèces et dont les *Typha* (connus sous le nom vulgaire de *Massettes*) ont été considérés comme types.

Caractères de la famille.

Herbes aquatiques ou de marais, à rhizome vivace. Tige cylindrique ou trigone.

Feuilles alternes, sessiles, très-entières, longues, linéaires, striées, souvent trigones en dessous, engaînantes par leur base.

Fleurs monoïques, disposées en épis ou en capitules unisexuels (les supérieurs mâles). Fleurs-mâles dépourvues de périanthe, mais entremêlées de squamules ou de soies disposées sans ordre apparent.

Périanthe des fleurs femelles herbacé, triphylle, ou bien remplacé par une houppe de soies hypogynes.

Étamines en nombre indéfini, agrégées sans symétrie sur le spadice. Filets flasques, filiformes. Anthères linéaires, ou oblongues, basifixes, dressées, dithèques.

Pistil : Ovaire 1-loculaire, 1-ovulé, 1-style, inadhérent ; ovule suspendu au sommet de la loge. Stigmate unilatéral, en forme de languette.

Péricarpe subdrupacé, ou coriace, indéhiscent, monosperme.

Graine munie d'un périsperme farineux. Embryon central, cylindracé, à radicule supère.

La famille des *Typhacées* ne comprend que 2 genres : *Typha* Tourn. — *Sparganium* Tourn. (Platanaria Gray.)

Genre TYPHA. — *Typha* Tourn.

Fleurs monoïques, apérianthées, disposées en épis cylindriques, allongés, simples, très-denses. *Épi mâle* terminal, garni de plusieurs bractées spathacées, caduques. Étamines très-serrées, accompagnées chacune à sa base de 3 longues soies capillaires ; filets simples ou rameux, capillaires ; anthères basifixes, linéaires, finalement pendantes. *Épi femelle* situé immédiatement ou peu au-dessous de l'épi mâle. Ovaire 1-loculaire, 1-ovulé, longuement stipité : stipe capillaire, poilu. Style filiforme, allongé, terminé par un stigmate en forme de languette. Fruit minime, subdrupacé, 1-sperme, longuement stipité, comme aigretté par les soies du stipe ; épicarpe très-mince, s'ouvrant irrégulièrement d'un côté. Graine adhérente.—Herbes vivaces, dressées. Rhizome rampant. Tige simple, cylindrique, pleine, inarticulée, feuillée. Feuilles sessiles, linéaires, engaînantes par la base. Feuille-florale caduque.

Typha a larges feuilles. — *Typha latifolia* Linn. — Flor. Dan. tab. 645. — Engl. Bot. tab. 1455. — Rich. in Guill. Arch. 1, p. 195 ; tab. 5. — Tiges hautes de 6 à 8 pieds. Feuilles glauques, planes, pointues, plus longues que la tige, larges de 5 à 10 lignes. Épi mâle jaune, situé immédiatement au-dessus de l'épi femelle, long de 4 à 5 pouces. Épi femelle d'abord d'un vert foncé, puis roussâtre, enfin brun et comme velouté à la maturité.

Typha a feuilles étroites. — *Typha angustifolia* Linn. — Engl. Bot. tab. 1456. — Flor. Dan. tab. 815. — *Typha minor* Curt. Flor. Lond. fasc. 5, tab. 62. — Plante ayant le même port que l'espèce précédente. Feuilles plus étroites, canaliculées en dessous, plus longues que la tige. Épis plus grêles : le mâle situé à 1 ou 2 pouces de distance au-dessus du femelle.

Les deux plantes dont nous venons de faire mention sont communes dans les étangs, les marais, les fossés aquatiques, ainsi qu'aux bords des ruisseaux et des rivières ; on les connaît sous les noms vulgaires de *Massette*, *Masse d'eau*, *Masse au bedeau*, et *Roseau des étangs*. Elles fleurissent en juin et en juillet. Les bestiaux en mangent les feuilles, à défaut d'une pâture plus convenable ; elles sont d'une utilité assez générale pour faire des nattes et des paillasses ; les tonneliers en font usage pour calfeutrer les tonneaux ; les tiges sont excellentes pour couvrir les chaumières. Les jeunes pousses et racines des *Typha* sont tendres et d'une saveur douceâtre ; on peut les manger en salade, ou confites au vinaigre.

Genre SPARGANIUM. — *Sparganium* Tourn.

Fleurs monoïques, disposées en capitules unisexuels, sessiles. Capitules-mâles situés au-dessus des femelles, et composés chacun d'une agrégation d'étamines entremêlées de squamules membraneuses. Filets libres, capillaires. Anthères linéaires, basifixes, à deux bourses contiguës, déhiscentes longitudinalement. Capitules femelles ordinairement en petit nombre ou solitaires, multiflores. Pistils libres, accompagnés chacun (ou quelquefois à deux) d'un périanthe de 5 à 6 squamules. Ovaire 1- ou rarement 2-loculaire, 1- ou 2-ovulé, terminé en style simple. Stigmate terminal, linguiforme. Fruit subdrupacé, irrégulièrement anguleux, monosperme : épicarpe spongieux ; en-

docarpe ligneux.—Herbes aquatiques ou de marais, vivaces. Tiges dressées ou flottantes, cylindriques, inarti-
culées, feuillées. Capitules disposés en épis simples ou
rameux, terminaux, sans spathes.

SPARGANIUM RAMEUX. — *Sparganium ramosum* Huds.
Angl. p. 401.—Engl. Bot. tab. 745.— Flor. Dan. tab. 1282.
— *Sparganium erectum :* α Linn. — Rhizome rampant. Tige
haute de 2 à 4 pieds, dressée, rameuse vers le haut. Feuilles
longues, linéaires, dressées, trièdres en dessous, concaves aux
bords. Inflorescence rameuse. Capitules mâles assez nombreux,
plus ou moins rapprochés. Capitules femelles au nombre de 1 à
5 sur chaque rameau, tantôt plus ou moins distancés, tantôt
rapprochés. — Plante commune dans les étangs, les fossés aquatiques, au bord des ruisseaux et des rivières ; on la nomme vulgairement *Ruban d'eau ;* ses feuilles s'emploient aux mêmes
usages que celles des Massettes.

DEUX CENTIÈME FAMILLE.

LES PANDANÉES. — *PANDANEÆ*.

Pandaneæ R. Br. Prodr. p. 340. — Juss. in Dict. des Sciences Nat. 37, p. 322. — Gaudichaud, in Ann. des Sciences Nat. 1ʳᵉ sér. vol. 3, p. 509. — Bartl. Ord. Nat. p. 69, et ejusd. Callacearum genn. — Blume, Rumphia, p. 155. — Endl. Gen. p. 242. — Kunth, Enum. 3, p. 93. — *Pandanaceæ* et *Cyclanthaceæ* Lindl. Nat. Syst. ed. 2, p. 361 et 362. — *Pandaneæ* et *Phytelephantheæ* Martius, Consp. — *Pandaneæ* et *Cyclantheæ* Dumort. Fam. — *Typhaceæ-Pandaneæ* Reichenb. Syst. Nat. p. 149, et *Palmæ-Cyclantheæ* Id. l. c. p. 158. — *Bromeliaceæ-Pandaneæ* Reichb. Consp. p. 62, et *Palmæ-Cyclantheæ* Id. l. c. p. 71. — Class. *Pandanoideæ,* fam. *Cyclantheæ, Freycinetieæ* et *Pandaneæ* Ad. Brongn. Enum. Gen. Hort. Par. p. XV.

Famille peu nombreuse, et entièrement propre à la zone équatoriale ; la plupart des espèces appartiennent aux archipels de l'Océan Indien. En général les Pandanées ont un port très-caractéristique ; leur tronc et leurs branches se couvrent de racines aériennes, comme les Mangliers ; leurs feuilles sont très-longues, étroites, rapprochées en énormes touffes terminales, imbriquées par la base et disposées en spirale sur trois rangs. Plusieurs espèces sont d'une grande utilité pour les habitants de leur climat natal.

Caractères de la famille.

Arbres ou *arbrisseaux. Tige* soit dressée, très-simple, ou dichotome, soit grimpante, ou rampante et radicante, rarement presque nulle.

Feuilles longues, serrées, alternes, en général simples, linéaires-lancéolées, entières, amplexicaules, spinelleuses aux bords, striées, disposées en spirale sur 3 rangs et imbriquées par la base ; rarement palmées ou pennées.

Fleurs monoïques, ou dioïques, ou polygames, en général apérianthées, agrégées sur des spadices simples ou rameux à spathe persistante ou caduque et ordinairement colorée.

Fleurs-mâles serrées, couvrant complétement le spadice, ordinairement monandres. Filets simples, filiformes. Anthères basifixes, à 2 bourses longitudinalement déhiscentes.

Fleurs-femelles disposées comme les fleurs mâles; les ovaires d'un même spadice en général entregreffés par groupes.

Pistil : Ovaire 1-loculaire, 1-ou pluri-ovulé. Stigmate sessile. Ovules renversés, anatropes.

Péricarpe monosperme ou polysperme, drupacé, ou baccien, 1-loculaire. Sur chaque spadice les fruits sont ordinairement entregreffés par groupes de même que les ovaires.

Graines munies d'un périsperme charnu. Embryon axile, rectiligne, cylindracé ; radicule infère ; plumule imperceptible.

Ire TRIBU. **PANDANÉES VRAIES** — *PANDANEÆ VERÆ* Kunth. (*Pandaneœ* R. Br. — Schott. — Martius. — Dumort. — *Pandanaceœ* Lindl.)

Feuilles simples. Fleurs apérianthées.

Pandanus Linn. fil. (Arthrodactylis Forst. Keura Forsk.) — *Freycinetia* Gaudich. — *Marquartia* Hassk.

IIe TRIBU. **CYCLANTHÉES.** — *CYCLANTHEÆ* Poiteau. (*Cyclanthaceœ* Lindl.)

Feuilles pennées ou palmées. Fleurs en général périanthées.

Carludovica Ruiz et Pavon. (Salmia Willd. Ludo-

via l'ers.) — *Cyclanthus* Poit. (Cyclosanthes Pœppig.)
— *Wettinia* Pœpp.

GENRES VOISINS DES PANDANÉES.

Phytelephas Ruiz et Pav. (Elephantusia Willd.) (1).
— *Nipa* (Rumph.) Thunb. (2).

Genre PANDANUS. — *Pandanus* Linn. fil.

Fleurs dioïques, apérianthées, ébractéolées. *Fleurs-
mâles :* Spadice rameux, thyrsoïde, polyandre. Étamines
serrées ; filets filiformes. Anthères à deux bourses contiguës, déhiscentes chacune par une fente longitudinale.
— *Fleurs-femelles :* Spadice simple, capituliforme. Ovaires
libres ou entregreffés par groupes, serrés, 1-loculaires,
1-ovulés, chacun couronné d'un stigmate sessile. Péricarpe
drupacé. Drupes 1-spermes, ordinairement fibreux : ceux
d'un même spadice soit libres, soit formant un syncarpe
tuberculeux à noyaux 1- ou pluri-loculaires ; noyau osseux ou ligneux. — Arbres ou arbrisseaux ; une seule espèce est une herbe acaule. Tronc simple (moins souvent
divisé au sommet en 2 ou 5 branches bi- ou tri-furquées),
droit, ou flexueux, cylindrique, souvent stolonifère à la
base, ordinairement garni dans sa partie inférieure de racines aériennes. Feuilles simples, très-longues, étroites,
sublinéaires, ou linéaires-lancéolées, sessiles, amplexicaules, coriaces, persistantes, entières, spinelleuses (excepté
dans une espèce) aux bords et en dessous sur la côte médiane (quelquefois dans leur jeunesse à toute la surface), terminales, alternes, très-rapprochées, disposées en
spirale sur 5 rangs (celles de chaque série imbriquées par
la base). Spadices terminaux ou subterminaux, accompa-

---

(1) Famille des *Phytéléphasiées,* Ad. Brongn. Enum. Gen. Hort.
Par. p. XIV.
(2) Famille des *Nipacées,* Ad. Brongn. l. c.

gnés chacun à sa base d'une ou de plusieurs spathes colorées. — M. Kunth énumère 50 espèces, toutes indigènes dans la zone équatoriale de l'ancien continent.

PANDANUS ODORANT. — *Pandanus odoratissimus* Linn. Suppl. — Roxb. Corom. I, tab. 94, 95 et 96. — *Pandanus verus* Rumph. Amb. 4, tab. 74. — *Kaïda* Hort. Malab. 2, tab. 1-5.— *Keura odorifera* Forsk. *Descr.* p. 172.—*Arthrodactylis spinosa* Forst. Gen. — Buisson ; moins souvent arbrisseau, à tronc haut de 10 à 12 pieds, à cime arrondie, très-rameuse. Tronc et branches produisant de longues racines fusiformes ; bois très-dur. Feuilles longues de 3 à 5 pieds, luisantes, pendantes, linéaires, cuspidées (à pointe trigone, très-longue), très-glabres, spinelleuses. Inflorescence-mâle terminale, paniculée, pendante, garnie de bractées blanchâtres, linéaires-oblongues, pointues, concaves ; à l'aisselle de chacune des bractées (spathes) naît un thyrse composé de spadices courts et simples. Étamines longues, pendantes, disposées en épi sur chaque spadice. — Inflorescence-femelle terminale, consistant en un seul spadice, qui est pédonculé, oblong, accompagné d'un involucre composé d'un grand nombre de bractées (spathes) blanchâtres, disposées comme les feuilles. Ovaires fasciculés au nombre de 6 à 12. Stigmates ovales, jaunes; fruit (syncarpe) long de 6 à 10 pouces, sur 6 à 8 pouces de diamètre, oblong, scabre, de couleur orange, tuberculeux au sommet, composé de drupes cunéiformes, spongieux au sommet, pulpeux vers la base, turbinés, durs, anguleux, pluriloculaires, se séparant les uns des autres à la maturité ; loges du noyau 1-spermes (souvent aspermes par avortement). Graine oblongue. (*Roxburgh, Flora Indica*, ed. 2, vol. 3, p. 758.)

Cette espèce croît, à ce qu'il paraît, dans presque toute l'Asie équatoriale, ainsi que dans les archipels de la Polynésie. Les Malais lui donnent le nom de *Pandang*, les Arabes celui de *Keura ;* les habitants du Malabar l'appellent *Kaïda*. Dans l'Inde on a l'habitude de la planter en haies, parce qu'elle se multiplie facilement par ses drageons, et que ses longues feuilles épineuses établissent une excellente défense. A l'époque de la floraison, les spathes ou bractées répandent au loin un parfum délicieux, et cet arome se conserve pendant longtemps dans les spathes desséchées : aussi ces organes floraux sont-ils très-recherchés pour les préparations cosmétiques. Les feuilles abondent en fibres tenaces qui servent à faire des nattes et des paniers.

PANDANUS VACOI. — *Pandanus utilis* Bory de Saint-Vinc. Voyages 2, p. 5. — *Pandanus sativus* Petit-Thouars, in Journ. de Bot. 1, p. 44. — Arbre de forme pyramidale, atteignant 50 à 60 pieds de haut ; écorce cendrée, tirant sur le rouge, luisante. Tronc des individus adultes trifurqué : branches dichotomes. Racines-aériennes grêles, longues de 1 pied, naissant vers la base du tronc ; quelquefois il se développe aussi de ces racines aux bifurcations des rameaux. Feuilles spinelleuses ; celles des jeunes individus atteignant 6 pieds de long sur 4 pouces de large ; celles des vieux arbres moins grandes ; spinules rouges. Inflorescence-mâle composée d'un amas de spadices longs de 5 à 8 pouces, pendants, d'un blanc jaunâtre, répandant une odeur un peu forte, mais agréable. Spathes d'un beau blanc. Spadice femelle peu saillant à l'époque de la floraison. Syncarpe pendant, souvent de la grosseur de la tête d'un homme, globuleux, ou subglobuleux, d'un beau vert luisant, hérissé de tubercules pyramidaux avec un ombilic roussâtre. Noix polyspermes. (*Bory. Du Petit-Thouars.*)

Cette espèce, qui paraît être originaire de Madagascar, se cultive fréquememnt aux îles de France et de Bourbon, où on l'appelle vulgairement *Vaquoi* et *Baquoi* (1). « On plante les *Vacois* « en bordure, et l'on coupe, ras des tiges, les feuilles, lorsquelles « sont dans leur plus grande vigueur : séchées et fendues, ces « feuilles servent à faire des nattes grossières, souvent très- « grandes, sur lesquelles on fait sécher le café. On en fait aussi « des sacs solides, qu'on emploie pour emballer le café. Sans le

---

(1) Les naturels de Madagascar désignent les *Pandanus* par les noms de *Baqoua* et *Vaqoua*.

« *Vacoi,* il eût été très-difficile aux habitants de Mascaraigne de
« trouver une manière économique d'emballer et de transporter
« leurs denrées principales ; et la culture du café nécessite celle
« du *Vacoi.* » (*Bory de Saint-Vincent.*)

PANDANUS MUSQUÉ.— *Pandanus moschatus* Rumph. Amb. 4,
p. 142. — Arbre de la taille du *Pandanus odorant.* Feuilles
glauques, longues de 5 à 6 pieds, larges de 2 pouces, non-spinel-
leuses, terminées en pointe jonciforme longue d'environ 1 pied.
Fleurs exhalant une odeur musquée très-forte. (Fruit inconnu).
— Cultivé aux Moluques.

PANDANUS A LARGES FEUILLES.—*Pandanus latifolius* Rumph.
Amb. 4, p. 146, tab. 78. — Arbrisseau à tronc de 8 à 9 pieds
de haut. Feuilles longues de 6 pieds, plus larges que la main,
arrondies et apiculées au sommet, garnies de spinules grêlés. —
Cultivé aux Moluques. Les feuilles fraîches, lorsqu'on les écrase,
ont une odeur analogue à celle qu'exhale le foin ; les Malais s'en
servent pour aromatiser le riz et autres mets.

PANDANUS SYLVESTRE. — *Pandanus sylvestris* Rumph.
Amb. 4, p. 145, tab. 77. — Arbre ayant le port et la taille du
Cocotier. Racines-aériennes peu nombreuses. Feuilles longues
de 7 à 8 pieds, larges d'environ 2 pouces. Fruits (syncarpes) solitaires, coniques, longs de 15 à 16 pouces, sur 2 pouces de diamètre ; noix irrégulièrement hexagones ; pulpe de couleur orange.
— Croît sur les montagnes des Moluques. Le bois de la circonférence du tronc est assez dur : il sert à la construction des conduits souterrains. Les feuilles sont fort estimées pour la confection des nattes.

PANDANUS NAIN.— *Pandanus humilis* Rumph. l. c. p. 145,
tab. 76. — Arbuste stolonifère, atteignant tout au plus la hauteur d'un homme. Feuilles longues de plus de 5 pieds, larges de
1 1/2 pouce, spinelleuses à toute la surface (du moins dans leur
jeunesse), terminées en longue pointe jonciforme. Fruits (syncarpes) agrégés au nombre de 7 ou 8 vers l'extrémité d'un long

pédoncule pendant, du volume d'un œuf de poule, d'abord d'un vert foncé, enfin d'un rouge vif; pulpe orange. — Commun sur les plages sablonneuses ou pierreuses des Moluques, où il forme d'épais fourrés. Les jeunes spathes sont mangeables, d'une saveur douceâtre assez analogue à celle du Chou-palmiste.

PANDANUS RAMPANT. — *Pandanus repens* Rumph. Amb. 4, p. 152. — Arbuste à souche radicante (atteignant la grosseur de la jambe d'un homme), stolonifère. Feuilles longues de 10 à 14 pieds, à peu près de la largeur de la main, armées d'aiguillons très-forts. — Ce *Pandanus* croît aux Moluques; on le cultive aussi dans ces îles, parce qu'on se sert de préférence de ses feuilles pour la confection des sacs dans lesquels on emballe les muscades.

PANDANUS DE CÉRAM. — *Pandanus ceramicus* Rumph. Amb. 4, p. 149, tab. 79. — Tronc courbé. Racines-aériennes épineuses, de la grosseur du bras. Feuilles longues de 4 pieds, larges d'environ 5 pouces au milieu, rétrécies vers les 2 bouts, fortement spinelleuses. Fruit (syncarpe) solitaire, long de plus de 1 pied, d'environ 4 pouces de diamètre, conique, subtrigone, légèrement tuberculeux, luisant, rouge à la maturité. — Cette espèce habite les Moluques. Rumphius dit que la pulpe de son fruit est huileuse et d'une saveur agréable; les Malais la font entrer dans la préparation de divers aliments.

PANDANUS COMESTIBLE. — *Pandanus edulis* Petit-Thouars, in Journ. de Bot. 1, p. 47. — Tronc s'élevant à peine à 10 pieds, mais acquérant 6 pouces de diamètre. Cime étalée en parasol, de 12 pieds au moins de diamètre. Fruits (syncarpes) oblongs, plats d'un côté, réunis en grappe dressée; noix planes au sommet, 1-spermes, charnues à la maturité. — Indigène de Madagascar; la pulpe de son fruit est douce et mangeable.

PANDANUS ACAULE. — *Pandanus caricosus* Rumph. Amb. 4, p. 154. — Plante absolument acaule. Racine longue, rampante, poussant çà et là d'énormes touffes de feuilles longues de 10 à 15 pieds, larges de 2 pouces, d'un vert gai, dressées, rétrécies à la base, garnies d'aiguillons très-fins, très-rapprochés, raides, piquants. Fruit du volume du poing, d'un brun pâle, porté sur une hampe radicale d'environ 1 pied de long. — Cette espèce anomale et bizarre croît aux Moluques, autour des marais dont elle rend l'accès à peu près impossible ; d'ailleurs, au témoignage de Rumphius, ces fourrés impénétrables servent de repaire habituel à d'énormes serpents.

Genre PHYTÉLÉPHAS. — *Phytelephas* Ruiz et Pav. (1).

Fleurs apérianthées, dioïques par avortement, très-serrées, agrégées sur des spadices. — *Fleurs-mâles :* Spadice simple, oblong, subancipité, entièrement couvert d'étamines, accompagné à sa base de quelques écailles cordiformes. Spathe monophylle, 1-valve, un peu comprimée, subancipitée, rétrécie au sommet. Étamines à filets subulés ; anthères linéaires-subulées, subspiralées. Pistil rudimentaire. *Fleurs-femelles :* Spadice capituliforme, entièrement couvert de fleurs accompagnées chacune d'une écaille filiforme-subulée, élargie à la base, aussi longue que le spadice. Spathe comme celle du spadice mâle. Étamines nombreuses, stériles, insérées autour du pistil ; filets longs, subulés ; anthères subulées. Pistil à plusieurs ovaires arrondis. Style filiforme, plus long que l'écaille, semi-quinquifide, rarement 6-fide : lanières subulées. Stigmates simples. Péricarpe (syncarpe) composé d'un grand nombre de drupes agrégés en capitule très-gros, muriqué, coriace, très-dur. Graines obovées, obscurément trigones ; périsperme osseux (*Ruiz et Pavon.*). — Tige nulle ou très-simple ; feuilles terminales, touffues, très-grandes, pennées, semblables à celles du Cocotier.

PHYTÉLÉPHAS A GROS FRUITS. — *Phytelephas macrocarpa*

---

(1) Ce genre, à en juger par la description qu'en donnent ses auteurs, paraît être bien plus près des Palmiers que des Pandanées ou de toute autre famille.

Ruiz et Pav. Syst. p. 501.— *Elephantusia macrocarpa* Willd.
— Arbre ayant le port d'un Palmier. Tronc court. Feuilles très-grandes, semblables à celles du Cocotier. Fruit subglobuleux, du volume de la tête d'un homme. — Ce végétal remarquable, mais fort superficiellement connu, croît au Pérou et dans la Nouvelle-Grenade, où on le connaît sous les noms vulgaires de *Tête de nègre* (*Cabeza de Negro*), et *Tagua*. Ses jeunes graines sont remplies d'une liqueur limpide, sans saveur, et potable; à mesure que la graine approche de la maturité, cette liqueur devient laiteuse et d'une saveur agréable; enfin elle finit par se convertir en un périsperme d'un beau blanc et dur comme l'ivoire; aussi en fait-on toutes sortes d'ouvrages de tour, lesquels ont toutefois le défaut de se ramollir par une macération prolongée. Ce sont ces graines qu'on connaît dans le commerce sous le nom d'*ivoire végétal.*

Phytéléphas a petit fruit. — *Phytelephas microcarpa* Ruiz et Pav. l. c. — *Elephantusia microcarpa* Willd. — Cette espèce diffère notablement de la précédente en ce qu'elle est absolument dépourvue de tige, et que ses fruits sont beaucoup plus petits; du reste, ses feuilles offrent la même forme et la même dimension; le périsperme est également blanc et fort dur.

Genre NIPA. — *Nipa* (Rumph.) Thunb.

Fleurs monoïques, agrégées sur des spadices accompagnés chacun d'une spathe : les latéraux mâles, allongés; le terminal capituliforme, femelle. —*Fleurs-mâles* 1-bractéolées. Périanthe de 6 sépales linéaires, réfléchis. Étamines 6. Filets soudés en androphore columnaire. Anthères 9 (syngénèses?), extrorses, biloculaires, insérées au-dessous du sommet de l'androphore. — *Fleurs-femelles* apérianthées, très-serrées. Ovaire obliquement tronqué, 1-loculaire (?), couronné de 5 stigmates sessiles. Drupes irrégulièrement anguleux, fibreux, 1-loculaires, 1- ou 2-spermes, agrégés en gros capitule. Graines osseuses; embryon basilaire. — Arbrisseau ayant le port d'un Palmier.

Feuilles grandes, pennées, rapprochées en touffe terminale. Pétiole amplexicaule. Fleurs-mâles minimes. — Ce
genre ne comprend que l'espèce dont nous allons faire
mention.

NIPA ARBRISSEAU. — *Nipa fruticans* Thunb. in Act. Holm.
1782, p. 231. — Labill. Mém. sur le Palmier Nipa, in Mém.
du Mus. de Paris, 5, p. 297, tab. 21 et 22. — Martius, Palm.
tab. 108. — Blume, Rumphia, tab. 164 et 165.— *Cocos Nypa*
Lour. Coch. — *Nypa* Rumph. Amb. 1, p. 69; tab. 16. — Arbrisseau à tronc très-simple, atteignant quelquefois la hauteur
d'un homme, mais en général beaucoup plus bas. Feuilles
nombreuses, longues de 12 à 15 pieds, dressées ; pétiole subcylindrique, noirâtre, comprimé vers la base ; folioles longues
de 4 à 5 pieds, larges de 2 à 3 pouces, lancéolées-linéaires, pointues, très-entières. Inflorescence terminale, formant une panicule
longue d'environ 5 pieds, à rachis de la grosseur du bras d'un
homme, divisé vers le haut en 3 ou 4 branches principales, bi-
ou tri-furquées. Spathes acuminées, concaves. Spadices-mâles
jaunâtres, oblongs, longs de 2 à 5 pouces, de la grosseur du
doigt. Capitules femelles solitaires, du volume d'un citron. Syncarpe du volume de la tête d'un homme, d'abord rougeâtre, finalement noirâtre ou d'un brun de châtaigne ; drupes coriaces, de
forme et de volume très-variables, les plus gros du volume du
poing, en général obovés et plus ou moins comprimés.

Ce végétal habite l'Inde, les Moluques, les îles de la Sonde
et autres archipels de l'Océan Indien ; il abonde surtout sur les
plages marécageuses et saumâtres. Les Malais le désignent par les
noms de *Nipa* et *Nipé*. A l'époque de la floraison, la panicule
du Nipa abonde en sève sucrée, dont on extrait une sorte de liqueur alcoolique d'ailleurs peu estimée. Les jeunes fruits se mangent soit crus, soit confits.

LES ORONTIACÉES. — *ORONTIACEÆ.*

Orontiaceæ Bartl. Ord. Nat. p. 65 — *Aroideæ-Orontiaceæ* A. Rich. in Dict. class. d'Hist. Nat.; et in Guill. Archives de Bot. 1, p. 29. — *Acoraceæ* et *Aracearum* genn. Schott, Melet. — Lindl. Nat. Syst. ed. 2. — *Acorinæ* et *Aroidearum* genn. Reichb. — *Acorineæ* et *Aridearum* genn. Dumort. — *Aroideæ-Callaceæ* (exclus. genn.) Endl. Gen. — *Aroidearum* genn. Juss. — *Aroideæ-Araceæ* Ad. Brongn. Enum. Gen. Hort. Par. p. XIV.

Ce groupe est un démembrement des Aroïdées de A.-L. de Jussieu, dont il ne diffère que par des fleurs munies d'un périanthe ; aussi la plupart des auteurs considèrent-ils les Orontiacées comme section ou comme tribu des Aroïdées.

Caractères de la famille (1).

Herbes vivaces, la plupart acaules ; racine souvent tubéreuse.

Feuilles sessiles ou pétiolées, engaînantes, le plus souvent très-entières et multinervées.

Fleurs sessiles sur un spadice, hermaphrodites, régulières. Spadice solitaire, terminal, accompagné d'une spathe monophylle ou diphylle ; par exception : spadices fasciculés, accompagnés chacun d'une bractée.

Périanthe herbacé ou pétaloïde, 4-7-parti, inadhérent.

Étamines hypogynes ou insérées aux segments du périanthe, en même nombre que ceux-ci. Anthères dithèques, quelquefois sessiles.

____

(1) Suivant M. Bartling.

Pistil : Ovaire 5-ou 4-loculaire ; placentaires 1-ou pluri-ovulés, axiles ; par exception ovaire 1-loculaire, 1-ovulé. Style indivisé, à stigmates simples.

Péricarpe capsulaire ou baccien, 3-loculaire (rarement 4-loculaire, ou 1-loculaire) ; loges en général monospermes.

Graines suspendues ; périsperme nul ou charnu.

Cette famille comprend les genres suivants :

Iʳᵉ TRIBU. **ACOROÏDÉES.** — *ACOROIDEÆ* Agardh. (*Acorineæ* Link. — Reichb. — Dumort. — *Acoraceæ* Lindl.)

Spathe foliacée, persistante, non convolutée, continue avec le pédoncule. Ovules solitaires, ou en nombre indéfini, orthotropes, renversés, attachés au sommet des loges. Baie 1-3-sperme. Graines périspermées. Embryon axile, antitrope. — *Herbes aromatiques, à rhizome articulé. Feuilles ensiformes, amplexatiles en vernation.*

Gymnostachys R. Br. — *Acorus* Linn.

IIᵉ TRIBU. **ORONTIÉES.** — *ORONTIEÆ* Schott.

Spathe persistante ou nulle. Graines périspermées ou apérispermées.

Orontium Linn. — *Symplocarpus* Salisb. (Ictodes Bigel. Spathynema Rafin.) — *Dracontium* Linn. — *Spathiphyllum* Schott. — *Anthurium* Schott. — *Lasia* Lour. — *Pothos* Linn.

Genre ACORE. — *Acorus* Linn.

Spathe allongée, comprimée. Spadice terminal, cylindracé, sessile. Périanthe persistant, 6-parti ; segments obovés, concaves, un peu inégaux. Étamines 6, hypogynes, apprimées, un peu saillantes; filets linéaires, membraneux, aplatis; anthères 1- ou 2-thèques, terminales, introrses. Ovaire 2- ou 5-loculaire (à l'époque de la floraison rempli d'une pulpe gélatineuse), gros, conique, comprimé bilatéralement; loges 1-à 6-ovulées. Stigmate petit, orbiculaire, sessile, finement papilleux. Baie petite, subturbinée, mucronulée, par avortement 1-loculaire et 1-à 5-sperme; loge remplie d'un tissu spongieux. Graines plano-convexes ou subcylindriques, obovées; périsperme subcorné, diaphane. Embryon filiforme, cylindracé, vert, obtus aux 2 bouts, plus court que le périsperme; radicule infère. — Herbes à rhizome rampant, aromatique, marqué de cicatrices annulaires. Feuilles éparses, distiques, ensiformes-linéaires, pointues, sessiles, très-entières, équitantes par la base. Hampe comprimée latéralement. — On connaît quatre espèces.

ACORE AROMATIQUE. — *Acorus Calamus* Linn. — Blackw. Herb. tab. 466. — Nees, Gen. fasc. 2, tab. 5. — Flor. Dan. tab. 1158.— Engl. Bot. tab. 556.— Rhizome cylindrique, noueux, roussâtre, de la grosseur du doigt, garni de fibrilles. Feuilles longues de 2 à 5 pieds, étroites, radicales, fasciculées, droites, glabres, striées. Hampe très-simple, droite, plus courte que les feuilles. Spathe très-longue, conforme aux feuilles et les débordant. Spadice long de 2 à 5 pouces, de la grosseur du petit doigt. Fleurs petites, d'un jaune verdâtre, très-serrées. — Cette espèce croît au bord des eaux dans presque toute l'Europe, ainsi qu'en Sibérie et dans l'Amérique septentrionale. Sa racine a une saveur âcre et amère, jointe à une odeur assez agréable; on ne l'emploie guère en thérapeutique, du moins en France, bien qu'elle possède des propriétés toniques et stimulantes très-prononcées. Cette racine entrait dans la composition de la thériaque.

LES CALLACÉES. — *CALLACEÆ*.

Aroideæ (exclus. genn.) Juss. Gen.; Id. in Dict. des Sciences Nat. 1, p. 135, et Suppl. p. 25. — R. Br. Prodr. p. 337. — Blume, Rumphia, p. 73. — Martius, in Bot. Zeit. 1831, p. 449. — L. C. Rich. in Guillem. Arch. de Bot. 1, p. 11. — Kunth, Enum. 3, p. 1. — *Callaceæ* (excl. genn.) Bartl. Ord. Nat. — *Aroideæ-Araceæ, Aroideæ-Callaceæ* (excl. genn.) et *Pistiaceæ*, Reichb. Syst. Nat. — *Aroideæ* (excl. genn.) et *Pistiaceæ* A. Rich. — *Arideæ* et *Pistiaceæ* Dumort. Fam. — *Araceæ* et *Pistiaceæ* Lindl. Nat. Syst. ed. 2. — *Aroideæ-Araceæ* et ex parte *Aroideæ-Callaceæ* Endl. Gen. — *Aroideæ-Araceæ* (unà cum Orontiaceis Bartl.) Ad. Brogn. Enum. Gen. Hort. Par. p. XIV.

Les *Callacées* ne diffèrent essentiellement des *Orontiacées* que par des fleurs apérianthées et diclines; ce sont ces deux groupes (sous-ordres ou tribus pour d'autres auteurs) qui constituent la famille des *Aroïdées* d'A.-L. de Jussieu. Beaucoup de Callacées sont âcres et vénéneuses.

CARACTÈRES DE LA FAMILLE.

Herbes caulescentes ou acaules, vivaces, à racine tuberculeuse, ou à rhizome rampant. Sucs-propres en général âcres et volatils.

Feuilles éparses (en général agrégées), pétiolées, nerveuses (nervures pédalées, ou pennées, ou palmées), entières, ou palmées, ou pédalées, ou pennatifides, souvent cordiformes, ou hastiformes, ou sagittiformes; pétiole engaînant.

Fleurs diclines, apérianthées, agrégées sur un spadice pédonculé, solitaire, très-simple, accompagné d'une spathe monophylle. Pédoncule axillaire ou radical. — *Fleurs-mâles* monandres, entremêlées sans

ordre aux fleurs femelles, ou bien séparées des fleurs
femelles et occupant la partie supérieure du spadice.

Étamine souvent dépourvue de filet. Anthère ex-
trorse.

Pistil : Ovaire uni-ou pluri-loculaire, 1-style, ou sans
style, 1-ou pluri-ovulé, à stigmate capitellé ou disciforme, entier, ou lobé ; placentaire basilaire ou pariétal ;
ovules orthotropes, ou anatropes, ou campylotropes.

Péricarpe baccien, uni-ou pluri-loculaire ; loges mono-ou oligo-spermes.

Graines en général périspermées, ordinairement globuleuses ou presque globuleuses. Périsperme charnu.
Embryon rectiligne, axile, cylindracé, antitrope, ou
homotrope.

Iʳᵉ TRIBU. **PISTIACÉES.** — *PISTIACEÆ* A. Rich.
— Blume.

*Fleurs nues, unisexuelles. Spadice adhérent (du moins
jusqu'au milieu) à la spathe, produisant une seule
fleur femelle, et un nombre à peu près défini de fleurs
mâles (réduites chacune à une seule étamine) insérées
à quelque distance de la femelle. Anthères sessiles.
Ovaire 1-loculaire, multi-ovulé. Ovules orthotropes,
dressés, attachés à un placentaire basilaire ou sublatéral. Style apparent. Point d'organes sexuels rudimentaires. Graines périspermées. Embryon antitrope,
court. — Herbes à rhizome tubéreux ou stolonifère.
Feuilles entières, pluri-nervées. Spadice inodore.*

Pistia Linn. (Zala Lour.) — *Ambrosinia* Bass. (Ucria
Targ.)

IIᵉ TRIBU. **CRYPTOCORYNÉES.** — *CRYPTOCORY-
NEÆ* Blume.

Fleurs nues, unisexuelles. Spadice ou inclus et adhérent

au sommet de la spathe, ou libre et saillant, multiflore. Étamines insérées au sommet du spadice, à quelque distance des fleurs femelles; filets courts ou nuls. Ovaires pluri-ovulés, connés, verticillés à la base du spadice; ovules horizontaux ou ascendants, orthotropes, insérés à l'angle interne des loges. Styles distincts. Point d'organes sexuels rudimentaires. Graines périspermées. Embryon antitrope. — Herbes à rhizome stolonifère. Feuilles uninervées ou palmatinervées, entières.

Cryptocoryne Fisch. — *Stylochæton* Leprieur.

IIIᵉ TRIBU. DRACONCULÉES. — *DRACUNCULINEÆ*
Schott. — Blume.

Fleurs nues, unisexuelles. Spadice inadhérent (par exception adné au fond de la spathe), multiflore, androgyne, ou rarement dioïque, en général garni vers le milieu d'organes sexuels rudimentaires, et terminé en appendice nu. Anthères libres (par exception soudées), dithèques; bourses renflées, plus grandes que le connectif. Ovaires très-nombreux, libres, 1-loculaires, 1-ou pluri-ovulés. Ovules orthotropes. Styles en général courts ou nuls. Graines périspermées, ou très-rarement apérispermées. Embryon antitrope. — Herbes acaules. Rhizome en général tubéreux. Feuilles entières, ou pédalées, ou palmées. Spadice en général fétide à l'époque de la floraison.

Section I. ARISARÉES. — *Arisareæ* Schott.

Spadice androgyne ou unisexuel, libre. Étamines un peu lâches, manifestement pourvues de filets. Anthères peltées, déhiscentes transversalement ou par des pores. Ovaires pauci-ovulés ou multi-ovulés; placentaire basilaire ou pariétal; ovules dressés. Rudiments d'organes sexuels nuls ou peu apparents.

Arisarum (Tourn.) Martius. — *Arisœma* Martius.

SECTION II. EUAROÏDÉES. — *Euaroideœ* Schott.

Spadice androgyne, libre. Anthères serrées, subsessiles, déhiscentes par une fente longitudinale ou par un pore. Ovaires 1-ovulés ou pluri-ovulés, souvent sans styles; ovules attachés à un placentaire soit basilaire, soit pariétal. Au-dessous des étamines (et quelquefois en outre au-dessus) le spadice est garni de quantité d'organes sexuels rudimentaires.

Biarum Schott. (Homaid Adans.) — *Arum* Linn. (Dracunculus Tourn.) — *Sauromatum* Schott. — *Theriophonum* Blum. — *Typhonium* Schott.

SECTION III. ATHÉRURÉES. — *Atherureœ* Blume.

Spadice androgyne, adhérent vers sa base. Point d'organes sexuels rudimentaires. Anthères sessiles, soudées, déhiscentes chacune par deux fentes transversales. Ovaires 1-ovulés; ovule dressé, attaché au fond de la loge. Styles courts.
Atherurus Blum.

IVᵉ. TRIBU. THOMSONIÉES. — *THOMSONIEÆ* Blum.

Fleurs nues, unisexuelles. Spadice inadhérent, androgyne, multiflore, terminé en appendice nu. Anthères libres, sessiles, serrées, déhiscentes par 2 ou 4 pores; bourses séparées par un connectif épais. Ovaires 1-ovulés ou pauci-ovulés, 1-à 4-loculaires, libres, souvent sans styles; ovules anatropes, renversés, attachés au fond des loges. Stigmates souvent lobés. Point

*d'organes sexuels rudimentaires. Graines apérisper-
mées; embryon conforme à la graine : radicule infère.*

Amorphophallus Blum. (Candarum Reichb. Pytion
Martius.) — *Thomsonia* Wallich. (Pythonium Schott.)
— *Aglaonema* Schott.

Ve TRIBU. **CALADIÉES**. — *CALADIEÆ* Schott.

*Fleurs nues, unisexuelles. Spadice inadhérent, multi-
flore, androgyne, en général garni, entre les fleurs
mâles et les fleurs femelles, d'organes sexuels rudimentaires, terminé en appendice nu. Anthères libres,
ou syngénèses, à bourses adnées en verticille à un
gros connectif pelté. Ovaires 1-ou pluri-loculaires,
libres, pluri-ovulés; ovules orthotropes. Graines périspermées; embryon antitrope. Herbes acaules (à
rhizome tubéreux), ou caulescentes, ou sarmenteuses.
Feuilles pelti-nervées ou palmati-nervées.*

Section I. **COLOCASIÉES**. — *Colocasieæ* Schott.

Spathe à tube persistant. Spadice en général nu vers le
milieu (c'est-à-dire, entre les fleurs femelles et les
fleurs mâles). Appendice terminal quelquefois très-
court. Anthères syngénèses; bourses en général en
nombre indéfini. Ovaires 1-à 4-loculaires. — Herbes
en général lactescentes. Rhizome tubéreux ou caulescent. Feuilles très-rapprochées. Pédoncules recourbés
après la floraison. Gaînes pétiolaires allongées. Gaînes-stipulaires nulles. Spathe odorante.

Remusatia Schott. — *Colocasia* Ray. — *Alocasia*
Schott. — *Caladium* Vent. — *Peltandra* Rafin. —
Xanthosoma Schott. — *Acontias* Schott. — *Syngonium*
Schott. — *Culcasia* Pal. Beauv.

SECTION II. **PHILODENDRÉES**. — *Philodendreæ* Schott.

Spathe entièrement persistante, refermée après la floraison. Spadice androgyne, sans appendice stérile; fleurs continues. Anthères libres. Ovaires multiloculaires. — Herbes à sucs-propres colorés. Gaînes-pétiolaires courtes. Gaînes-stipulaires allongées, oppositifoliées, caduques.

Philodendron Schott.

VI⁰ TRIBU. **ANAPORÉES** — *ANAPOREÆ* Schott.

Fleurs nues, unisexuelles. Spadice libre, ou adhérent à la spathe, androgyne, ou plus souvent à organes sexuels rudimentaires entremêlés aux pistils, très-rarement terminé par un appendice stérile. Anthères libres, ou plus souvent syngénèses (en nombre sub-défini) et plongées dans un gros connectif. Ovaires très-nombreux, libres, 1-ou pauci-loculaires; loges 1-ou pluri-ovulées; ovules orthotropes. Styles courts, ou nuls. Graines périspermées; embryon antitrope. — Herbes acaules ou caulescentes. Rhizome noueux. Gaîne-pétiolaire allongée. Gaînes-stipulaires nulles.

SECTION I. **SPATHICARPÉES**. — *Spathicarpeæ* Schott.

Spadice adné à la spathe. Ovaires 1-loculaires, 1-ovulés.

Spathicarpa Hook. — *Dieffenbachia* Schott. — *Atherurus* Blum. — *Hemicarpurus* Nees.

SECTION II. **RICHARDIÉES**. — *Richardieæ* Schott.

Spadice inadhérent. Ovaires 1-à 3-loculaires, 1-ou pluri-ovulés.

Homalonema Schott. — *Richardia* Kunth. (Zantedeschia Spreng.)

VIIe TRIBU. **CALLÉES.** — *CALLEÆ* Schott.

Fleurs unisexuelles ou hermaphrodites, disposées sans interruption sur le spadice. Point d'organes sexuels rudimentaires. Spathe persistante ou non persistante. Étamines libres; filets presque plats; anthères à 2 bourses déhiscentes longitudinalement. Ovaires 1-ou pluri-loculaires, libres; ovules anatropes ou campylotropes, renversés, attachés au fond des loges. Graines périspermées ou apérispermées. Embryon rectiligne ou courbé, à extrémité radiculaire infère.

Calla Linn. — *Heteropsis* Kunth. — *Monstera* Adans. — *Scindapsus* Schott.

Genre GOUET. — *Arum* Linn.

Spathe enroulée en forme de cornet. Spadice androgyne, allongé, claviforme, florifère à sa partie inférieure, nu supérieurement. Fleurs très-nombreuses, serrées : les mâles insérées un peu au-dessus des femelles ; l'espace intermédiaire garni de filets sétacés (organes sexuels rudimentaires). Anthères libres ou irrégulièrement syngénèses, subsessiles, à deux bourses contiguës et déhiscentes chacune par une courte fente latérale. Ovaires très-nombreux, libres, 1- loculaires, 2- à 6- ovulés, couronnés chacun d'un stigmate sessile, subhémisphérique, un peu excentrique. Ovules orthotropes, superposés, pariétaux. Baies oligospermes. Graines horizontales ou presque dressées, subglobuleuses, périspermées. — Herbes acaules. Rhizome tubéreux. Feuilles pédalées ou cordiformes ou hastiformes, nerveuses. Hampe solitaire. Spathe terminale.

Dans plusieurs *Arum*, ainsi que dans d'autres Aroïdées (peut-être dans la plupart), le spadice offre un phénomène très-remarquable : à l'époque de la floraison cet organe acquiert une chaleur très-sensible.

GOUET COMMUN. — *Arum vulgare* Lamk. Ill. — *Arum ma-*

culatum Linn. — Bull. Herb. tab. 25. — Blackw. Herb. tab.
228. — Racine tuberculeuse, arrondie, blanchâtre, du volume
d'une petite noix. Feuilles toutes radicales (au nombre de 2 à 4),
longuement pétiolées, sagittiformes, pointues, glabres, vertes,
luisantes, minces, assez souvent marbrées de noir. Hampe dressée, cylindrique, rougeâtre, longue de 4 à 6 pouces. Spathe
grande, pointue, d'un vert pâle, quelquefois lavée de violet.
Spadice blanchâtre ou violet, un peu saillant. Baies du volume
d'un gros Pois, de couleur écarlate, pulpeuses, agrégées en épi
court et ovale.

Cette espèce, connue sous les noms vulgaires de *Gouet, Chou-
poivre* ou *Pied-de-Veau*, est commune dans les lieux ombragés
et humides; elle fleurit en avril et en mai. Toutes ses parties,
mais principalement sa racine fraîche, ont une saveur très-âcre,
due au suc laiteux qu'elles renferment. La racine s'emploie parfois comme remède drastique; et, comme elle se compose presque
uniquement de fécule, on peut, au besoin, l'employer à des usages alimentaires; car la torréfaction la débarrasse de son principe caustique et vénéneux.

GOUET SERPENTAIRE. — *Arum Dracunculus* Linn. — Bull.
Herb. tab. 75. — *Dracunculus vulgaris* Schott. — *Dracunculus polyphyllus* Blum. — Racine grosse. Hampe haute de 2
à 3 pieds, dressée, marbrée de taches noires, recouverte inférieurement par les gaînes des pétioles. Feuilles grandes, dressées,
pédalées, longuement pétiolées, à segments lancéolés : les côtés
latéraux plus courts. Spathe longue d'environ 1 pied, d'un
pourpre noirâtre et verruqueuse à la surface interne. Spadice
gros, d'un pourpre noirâtre.

Cette espèce, nommée vulgairement *Serpentaire*, croît dans
l'Europe méridionale. Elle a les mêmes propriétés que le Gouet
commun.

Genre AMORPHOPHALLE. — *Amorphophallus* Blum.

Spathe très-ample, enroulée en forme de cloche ou
d'entonnoir, béante au sommet. Spadice inadhérent, andro-

gyne, multiflore, rectiligne, plus ou moins épaissi vers le haut, terminé en appendice nu. Anthères libres, sessiles, serrées, subcylindracées, à deux bourses séparées par un gros connectif et s'ouvrant chacune par un pore terminal. Ovaires très-nombreux, libres, 2- à 4- loculaires, agrégés en séries spiralées. Stigmates capitellés ou 2- à 4- lobés, sessiles. Ovules solitaires dans chaque loge, anatropes, renversés, basilaires. Point d'organes sexuels rudimentaires. Baies mono-ou oligo-spermes. — Herbes très-âcres. Rhizome tubéreux. Feuilles grandes, ombraculiformes, triparties; segments pennatifides; pétiole écailleux à la base. Hampe courte, radicale, solitaire, beaucoup plus précoce que les feuilles. — Les Amorphophalles sont remarquables par l'ampleur de leurs feuilles et de leur inflorescence, ainsi que par l'odeur détestable qu'exhale leur spadice.

Amorphophalle campanulé. — *Amorphophallus campanulatus* Blum. Rumph. p. 159, tab. 52 et 55. — *Arum Rumphii* Gaudich. in Freycin. Bot. p. 427, tab. 591. (exclus. syn. Hort. Malab. et tab. 112. Herb. Amb.). — *Tacca phallifera* Rumph. Amb. vol. 5, p. 526; tab. 115, fig. 2. — *Arum campanulatum* Roxb. Corom. vol. 5, tab. 272 (exclus. syn.). — Hook. Bot. Mag. tab. 1812 (exclus. syn.). — Tubercule atteignant le volume de la tête d'un homme. Feuilles larges de 2 à 5 pieds, à 5 segments horizontaux, divergents, bilobés : lobes pennatifides du côté extérieur, à lanières obliquement oblongues ou ovales-lancéolées, inégales, très-entières; pétiole long de 1 1/2 à 5 pieds, verruqueux, gros. Hampe longue de 2 à 5 pouces, très-verruqueuse. Spathe longue de 1 pied et plus, ample, ovoïde, acuminée : partie convolutée charnue, d'un jaune verdâtre à l'extérieur, ponctuée de brun et de blanc, pourpre et verruqueuse à la surface interne. Spadice un peu plus long que la spathe, gros, claviforme vers le sommet.

Indigène dans l'Inde, les Moluques et les îles de la Sonde ; se cultive dans les collections de serre.

AMORPHOPHALLE GIGANTESQUE. — *Amorphophallus gigan-*
teus Blum. l. c. p. 144 ; tab. 54.—*Mulenschena* Hort. Malab.
vol. 2, tab. 19. — Au témoignage de M. Blume, cette espèce
diffère de la précédente par des feuilles plus amples (à pétiole
long de 6 à 7 pieds et de la grosseur du bras d'un homme), par
la hampe, haute de 2 à 5 pieds, par la spathe qui est obtuse et un
peu plus longue que le spadice ; enfin, par ce dernier, qui est
subfusiforme. Le tubercule acquiert jusqu'à 1 ½ pied de diamètre. — Indigène des mêmes contrées que l'espèce précédente.

AMORPHOPHALLE CULTIVÉ. — *Amorphophallus sativus* Blum.
l. c. p. 145. — *Arum campanulatum* Roxb. Flor. Ind. (ex
parte). — *Tacca sativa* Rumph. Amb. vol. 5, p. 524 ; tab.
112. — Tubercule du volume d'une tête d'enfant. Pétiole haut
de 2 à 5 pieds, légèrement verruqueux. Feuilles larges d'environ 5 pieds, d'ailleurs semblables à celles de l'*Amorphophallus*
campanulatus. Hampe haute de 5 pieds et plus, d'un vert grisâtre, immaculée. Spadice long d'environ ¼/₂ pied. Baies rouges,
du volume d'une petite Olive. — Cette espèce se cultive fréquemment dans les Indes et aux Moluques ; sa racine, qui acquiert un poids de 4 à 8 livres, est comestible.

Genre COLOCASE — *Colocasia* Schott.

Spathe rectiligne. Spadice inadhérent, androgyne, multiflore, terminé en appendice acuminé et nu. Fleurs serrées : les mâles situées à quelque distance des femelles.
Entre les fleurs mâles et les fleurs femelles, le spadice est
couvert d'organes sexuels rudimentaires. Anthères peltées,
syngénèses, déhiscentes par un pore terminal. Ovaires
libres, 1-loculaires, à 5 placentaires pariétaux, bi-ovulés ;
ovules dressés, attachés à la base des placentaires. Styles
très-courts, à stigmate subcapitellé. (Fruit inconnu.) —
Herbes acaules, à rhizome tubéreux. Feuilles naissant en
même temps que les fleurs, peltées, lissés en dessus, réticulées en dessous. Pédoncules courts, axillaires, fasciculés, recourbés après la floraison. Spathe jaunâtre.

Colocase cultivée. — *Colocasia antiquorum* Schott, Melet. 1, p. 18. — *Arum Colocasia* Linn. — Rumph. Amb. vol. 5, tab. 109. — Catesb. Carol. 2, tab. 45. — Plante acaule. Feuilles ovées, sinuolées, semi-bifides à la base. Spathe beaucoup plus longue que le spadice, cylindrique, dressée. Appendice du spadice à peu près aussi long que la partie florifère. Anthères pluriloculaires. (*Roxburgh, Flora Indica*, édit. 2, vol. 5, p. 494.)

Cette espèce croît spontanément au Bengale, au bord des fossés et des étangs ; on la cultive comme plante alimentaire dans ces contrées, de même qu'aux Moluques, en Orient, dans l'Europe méridionale, les États-Unis, et dans la plupart des établissements coloniaux de l'Amérique équatoriale. Elle produit un gros tubercule farineux, âcre à l'état frais, mais perdant complétement, par la décoction, tout principe nuisible. La culture de cette plante est très-productive : au témoignage de Miller, un petit champ fournit assez de tubercules pour suffire à la nourriture d'une nombreuse famille.

Colocase a feuilles de Nymphéa. — *Colocasia nympheæfolia* Kunth, Enum. vol. 5, p. 57. — *Caladium nympheæfolium* Vent. Hort. Cels. p. 50. — *Arum nympheæfolium* Roxb. Flor. Ind. ed. 2, vol. 5, p. 495. — Suivant Roxburgh, cette plante n'est qu'une variété du *Colocasia antiquorum;* elle en diffère par sa spathe, en général plus courte, et par l'appendice du spadice qui est de moitié moins long que la partie florifère. — Commune au Bengale, mais peu cultivée ; les Hindous en mangent toutes les parties ; les tubercules atteignent le volume du bras d'un homme.

Colocase comestible. — *Colocasia esculenta* Schott, Melet. 1, p. 18. — *Caladium esculentum* Vent. Hort. Cels. p. 50. — *Arum esculentum* Linn. — Les différences spécifiques de cette Colocase ne sont pas suffisamment indiquées par les auteurs ; on la cultive dans la Nouvelle-Zéelande (où les naturels lui donnent le nom de *Tarro* ou *Talo*), et dans l'Amérique équatoriale ; aux Antilles on la connaît sous le nom de *Chou des Caraïbes;* on en mange les feuilles et les tubercules (1).

---

(1) Le nom de *Chou des Caraïbes* s'applique aussi au *Xanthosoma*

Genre ALOCASE. — *Alocasia* Schott.

Spathe cuculliforme, courbée. Spadice inadhérent, androgyne , multiflore , terminé en appendice obtus , claviforme, nu. Fleurs serrées : les mâles situées à quelque distance des femelles. Entre les fleurs femelles et les fleurs mâles , et en outre au-dessus de ces dernières , le spadice est couvert d'organes sexuels rudimentaires. Anthères peltées, sessiles, pluriloculaires, déhiscentes par des fentes latérales. Ovaires libres , 1-loculaires , à 5 placentaires basilaires , 2- ou 5-ovulés. Styles courts. Stigmates subcapitellés. Baies 1-loculaires , oligospermes. — Herbes caulescentes. Rhizome tubéreux. Feuilles naissant en même temps que les fleurs, peltées, réticulées en dessus et en dessous. Pédoncules solitaires ou géminés, axillaires, recourbés après la floraison. Spathe glauque ou verdâtre.

Alocase odorante. — *Alocasia odora* Kunth, Enum. 5, p. 58 (sub *Colocasia*). — *Colocasia odora* Ad. Brongn. in Nouv. Ann. du Mus. vol. 5, p. 145, tab. 7. — *Caladium odorum* Bot. Reg. tab. 641. — *Arum odorum* Roxb. Flor. Ind. 5, p. 499.—Lodd. Bot. Cab. tab. 416. — Tige simple, droite, haute d'environ 2 pieds, de la grosseur du bras d'un homme. Feuilles longuement pétiolées, cordiformes-ovales, longues de 2 à 4 pieds, larges de 2 à 5 pieds, mucronulées, obtuses, à lobes basilaires arrondis et rapprochés. Pédoncules géminés, subcylindriques, un peu plus courts que les pétioles. Spathe d'un vert pâle, acuminée. Spadice à peu près aussi long que la spathe ; appendice ayant à peu près le tiers de la longueur de la partie florifère. Baies du volume d'une petite cerise, subglobuleuses, luisantes. (*Brongniart, 1. c.*) — Plante fréquemment cultivée dans les collections de serre, et remarquable tant par l'élégance de son feuillage que par le parfum que répandent ses fleurs ; originaire du Pérou. — M. Brongniart a constaté, sur

---

(ou *Caladium*) *sagittæfolium :* autre plante alimentaire des mêmes contrées.

cette espèce, l'élévation de température qu'offre le spadice à l'époque de la fécondation.

ALOCASE DE L'INDE.—*Alocasia indica* Kunth, Enum. vol. 5, p. 59 (sub *Colocasia*). — *Arum indicum* Lour. Coch. —Roxb. Flor. Ind. ed. 2, vol. 5, p. 498. — Racine fibreuse, produisant quantité de drageons souterrains terminés en tubercules. Tiges radicantes à la base, simples, nombreuses, touffues, atteignant 6 à 8 pieds de haut. Feuilles longuement pétiolées, dressées, glabres, veineuses, cordiformes, arrondies et cuspidées au sommet, longues de 2 à 5 pieds ; lobes-basilaires profonds, arrondis, rapprochés ; côte et veines blanches ; pétiole tantôt aussi long que le limbe, tantôt moins long. Pédoncules géminés, plus longs que les pétioles. Spathe linéaire, subcylindrique avant l'épanouissement, un peu gibbeuse à la base, glabre, d'un jaune verdâtre, longue de 8 à 12 pouces, obtuse, ou tronquée, cuspidée ; pointe petite, subulée. Spadice aussi long que la spathe, d'un jaune pâle ; appendice aussi long que la partie florifère. — Cette espèce croît dans presque toute l'Asie équatoriale ; d'ailleurs, on la cultive communément dans ces contrées à titre de plante alimentaire. Non-seulement ses tubercules, mais aussi ses tiges sont comestibles.

Genre CALADIUM. — *Caladium* Vent.

Spathe rectiligne, convolutée vers la base. Spadice inadhérent, androgyne, multiflore, sans appendice. Fleurs serrées : les mâles situées à quelque distance des femelles. Entre les fleurs mâles et les fleurs femelles le spadice est couvert d'organes sexuels rudimentaires. Anthères peltées, substipitées, pluriloculaires, libres, déhiscentes par de petites fentes ; connectif claviforme, tronqué. Ovaires libres, 2-loculaires ; loges 2- à 4-ovulées ; ovules attachés à la cloison. Stigmates disciformes, sessiles. Baies 1-ou 2-loculaires, oligospermes. Graines anguleuses. — Herbes acaules. Rhizome tubéreux. Feuilles sagittiformes ou hastiformes, peltées, se développant à la même époque que l'inflorescence ; côte et veines inapparentes à la surface supérieure, saillantes en dessous. Hampe nue, solitaire, allongée. Spathe blanchâtre.

CALADIUM BICOLORE. — *Caladium bicolor* Vent. Hort. Cels. tab. 50. — Hook. Exot. Flor. tab. 26.— Bot. Mag. tab. 2545. — Lodd. Bot. Cab. tab. 255. — *Arum bicolor* Hort. Kew. — Jacq. Schœnbr. 2, tab. 186.—Bot. Mag. tab. 820.—Feuilles toutes radicales, longuement pétiolées, horizontales, sagittiformes, pointues, d'un rouge cramoisi sur le disque (ou bien, dans des variétés, soit marbrées de blanc, soit panachées de blanc et de violet), d'un vert foncé dans le contour. Hampe dressée, d'un vert foncé, un peu plus longue que les pétioles. Spathe débordant les feuilles, acuminée. Spadice plus court que la spathe, cylindrique et d'un rouge vif dans sa partie inférieure, aminci vers le milieu, claviforme et blanchâtre dans sa partie supérieure qui porte les anthères. — Indigène de l'Amérique méridionale ; fréquemment cultivée dans les collections de serre, en raison de son feuillage élégamment panaché.

Genre XANTHOSOMA. — *Xanthosoma* Schott.

Spathe rectiligne, convolutée vers la base. Spadice inadhérent, androgyne, multiflore, sans appendice. Fleurs serrées : les mâles situées à quelque distance des femelles. Entre les fleurs mâles et les fleurs femelles le spadice est couvert d'organes sexuels rudimentaires. Anthères sessiles, libres, pluriloculaires, déhiscentes au sommet par de petites fentes transverses ; connectif conique, tronqué. Ovaires subquadriloculaires, libres ; loges multi-ovulées ; ovules axiles, horizontaux. Styles courts, gros, cohérents. Stigmates larges, déprimés, charnus. Feuilles sagittiformes, peltées, se développant à la même époque que l'inflorescence. Pédoncules courts, subsolitaires, axillaires. Spathe jaunâtre.

XANTHOSOMA A FEUILLES EN FLÈCHE. —*Xanthosoma sagittæ-folium* Schott, Melet. 1, p. 19.—*Arum sagittæfolium* Linn.—

Plum. Ic. tab. 55. — Jacq. Hort. Vindob. 2, tab. 157. — *Caladium sagittæfolium* Vent. Hort. Cels.—Plante acaule. Rhizome gros. Feuilles grandes, longuement pétiolées, d'un vert pâle, acuminées; lobes-basilaires obtus, divergents. Hampes un peu plus courtes que les pétioles. Spathe ovée. Spadice plus court que la spathe.—Cette plante croît dans l'Amérique équatoriale; on l'y cultive dans les établissements coloniaux. Aux Antilles on l'appelle vulgairement *Tavoye* et *Chou des Caraïbes* (ce dernier nom s'applique aussi au *Colocasia esculenta*); ses feuilles et ses rhizomes sont comestibles.

XANTHOSOMA COMESTIBLE.—*Xanthosoma edule* Schott, Melet. 1, p. 19.— *Caladium edule* Mey. Esseq. p. 272. — Espèce très voisine de la précédente (d'après les auteurs cités elle n'en diffère que par des hampes comprimées et des spathes lancéolées), cultivée dans la Guiane, comme plante alimentaire. C'est peut-être cette espèce dont Préfontaine dit que sa racine est une des meilleures denrées de la Guiane, et qu'elle est plus nutritive que l'Igname; on la plante par tronçons, et elle rapporte trois récoltes par année.

Genre DIEFFENBACHIA. — *Dieffenbachia* Schott.

Spathe convolutée. Spadice adné et féminiflore inférieurement, masculiflore et inadhérent vers le sommet, sans appendice stérile. Androphores 5-ou 4-andres, tronqués, sessiles. Anthères libres, oblongues, verticillées, 2-loculaires, déhiscentes chacune par un seul pore terminal. Ovaires très-nombreux, libres, 1-loculaires, 1-ovulés, accompagnés chacun de 5 staminodes claviformes connés par la base; ovule attaché peu au-dessus de la base de la loge. Stigmates disciformes, sessiles. Baies 1-loculaires, 1-spermes. Graines subglobuleuses.

DIEFFENBACHIA VÉNÉNEUX. — *Dieffenbachia Seguine* Schott Melet. 1, p. 20. — *Arum Seguinum* Linn. — Plum. Ic. tab. 51, fig. *h*, et tab. 61. — Mill. Ic. tab. 295. — *Caladium Se-*

guinum Vent. Hort. Cels. — Hook. Exot. Bot. tab. 1. — Bot. Mag. tab. 2606. — *Caladium maculatum* Lodd. Bot. Cab. tab. 608.—Tige droite, cylindrique, nue, très-simple. Feuilles terminales, longues d'environ 1 pied, pétiolées, ovales-lancéolées, cuspidées, souvent panachées le long de la côte. Pédoncules axillaires, plus courts que les pétioles, recourbés après la floraison. Spathe oblongue-lancéolée, d'un vert pâle en dehors, pourpre en dedans. Spadice jaunâtre, presque aussi long que la spathe. — Cette plante habite les Antilles et la Guiane, où on l'appelle vulgairement *Canne marronne;* toutes ses parties renferment un suc vénéneux très-caustique; les fleurs exhalent une odeur extrêmement fétide.

Genre HOMALONÉMA. — *Homalonema* Schott.

Spathe béante, finalement close. Spadice multiflore, inadhérent, androgyne sans interruption, sans appendice stérile. Anthères très-nombreuses, sessiles. Ovaires très-nombreux, libres, 2 ou 5-loculaires, entremêlés de staminodes; ovules nombreux dans chaque loge, axiles. Stigmates sessiles, concaves, 2-ou 5-lobés. Baies oblongues, ordinairement monospermes.—Herbes caulescentes. Feuilles cordiformes ou sagittiformes. Pédoncules courts.

HOMALONÉMA AROMATIQUE. — *Homalonema aromaticum* Schott, Melet. 1, p. 20. — *Calla aromatica* Linn. — Bot. Mag. tab. 2279. — *Zantedeschia aromatica* Spreng. Syst. — *Calla occulta* Lodd. Bot. Cab. tab. 12. — Herbe à rhizome tubéreux. Tige courte, aphylle. Feuilles toutes radicales, longues d'environ 1 pied, larges de $^{1}/_{2}$ pied, longuement pétiolées, luisantes, sagittiformes-ovales, acuminées; lobes arrondis, divariqués. Spathe subcylindracée, acuminée, glabre, d'un vert jaunâtre. Spadice cylindrique, obtus, aussi long que la spathe : les deux tiers supérieurs couverts d'anthères, le tiers inférieur féminiflore. Baies semblables à celles du Vinettier. (*Roxburgh, Fora Ind.* éd. 2, vol. 5, p. 513.) — Cette plante habite le Bengale; toutes ses parties ont une odeur aromatique, analogue à celle du Gingembre; les Hindous attribuent à sa racine des propriétés médicales.

Genre RICHARDIA. — *Richardia* Kunth.

Spathe convolutée à la base; limbe déployé, marcescent. Spadice multiflore, cylindrique, androgyne sans interruption, sans appendice stérile. Anthères très-nombreuses, libres, sessiles, biloculaires, déhiscentes par un seul pore terminal. Connectif large, cunéiforme, dilaté au sommet en disque convexe glanduleux. Ovaires très-nombreux, libres, incomplétement triloculaires (par 5 placentaires pariétaux), entremêlés de staminodes claviformes; ovules en petit nombre sur chaque placentaire. Styles courts. Stigmates convexes, glanduleux. Baies 1-loculaires, oligospermes. Graines obovées, à tégument charnu.

Richardia d'Afrique. — *Richardia africana* Kunth, in Ann. du Mus. vol. 4, p. 437, tab. 20. — *Calla æthiopica* Linn. — Commel. Hort. 1, tab. 50. — Bot. Mag. tab. 852. — *Zantedeschia æthiopica* Spreng. Syst. — Herbe acaule, vivace. Rhizome assez épais. Feuilles toutes radicales, grandes, longuement pétiolées, subhastiformes, nerveuses, engaînant la hampe. Hampe radicale, centrale, subtrigone, dressée. Spathe grande, blanche, odorante. — Indigène du Cap de Bonne-Espérance; fréquemment cultivée comme plante d'agrément.

Genre CALLA. — *Calla* Linn.

Spathe déployée, persistante, subcordiforme. Spadice plus court que la spathe, dressé, subcylindrique, courtement pédonculé, masculiflore au sommet, couvert à sa partie inférieure d'étamines et de pistils entremêlés sans ordre. Point d'organes sexuels rudimentaires. Étamines libres, plus nombreuses que les pistils; filets filiformes, épaissis au sommet; anthères didymes, terminales : bourses disjointes, adnées obliquement aux bords du filet, ovoïdes, bivalves. Ovaires 1-loculaires, coniques, libres, pluri-ovulés, à l'époque de la floraison remplis d'une matière gélatineuse; ovules anatropes, nidulants, attachés au fond de la loge. Stigmates sessiles, disciformes. Baies charnues, subturbinées, anguleuses, ou ombiliquées au sommet, 1-loculaires, 5-à 8-spermes, agrégées en épi ovoïde ou oblong. Graines ellipsoïdes, cylindriques, à tégument coriace.

CALLA DES MARAIS.— *Calla palustris* Linn.—Flor. Dan. tab. 422. — Bot. Mag. tab. 1851. — Rich. in Guill. Arch. vol. 1, p. 14; tab. 2. — Nees. jun. Gen. 2, tab. 4. — Herbe acaule. Rhizome rampant, tubéreux, géniculé. Feuilles toutes radicales, pétiolées, cordiformes, cuspidées. Hampes axillaires, solitaires. Spathe blanche. Fleurs jaunes. — Commune dans les marais du nord de l'Europe et de l'Amérique, ainsi qu'en Sibérie; toute la plante est âcre; mais ses rhizomes deviennent mangeables par la décoction ou la torréfaction.

Genre MONSTÉRA. — *Monstera* Adans.

Spathe béante, finalement caduque. Spadice sessile, féminiflore vers la base, androgyniflore supérieurement. Point d'organes sexuels rudimentaires. Étamines libres, en nombre indéfini autour de chaque ovaire (sur la partie androgyne du spadice); filets linéaires, aplatis. Anthères terminales, ovales. Ovaires libres, biloculaires; loges 2-ovulées; ovules subcollatéraux, basilaires. Styles très-courts. Stigmates subcapitellés. Baies entregreffées, à épicarpe se détachant lors de la maturité. — Herbes sarmenteuses. Feuilles à gaîne-pétiolaire lâche et dilatée. Spathe colorée.

MONSTÉRA A FEUILLES PERTUISÉES. — *Monstera Adansonii* Schott, Melet. 1, p. 21. — *Dracontium pertusum* Linn. — Plum. Ic. tab. 56 et 57. — Jacq. Hort. Schœnbr. tab. 184 et

185. — *Calla pertusa* Kunth, Syn. 5. p. 129. — Tiges sarmenteuses, radicantes, de la grosseur d'un doigt, garnies d'écailles de couleur livide. Feuilles d'un beau vert, longues de 1 ½ pied, obliquement ovales, cordiformes à la base, la plupart percées d'ouvertures oblongues longitudinales. Spathes d'un blanc jaunâtre. — Plante remarquable par la singulière conformation de ses feuilles; indigène de l'Amérique équatoriale; cultivée dans les collections de serre.

LES PALMIERS.

PALMÆ Linn. (*Phœnicoideæ* Ad. Brogn. Enum. Gen. Hort. Par. p. xv.)

CARACTÈRES.

Arbres ou *arbrisseaux* (quelquefois sarmenteux). Tronc cylindrique, inarticulé, en général columnaire (rarement renflé vers la base ou vers le milieu), arborescent, dressé, très-simple ; écorce mince, marquée de cicatrices annulaires dues à la persistance de la base des pétioles. — Chez certaines espèces, le tronc est réduit à une courte souche, soit hypogée, soit épigée. Chez d'autres espèces (les Palmiers-joncs ou Rotans et genres voisins), le tronc ou la souche donnent naissance à de longs sarments rameux, jonciformes. Quelques Palmiers arborescents offrent un tronc dichotome. — Racine primordiale périssant presque dès la germination ; racines adventices très-nombreuses, cylindriques, naissant de la souche, ou de la base du tronc.

Feuilles alternes (en général rapprochées en touffe terminale ; dans les Palmiers-joncs elles sont distiques et plus ou moins distancées), pétiolées, persistantes, coriaces, pennées, ou pennatiparties, ou pennatifides, ou palmatifides, ou (très-rarement) bipennées. Pétiole concave vers la base, dilaté en gaîne amplexicaule (1).

---

(1) Cette gaîne est formée d'un réseau de fibres entrecroisées et en général assez serrées.

Folioles très-entières, ou sinuolées, ou irrégulièrement laciniées, nerveuses (par exception veineuses), en général plissées en vernation.

Fleurs monoïques, ou polygames-dioïques, ou hermaphrodites, sessiles, ou courtement pédicellées, petites, en général accompagnées de 3 bractées dont une externe, plus grande, et deux internes (bractéoles), opposées. Inflorescence axillaire, ou latérale, ou terminale, en épi, ou en grappe, ou en panicule, enveloppée en préfloraison d'une ou de plusieurs spathes.

Périanthe inadhérent, persistant, double; l'un et l'autre 3-sépales ou 3-fides; les sépales intérieurs alternes avec les extérieurs, ordinairement plus grands, valvaires ou imbriqués en préfloraison.

Étamines insérées sous l'ovaire ou au fond du périanthe, en général bisériées et en même nombre que les sépales, moins souvent soit au nombre de 9 trisériées, soit à plus de 3 séries ternaires, soit seulement 1-sériées au nombre de 3 (insérées devant les sépales externes). Filets libres ou monadelphes, dressés en préfloraison. Anthères linéaires, dressées, introrses, à 2 bourses contiguës, déhiscentes chacune par une fente longitudinale.

Pistil : Ovaire inadhérent, 3-loculaire (quelquefois plus ou moins profondément trilobé ; rarement 1-ou 2-loculaire, ou à plus de 3 loges), 1-style, ou 3-style; loges 1-ou (rarement) 2-ovulées. Ovules axiles, attachés peu au-dessus de la base des loges, orthotropes, ou anatropes. Stigmates indivisés ou lobés, terminaux.

Péricarpe baccien ou drupacé (mésocarpe plus ou moins fibreux), 1-à 3-loculaire (quelquefois trilobé ou presque triparti); loges monospermes, ou (par exception) 2-spermes.

Graine dressée ou renversée, périspermée, en général adhérente. Périsperme cartilagineux, ou corné, ou presque ligneux, souvent irrégulièrement plissé jusque vers le centre, souvent creux au centre (rarement creux du côté antérieur). Embryon cylindracé ou conique, niché dans une petite cavité (basilaire, ou apicilaire, ou latérale) située presque à la surface du périsperme et en général plus ou moins loin du hile ; radicule supère, ou infère, ou centripète.

Cette classe ne comprend que la famille des Palmiers.

LES PALMIERS. — *PALMÆ.*

Palmæ Linn. — Juss. Gen. Id. in Dict. des Sciences Nat. vol. 37,
p. 284. — Vent. Tabl. 2, p. 118. — R. Brown, Prodr. p. 266. —
Bartl. Ord. Nat. p. 63. — Endl. Gen. p. 244. — Dumort. Fam. p. 55.
— *Palmæ* (*exclusis Cyclantheis*) Reichb. Consp. p. 71 ; Ejusd. Syst.
Nat. p. 158. — *Palmaceæ* Lindl. Nat. Syst. ed. 2, p. 243. — Confer
Martius, *Palmarum familia ejusque genera denuo illustrata ;* Id.
Genera et species Palmarum. — *Phœnicoideæ-Palmæ* Ad. Brongn.
Enum. Gen. Hort. Par. p. XV et 15.

Le Dattier peut être considéré comme le type le plus
général de cette admirable famille, dont les représen-
tants ont reçu, dans le langage poétique de Linné, la
qualification de *princes du règne végétal.* Néanmoins un
assez grand nombre d'espèces s'éloignent plus ou
moins, par leur port, de ces traits caractéristiques qui
impriment une physionomie si particulière à tant d'autres Palmiers. En effet, on en voit dont le tronc, d'ailleurs très-simple et couronné d'une touffe de feuilles,
au lieu d'affecter la forme d'une colonne parfaitement
cylindrique, offre vers le milieu ou vers la base un
renflement plus ou moins gros. A côté d'espèces qui
s'élèvent à près de 200 pieds, il en existe d'autres qui
ne forment que des souches basses ou rampantes. Le
Palmier de la Thébaïde se distingue par les bifurcations de son tronc et de ses branches. La végétation
bizarre des *Rotans* on *Palmiers-joncs* rappelle les
Bambous et autres grandes Graminées de la zone équatoriale. Les feuilles des Palmiers se font remarquer,
tant par leur élégance que par leurs dimensions souvent gigantesques ; la forme gracieuse qu'on observe

chez le Dattier, et qu'on connaît sous le nom de *palme*, est commune à beaucoup d'autres espèces, et ces feuilles ont assez communément une longueur de 10 à 25 pieds (1); mais dans un nombre non moins considérable de végétaux de cette famille, les feuilles affectent la forme d'un éventail lobé ou profondément découpé, et parfois d'une ampleur étonnante (2). Les fleurs des Palmiers, sans éclat et en général fort petites, semblent ne pas se trouver en harmonie avec le port majestueux de ces végétaux; mais, par compensation, elles naissent le plus souvent en quantités incroyables, et forment des inflorescences dignes du volume du tronc et du feuillage des arbres qui les produisent. On estime à environ douze mille le nombre de fleurs contenues dans un régime de Dattier; pour d'autres espèces, on a calculé que chaque individu en portait environ six cent mille, et l'on a compté jusqu'à huit mille fruits sur une seule panicule d'un Palmier de l'Amérique méridionale. Rien de plus varié enfin que la forme et surtout le volume des fruits des Palmiers; depuis le monstrueux coco des Maldives, qui pèse 20 à 25 livres, et qui acquiert le volume d'une grande citrouille, on descend par degrés jusqu'à des baies à peine plus grosses qu'un pois.

Sous le rapport de l'utilité, l'importance des Palmiers est immense. Les espèces à fruit comestible sont assez nombreuses; mais à cet égard aucune ne saurait rivaliser ni avec le Dattier, ni avec le Cocotier. La production connue sous le nom de *Chou-palmiste*, appar-

---

(1) La palme est une grande feuille pennée ou pennatipartie, et non une *branche* de palmier, ainsi que cela se dit vulgairement. C'est dans ce mot de *palma*, que les anciens n'appliquaient qu'à la feuille du Dattier, qu'on trouve l'étymologie du nom qui est resté à la famille.

(2) Voyez *Corypha*.

tient à beaucoup d'espèces; elle n'est autre chose que leur bourgeon terminal, en général très-gros, composé de jeunes feuilles encore tendres et ayant une saveur agréable ; c'est un aliment des plus recherchés tant par les aborigènes de la zone équatoriale que par les créoles ; on le mange en salade, en friture, ou accommodé de diverses autres manières ; toutefois il est des Palmiers à bourgeon amer et astringent, et par conséquent non comestible. La sève sucrée qui abonde dans beaucoup de Palmiers (1) est connue sous le nom de *vin de palme*. L'amande de certains Palmiers contient beaucoup d'huile grasse, qui s'emploie à de nombreux usages. Les fibres des pétioles sont douées d'une ténacité remarquable: souvent ces pétioles deviennent assez forts pour tenir lieu de pieux ou de perches : les sauvages en font des lances, des javelots, et autres armes ou ustensiles. Le bois de beaucoup de Palmiers, fort dur et presque incorruptible, se prête à merveille à des ouvrages de tour et de marqueterie, susceptibles d'un magnifique poli, et imitant le jaspe ou le marbre. La substance alimentaire dite *sagou* est une fécule contenue dans le tissu cellulaire du jeune tronc de plusieurs espèces de Palmiers (notamment des *Sagoutiers* ou *Sagus*).

La plupart des Palmiers paraissent doués d'une longévité indéfinie, et chaque année ils reproduisent de nouvelles fleurs; quelques espèces au contraire ne fleurissent qu'une seule fois dans leur vie, après avoir atteint l'âge de 30 à 40 ans, et meurent immédiatement après avoir mûri leurs fruits.

La famille des Palmiers se trouve presque entière-

---

(1) Voyez *Areca*, *Caryota*, Cocotier, *Arenga*, *Mauritia*, *Rhapis*.

ment confinée entre les tropiques. Sur environ 560 espèces décrites par M. de Martius dans sa magnifique monographie des Palmiers, quatre seulement habitent les contrées extratropicales de l'hémisphère septentrional, et aucune d'elles ne dépasse le 43° de lat. Les régions tempérées de l'hémisphère austral ne nourrissent aussi que 4 ou 5 espèces.

Caractères de la famille.

Les mêmes que les caractères de la classe.

M. de Martius classe les genres des Palmiers comme suit :

Ire TRIBU. ARÉCINÉES. — *ARECINEÆ* Martius.

Ovaire 3-loculaire (très-rarement 2-ou 1-loculaire); ovules solitaires (très-rarement géminés), dressés, ou latéralement appendants. Baie 1-sperme (moins souvent 2-ou 3-sperme); dans quelques espèces le fruit est un drupe à 1, 2, ou 3 noyaux monospermes. Étamines hypogynes.—Feuilles pennées, ou pennatifides, ou (rarement) bipennées; folioles rédupliquées en vernation. Fleurs sessiles sur un rachis scrobiculé ou non-scrobiculé. Spathes en général nombreuses, très-rarement nulles.

Chamædorea Willd. (Nunnezharia Ruiz et Pav. Nunnezia Willd.) — *Hyospathe* Mart. — *Morenia* Ruiz et Pav. — *Kunthia* Humb. et Bonpl. — *Hyophorbe* Gærtn. (Sublimia Commers.) — *Leopoldinia* Mart. — *Euterpe* Mart. (non Gærtn.) — *OEnocarpus* Mart. — *Oreodoxa* Willd. — *Areca* Linn. (Euterpe Gærtn.) — *Dypsis* Noronh. (Noronha Petit-Thou.) — *Seaforthia* R. Br. (Ptychosperma Labill.) — *Orania* Blum. — *Harina* Hamilt. (Wallichia Roxb. Wrightea Roxb.) —

Iriartea Ruiz et Pav. (Ceroxylon Humb. et Bonpl.)
— *Arenga* Labill. (Saguerus Roxb. Gomutus Spreng.)
— *Caryota* Linn.

IIe TRIBU. **LÉPIDOCARYNÉES.** — *LEPIDOCARY-NEÆ* Mart.

Ovaire 3-loculaire (très-rarement 2-loculaire); ovules solitaires, dressés. Baie 1-sperme (très-rarement 2-ou 3-sperme), à épicarpe formé d'écailles coriaces, entre-greffées, imbriquées de haut en bas. Étamines hypogynes ou périgynes.— Tige en général sarmenteuse et excessivement longue. Feuilles distiques et plus ou moins distancées (excepté quand la tige n'est pas sarmenteuse), pennées (par exception palmées); pétiole souvent terminé en longue vrille; gaîne et rachis garnis d'aiguillons. Folioles rédupliquées en vernation, souvent cirrifères au sommet. Inflorescences rameuses, en général accompagnées chacune de plusieurs spathes incomplètes. Fleurs sessiles, serrées, en général disposées en épis amentiformes ; bractées spathacées; bractéoles plus ou moins connées.

Calamus Linn. — *Ceratolobus* Blum. — *Dæmono-rops* Blum. — *Plectocomia* Mart. — *Zalacca* Reinw.—
Metroxylon Kœn. (Sagus Rumph.) — *Raphia* Beauv.
(Sagus Gærtn.) — *Mauritia* Linn. — *Lepidocaryum*
Mart.

IIIe TRIBU. **BORASSINÉES.** — *BORASSINEÆ* Mart.

Ovaire 3-loculaire (moins souvent 2-ou 4-loculaire); ovules ascendants ou résupinés, solitaires. Drupe à 3 (moins souvent à 1, 2 ou 4) noyaux; quelquefois baie 1-sperme. Étamines hypogynes. Feuilles flabelliformes ou pennées; folioles rédupliquées en vernation.

*Fleurs en général dioïques (les mâles presque gluma-
cées), avant la floraison enfoncées dans les fovéoles
d'un rachis articulé. Spathes coriaces, ou presque
ligneuses, incomplètes, moins souvent recouvrantes en
préfloraison.*

Borassus Linn. (Lontarus Rumph.) — *Lodoicea*
Labill. — *Latania* Commers. (Cleophora Gærtn.)—
Hyphœne Gærtn. (Cucifera Delile. Douma Lamk.)—
Bentinkia Berry. (Keppleria Mart.)— *Geonoma* Willd.
(Gynestum Poiteau.) — *Manicaria* Gærtn. (Pilophora
Jacq.)

IVe TRIBU. **CORYPHINÉES.** — *CORYPHINEÆ* Mart.

*Pistil à 3 ovaires distincts; moins souvent ovaire 1-ou
3-loculaire; ovules dressés ou résupinés, solitaires.
Fruit composé de 3 baies distinctes (plus souvent par
avortement à 2 baies ou à une seule baie). Étamines
hypogynes ou périgynes, au nombre de 6, ou de 9, ou
de 12.—Tronc inerme. Feuilles flabelliformes ou pennées; folioles induppliquées. Spathes nombreuses, le
plus souvent incomplètes. Fleurs sessiles, hermaphrodites (moins souvent polygames-dioïques), bractéolées,
en général verdâtres.*

Corypha Linn. (Taliera Mart. Gembanga Blum.) —
Licuala Rumph. — *Livistona* R. Br. — *Copernicia*
Mart. — *Brahea* Mart. — *Sabal* Adans. — *Trithrinax*
Mart. — *Chamœrops* Linn. — *Rhapis* Linn. — *Thri-
nax* Linn. fil. — *Phœnix* Linn. (Elate Linn.)

Ve TRIBU. **COCOÏNÉES.** — *COCOINEÆ* Mart.

*Ovaire 3-loculaire (rarement 2-ou 4-ou 5-loculaire). Ovu-
les dressés ou résupinés, solitaires. Drupe à noyau
solitaire, osseux, 3-loculaire (2 des loges constamment*

abortives et aspermes), *percé au sommet de 3 petites ouvertures; rarement le noyau est 2-ou 4-ou 5-loculaire, percé d'autant de petites ouvertures qu'il y a de loges. Tégument de la graine adhérant plus ou moins au noyau du drupe. Étamines hypogynes. Filets monadelphes à la base. — Tronc inerme ou garni d'aiguillons. Feuilles pennées; folioles rédupliquées en vernation. Fleurs jaunâtres, diclines, sessiles, ou enfoncées dans des fovéoles du rachis. Inflorescence jeune recouverte d'une ou de plusieurs spathes. Mésocarpe fibreux. Endocarpe épais. Périsperme huileux, non-plissé.*

Desmoncus Mart. — ***Bactris*** Jacq.— ***Guilielma*** Mart. —***Martinezia*** Kunth. (Non Ruiz et Pav.) — ***Acrocomia*** Mart. — ***Astrocaryum*** G. F. W. Mey. (Toxophænia Schott.)— ***Aiphanes*** Willd.— ***Attalea*** Kunth. — ***Elæis*** Jacq. (Alfonsia Kunth.) — ***Cocos*** Linn. (Langsdorfia Raddi.) — ***Syagrus*** Mart. — ***Diplothenium*** Mart. — ***Maximiliana*** Mart. — ***Jubæa*** Kunth. (Molinæa Bertero.) — ***Orbignya*** Mart.

Iʳᵉ **TRIBU. ARÉCINÉES. —** *ARECINEÆ* **Mart.**

Ovaire 3-loculaire (très-rarement 1-ou 2-loculaire); ovules solitaires (très-rarement géminés), dressés, ou latéralement appendants. Péricarpe en général: baie 2-ou 3-sperme; dans quelques espèces: drupe à 1-3 noyaux 1-spermes, distincts. Étamines hypogynes. — Feuilles pennées, ou pennatifides, ou (rarement) bipennées; folioles rédupliquées en vernation. Fleurs sessiles sur un rachis scrobiculé ou non-scrobiculé. Spathes en général nombreuses, très-rarement nulles.

Genre EUTERPE. — *Euterpe* Mart. (non Gærtn.)

Fleurs monoïques (dans la même inflorescence), sessiles, bractéolées ; les mâles en grand nombre à la partie supérieure des ramifications de la panicule, ou bien géminées auprès de chaque fleur-femelle. — *Fleurs-mâles :* Périanthe extérieur de 5 sépales chartacés, ovoïdes, carénés, concaves, imbriqués en préfloraison. Périanthe intérieur de 5 sépales dressés, coriaces, ovés, ou lancéolés, valvaires en préfloraison. Étamines 6, incluses ; filets libres ou monadelphes à la base, subulés ; anthères sagittiformes - linéaires. Pistil rudimentaire, trifide. — *Fleurs-femelles :* Périanthe extérieur de même que l'intérieur de 5 sépales chartacés, ovés, concaves, obtus, convolutés et imbriqués en préfloraison. Point d'étamines rudimentaires. Ovaire 5-loculaire : 2 des loges minimes. Stigmates 5, sessiles, pointus, connivents. Baie 1-sperme, globuleuse, couronnée des stigmates devenus excentriques ; endocarpe mince, membraneux, adné au tégument de la graine. Périsperme plissé. Embryon latéral ou subbasilaire. — Tronc grêle, élancé, lisse, inerme, annulé, souvent flexueux au sommet ; bois mou. Feuilles terminales, pennées ; folioles très-rapprochées, accumulées, pendantes ; pétiole à gaîne longue. Inflorescences latérales, paniculées, accompagnées chacune de 2 spathes membraneuses, inégales ; ramules de la panicule simples, subfastigiés : les fructifères divariqués, étalés, couverts d'une pubescence granuleuse ou furfuracée. Fleurs jaunâtres ou roses, enfoncées dans des fossettes du rachis. — M. de Martius énumère 4 espèces de ce genre.

EUTERPE OLÉRACÉ. — *Euterpe oleracea* Mart. Palm. p. 29 ; tab. 29 et 50. — Tronc haut de 80 à 120 pieds, mais seulement de 8 à 9 pouces de diamètre, droit, ou flexueux vers le sommet. Feuilles longues de 8 à 12 pieds ; folioles glabrescentes. Fleurs serrées, couvrant entièrement les ramifications de la panicule.

Périanthe extérieur blanc; celui des fleurs mâles à peine de moitié plus court que le périanthe interne. Baies dures, luisantes, d'un violet noirâtre ou brunâtre, du volume d'une balle à fusil; les jeunes couvertes d'une poussière glauque. — Ce Palmier croît en forêts dans les contrées intertropicales du Brésil, où on le connaît sous les noms de *Manaca* et *Palmito*. Son bourgeon fournit un excellent Chou-palmiste.

EUTERPE COMESTIBLE. — *Euterpe edulis* Mart. Palm. p. 55 ; tab. 52. — Tronc haut de 80 à 100 pieds, cylindrique, ou quelquefois un peu épaissi à la base. Feuilles arquées en dehors ou étalées, très-grandes. Folioles longues de 1 ½ pied, larges à peine de 1 pouce, au nombre de 70 à 80 paires, longuement acuminées, très-rapprochées, couvertes en dessous sur leur côte médiane (ainsi que le pétiole) d'une pubescence furfuracée. Panicule à rameaux longs de 1 ½ pied. Fleurs lâches. Périanthe interne des fleurs-mâles d'un pourpre noirâtre, à sépales lancéolés, 5 fois plus long que les sépales externes, lesquels sont suborbiculaires. Périanthe interne des fleurs-femelles violet seulement au sommet, blanchâtre inférieurement. Baie plus petite que celle de l'espèce précédente, luisante, d'un violet noirâtre. — Cette espèce croît dans les forêts-vierges du Brésil (provinces des Mines, de Goyaz, et de Bahia) ; on la connaît sous les noms vulgaires de *Jocara*, *Jucoara*, *Cocos de Jissara*, et *Cocos de Palmito*.

Genre OENOCARPE. — *OEnocarpus* Mart.

Fleurs monoïques (dans la même inflorescence), ébractéolées, sessiles dans des scrobicules du rachis : les supérieures mâles (du moins la plupart); les autres entremêlées (en général une femelle entre deux mâles).—*Fleurs-mâles :* Périanthe externe triparti : segments lancéolés ou subovés, carénés, valvaires en préfloraison. Périanthe interne de 3 sépales ovés ou oblongs, presque plans, striés, distincts, valvaires en préfloraison. Étamines 6 ; filets libres, ou monadelphes à la base, subulés; anthères sagit-

tiformes-linéaires. Pistil rudimentaire. — *Fleurs-femelles :*
Périanthe extérieur de même que l'intérieur de 5 sépales
distincts, conformes, orbiculaires, convolutés et imbriqués
en préfloraison : les intérieurs un peu plus petits que les
extérieurs. Point d'étamines rudimentaires. Ovaire 5-locu-
laire : 2 des loges minimes. Stigmates 5, sessiles, pointus,
connivents. Baie 1-sperme, couronnée des stigmates devenus excentriques ; endocarpe chartacé, adné au tégument de la graine. Périsperme plissé irrégulièrement ou
en forme de rayons. Embryon exactement basilaire. — Arbres élancés ; bois mou. Feuilles pennées, terminales ; folioles un peu crépues. Inflorescences latérales (naissant au-
dessous des feuilles), paniculées, accompagnées chacune
de deux spathes ligneuses : l'extérieure lancéolée, obliquement bifide antérieurement, concave au dos, convexe
antérieurement, à angles latéraux irrégulièrement den-
tés ; l'intérieure rostrée, d'abord cylindrique et close, puis
ouverte antérieurement ; ramules de la panicule simples,
subfastigiés. Fleurs jaunâtres ou brunâtres, coriaces. —
M. de Martius énumère 5 espèces, toutes indigènes de l'A-
mérique équatoriale.

OEnocarpe a feuilles distiques. — *OEnocarpus distichus*
Mart. Palm. p. 22 ; tab. 22 et 25. — Tronc haut de 20 à 40
pieds, droit, lisse. Feuilles longues de 15 pieds et plus, distiques ; folioles linéaires-lancéolées. Périanthe externe des fleurs-
mâles 4 fois plus court que le périanthe interne, à segments
triangulaires ; sépales du périanthe interne oblongs, obtus. Baie
ovoïde, d'un violet noirâtre, obtuse, longue d'environ 8 lignes ;
chair huileuse, d'un brun roux. Périsperme noirâtre.—Cet arbre
croît au Brésil, dans les provinces de Maragnan et de Para ; il se
plaît au bord des fleuves et des rivières ; les naturels, ainsi que
les colons de ces contrées, le plantent au voisinage des habitations. On obtient de son fruit une huile inodore et d'une saveur
agréable, fort recherchée dans le pays pour l'usage alimentaire.

OEnocarpe Bacaba. — *OEnocarpus Bacaba* Mart. Palm.

p. 24 ; tab. 26, fig. 1 et 2. — Tronc haut de 50 à 60 pieds, droit, lisse. Feuilles longues d'environ 15 pieds ; folioles linéaires-lancéolées. Périanthe externe 5 fois plus court que le périanthe interne, à sépales ovales-lancéolés. Sépales internes oblongs, pointus. Baie subglobuleuse, pointue aux 2 bouts, d'un pourpre bleuâtre. Chair mince, presque sèche. — Ce Palmier croît au Brésil, sur les bords du *Rio-Négro* et du *Solimoës* ; les naturels de ces contrées préparent, avec son fruit, une boisson vineuse dont ils ont coutume de s'enivrer.

Genre ORÉODOXE. — *Oreodoxa* Willd.

Fleurs monoïques (dans la même inflorescence), sessiles, accompagnées chacune d'une bractée et de 2 bractéoles ; les supérieures mâles ; les autres entremêlées (en général une mâle auprès d'une paire de femelles).—*Fleurs-mâles :* Périanthe externe de 3 sépales ovés, imbriqués, finalement entregreffés. Périanthe-interne de 3 sépales oblongs-lancéolés, valvaires en préfloraison. Étamines au nombre de 6, ou de 9, ou de 12, insérées au fond du périanthe-interne ; filets subulés ; anthères linéaires. Ovaire rudimentaire. — *Fleurs-femelles :* Périanthe comme celui des fleurs-mâles. Étamines rudimentaires formant une cupule à 6 dents. Ovaire 3 - loculaire. Stigmates 3, sessiles, connivents. Drupe charnu ; noyau mince, crustacé, adné de chaque côté à la graine. Périsperme corné, non-plissé. Embryon subbasilaire. — Tronc grêle, élancé. Feuilles terminales, pennées ; folioles très-rapprochées, inégalement bifides au sommet ; gaîne-pétiolaire longue, cylindrique. Inflorescences paniculées, accompagnées chacune de 2 spathes dont l'extérieure plus courte, et l'intérieure presque ligneuse, d'abord recouvrante, finalement ouverte au sommet.

Oréodoxe Palmiste. — *Oreodoxa oleracea* Mart. Palm. p. 166 ; tab. 156, fig. 1 et 2, et tab. 163. — *Areca oleracea* Linn.—Jacq. Amer. tab. 170 ; id. ed. pict. tab. 255.—*Euterpe*

caribœa Spreng. Syst. — Tronc atteignant 130 pieds de haut,
très-grêle. Feuilles longues d'environ 10 pieds ; folioles longues,
étroites, linéaires, longuement acuminées, bifides au sommet.
Inflorescence à rachis couvert d'une pubescence furfuracée très-
serrée. Drupe obové-oblong, un peu courbé, du volume d'une
grosse Olive, d'abord jaunâtre, finalement lavé de pourpre et de
bleu ; noyau chartacé. Périsperme creusé d'une rainure longitudinale. — Cet arbre habite les Antilles, où on le désigne par le
nom de *Palmiste franc;* il est, d'ailleurs, cultivé dans ces îles,
parce que son bourgeon fournit le *Chou-palmiste* le plus estimé
des colonies américaines. Le port de ce végétal est d'une rare
élégance. Les feuilles servent à couvrir les habitations rustiques ;
on en fait aussi des nattes, des sacs, des paniers et autres ouvrages de vannerie. Le tronc, vidé de son tissu central peu compacte, se trouve converti en conduit d'une seule pièce : ainsi
préparé, il est particulièrement propre à former des conduits
d'eau souterrains, parce qu'il résiste un temps indéfini à la pour-
riture. Le bois de la circonférence, nonobstant son extrême dureté, se fend facilement en long ; on le débite en planches fort
estimées pour établir des palissades. Les fruits fournissent de
l'huile. Le tissu central du tronc contient beaucoup de fécule
qu'on utilise en guise de Sagou.

Oréodoxe royal. — *Oreodoxa regia* Kunth, in Humb. et
Bonpl. Nov. Gen. et Spec. 1, p. 505. — Mart. Palm. p. 168 ;
tab. 156, fig. 3, 4 et 5. — Tronc haut de 40 à 60 pieds, renflé
au milieu. Folioles étroites, lancéolées, acuminées. Drupe
ovoïde ou ellipsoïde, succulent, long d'environ 4 lignes, rouge
avant la maturité, finalement d'un bleu noirâtre. — Cette espèce
habite l'île de Cuba, où on l'appelle *Palmito;* elle sert aux
mêmes usages que la précédente.

Oréodoxe a folioles acuminées. — *Oreodoxa acuminata*
Willd. in Act. Acad. Berol. 1803, p. 252. — Tronc haut de
50 à 60 pieds, cylindracé, à souche-souterraine stolonifère.
Feuilles très-longues ; folioles alternes ou opposées, ensiformes,
acuminées, repliées à la base. Spathes grisâtres, caduques, 1-

valves. Panicule subterminale, très-rameuse. Drupe noir, à noyau du volume d'un Pois. — Ce Palmier croît dans les contrées montueuses de la province de Caracas; son bourgeon donne un fort bon *Chou-palmiste.*

Oréodoxe a folioles tronquées. — *Oreodoxa præmorsa* Willd. l. c. p. 255. — Tronc haut de 40 à 50 pieds, columnaire, lisse, à souche-souterraine stolonifère. Feuilles très-longues; folioles larges, cunéiformes, rétrécies à la base, irrégulièrement dentées et tronquées au sommet, alternes, d'un vert foncé. Drupe ovoïde, médiocrement charnu, du volume d'un œuf de pigeon. — Cette espèce habite les mêmes contrées que la précédente; son bourgeon est également comestible.

Oréodoxe Sancona. — *Oreodoxa Sancona* Kunth, in Humb. et Bonpl. Nov. Gen. et Spec. 1, p. 504. — Tronc atteignant jusqu'à 150 pieds de haut. Folioles submembranacées, crépues, flásques. Spathe monophylle, ovoïde, pointue, inerme. Panicule pendante, à rameaux flexueux. — Cette espèce, remarquable par sa taille gigantesque, et par la dureté de son bois, croît au voisinage de la ville de Carthagène.

Genre ARÉCA. — *Arèca* Linn.

Fleurs monoïques (dans la même inflorescence), bractéolées, sessiles dans des fovéoles du rachis; les supérieures mâles, les autres femelles ou entremêlées (ordinairement une paire de mâles auprès d'une seule femelle). — *Fleurs-mâles :* Périanthe-externe triparti; segments carénés. Périanthe-interne de 5 sépales distincts, lancéolés, valvaires en préfloraison. Étamines 5, ou 6 à 12, insérées au fond du périanthe-interne; filets subulés, monadelphes à la base; anthères sagittiformes-ovées. Ovaire rudimentaire. — *Fleurs-femelles :* Périanthe externe de même que l'interne de 5 sépales convolutés et imbriqués en préfloraison. Étamines rudimentaires. Ovaire ovoïde, 5-loculaire. Stigmates 5, sessiles, étalés. Baie 1-sperme; endocarpe crustacé ou membranacé, mince, adné au tégument de la graine. Périsperme plissé ou non plissé, corné. Embryon basilaire, ou latéral près de la base. — Tronc inerme ou spinelleux, en général élancé, droit, ou flexueux. Feuilles terminales, pennées; folioles lancéolées, acuminées, étalées, très-rapprochées, les supérieures souvent confluentes et tronquées au sommet; gaîne–pétiolaire longue, cylindrique. Inflorescences paniculées (à ramules très-simples ou comme pennés, subfastigiés), latérales (naissant un peu au-dessous des feuilles), accompagnées chacune de deux spathes membranacées ou coriaces, complètes. Bractées et bractéoles quelquefois nulles. — M. de Martius décrit 17 espèces, toutes de la zone équatoriale de l'ancien continent.

Aréca cultivé. — *Areca Catechu* Linn. (1). — Roxb. Corom. 1, tab. 75. — Hayne Arzn. 7, tab. 55. — Mart. Palm. tab. 102, et 149, fig. 4. — *Pinanga* Rumph. Amb. 1, p. 26; tab. 4. — *Caunga* Hort. Malab. 1, p. 9; tab. 5 ad 8. — *Areca Faufel* Gærtn. Fruct. 1, tab. 7, fig. 2. — Tronc haut de 50 à 50 pieds, inerme, grêle (au plus de ½ pied de diamètre); écorce grisâtre; bois blanchâtre, dur. Feuilles longues d'environ 15 pieds, arquées; folioles longues de 5 pieds à 5 ½ pieds, d'un vert foncé, plissées, linéaires, acuminées, de la largeur de la main: les terminales confluentes, cunéiformes, tronquées et dentées au sommet. Spathe longue de 1 ½ à 2 pieds. Panicule inclinée, très-rameuse. Fleurs alternes, 6- ou 9-andres. Fruit de forme et de grosseur variées. Périsperme plissé, ayant la consistance et l'apparence de la noix de muscade.

Rumphius distingue trois races ou variétés principales (peut-être sont-ce autant d'espèces) de ce Palmier, savoir :

1° Le *Pinang Calappa* des Malais. Le fruit est du volume et

---

(1) Linné a donné à ce végétal le nom de *Catechu*, parce qu'il croyait à tort que c'est lui qui produit la substance appelée *Cachou*. (Voyez *Mimosa Catechu*, vol. 1, p. 74.)

de la forme d'un œuf d'oie, à la maturité mince et fragile, rougeâtre avec des stries grisâtres. Périsperme ovale, acuminé.

2° Le *Pinang blanc*. Fruit oblong ou subglobuleux, du volume d'un œuf de cane, d'abord verdâtre ou blanchâtre, finalement d'un jaune orange ; mésocarpe charnu, peu fibreux, comestible. Périsperme blanchâtre ou grisâtre, ellipsoïde. Cette sorte est la plus estimée pour la mastication.

5° Le *Pinang noir*. Fruit du volume d'un œuf de poule, oblong, roussâtre à la maturité. Périsperme d'un vert foncé.

Cet arbre est très-fréquemment cultivé dans les deux presqu'îles de l'Inde, et notamment aux îles de la Sonde (où il est probablement indigène), aux Moluques et dans les autres archipels de l'Océan Indien. Les Malais le désignent par le nom de *Pinang ;* le nom de *Caunga*, sous lequel il est décrit dans le *Hortus Malabaricus*, est probablement une corruption de celui de Pinang : car, au témoignage de Rumphius, ce mot n'appartient à aucune langue de l'Inde. Le nom d'*Areca* ou *Aréc* est d'origine portugaise. Tout le monde connaît la coutume qu'ont les Malais de mâcher continuellement une préparation composée de noix d'Arec (c'est-à-dire le périsperme de cette graine), de chaux, et de Bétel ; nous en avons, d'ailleurs, déjà parlé au sujet du Bétel (vol. 11, p. 15). Dans ce mélange, la chaux sert, à ce qu'il paraît, à neutraliser l'excessive astringence qui caractérise l'Arec, et le Bétel y est ajouté à titre d'aromate. On mange la partie charnue du fruit de certaines variétés de l'*Arec*. Les autres parties de l'arbre ne sont pas d'une grande utilité.

Genre SÉAFORTHIA. — *Seaforthia* R. Br.

Fleurs polygames-monoïques (dans la même inflorescence), sessiles, bractéolées ; les supérieures mâles ; les autres entremêlées (en général une fleur femelle entre deux fleurs mâles).— *Fleurs-mâles :* Périanthe externe de 5 sépales ovés, imbriqués. Périanthe interne trifide ; lanières oblongues, valvaires en préfloraison. Étamines nombreuses, insérées au fond du périanthe interne ; filets filiformes, libres ; anthères linéaires. Ovaire rudimentaire. — *Fleurs-*

femelles : Périanthe comme celui des fleurs-mâles ; sépales convolutés et imbriqués en préfloraison. Point d'étamines rudimentaires. Ovaire 1-loculaire, 1-ovulé ; ovule dressé. Style nul ou très-court. Stigmate 5-lobé ou capitellé. Baie 1-sperme. Périsperme plissé. — Tronc inerme. Feuilles terminales pennées ; folioles rédupliquées, érosées. Inflorescences latérales (naissant au-dessous des feuilles), paniculées (à ramules simples ou comme pennés), ou simples, accompagnées chacune de deux spathes dont l'intérieure recouvrante en préfloraison. Fleurs en général verdâtres. — M. de Martius énumère 15 espèces.

SÉAFORTHIA GRÊLE. — *Seaforthia ptychosperma* Mart. Palm. p. 182 ; tab. 128 et 129. — *Ptychosperma gracilis* Labill. in Mém. de l'Inst. 9 (1808), p. 251, cum icone. — Tronc très-grêle, roide, droit, très-dur, s'élevant jusqu'à 60 pieds, sur seulement 2 à 3 pouces de diamètre. Feuilles longues de 5 à 8 pieds ; folioles linéaires ou sublancéolées, étroites, obliquement tronquées et inégalement bifides au sommet, à côte-médiane couverte en-dessous d'une pubescence furfuracée très-fine. Panicules longues de 2 pieds et plus, rameuses. Fleurs d'un jaune verdâtre ; les mâles 20-à 30-andres, à sépales internes étroits, oblongs, pointus. Baie rouge, ovale, mucronée. Périsperme à 5 sillons profonds. — Ce Palmier, remarquable par son tronc extrêmement grêle, croit aux Nouvelles-Hébrides.

Genre IRIARTÉA. — *Iriartea* Ruiz et Pav.

Fleurs monoïques (dans la même inflorescence), sessiles, bractéolées ; les mâles (beaucoup plus nombreuses) entre-mêlées sans ordre aux femelles. — *Fleurs-mâles :* Périanthe externe de même que l'interne de 3 sépales distincts, ovés ; les extérieurs concaves ; les intérieurs dressés, valvaires en préfloraison. Étamines au nombre de 12 à 50 (par exception 6), insérées au fond du périanthe interne ; filets très-courts, cylindriques ; anthères tétragones. Ovaire rudimentaire. — *Fleurs-femelles :* Périanthe externe de même que l'interne de 5 sépales distincts, conformes, orbiculaires, imbriqués et convolutés en préfloraison. Étamines rudimentaires nulles. Ovaire 5-loculaire; deux des loges minimes, stériles. Stigmates 5, sessiles. Baie monosperme, médiocrement charnue. Périsperme presque osseux, non-plissé. Embryon basilaire. — Tronc columnaire ou *ventru vers le milieu*, inerme, élancé, en général soutenu au-dessus de terre par les racines qui sont saillantes et convergentes en forme de cône. Feuilles terminales, pennées; folioles subtrapézoïdales, obliquement adnées au pétiole, plissées, en général profondément fendues en lanières dentées ou tronquées; pétiole convoluté vers la base en forme de cylindre, s'ouvrant finalement d'un côté. Inflorescences latérales (naissant au-dessous des feuilles), paniculées (à ramules simples), sessiles, floconneuses, accompagnées chacune de plusieurs spathes; spathes caduques : les extérieures incomplètes, obliquement tronquées au sommet; les intérieures recouvrantes en préfloraison, s'ouvrant longitudinalement. Fleurs jaunes ou jaunâtres, serrées. Périsperme non-oléagineux. — M. de Martius décrit 8 espèces.

Iriartéa a racines saillantes.— *Iriartea exorrhiza* Mart. Palm. p. 56 ; tab. 53 et 54. — Tronc columnaire, s'élevant jusqu'à 100 pieds. Racines formant un énorme cône saillant de 6 à 8 pieds au-dessus du sol. Feuilles longues de 12 à 20 pieds; folioles obliquement subtrapézoïdales, planes, sinuées-dentées du côté intérieur. Panicule à l'époque de la floraison longue de 1 ½ pied, étalée, plus tard pendante. Baie ellipsoïde, longue de 8 à 12 lignes, jaunâtre. — Cet arbre superbe croît aux bords de l'Amazone et de ses affluents.

Iriartéa a tronc ventru. — *Iriartea ventricosa* Mart. Palm. p. 57 ; tab. 55 et 56. — Tronc haut de 80 pieds et plus, renflé vers le milieu, soutenu au-dessus de la surface du sol par un cône de racines d'environ 8 pieds de haut. Feuilles longues de 8 à 12 pieds; folioles un peu plissées, sinuolées du côté intérieur. Panicules longues de 3 à 4 pieds, pendantes après la floraison. Spathes au nombre de 10 à 12. Baie globuleuse ou ovoïde-globuleuse, du volume d'une Cerise, d'un brun-jaunâtre. — Ce Palmier habite les forêts-vierges des contrées intertropicales du Brésil ; il est remarquable par son tronc fortement renflé vers le milieu.

IRIARTÉA DES ANDES. — *Iriartea andicola* Spreng. Syst. — *Ceroxylon andicola* Humb. et Bonpl. Plant. Équinox. 1, p. 1; tab. 1 et 2. — Tronc s'élevant jusqu'à 180 pieds, un peu renflé vers le haut. Feuilles très-grandes ; folioles très-nombreuses, linéaires, coriaces, plissées, bifides au sommet, du reste très-entières, couvertes en dessous (de même que le pétiole) d'une pubescence furfuracée d'un blanc argenté. Panicules longues d'environ 3 pieds, pendantes après la floraison. Spathes solitaires. Fleurs-mâles ordinairement dodécandres. Baie globuleuse, violette. — Ce Palmier croît dans les Andes du Pérou ; il ne commence à se montrer qu'à une élévation de 900 toises au-dessus du niveau de l'Océan ; c'est la seule espèce de Palmier que MM. de Humboldt et Bonpland aient observée à une hauteur aussi considérable. Ce végétal est, en outre, très-remarquable tant par sa taille gigantesque, que parce qu'il produit une sorte de cire ; les habitants du pays recueillent cette substance qui suinte abondamment de toute la surface du tronc de l'arbre ; ils la mêlent avec un tiers de suif pour en faire des cierges et des bougies.

Genre ARENGA. — *Arenga* Labill.

Fleurs monoïques (dans la même inflorescence), sessiles, accompagnées chacune d'une bractée et de deux bractéoles. Une fleur femelle rudimentaire est insérée entre chaque paire de fleurs-mâles. — *Fleurs-mâles :* Périanthe externe de même que l'interne de 3 sépales distincts ; sépales externes ovés, imbriqués ; sépales internes oblongs, valvaires en préfloraison. Étamines en nombre indéfini ; filets filiformes, libres ; anthères linéaires, cuspidées. — *Fleurs-*

femelles : Périanthe externe (de même que l'interne) de 5 sépales distincts : sépales externes convolutés et imbriqués en préfloraison ; sépales internes valvaires en préfloraison. Point d'étamines rudimentaires. Ovaire 5-loculaire ; ovules solitaires. Stigmates 5, coniques, connés par la base. Baie 5-sperme ou par avortement 2-sperme. Graines subtrigones, à tégument dur et épais. Périsperme corné, uni. Embryon dorsal. — Tronc gros, élancé, columnaire, couvert des restes des pétioles qui persistent sous forme d'écailles irrégulières, et d'un réseau de grosses fibres pétiolaires. Feuilles terminales, pennées ; folioles répliquées en vernation, auriculées et comme rétrécies en pétiolule à la base. Panicules naissant de la base des pétioles, pendantes, à ramules effilés, allongés, très-simples ; spathes caduques, basilaires, recouvrantes en préfloraison. Fleurs verdâtres. — On ne connaît que 2 espèces.

Arenga a sucre. — *Arenga saccharifera* Labill. in Mém. de l'Inst. 4, p. 209. — Mart. Palm. p. 191 ; tab. 108. — *Saguerus* sive *Gomutus* Rumph. Amb. 1, p. 57 ; tab. 13. — *Borassus Gomutus* Lour. Coch. — *Gomutus saccharifer* Spreng. Syst. — *Saguerus Rumphii* Roxb. Flor. Ind. ed. 2, vol. 5, p. 626. — *Saguerus Gamuto* Houtt. — Link, Enum. — Tronc haut de 50 à 40 pieds, quelquefois si gros, que deux hommes suffiraient à peine pour l'embrasser (*Rumphius*), couvert de fibres noires semblables à du crin de cheval, finalement nu, columnaire, nullement épaissi à la base. Feuilles longues de 15 à 25 pieds. Folioles opposées ou alternes, rapprochées, ensiformes, finement spinelleuses aux bords, tronquées ou lacérées au sommet, glabres et d'un vert foncé en dessus, pulvérulentes et incanes en dessous, longues de 5 à 5 pieds, larges de 4 à 5 pouces ; pétiole inerme, fibrilleux aux bords. Panicules longues de 6 à 10 pieds, pendantes, en général solitaires. Fleurs-femelles occupant seulement le rameau terminal de la panicule ; les autres ramifications sont masculiflores, subfastigiées. Périanthe interne des fleurs-femelles 5 fois plus long que le périanthe externe. Baie du volume d'une petite Pomme, d'un vert bleuâtre avant la maturité, finalement d'un jaune roussâtre : pulpe très-caustique. Graines noirâtres, grosses. (*Roxburgh, l. c.*)

Cet arbre croît aux îles de la Sonde, aux Moluques, aux Philippines et aux autres archipels des mêmes parages, ainsi que dans la presqu'île orientale de l'Inde; on le cultive dans toutes ces contrées ; il se plaît dans les vallons ombragés et humides. Les Malais l'appellent *Gomuto* et *Gamuto ;* le nom d'*Areng* ou *Aren* lui est donné à Java ; celui de *Saguerus* tire son origine du mot *Sagueiro*, par lequel on le désigne dans les colonies d'origine portugaise. C'est un végétal d'une grande utilité pour l'Asie équatoriale. Il fournit une énorme quantité de la séve sucrée qu'on connaît sous le nom de *vin de palme*. On obtient cette liqueur en coupant la panicule, vers la fin de la floraison, peu au-dessus de la base ; on y fixe un vase, de manière à recevoir la séve qui s'écoule de la blessure, et l'on a soin d'en vider le contenu, chaque jour, le matin et le soir. La séve s'écoule sans interruption pendant 5 à 6 mois consécutifs. La séve récente de l'Areng est limpide et douceâtre ; mais, à cet état, elle passe pour insalubre, parce qu'elle est trop relâchante ; aussi, avant d'en faire usage à titre de boisson, la laisse-t-on fermenter avec des racines amères et aromatiques : à la suite de ce procédé elle se convertit en une liqueur vineuse fort goûtée des Malais, mais, en général, peu agréable au palais des Européens. En faisant évaporer la séve de ce Palmier jusqu'à la consistance d'un sirop épais, elle finit par former un sucre brut, de qualité fort médiocre comparativement au sucre de canne; toutefois les insulaires de la mer des Indes en font un usage journalier. Le tissu cellulaire du centre du tronc donne une fécule analogue au Sagou, mais beaucoup moins estimée que celui-ci. On confectionne des cordes, des tissus grossiers et des matelas avec la filasse des gaînes-pétiolaires. La pulpe du fruit est caustique au point de corroder la peau et de causer des douleurs atroces aux imprudents qui oseraient la manier. Rumphius rapporte que les naturels des Moluques défendaient parfois des places fortes en lançant sur les assaillants de l'eau dans laquelle on avait fait macérer des fruits d'Areng.

Genre CARYOTA. — *Caryota* Linn.

Fleurs monoïques (dans la même panicule), sessiles ; les
mâles bractéolées, géminées avec une fleur-femelle entre
les deux. — *Fleurs-mâles* : Périanthe externe de trois sépales distincts, imbriqués, épaissis au dos. Périanthe interne triparti ; segments valvaires en préfloraison. Étamines nombreuses : filets très-courts, soudés en urcéole à
la base ; anthères linéaires. Point de pistil rudimentaire.
— *Fleurs-femelles :* Périanthe comme celui des fleurs-mâles ;
sépales imbriqués et convolutés en préfloraison. Staminodes (quelquefois nuls) 5, claviformes. Ovaire soit 1-locu-
laire et à stigmate pointu, soit 2-ou 5-loculaire, à 2 ou 5
stigmates connivents; ovules solitaires. Baie 1-ou 2-sperme.
Graines planes antérieurement, convexes au dos. Périsperme corné, plissé. Embryon dorsal.—Tronc gros, élancé.
Feuilles terminales, amples, bipennées ; folioles demi-
flabelliformes ou cunéiformes-triangulaires, dentées (quelquefois laciniées) du coté intérieur, plissées en vernation.
Panicules grandes, pendantes, rameuses (ramules fastigiés,
très-simples), naissant de la base des pétioles, accompagnées chacune de plusieurs spathes basilaires recouvrantes
en préfloraison. Fleurs coriaces, verdâtres, finalement carnées. — On connaît 8 espèces.

CARYOTA A FRUIT CAUSTIQUE.—*Caryota urens* Linn.—Lamk.
Ill. tab. 897. — Gærtn. Fruct. 1, tab. 7, fig. 5. — Mirb. in
Ann. du Mus. vol. 15, tab. 5, fig. 29.—Mart. Palm. p. 195;
tab. 107, 108 et 162. — *Schunda Pana* Hort. Malab. 1, tab.
11. — Tronc columnaire, s'élevant souvent jusqu'à 60 pieds ;
écorce presque unie. Feuilles longues d'environ 14 pieds. Folioles obliquement triangulaires ou semi-rhomboïdales, subalternes,
fimbriolées du côté intérieur de pointes roides. Panicule longue
de 6 à 10 pieds, à rameaux longs de 4 à 8 pieds. Fleurs rapprochées, subverticillées-ternées; les mâles 18-à 52-andres. Sépales
internes beaucoup plus longs que les sépales externes. Baie sub-

globuleuse, du volume d'une noix de muscade, jaune ou rougeâtre
à la maturité, presque sèche, ordinairement disperme.— Cet arbre croît dans les montagnes de l'Inde, notamment au Bengale,
sur la côte de Coromandel et de Malabar, ainsi qu'à Ceylan :
c'est un des plus beaux Palmiers de ces régions. Le tronc ne produit des fruits qu'une seule fois, et il meurt peu après ; toutefois
il se reproduit du pied, par des drageons qui se développent à
l'époque de la floraison. De même que l'*Areng*, ce *Caryota*
donne une énorme quantité de vin de palme (1), dont on tire
parti tant comme boisson fermentée que pour la préparation
d'un sucre brut. Le tissu moelleux de l'intérieur du tronc abonde
en fécule qui, suivant Roxburgh, est aussi excellente que le
meilleur Sagou des Moluques. La chair du fruit est extrêmement
âcre : c'est à cette propriété que fait allusion le nom spécifique du
végétal.

CARYOTA DE RUMPHIUS. — *Caryota Rumphiana* Mart. Palm.
p. 195. — *Saguaster major* Rumph. Amb. 1, p. 64 ; tab. 14.
— *Caryota urens* auctorum plurr. (non Linn). — Tronc droit,
assez haut. Folioles demi-rhomboïdales, subpétiolulées, dentées
du côté intérieur, rapprochées ; la foliole basilaire de chaque ramification du rachis rhomboïdale, sessile, appliquée. Baie disperme. (*Martius, l. c.*) — Cette espèce, qui avait été longtemps
confondue avec la précédente, habite les îles de la Sonde et les
Moluques ; elle ne fructifie aussi qu'une seule fois. Son bourgeon
est comestible. Le bois est mince, mais très-dur ; et, comme il se
fend facilement dans sa longueur, on le débite en planches et en
bardeaux, qui deviennent très-durables après avoir été enfumés
durant quelques jours. Le tissu moelleux de l'intérieur du tronc
est riche en fécule, laquelle toutefois n'est recherchée comme aliment qu'en temps de disette. Il ne paraît pas qu'on retire du vin
de palme de cette espèce ; Rumphius du moins n'en fait aucune
mention. Quant au fruit, sa partie charnue est tout aussi caustique que dans l'*Areng* et dans le *Caryota urens.*

______

(1) Au témoignage de Roxburgh, un seul tronc peut fournir jusqu'à
une centaine de pintes de séve dans l'espace de vingt-quatre heures.

IIe TRIBU. **LÉPIDOCARYNÉES.** — *LEPIDOCARY-NEÆ* Mart.

Ovaire 3-loculaire (très-rarement 2-loculaire); ovules dressés. Baie 1-sperme (très-rarement 2-ou 3-sperme), à épicarpe formé d'écailles coriaces, entregreffées, imbriquées de haut en bas. Tige en général sarmenteuse et excessivement longue. Feuilles distiques et plus ou moins distancées (excepté quand la tige n'est point sarmenteuse), pennées (par exception palmées); pétiole souvent terminé en longue vrille ; gaîne et rachis garnis d'aiguillons. Folioles rédupliquées en vernation, souvent cirrifères au sommet. Inflorescences rameuses, en général accompagnées chacune de plusieurs spathes incomplètes. Fleurs sessiles, serrées, en général agrégées en épis amentiformes; bractées spathacées; bractéoles plus ou moins connées.

Genre CALAMUS. — *Calamus* Linn.

Fleurs dioïques ou polygames-dioïques.—*Fleurs-mâles :* Périanthe externe 3-denté ou 3-fide. Périanthe interne triparti ou de 3 sépales distincts. Étamines 6 (très-rarement moins de 6); filets monadelphes à la base ; anthères sagittiformes. Ovaire rudimentaire. — *Fleurs-femelles :* Périanthe comme dans les fleurs-mâles. — Étamines 6, rudimentaires, soudées en urcéole. Ovaire 3-loculaire, couronné de 3 stigmates sessiles. Baie monosperme (très-rarement 2-ou 3-sperme), écailleuse. Périsperme plissé ou tuberculeux, corné. Embryon subbasilaire. — Tiges (souvent en touffe) articulées, simples, grêles, faibles, très-longues, grimpantes, cylindriques, inermes, lisses, flexibles, élastiques. Feuilles alternes, distancées, pennées, ou réduites absolument au pétiole ; gaîne-pétiolaire longue, persistante ; rachis lâche, en général terminé en vrille souvent très-longue ; dans la plupart des espèces la gaîne-pétiolaire, le rachis et la vrille sont garnis d'aiguillons ; folioles garnies de petits aiguillons aux bords et aux nervures. Inflorescences paniculées (à ramules distiques), d'abord terminales, plus tard latérales par l'accroissement ultérieur de la tige ; rachis souvent terminé en vrille ; spathes nombreuses, incomplètes, cylindriques, engaînantes. Fleurs roses ou verdâtres, petites, distiques, serrées, formant des épis amentiformes. Bractées et bractéoles spathacées. — M. de Martius énumère 46 espèces ; toutes habitent les régions équatoriales de l'ancien continent.

Les *Calamus*, ainsi que les espèces de quelques genres voisins, sont connus sous les noms vulgaires de *Rotans* (en malai *Rottang*) ou *Palmiers-joncs* (parce que leurs tiges sont grêles et flexibles comme les joncs). Ces végétaux s'éloignent beaucoup des autres Palmiers par leur manière de croître, et ils ressemblent, sous ce rapport, à certains Bambous ; ils forment des lianes épineuses, d'une longueur démesurée (1), grimpant d'arbre en arbre, et constituant un des plus redoutables obstacles dans les forêts de l'Asie tropicale. Toutefois, pendant les premières années de leur vie, les Rotans, de même que tous les jeunes Palmiers, sont dépourvus de tige et réduits à une grande touffe de feuilles radicales. La plupart ne fleurissent et ne fructifient qu'à un âge avancé, et il paraît que chez certaines espèces les tiges meurent après avoir accompli cet acte de reproduction. Les tiges des Rotans, en vertu de leur élasticité, se prêtent à quantité d'usages dans l'économie domestique ; c'est de différentes espèces de ce genre que proviennent les cannes et les badines qu'on appelle vulgairement *joncs d'Inde*. Rumphius rapporte que lorsqu'on coupe une jeune tige de Rotan, il en jaillit à

---

(1) Au témoignage de Rumphius (Amb. 5, p. 97), il en est qui atteignent la longueur incroyable de trois cents toises.

l'instant même une séve abondante, incolore, à peu près
insipide, et potable à défaut d'une meilleure boisson.

CALAMUS A CRAVACHES. — *Calamus equestris* Willd. —
Mart. Palm. p. 205 ; tab. 113 et 128. — *Palmijuncus equestris* Rumph. Amb. 5, p. 110; tab. 56, et 57, fig. 1. — Souche
grosse, noueuse. Tiges atteignant près de 200 pieds de long, de
la grosseur du petit doigt, radicantes à la base, grimpantes,
flexueuses, très-flexibles, d'un jaune pâle; entre-nœuds longs de
6 à 7 pouces. Feuilles-radicales longues d'environ 5 pieds.
Feuilles-caulinaires longues de 5 pieds et plus (la vrille non comprise) ; rachis de la grosseur d'une plume d'oie, terminé en vrille
très-grêle, flexible, longue de 5 à 4 pieds, garnie de même que
le rachis et la gaîne d'aiguillons nombreux, épars, recourbés.
Folioles longues de 7 à 10 pouces, larges d'environ 1 ½ pouce,
fasciculées, minces, glabres, d'un vert foncé, lancéolées, acuminées-cuspidées, spinelleuses aux nervures. Panicule simple,
longue de 5 pieds et plus, nutante, composée d'épis grêles, courbés, réfléchis; rachis de la panicule-mâle couvert d'aiguillons réfléchis; rachis de la panicule-femelle inerme ou garni de petits
aiguillons rectilignes. Fruit jaunâtre, du volume d'un Pois, globuleux, mucroné. Graine dure, noirâtre. — Cette espèce habite
les îles de la Sonde, les Moluques et les Philippines ; les Malais
l'appellent *Tsjavoni*, ou *Rottang Tsjavoni*. Ses sarments, en raison de leur élasticité, sont fort recherchés pour en faire des cravaches. On les emploie aussi en guise d'osiers.

CALAMUS FLEXIBLE. — *Calamus viminalis* Willd. — *Calamus Reinwardtii* Mart. Palm. p. 205; tab. 112, et tab. U,
fig. 5. — *Palmijuncus viminalis* Rumph. Amb. 5, p. 108;
tab. 55, fig. 2, A et B. — Tiges longues de 60 à 80 pieds,
seulement de la grosseur d'une plume d'oie, grimpantes, très-
flexibles, flexueuses, couvertes (suivant Rumphius) de petites
écailles panachées; entre-nœuds supérieurs longs de 12 à 14
pouces; entre-nœuds inférieurs longs seulement de 8 à 9 pouces
et moins gros que les supérieurs. Feuilles non-cirrifères; gaîne
garnie de nombreux aiguillons subflexueux, jaunâtres, plats ; ra-

chis garni d'aiguillons rectilignes, défléchis, épaissis à la base.
Folioles éparses, linéaires-lancéolées, acuminées, subtrinervées.
Panicule composée ou décomposée ; épis souvent remplacés par
des ramules stériles cirriformes et garnis d'aiguillons. Baie ovoïde-
globuleuse, d'un jaune pâle, longue de 6 à 7 lignes. — Cette
espèce croît aux îles de la Sonde ; les Malais la désignent par le
nom de *Rottang Java* (parce que, dit Rumphius, on l'apporte en
grande quantité aux marchés de Java) ; ses sarments sont particulièrement recherchés pour tous les usages auxquels s'emploie
l'Osier en Europe ; on en exporte beaucoup dans toutes les contrées de l'Inde où ce Rotan n'est pas indigène.

CALAMUS A LARGES AIGUILLONS. — *Calamus platyacanthos*
Mart. Palm. p. 206 ; tab. 160, fig. 1 ad 5. — *Palmijuncus
verus angustifolius*, Rumph. Amb. 5, p. 105 ; tab. 54, fig. 2.
— *Calamus verus* Willd. — Tige longue de 500 pieds et plus,
de la grosseur du doigt, solitaire, grimpante, très-flexible ; entre-
nœuds longs. Feuilles longues de 6 à 8 pieds (la vrille non comprise) ; rachis terminé en vrille à peu près de la même longueur, pendante, simple, grêle, flexible ; aiguillons de la vrille
et du rachis oncinés : ceux d'en dessous épars, ceux d'en dessus
verticillés, confluents par la base ; gaîne couverte de grands
aiguillons aplatis, subverticillés, rectilignes. Folioles éparses,
linéaires-lancéolées, acuminées, longues de 1 ½ pied, larges
d'environ 2 pouces, spinelleuses aux bords et aux nervures. Panicule longue de 4 ½ pieds, décomposée. Baie ovale, du volume
d'une balle à fusil. — Cette espèce croît aux Moluques et aux
îles de la Sonde ; ses tiges servent à faire des cannes, des câbles
et des cordages.

CALAMUS A CANNES. — *Calamus scipionum* Loureir. Coch.
(non Lamk.) — Tige assez forte, roussâtre ; entre-nœuds longs
d'environ 5 pieds. Feuilles assez courtes. — Espèce fort incomplétement connue, indigène des parages du détroit de Malacca.
Suivant Loureiro, c'est ce Rotan qui fournit les cannes ou joncs
d'Inde qu'on importe en Europe.

Calamus Rotan. — *Calamus Rotang* Willd. — Roxb.
Flor. Ind. ed. 2, vol. 3, p. 777. — Mart. Palm. p. 208;
tab. 116, fig. 8 (fruct.) — Tiges très-longues, grimpantes, de la
grosseur du petit doigt. Feuilles longues de 18 à 56 pouces; rachis terminé en vrille très-longue, grêle, flexueuse; gaîne garnie de nombreuses épines fortes, rectilignes, comprimées. Folioles longues de 6 à 12 pouces, alternes ou opposées, spinelleuses
aux bords, sétifères en dessus, linéaires-lancéolées, équidistantes.
Panicule surdécomposée, pendante; épis recourbés. Baie du volume d'une petite Cerise. (*Roxburgh, l. c.*) — Cette espèce croît
dans l'Inde; ses tiges, d'après Roxburgh, fournissent les badines
qu'on importe en Europe sous le nom de *joncs d'Inde.*

Calamus Calappa. — *Calamus calapparius* Mart. Palm.
p. 209. — *Calamus Rotang* Gærtn. Fruct. 2, tab. 159. —
Palmijuncus calapparius Rumph. Amb. 5, p. 98; tab. 51. —
Tige très-longue, grimpante, flexueuse, atteignant vers la base
la grosseur du bras d'un homme. Feuilles à gaîne hérissée de longues soies serrées, roussâtres. Folioles longues de 1 ¹/₂ pied,
larges de 1 pouce, d'un vert foncé, trinervées, linéaires-lancéolées, sétifères aux nervures. Rachis du pétiole garni d'aiguillons
épars, oncinés. Panicule longue de 2 pieds à 2 ¹/₂ pieds, décomposée. Baie subglobuleuse, mamelonnée au sommet, d'environ 1
pouce de diamètre, pourpre avant la maturité, finalement jaunâtre. Graine noirâtre. — Cette espèce croît aux Moluques; ses
jeunes pousses sont moelleuses et mangeables.

Calamus a cordes. — *Calamus rudentum* Lour. Coch. —
Mart. Palm. p. 211. — *Palmijuncus albus* Rumph. Amb. 5,
p. 102; tab. 55. — *Calamus albus* Pers. Syn. — Tiges longues
de 100 à 150 toises, de la grosseur de deux doigts (excepté vers
la base où elles atteignent la grosseur du bras), grimpantes, touffues, d'un blanc grisâtre : les jeunes couvertes d'une matière
visqueuse et odorante; entre-nœuds longs de 1 ¹/₂ à 2 toises.
Feuilles-radicales longues de 11 à 15 pieds; à pétiole garni d'aiguillons. Feuilles-caulinaires longues de 10 à 11 pieds; gaîne

garnie d'aiguillons subverticillés, grêles, rectilignes ; rachis terminé en vrille longue de 5 à 6 pieds, grêle, pendante, striée : l'un et l'autre garnis d'aiguillons la plupart oncinés. Folioles longues d'environ 20 pouces, larges de 8 ou 9 lignes, subtrinervées, linéaires, acuminées-cuspidées, équidistantes, hérissées de soies raides. Panicules longues d'environ 4 pieds, décomposées ; spathe et rachis garnis d'aiguillons. Baie ovale-globuleuse, du volume d'un noyau de Cerise, grisâtre à la maturité. Graine noire. — Cette espèce habite les Moluques, les îles de la Sonde et la Cochinchine ; les Malais l'appellent *Rottang Puti* (c'est-à-dire *Rotan blanc*). Ses tiges, douées d'une grande ténacité, sont fort recherchées pour faire des câbles, des cordes (assez fortes, à ce qu'assure Loureiro, pour maintenir les éléphants sauvages), de la vannerie et autres ouvrages de cette nature. On en fait si grand usage, dit Rumphius, qu'il y a lieu de s'étonner que l'espèce ne soit pas extirpée aux Moluques. Ces tiges fournissent aussi d'excellentes cannes.

CALAMUS SANG-DRAGON.— *Calamus Draco* Willd.— Plenk, Plant. Officin. tab. 276. — Hayn. Arzn. 10, tab. 5. — Nees, Plant. Offic. 17, tab. 5 et 4. — Mart. Palm. p. 211 ; tab. 116, fig. IX (fruct.) — *Palmijuncus Draco* Rumph. Amb. 5, p. 114 ; tab. 58, fig. 1. — *Rottang Dsjerenang* Kæmpf. Amœn. Exot. p. 552. — Tiges grêles, très-longues, grimpantes. Feuilles non-cirrifères ; gaîne garnie d'aiguillons subulés, rectilignes, plats, d'un brun noirâtre, disposés par séries longitudinales ; rachis garni d'aiguillons conformés comme ceux de la gaîne, mais épars. Folioles longues de 12 à 18 pouces, larges d'environ 9 lignes, équidistantes, linéaires-lancéolées, pointues, sétifères aux bords, spinelleuses aux nervures. Panicules oblongues, oppositifoliées, décomposées. Spathes lancéolées, coriaces ; l'inférieure spinelleuse en dessous ; les autres inermes. Baie globuleuse, pointue, du volume d'une Cerise. (*Roxburgh, Flor. Ind.*) — Cette espèce habite les Moluques et les îles de la Sonde ; les Malais la désignent par le nom de *Rottang-Dsjerenang ;* c'est d'elle que provient la substance connue dans le commerce sous le nom de *Sang-Dragon* (1) ; cette gomme-résine (que les Malais nomment *Djernang* et *Djerenang*) suinte de la surface des fruits du végétal. Les tiges de ce *Calamus* offrent des entre-nœuds d'environ 5 pieds de long, qui donnent de très-belles cannes.

Genre ZALACCA. — *Zalacca* Reinw.

Fleurs dioïques : les mâles géminées dans des bractées spathacées; les femelles solitaires. *Fleurs-mâles :* Périanthe externe trifide ou triparti. Périanthe interne triparti, tubuleux. Étamines 6 ; filets monadelphes à la base ; anthères sagittiformes – linéaires. — *Fleurs-femelles :* Périanthe externe triparti ainsi que le périanthe interne. Six staminódes hypogynes, soudés en forme de cupule. Ovaire 5-loculaire ; ovules dressés. Stigmates 5, subsessiles. Baie écailleuse, charnue en dedans, subuniloculaire, 1- à 5-sperme. Périsperme corné, non–plissé, offrant une cavité centrale allant du sommet jusque vers le milieu et remplie par un repli du tégument de la graine. Embryon basilaire. — Tige réduite à une souche très-courte, stolonifère. Feuilles pennées, grandes, touffues, subradicales ; pétiole et rachis armés en dessous de grands aiguillons palmés ; folioles rédupliquées en vernation. Inflorescences rameuses, axillaires, accompagnées chacune d'une spathe-basilaire s'ouvrant au sommet; chaque ramule recouvert avant la floraison d'une spathelle. Bractéoles connées. Fleurs rougeâtres, serrées, disposées en épis amentiformes. — On ne connaît que 2 espèces.

ZALACCA DE BLUME. — *Zalacca Blumeana* Mart. Palm. p. 202; tab. 123, et tab. 159, fig. 2. — *Calamus Zalacca* Gærtn. Fruct. 2, p. 267 ; tab. 159, fig. 1. — *Zalacca* Rumph. Amb. 5, p. 115 ; tab. 57, fig. 2. — Feuilles longues de 12 pieds et plus. Folioles longues de 1 ½ pied, larges de 2 pouces,

---

(1) On obtient aussi une substance analogue (et qui se trouve sous le même nom dans le commerce) de plusieurs espèces de *Pterocarpus*.

lancéolées, acuminées, d'un glauque blanchâtre en dessous, d'un vert noirâtre en dessus, spinelleuses aux bords. Epis-mâles pédonculés, longs de 3 à 4 pouces. Fruit pyriforme, à écailles terminées en pointe recourbée. — Cette espèce croît aux îles de la Sonde; les Malais l'appellent *Rottang Zalak*, ou simplement *Zalak*; ses fruits ont une chair pulpeuse et acidulée, qui passe pour être très-salubre.

Zalacca de Wallich.— *Zalacca Wallichiana* Mart. Palm. p. 201; tab. 118, 119 et 156. — *Calamus Zalacca* Roxb. Flor. Ind. ed. 2, vol. 5, p. 775. (Exclus. syn. Rumph.) — *Zalacca edulis* Mart. in Wallich, Plant. Asiat. Rar. vol. 5, p. 11. — *Zalacca Rumphii*, Mart. l. c. tab. 222, 223 et 224. — Souche stolonifère. Feuilles longues de 15 à 20 pieds. Folioles alternes ou opposées, rapprochées, lancéolées, fortement acuminées ou subcirrifères, vertes en dessous, sétifères aux 2 faces. Epis-mâles sessiles, longs de 1 à 2 pouces. Baie trigone, obliquement turbinée. — Cette espèce habite la presqu'île orientale de l'Inde et les îles de la Sonde; la pulpe de son fruit est comestible et acidule comme celle de l'espèce précédente.

Genre SAGOUTIER. — *Metroxylon* Kœn.

Fleurs monoïques (dans la même inflorescence). — *Fleurs-mâles* : Périanthe externe trifide. Périanthe interne triparti. Étamines 6; filets subulés, monadelphes à la base ; anthères subsagittiformes. Ovaire rudimentaire. — *Fleurs-femelles* : Périanthe comme dans les fleurs-mâles. Six staminodes soudés en urcéole hypogyne, denté, sans anthères. Stigmates 3, sessiles, connivents, finalement cohérents. Baie sèche, écailleuse, 1-sperme. Périsperme lacuneux ou uni. Embryon dorsal.— Tige très-simple, columnaire, grosse, stolonifère à la base. Feuilles grandes, pennées, non-cirrifères, toutes terminales; gaîne et rachis en général armés de longs aiguillons ; folioles lancéolées, spinelleuses aux bords. Panicule terminale, ample, décomposée, recouverte en préfloraison d'une spathe générale ; ramules distiques, accompagnés chacun d'une spathelle incomplète, subtubuleuse, coriace, s'ouvrant antérieurement. Fleurs très-petites, rougeâtres, très-serrées, disposées en épis amentiformes. Bractées suborbiculaires, recouvrantes en préfloraison. Bractéoles cupuliformes, comprimées, solitaires, barbues, recouvrantes en préfloraison.

Les Sagoutiers ne fleurissent qu'une seule fois, lorsqu'ils ont atteint l'âge de 20 à 50 ans. Dès que la maturation des fruits est accomplie, le tronc dépérit peu à peu sans renouveler cet acte de multiplication (1); toutefois, ces végétaux se propagent abondamment au moyen des drageons qu'émet leur souche, et qui forment autant de nouveaux troncs autour de l'arbre adulte ; aussi ces Palmiers forment-ils, dans les localités favorables, des forêts très-épaisses, et d'un accès très-difficile à cause des aiguillons dont leurs feuilles sont hérissées. C'est du tissu moelleux qui remplit l'intérieur du tronc des jeunes Sagoutiers qu'on obtient la fécule connue sous le nom de *Sagou* (2).

Sᴀɢᴏᴜᴛɪᴇʀ ᴅᴇ Rᴜᴍᴘʜɪᴜs. — *Metroxylon Rumphii* Mart. Palm. p. 214.— *Metroxylon Sagu* Mart. l. c. tab. 102 et 159. — *Sagus Rumphii* Willd. Spec. — *Sagus genuina* Rumph. Amb. 1, p. 75 ; tab. 17 et 18. — Tronc gros, atteignant 20 à 50 pieds de haut, moelleux à l'intérieur ; bois seulement d'environ 2 doigts d'épaisseur. Feuilles longues de 20 à 24 pieds, presque dressées ; gaîne-pétiolaire longue d'environ 5 pieds, très-coriace, garnie en dessous (de même que le rachis) d'aiguillons épars, ou fasciculés et confluents par la base, grêles, rectilignes, nombreux, longs de ¹/₂ pouce à 1 pouce ; rachis de la grosseur du bras. Folioles longues de 4 ¹/₂ pieds, larges de 5 à 4 pouces. Panicule composée de 8 à 12 branches droites, subfastigiées, longues

---

(1) Parmi les autres Palmiers on retrouve cette même particularité chez les *Corypha*.

(2) Plusieurs Palmiers d'autres genres fournissent aussi de la fécule plus ou moins analogue au vrai Sagou.

de 6 à 10 pieds, divisée en ramules distiques. Fruit oblong, ou globuleux, ou pyriforme, du volume d'un œuf de pigeon, d'abord vert, puis jaunâtre, enfin d'un brun roux. — Cette espèce est commune dans les îles de la Sonde, les Moluques, la Nouvelle-Guinée, et la presqu'île de Malacca. Elle ne vient que dans les localités marécageuses et humides. Les Malais la nomment *Sagutuni.* Le Sagou qu'on en obtient s'exporte rarement pour l'Europe ; mais les Malais, chez lesquels il remplace en quelque sorte le pain, le préfèrent. Les pétioles s'emploient très-fréquemment à faire des palissades, des râteaux, des cases rustiques, etc. Au témoignage de Rumphius, la gaîne de ces pétioles est assez solide pour résister aux balles.

SAGOUTIER INERME. — *Metroxylon læve* Mart. Palm. p. 25. — *Sagus inermis* Roxb. Flor. Ind. — *Metroxylon Sagus* Rottb. — *Sagus lævis* Rumph. Amb. 1, p. 76. — Jack, in Hook. Comp. Bot. Mag. 1 (1856), p. 266. — Tronc haut d'environ 20 pieds, de la grosseur de celui du Cocotier. Feuilles semblables à celles de l'espèce précédente, mais dépourvues d'aiguillons. Folioles longuement cuspidées, piquantes. Panicule laineuse, à spathes inermes. Fruit subglobuleux. (*Jack, l. c.*) — Cette espèce habite les îles de la Sonde ; elle ne prospère que dans les localités marécageuses ; les Malais la désignent par le nom de *Sagu Parampuan.* C'est, suivant Roxburgh et Jack, celle qui fournit le Sagou qu'on importe en Europe.

SAGOUTIER A LONGUES ÉPINES. — *Metroxylon longispinum* Mart. Palm. p. 216. — *Sagus longispina* Rumph. Amb. 1, p. 75. — Tronc grêle. Pétiole garni de longs aiguillons épars. Fruit de la forme et du volume d'un œuf de poule. — Cette espèce croît aux Moluques ; le Sagou qu'on en obtient est d'une qualité très-inférieure.

SAGOUTIER ÉLANCÉ. — *Metroxylon elatum* Mart. Palm. p. 215. — *Sagus sylvestris* Rumph. Amb. 1, p. 75. — Tronc élancé. Feuilles inclinées ; rachis garni de longues soies serrées, raides, spinescentes. Inflorescences latérales, pendantes. Fruit globuleux, plus petit que celui du *Metroxylon Rumphii.* Périsperme uni, très-dur, creux au centre. — Cette espèce, qui appartient peut-être à un autre genre, croît à l'île de Célèbes. D'après Rumphius, elle fournit beaucoup moins de Sagou que les espèces susmentionnées.

Genre RAPHIA. — *Raphia* Beauv.

Fleurs monoïques (dans la même inflorescence). *Fleurs-mâles :* Périanthe externe campanulé, tronqué, subdenticulé. Périanthe interne 5-sépale. Étamines 6 ou 12 ; filets un peu comprimés, dilatés et à peine monadelphes à la base ; anthères linéaires, dressées. Aucun rudiment de pistil. — *Fleurs-femelles :* Périanthe externe campanulé, 5-denticulé. Périanthe interne subinfondibuliforme, semi-trifide. Androphore périgyne, urcéolaire, à 6 dents portant chacune une anthère stérile. Ovaire 5-loculaire. Stigmates 5, sessiles, subulés, finalement cohérents. Baie écailleuse, monosperme ; mésocarpe fongueux. Périsperme lacuneux. Embryon dorsal. — Tronc gros, simple, columnaire, spongieux à l'intérieur ; bois mince. Feuilles grandes, terminales, pennées ; gaîne-pétiolaire fibrilleuse aux bords. Folioles spinelleuses aux bords et sur la côte médiane. Panicules très-grandes, latérales (entre la base des pétioles), inclinées, très-rameuses, accompagnées chacune de plusieurs spathes incomplètes ; rameaux et ramules distiques, accompagnés chacun de plusieurs spathes incomplètes. Fleurs coriaces, roussâtres, persistantes, disposées en épis distiques, comprimés, subarticulés, unisexuels : les épis-mâles occupant le haut des rameaux de la panicule. Bractées cyathiformes. Bractéoles cupuliformes, solitaires ; spathes et spathelles coriaces. Graines très-dures. — On ne connaît que 5 espèces.

RAPHIA A VIN. — *Raphia vinifera* Beauv. in Desv. Journ. de Bot. 2, p. 87 ; Id. Flore d'Oware 1, p. 76 ; tab. 44, fig. 1 ; tab. 45 et 46. — Mart. Palm. p. 217.— *Sagus Palma-Pinus*

Gærtn. Fruct. 1, tab. 10, fig. 1. — *Sagus vinifera* et *Sagus Raphia* Poir. Enc. — *Sagus Ruffia* var. Willd. Spec. — *Metroxylon viniferum* Spreng. Syst. — Arbre de moyenne grandeur. Feuilles longues de 5 à 7 pieds. Panicule-fructifère grosse, ovale, serrée. Baie oblongue, pointue, mucronée, 9-sulquée ; écailles luisantes, ovales, d'un brun de châtaigne clair, fimbriées aux bords. — Cette espèce croît dans la Guinée, aux bords des rivières qui avoisinent la mer. — « Les naturels d'O-« ware, dit Palisot de Beauvois, retirent de cet arbre une liqueur « assez semblable au vin de palme, mais plus forte et plus co-« lorée ; ils la nomment *bourdon*, et ils la préfèrent au vin de « palme. Ils ont deux manières d'extraire cette liqueur : la pre-« mière, connue et usitée depuis longtemps chez tous les peuples « qui boivent du vin de palme, consiste à recueillir, pendant « plusieurs jours, au haut de l'arbre, dans des calebasses, la « séve qui en découle abondamment, après avoir fracturé ou « coupé la nouvelle pousse du centre. La seconde, particulière « aux habitants d'Oware, est de ramasser une quantité de fruits, « de les dégager de leur enveloppe, et de faire fermenter les « amandes dans le premier vin étendu d'eau. Cette seconde sorte « de vin est plus colorée, plus spiritueuse ; elle petille comme le « vin de Champagne, et se conserve plus longtemps. La valeur « d'un demi-litre suffit pour griser les hommes qui ne sont pas « habitués à cette boisson. » — Les nègres emploient, en outre, les pétioles de ce Palmier à faire des sagayes et des palissades ; les folioles leur servent à façonner des nattes et des toiles grossières, ainsi qu'à couvrir les cases.

RAPHIA PÉDONCULÉ. — *Raphia pedunculata* Beauv. in Desv. Journ. de Bot. 2, p. 87 ; Id. Flore d'Oware 1, tab. 44, fig. 2, et tab. 46, fig. 2. — *Sagus Ruffia* Jacq. Fragm. 7, tab. 4, fig. 2. — *Sagus farinifera* Gærtn. Fruct. 2, tab. 120, fig. 5. — *Metroxylon Ruffia* Spreng. Syst. — *Raphia Ruffia* Mart. Palm. p. 217. — Tronc élancé. Feuilles longues de 50 à 60 pieds (1). Baie obovée ou pyriforme, déprimée au sommet, mu-

---

(1) Au témoignage de M. Bory de Saint-Vincent (*Voyage aux îles d'Afrique*, 1, p. 178).

cronée, 12-à 15-sulquée; écailles très-convexes, profondément
sillonnées, très-luisantes, d'un brun de châtaigne foncé, ciliées
aux bords. (*Martius, l. c.*) — Cette espèce, remarquable par la
taille énorme de ses feuilles, croît à Madagascar.

Genre MAURITIA. — *Mauritia* Linn. fil.

Fleurs polygames-dioïques, subcoriaces. *Fleurs-mâles*
agrégées en épis cylindriques-amentiformes; chaque fleur
accompagnée d'une bractée squamiforme, et de deux bractéoles : l'une (externe) naviculaire, l'autre bifide. Périanthe externe cyathiforme, tridenticulé. Périanthe interne
de 5 sépales distincts, lancéolés, dressés. Étamines 6 ; filets plats; anthères linéaires, dressées. Aucun rudiment
de pistil. — *Fleurs-femelles* agrégées en épis ovoïdes, cylindriques, plus courts que les épis mâles, engaînés de
plusieurs spathes cyathiformes et perfoliées ; chaque fleur
engaînée d'une bractéole campanulée, solitaire. Périanthe
externe tridenté ou trifide, campanulé. Périanthe interne
trifide : lanières lancéolées, dressées. Étamines 6 ; filets
aplatis, subpyramidaux; anthères cordiformes, stériles.
Ovaire 5-loculaire. Stigmate sessile, trilobé. Baie écailleuse, 1-sperme. Graine munie d'un raphé unilatéral ou
demi-circulaire; chalaze verticale. Périsperme uni, corné.
Embryon dorsal, à radicule pointant vers la périphérie.
— Tronc columnaire, simple, inerme ou armé d'aiguillons, spongieux à l'intérieur. Feuilles flabelliformes, pennatifides, quelquefois spinelleuses aux bords. Panicules
rameuses, pendantes, latérales (entre les pétioles), accompagnées de spathes incomplètes; rameaux distiques. Fleurs
roussâtres. — Genre propre à l'Amérique équatoriale ; on
en connaît 4 espèces.

Mauritia a vin. — *Mauritia vinifera* Mart. Palm. p. 42;
tab. 58, et 59 fig. 1 et 2.—Tronc haut de 120 à 150 pieds, sur
1 à 2 pieds de diamètre, inerme, droit. Feuilles longues de 10 à
15 pieds, d'un vert gai, nombreuses, disposées en cime subhé-

misphérique ; pétiole semi-cylindrique, long de 8 à 10 pieds ; segments linéaires, longs de 5 à 6 pieds. Panicules longues de 6 à 8 pieds, longuement pédonculées, persistant plusieurs années ; rachis ligneux, subancipité, souvent de 5 à 6 pouces d'épaisseur. Épis-fructifères longs de 6 à 8 pouces. Baie ovoïde, du volume d'un œuf de poule, luisante, d'un brun de châtaigne ; écailles subrhomboïdales ; chair jaune, pulpeuse, à la fois sucrée et acidulée. — Ce magnifique Palmier forme des forêts dans les bas-fonds des savanes du Brésil ; les naturels de ces régions l'appellent *Bouriti* ou *Brouti*. Il fournit une séve vineuse et sucrée, qui découle abondamment lorsqu'on entaille le tronc. L'épiderme des jeunes feuilles est doué d'une grande ténacité ; on en confectionne des cordes et des filets. Avec la pulpe du fruit, les colons brésiliens font une excellente confiture, renommée dans le pays sous le nom de *Sajetta*.

MAURITIA FLEXUEUX. — *Mauritia flexuosa* Linn. — Mart. Palm. p.44; tab.40.—*Palma Bache* Aubl. Guian. Suppl. p.103. —*Sagus americana* Poir. Enc.—Tronc droit, inerme, atteignant 150 pieds de haut et 2 ¹/₂ pieds de diamètre. Feuilles semblables à celles du *Mauritia vinifera*. Panicule longue de 6 à 10 pieds. Baie ovoïde-subglobuleuse, déprimée au sommet ; écailles plus larges que longues. — Cette espèce habite le Brésil, la Guiane et la Nouvelle-Grenade ; elle forme des forêts dans les bas-fonds humides et marécageux. De même que l'espèce précédente, cet arbre fournit aux naturels de l'Amérique une séve vineuse très-sucrée ; ils emploient aussi, en guise de farine, la fécule que contient le tissu spongieux du tronc.

IIIᵉ TRIBU. **BORASSINÉES.** — *BORASSINEÆ* Mart.

Ovaire 3-loculaire (moins souvent 2-ou 4-loculaire) ; ovules ascendants ou résupinés, solitaires. Drupe à 3 (moins souvent à 1, ou 2, ou 4) noyaux. Quelquefois le fruit est une baie monosperme. Étamines hypogy-

*nes. — Feuilles flabelliformes ou pennées; folioles ré-
dupliquées en vernation. Fleurs en général dioïques,
avant la floraison enfoncées dans les fovéoles d'un rachis articulé. Spathes coriaces ou presque ligneuses,
incomplètes, moins souvent recouvrantes en préfloraison.*

Genre RONDIER. — *Borassus* Linn.

Fleurs dioïques, agrégées en épis amentiformes-cylin-
driques, écailleux. — *Fleurs-mâles* fasciculées à l'aisselle
de chaque écaille de l'épi : le faisceau accompagné d'un
nombre indéfini de bractéoles. Périanthe externe trifide.
l'érianthe interne triparti. Etamines 6 ; filets monadelphes à la base ; anthères sagittiformes. — *Fleurs-femelles*
2-ou 4-ou pluri-bractéolées, solitaires à l'aisselle de chaque écaille de l'épi. Périanthe de 9 ou 12 (quelquefois
de 8) sépales distincts, 5-sériés, accrescents. Etamines
6 à 9 (suivant Roxburgh), stériles. Ovaire 6- (moins souvent 2-ou 4-) loculaire. Stigmates sessiles, en même nombre que les loges de l'ovaire. Drupe charnu, fibreux, à
2 à 4 (ordinairement 3) noyaux. — Périsperme uni, cartilagineux, finalement creux. Embryon apicilaire. — Tronc
droit, élancé, très-simple, columnaire, ou renflé vers le
milieu. Feuilles terminales, flabelliformes, palmatifides :
segments bifides au sommet ; pétiole spinelleux au bord.
Inflorescences latérales (entre les feuilles), accompagnées
de 10 à 15 spathes coriaces incomplètes ; inflorescences
mâles rameuses ; inflorescences femelles bifurquées ou
simples. Fleurs petites , complétement recouvertes en estivation par les écailles de l'épi et les bractéoles. — Genre
propre à l'ancien continent. M. de Martius y admet 5 espèces, dont 5 douteuses.

RONDIER A ÉVENTAILS. — *Borassus flabelliformis* Linn. Mus.
Cliff. — Roxb. Corom. 1, p. 50 ; tab. 71 et 72. — Mart. Palm.

p. 219 ; tab. 108, 121 et 162. — *Borassus flabellifer* Linn. Spec. — *Carimpana* Hort. Malab. 1, tab. 9 (*Fœm.*) — *Ampana* Hort. Malab. 1, tab. 10 (*Mas.*) — *Lontarus domestica* Rumph. Amb. 1, p. 45 ; tab. 10. — Gærtn. Fruct. 1, tab. 8. — Racines très-nombreuses, longues, tenaces, de la grosseur du petit doigt. Tronc atteignant 50 à 100 pieds de haut, plus gros que celui du Cocotier, columnaire (mais offrant à la base un épaississement d'environ 2 pieds de diamètre), couvert de cicatrices annulaires de couleur noire. Feuilles arrondies, larges de 2 à 5 pieds, disposées en vaste cime sphérique ; pétiole long de 2 à 4 pieds ; lame découpée jusque vers son milieu en un grand nombre de segments linéaires-lancéolés. *Panicule-mâle* ample, inclinée, simplement rameuse. Épis courbés, de la grosseur du doigt ; écailles cunéiformes, rétuses, 10–12-flores, imbriquées. Bractéoles semblables aux écailles, mais plus petites. Fleurs-mâles jaunâtres, se développant lentement les unes après les autres. Périanthe externe recouvert par les écailles de l'épi. Périanthe interne stipité, saillant lors de la floraison, à segments ovales, pointus, concaves, étalés. Filets très-courts. — *Inflorescence femelle* en général bifurquée au sommet ; écailles annulaires, imbriquées, les basilaires et les terminales sans fleurs. Périanthe de 8 ou 12 sépales inégaux, concaves, coriaces, appliqués sur l'ovaire. Drupe subglobuleux, lisse, du volume de la tête d'un enfant ; épicarpe coriace, d'un brun foncé ; chair jaune, pulpeuse, entremêlée de fibres ; noyaux 2 à 4 (en général 3), obcordiformes, un peu comprimés, hérissés de fibrilles sétiformes. Graine conforme au noyau, trilobée au sommet et creusée de chaque côté d'un sillon longitudinal. Périsperme blanchâtre. (*Roxburgh, l. c.*)

Ce Palmier, un des plus utiles de la famille, vient spontanément dans les deux presqu'îles de l'Inde ; on le cultive en outre assez communément dans ces contrées, ainsi qu'aux îles de la Sonde et aux Moluques ; les Malais le désignent sous le nom de *Lontar* ; au Malabar, l'individu mâle est appelé *Ampan*, et l'individu femelle *Carimpan*. Les sols secs et découverts conviennent le mieux à ce végétal. Durant la saison la plus chaude de l'année, il fournit une grande quantité de *vin de palme*, qu'on obtient en faisant une incision transversale dans la base du support de la panicule. Cette séve ne sert pas seulement de boisson: on en extrait du sucre; les Malais en préparent un sirop qu'ils regardent comme fort nutritif, et qu'ils ont coutume de mélanger avec l'eau qu'ils boivent. Le bois du *Borassus* d'un âge à peu près séculaire est dur et noir comme l'ébène, très-lourd et incorruptible; dans l'Inde on le choisit de préférence à tout autre bois pour la charpente des toits; on en confectionne des manches à outils, des bardeaux, des ouvrages de tour et d'ébénisterie. Toutefois ce bois n'occupe que la périphérie du tronc, dont l'intérieur se maintient toujours à l'état d'un tissu mou et spongieux, entremêlé de fibres éparses. Les jeunes graines sont remplies d'une substance gélatineuse (le périsperme naissant), rafraîchissante, d'une saveur agréable et très-goûtée des Hindous. La pulpe du drupe mûr est également comestible. Les feuilles sont utilisées à la confection de nattes, de paniers, et autres ouvrages de vannerie, ainsi qu'à la couverture des habitations rustiques; on en fait usage en guise d'éventails; enfin elles remplacent habituellement le papier à écrire chez les habitants de l'Inde: on y trace les caractères au moyen d'un stylet de fer ou d'une aiguille.

RONDIER D'AFRIQUE. — *Borassus æthiopum* Mart. Palm. p. 221. — Tronc très-haut, renflé au-dessus du milieu. Feuilles ovées-arrondies, longues de 5 à 12 pieds, découpées jusque vers leur milieu en un grand nombre de segments lancéolés-ensiformes, condupliqués; pétiole à peu près aussi long que la lame. Panicule-mâle longue de 5 à 4 pieds, composée de rameaux simples; épis géminés ou ternés, terminaux, longs d'environ 1 pied. Inflorescence femelle formant un épi long de 4 à 8 pieds, simple, incliné; fleurs d'un jaune verdâtre. Drupe ovoïde-arrondi, obtus, de couleur orange, du volume d'un Melon; contenant 5 noyaux ovoïdes-arrondis, comprimés, sétifères, très-durs. — Cette espèce habite la Guinée et la Sénégambie; c'est le *Rondier* ou *Latanier* dont Adanson fait mention dans la relation de son voyage au Sénégal. Les fibres des feuilles de ce Rondier sont très-tenaces; on en fait des chapeaux, des nattes, etc. La chair du drupe est odo-

rante et comestible. On en mange aussi la substance gélatineuse
qui constitue le périsperme encore jeune.

Genre LODOÏCÉA. — *Lodoicea* Commers.

Fleurs dioïques, agrégées en épis écailleux, amentiformes-cylindracés : écailles imbriquées.—*Fleurs-mâles* agrégées et imbriquées sur deux rangs à l'aisselle de chaque
écaille de l'épi. Périanthe externe 3-sépale de même que
le périanthe interne. Étamines 24 à 36 ; filets monadelphes à la base ; anthères linéaires, obtuses aux 2 bouts.
Aucun rudiment de pistil. — *Fleurs-femelles* solitaires
dans chaque écaille de l'épi. Périanthe comme celui des
fleurs-mâles. Point d'étamines rudimentaires. Ovaire 5-
(moins souvent 2-ou 4-loculaire. Stigmates sessiles, connivents, en même nombre que les loges de l'ovaire. Drupe
très-gros, en général à noix solitaire, moins souvent à 2
ou 3 ou 4 noix ; sarcocarpe épais, fibreux ; noix fibrilleuse
à la surface, osseuse, 2-ou 3-lobée. Périsperme cartilagineux, uni. Embryon basilaire. — Tronc gros, élancé,
columnaire. Feuilles terminales, amples, flabelliformes,
palmées, à segments bifides. Inflorescences très-amples,
latérales (entre les pétioles), persistant plusieurs années ;
les mâles simples ; les femelles paniculées. Spathes incomplètes. — On ne connaît que l'espèce suivante.

LODOÏCÉA DES SÉCHELLES. — *Lodoicea Sechellarum* Labill.
in Ann. du Mus. 9, p. 140 ; tab. 13. — Hook. in Bot. Mag.
tab. 2754 ad 2758.— Mart. Palm. p. 255, tab. 109 et 122.—
Coccus maldivicus Rumph. Amb. 6, tab. 81.— *Coco de mer*,
Sonnerat, Voyage à la Nouv.-Guin. p. 4, tab. 5-7. — *Cocos
maldivica* Gmel. Syst. — *Lodoicea maldivica* Pers. Syn. —
Tronc atteignant jusqu'à 100 pieds de haut (en général seulement
50 à 60), sur 1 pied environ de diamètre, marqué de bourrelets annulaires. Cime composée de 12 à 20 feuilles d'abord plissées et recouvertes d'un duvet laineux, puis d'un vert gai, subflabelliformes, ou ovales-rhomboïdales, penninervées, inégale-

ment incisées ; les plus amples atteignent jusqu'à vingt pieds de long sur 10 à 12 pieds de large. Épis-mâles solitaires, amincis vers le sommet, longs de 2 à 4 pieds, et de 5 à 4 pouces de diamètre. Fleurs rougeâtres, se développant une à une, recouvertes en préfloraison par les écailles de l'épi. Anthères seules saillantes lors de l'anthèse. Inflorescences femelles longues de 2 à 4 pieds, pendantes, laineuses, tortueuses, recouvertes de grandes écailles rousses. Fleurs plus ou moins distancées, se développant une à une de manière que le même épi offre à la fois des fruits les uns mûrs, les autres plus ou moins jeunes, et des fleurs à divers degrés de développement. Sépales grands, connivents, accrescents. suborbiculaires, crénelés, finalement larges de 5 à 6 pouces. Ovaire à l'époque de la floraison du volume d'un œuf de poule. Drupe du volume d'un très-gros Melon, et du poids de 20 à 25 livres, ovoïde ou subglobuleux, plus ou moins acuminé, quelquefois comprimé d'un côté ; sarcocarpe très-épais, semblable de couleur et de consistance au brou de la Noix ; noyaux ovoïdes ou transversalement elliptiques, convexes d'un côté, comprimés de l'autre, très-obtus à la base, longs d'environ 1 pied, noirâtres, divisés au sommet en 2 à 4 lobes profonds. Périsperme très-dur, blanc. Chaque épi ne produit d'ordinaire que 5 ou 6 drupes, parce que la plupart des fleurs avortent. Une année à peu près complète s'écoule à partir de la floraison jusqu'à la parfaite maturité du fruit. Après la chute de ce fruit, son brou se décompose promptement, mais l'embryon ne commence à germer qu'au bout d'environ douze mois.

Ce Palmier, si remarquable par le volume et la singulière conformation de ses fruits, n'a été trouvé jusqu'aujourd'hui que dans deux ou trois petites îles du groupe des Séchelles. Longtemps avant la découverte de cet archipel, les noix du *Lodoïcea*, que les courants marins emportaient parfois vers l'orient jusqu'aux parages des Maldives, étaient connues sous le nom de *Coco de mer* ou *Coco des Maldives*. Les insulaires de l'Océan indien les regardaient jadis comme des productions sous-marines, et, en raison de leur rareté, ils se vendaient un prix exorbitant. On sait qu'aujourd'hui ces noix ne sont plus qu'un objet de curiosité assez commun; on les emploie à faire des vases que les marins recherchent à cause de leur solidité. Le périsperme jeune et gélatineux est mangeable.

Genre DOUMIER. — *Hyphaene* Gærtn.

Fleurs dioïques, agrégées en épis amentiformes-cylindracés. *Fleurs-mâles* géminées dans les fovéoles du rachis. Périanthe externe tubuleux, campanulé, trifide. Périanthe interne substipité, à 5 sépales distincts, étalés. Étamines 6; filets libres; anthères sagittiformes-linéaires. Aucun rudiment de pistil. — *Fleurs-femelles* solitaires dans les fovéoles du rachis. Périanthes l'un et l'autre de 5 sépales distincts, imbriqués par les bords. Étamines 6, stériles. Ovaire 5- (moins souvent 2-) loculaire. Stigmates 3 (moins souvent 2), sessiles. Drupe simple, ou bilobé, ou trilobé; noyau ligneux. Périsperme corné, uni, creux. Embryon apicilaire.—Tronc cylindrique, tantôt très-simple, tantôt (plus souvent) divisé au sommet en deux branches une ou plusieurs fois bifurquées. Feuilles grandes, terminales, flabelliformes, palmées; lanières en général filamenteuses aux bords. Panicules latérales (entre les pétioles), composées de rameaux distiques : ceux des inflorescences mâles portant un fascicule de 5 épis terminaux; ceux des inflorescences femelles ne produisant en général qu'un ou deux épis. Spathes incomplètes. Épis garnis d'écailles serrées, imbriquées, recouvrant les fleurs avant leur épanouissement. Fleurs petites, jaunâtres. On ne connaît que 2 espèces.

DOUMIER DE LA THÉBAÏDE. — *Hyphaene thebaica* Mart. Palm. p. 226; tab. 154-155. — *Corypha thebaica* Lin. Spec. — *Hyphaene crinita* Gærtn. Fruct. 2, tab. 82, fig. 4. — *Cucifera thebaica* Delile, Description de l'Égypte, p. 57, tab. 1 et 2. — *Douma thebaica* Poir. Enc. — *Hyphaene cucifera* Pers. Syn. —*Hyphaene guineensis* Thonning.—Tronc atteignant 50 pieds de haut et plus, d'un pied de diamètre, marqué de bourrelets annulaires; branches bifurquées jusqu'à quatre fois. Feuilles longues de 6 pieds, larges de 5 pieds, obliquement flabelliformes, découpées jusqu'aux $2/3$, agrégées au nombre de 20 à 50 à l'extrémité des bifurcations; pétiole de moitié plus court que la lame. Drupe long d'environ 5 pouces, luisant, d'un brun roux, obové, ou oblong-obové, moins souvent divisé jusqu'à la base en 2 ou 5 lobes de même forme que le drupe simple.

Ce Palmier, remarquable par son tronc en général dichotome, croît dans les déserts de la Haute-Egypte, de la Nubie, de l'Abyssinie et de l'Arabie; les Arabes l'appellent *Doum, Douma* et *Dome.* Théophraste en fait déjà mention sous le nom de *Cucifera.* Son bois devient assez dur pour servir aux constructions et à la confection de toutes sortes d'outils. Les feuilles, de même que celles de la plupart des Palmiers, s'emploient à faire des nattes, des sacs, de la vannerie, etc. La pulpe du fruit, dont la saveur a de l'analogie avec celle du pain d'épice, est fort goûtée des Arabes; ces fruits sont transportés en quantité aux marchés du Caire: on les fait entrer dans la composition des sorbets.

Genre MANICARIA. — *Manicaria* Gærtn.

Fleurs monoïques (dans la même inflorescence), bractéolées, enfoncées dans des fossettes du rachis. — *Fleursmâles :* Périanthes l'un et l'autre de 5 sépales distincts; sépales externes chartacés, scarieux, suborbiculaires, imbriqués; sépales internes coriaces, oblongs. Étamines 24 à 50; filets filiformes; anthères linéaires, subsagittiformes à la base.—*Fleurs-femelles :* Périanthes comme dans les fleurs-mâles. Étamines environ 12, rudimentaires. Ovaire sillonné ou anguleux, turbiné, trigone, 5-loculaire. Stigmates 5, sessiles, ovés-triangulaires, finalement étalés. Drupe 5-coque (ou par avortement soit 1- soit 2-coque); épicarpe subéreux, muriqué; noyaux crustacés, perforés à la base, couverts d'un réseau de fibres. Périsperme corné, uni, creux au centre. Embryon basilaire. — Tronc gros, peu élevé, columnaire, spongieux à l'intérieur. Feuilles terminales, très-grandes, oblongues, indivisées. Panicules inclinées ou pendantes, latérales (entre les pétioles), cotonneuses, composées d'un très-grand nombre d'épis simples dont les inférieurs sont femelles. Spathe simple, ample, fusiforme, fibreuse, irrégulièrement ruptile. Fleurs assez grandes, d'un rose tirant sur le jaune. — On ne connaît qu'une espèce.

MANICARIA A SACS. — *Manicaria saccifera* Gærtn. Fruct. 2, p. 468 ; tab. 176. — Mart. Palm. p. 159 et 250 ; tab. 198 et 199. — *Pilophora testicularis* Jacq. Fragm. tab. 55, fig. B. G. et tab. 56. — Tronc atteignant 20 à 25 pieds de haut, d'un pied de diamètre. Feuilles longues de 15 à 20 pieds ; pétiole inerme, couvert de courts poils ferrugineux. Panicules longues de 3 à 4 pieds, dressées ou étalées durant la floraison, puis pendantes ou inclinées. Spathe aussi longue que la panicule, un peu comprimée, rétrécie aux deux bouts, mucronée (à pointe longue d'environ 1 pouce), composée de fibres entre-croisées ferrugineuses. Drupe gros, couvert de tubercules obtus, pentagones. — Cet arbre, fort remarquable parmi les Palmiers, à cause de ses feuilles indivisées, habite les forêts marécageuses, au voisinage de l'embouchure des fleuves de la Guiane et du Brésil ; les colons de la Guiane l'appellent *Tourloury*. Les Caraïbes ont coutume de se coiffer de la partie supérieure de sa spathe, qui a la forme d'un grand sac conique.

IVᵉ TRIBU. **CORYPHINÉES.** — *CORYPHINEÆ* Kunth.

Pistil à 3 ovaires distincts ; moins souvent ovaire 1-ou 3-loculaire ; ovules dressés ou résupinés, solitaires. Fruit composé de 3 baies distinctes (plus souvent, par avortement, à 2 baies, ou à 1 seule baie). Étamines hypogynes, ou périgynes, au nombre de 6, ou de 9, ou de 12. — Tronc inerme. Feuilles flabelliformes ou pennées ; folioles indupliquées. Spathes nombreuses, le plus souvent incomplètes. Fleurs sessiles, hermaphrodites (moins souvent polygames-dioïques), bractéolées, en général verdâtres.

Genre CORYPHA. — *Corypha* Linn.

Fleurs hermaphrodites , bractéolées. Périanthe externe
cupuliforme , tridenticulé. Périanthe interne de 5 sépales
distincts , valvaires en préfloraison. Étamines 6 , hypogynes ; filets dilatés et cohérents à la base ; anthères
ovées. Pistil à 5 ovaires cohérents. Styles subulés, finalement entregreffés. Stigmates simples. Baie en général
simple, 1- sperme. Périsperme uni. Embryon apicilaire.—
Tronc simple, columnaire, marqué de bourrelets annulaires. Feuilles amples , terminales , flabelliformes, palmées ; segments découpés au sommet. Inflorescence terminale, très-ample , très-rameuse, engaînée d'un grand
nombre de spathes incomplètes. Fleurs petites, membranacées, fasciculées, serrées, disposées en épis cylindracés.
— Les *Corypha* sont sans contredit du nombre des plus
magnifiques productions du règne végétal. Ces arbres offrent en outre, de même que les Sagoutiers, la particularité remarquable de ne produire qu'une seule fois leur
énorme inflorescence, et de dépérir immédiatement après
la maturation des fruits. Le genre est propre à l'Asie équatoriale ; on en connaît 5 espèces certaines.

Corypha a parasols. — *Corypha umbraculifera* Linn. Spec.
(Exclus. syn. Rumph.) — Gærtn. Fruct. 1 ; tab. 17. — Lamk.
Ill. tab. 899. — Mart. Palm. p. 252 ; tab. 108, et tab. 127, fig.
2. — *Codda Panna* Hort. Malab. 3, tab. 1-12. — Tronc lisse,
droit, atteignant 60 à 70 pieds de haut. Feuilles formant une
cime d'environ 40 pieds de diamètre, subsémi-lunées en contour,
les adultes larges d'environ 50 pieds ; segments au nombre de 80
à 100 ; pétiole aussi long que la lame, spinelleux aux bords.
Inflorescence longue d'environ 50 pieds, pyramidale, dressée,
décomposée ; rachis principal couvert de spathes imbriquées ;
rameaux alternes ; épis pendants, cylindracés. Fleurs fortement
odorantes, d'un jaune verdâtre. Baie d'environ 18 lignes de diamètre, globuleuse, lisse, verdâtre, à chair grasse, succulente, un
peu amère. Périsperme blanc, conforme à la baie.

Cette espèce (que Lamarck a désignée sous le nom de *Tulipot de Ceylan*) croît dans les localités pierreuses des montagnes du Malabar et de Ceylan. Ses feuilles sont si grandes, qu'il suffit d'une seule pour mettre une quinzaine d'hommes à l'abri de la pluie ou du soleil; les Hindous s'en servent pour couvrir les cases, pour faire des tentes, des parasols ; ils l'emploient aussi en guise de papier à écrire : les caractères se tracent sur l'épiderme avec un stylet de fer. L'arbre ne fleurit qu'à l'âge de 55 à 40 ans ; la maturation des fruits exige environ 14 mois. Le nombre des fruits que produit une seule panicule est estimé à plus de vingt mille. Suivant Rheede, le suc des jeunes spathes a des propriétés emménagogues très-énergiques.

CORYPHA TALIÉRA. — *Corypha Taliera* Roxb. Corom. 5, p. 51 ; tab. 255 et 256. —Mart. Palm. p. 251, tab. 127, fig. 1. —*Taliera bengalensis* Spreng. Syst. — *Taliera Tali* Mart. in Rœm. et Sch. — Tronc atteignant 50 pieds de haut, parfaitement columnaire, d'un brun foncé. Feuilles suborbiculaires, à environ 80 segments longs de 6 pieds, sur 4 pouces de large, linéaires-lancéolés, pointus, lisses aux 2 faces ; pétiole long de 5 à 10 pieds, très-gros, spinelleux aux bords. Panicule haute de 20 pieds et plus, surdécomposée, dressée, ovoïde; rameaux primaires subhorizontaux, ascendants au sommet; ramifications secondaires alternes-distiques, comprimées, inclinées, recourbées, garnies presque dès leur base d'un grand nombre d'épis plurimiflores, de direction variée. Fleurs petites, blanches, odorantes, subsessiles. Baies globuleuses, du volume d'une petite Pomme, d'un vert jaunâtre, rugueuses. — Cette espèce croît au Bengale ; on l'emploie aux mêmes usages que la précédente.

CORYPHA GIGANTESQUE.— *Corypha elata* Roxb. Flor. Ind. ed. 2, vol. 2, p. 176. — Tronc subcolumnaire, droit, de 5 à 8 pieds de circonférence, atteignant 60 à 70 pieds de haut. Feuilles longues et larges de 8 à 10 pieds, cordiformes-sémi-lunées, découpées en 80 à 100 segments ensiformes, subobtus, lisses aux 2 faces ; pétiole long de 6 à 12 pieds, spinelleux aux bords. Panicule subsphérique, très-rameuse, à peu près du quart de la hauteur du tronc ; rachis et ramifications d'un jaune pâle. Fleurs petites, sessiles, d'un jaune pâle, exhalant une odeur peu agréable. Baie globuleuse, du volume d'une Cerise, jaunâtre, rugueuse.— Cette espèce croît au Bengale. Ses feuilles se dessèchent et tombent dès que l'arbre commence à fleurir. Son bois est peu compacte ; le centre du tronc reste toujours spongieux et dépourvu de fibres. (*Roxburgh, l. c.*)

CORYPHA GÉBANG. — *Corypha Gebang* Mart. Palm. p. 255. — *Gembanga rotundifolia* Blume, in Flora, 1825. — *Taliera Gembanga* Rœm. et Schult. Syst. — *Cabang* Rumph. Amb. 1, p. 55. — Tronc haut d'environ 60 pieds. Feuilles suborbiculaires, multifides, aussi grandes que celles du *Corypha umbraculifera*; segments lancéolés, obtus, échancrés. Panicule oblongue, très-rameuse, n'atteignant qu'environ $^1/_5$ ou $^1/_4$ de la hauteur du tronc ; rameaux inclinés. Fruit du volume d'une Cerise. — Cette espèce habite les îles de la Sonde ; ses feuilles servent aux mêmes usages que celles de ses congénères. On extrait du tissu spongieux de son tronc une sorte de sagou de qualité peu estimée.

CORYPHA SYLVESTRE. — *Corypha sylvestris* Mart. Palm. p. 255. — *Lontarus sylvestris* Rumph. Amb. 1, p. 55 ; tab. 11. — *Corypha Utan* Lamk. Enc. — *Taliera sylvestris* Blum. in Rœm. et Schult. Syst. — Arbre ayant le port du *Borassus flabellifer*, mais à tronc plus grêle et moins élevé. Feuilles larges de 10 à 14 pieds, suborbiculaires ou semi-orbiculaires (à base tronquée), multifides; segments lancéolés, acuminés ; pétiole de la grosseur du bras, spinelleux aux bords. Panicule haute seulement de 4 pieds, oblongue, hérissée. Fruit du volume d'une Cerise. — Cette espèce croît aux îles de la Sonde et aux Moluques; les Malais l'appellent *Lontar Utan* (Lontar sauvage). Ses feuilles sont fort recherchées pour la confection des nattes, parasols, etc.

Genre LIVISTONA. — *Livistona* R. Br.

Fleurs sessiles ou courtement pédicellées, bractéolées, hermaphrodites. Périanthe externe trifide. Périanthe interne triparti. Étamines 6 ; filets élargis à la base, libres, ou monadelphes ; anthères cordiformes - oblongues. Ovaires 5 , cohérents antérieuremcnt. Styles cohérents. Stigmates connés ou distincts. Baie en général simple , 1-sperme. Périsperme corné, creux antérieurement. Embryon dorsal ou subbasilaire. — Tronc simple, columnaire. Feuilles flabelliformes ou orbiculaires, terminales, decoupées en lanières ordinairement bifides au sommet. Inflorescences interpétiolaires, paniculées ; spathes nombreuses, coriaces, tubuleuses, incomplètes, basilaires, obliquement tronquées. Fleurs jaunâtres ou verdâtres.—Genre propre à l'ancien continent ; on en connaît 5 espèces.

LIVISTONA A FEUILLES RONDES.—*Livistona rotundifolia* Mart. Palm. p. 241. — *Corypha rotundifolia* Lamk. Enc. — Mart. Palm. tab. 102, et tab. 155, fig. 5. — *Saribus* Rumph. Amb. 1, p. 42 ; tab 8. — Arbre à tronc plus haut et beaucoup plus gros que celui du Cocotier, très-droit, à bourrelets annulaires peu saillants ; bois de la périphérie noir, corné, très-dur, d'environ 1 pouce seulement d'épaisseur ; intérieur lâche, fibreux. Pétioles longs de 5 à 6 pieds, spinelleux aux bords. Feuilles larges de 5 à 5 pieds, d'un vert pâle, orbiculaires, peltées, découpées en 80 à 90 lanières profondément bifides, unies par quelques filets. Panicules longues d'environ 5 pieds, pendantes. Baies du volume d'une cerise, globuleuses, d'abord d'un jaune orange, puis d'un bleu noirâtre. Graine noirâtre. Périsperme blanc. — Ce Palmier forme de grandes forêts dans les îles de la Sonde et dans plusieurs des Moluques ; les Malais le désignent par le nom de *Saribou.* Son bois est recherché pour la confection de manches à flèches ou à javelots, de planches et de bardeaux. Les feuilles séchées se plient facilement sans se briser ni se chiffonner ; en vertu de cette qualité, ils sont d'un emploi journalier en guise d'enveloppes de papier. Ces feuilles tiennent aussi lieu d'ombrelles. — Le jeune bourgeon de l'arbre est comestible. On a avancé que le tronc de ce Palmier fournissait du Sagou ; mais Rumphius n'en dit mot.

Genre COPERNICIA. — *Copernicia* Mart.

Fleurs hermaphrodites ou polygames, sessiles, bractéolées. Périanthe externe cupuliforme, tridenticulé. Périanthe interne campanulé, trifide. Étamines 6 ; filets monadelphes à la base : androphore cupuliforme, périgyne ; anthères cordiformes-ovales. Ovaires 5, plus ou moins cohérents. Style court. Stigmate capitellé. Baie par avortement
simple, 1-sperme. Périsperme légèrement lacuneux, creux
au centre. Embryon subbasilaire. — Tronc simple, columnaire. Feuilles terminales, flabelliformes ; segments
indupliqués, souvent unis par des filets. Panicules axillaires, velues. Spathes nombreuses, incomplètes, vagues.
Fleurs petites, verdâtres, pubérules. — Genre propre à
l'Amérique équatoriale ; on en connaît 6 espèces.

COPERNICIA A CIRE.—*Copernicia cerifera* Mart. Palm. p. 242 ;
tab. 50, A, et tab. 51, fig. 5. — *Corypha cerifera* Arruda, in
Koster, Travels in Brazil.—Mart. Palm. p. 56, tab. 49 et 50.—
Tronc atteignant 50 à 40 pieds de haut, de 6 à 8 pouces de diamètre, épaissi à la base. Feuilles très-nombreuses, longues de 5
à 6 pieds, suborbiculaires, multifides, glaucescentes, disposées en
tête dense et sphérique ; segments linéaires-lancéolés, longs de
1 ¹/₂ pied et plus, sans filets ; pétiole armé d'aiguillons. Panicule
longue de 5 à 6 pieds, pédonculée, pendante après la floraison ;
rachis, rameaux et périanthe couverts d'une pubescence satinée.
Baie luisante, glabre, ellipsoïde, d'abord d'un jaune verdâtre,
puis d'un vert noirâtre ; chair amère, pulpeuse. — Cet arbre croît
dans les régions tropicales du Brésil ; il forme parfois à lui seul
des forêts assez vastes et épaisses. Il suinte de ses pétioles une cire
que les habitants du pays emploient à toutes sortes d'usages.

Genre BRAHÉA. — *Brahea* Mart.

Fleurs hermaphrodites, bractéolées. Périanthe externe
de 5 sépales distincts, imbriqués par les bords. Périanthe
interne triparti. Étamines 6 ; filets monadelphes à la

base : androphore cupuliforme, hypogyne; anthères cordiformes-ovales. Ovaires 5, entregreffés de même que les styles. Stigmate indivisé. Baie simple (moins souvent double ou triple), 1-sperme. Périsperme lacuneux. Embryon dorsal. — Tronc simple, columnaire. Feuilles palmées, multifides, terminales; segments indupliqués, bifides au sommet, souvent unis par des filets. Panicules amples, très-rameuses, velues. Spathes incomplètes. Fleurs petites, verdâtres. — On ne connaît qu'une espèce.

Braméa a fruit doux. — *Brahea dulcis* Mart, Palm. p. 244; tab. 157 et 162.— *Corypha dulcis* Kunth, in Humb. et Bonpl. Nov. Gen. et Spec. — Tronc atteignant 8 à 10 pieds de haut, sur 6 à 8 pouces de diamètre, inerme. Feuilles concolores; pétiole spinelleux aux bords : les jeunes couverts en dedans d'une laine caduque. Panicules longues de 6 à 8 pieds, pendantes; rameaux alternes, cotonneux, garnis d'épis cylindracés, longs de 5 à 4 pouces. Baie petite, jaunâtre, globuleuse, succulente. Cette espèce habite la Nouvelle-Espagne ; son fruit est mangeable.

Genre SABAL. — *Sabal* Adans.

Fleurs hermaphrodites, sessiles. Périanthe externe cupuliforme, trifide. Périanthe interne de 5 sépales distincts. Étamines hypogynes; filets subulés, à peine monadelphes à la base ; anthères cordiformes-ovées. Ovaires 5, d'abord disjoints, finalement entregreffés. Style trigone. Stigmate capitellé. Baie soit simple, subglobuleuse, ou profondément 2-ou 5-lobée, soit double, soit triple. Périsperme corné, non lacuneux. Embryon dorsal. — Tronc simple et columnaire, presque nul. Bourgeon latéral. Feuilles palmées, multifides ; segments indupliqués, bifides au sommet, unis par des filets ; pétiole inerme. Panicules latérales, infrapétiolaires. Spathes nombreuses, incomplètes. Fleurs blanchâtres ou verdâtres, petites, accompagnées chacune d'une bractée et de deux bractéoles. — Genre propre à l'Amérique ; on en connaît 6 espèces.

Sᴀʙᴀʟ Pᴀʟᴍᴇᴛᴛᴏ. — *Sabal Palmetto* Loddig. in Rœm. et Schult. — *Chamœrops Palmetto* Michx. Flor. — Mich. fil. Arb. 2, p. 186, cum Ic. — Tronc atteignant 40 ou 50 pieds de haut, inerme. Feuilles larges de 4 à 5 pieds ; pétiole trigone, inerme, long de 1 ¹/₂ à 2 pieds. Fleurs petites, verdâtres. Fruit noir, du volume d'un Pois. — Cette espèce croît sur le littoral des États-Unis, depuis la Floride jusqu'à la Caroline du Nord. M. A. Michaux dit que le tronc de ce Palmier, quoique très-spongieux, s'emploie de préférence à toutes les espèces de bois des États-Unis, pour la construction des quais dans les ports, parce qu'il offre l'avantage de ne pas être attaqué par les vers de mer ; néanmoins il se détériore promptement lorsqu'il est exposé aux alternatives de l'humidité et de la sécheresse.

Genre CHAMÆROPS. — *Chamœrops* Linn.

Fleurs polygames-dioïques ou polygames-monoïques, sessiles, ou courtement pédicellées, bractéolées. — *Fleurs-mâles :* Périanthe externe tri-parti. Périanthe interne de 5 sépales distincts. Étamines 6 à 9 ; filets monadelphes à la base ; anthères oblongues. — *Fleurs-hermaphrodites :* Périanthe comme dans les fleurs-mâles. Étamines 6 ; filets monadelphes par la base ; androphore cupuliforme, hypogyne ; anthères linéaires-oblongues, cordiformes à la base. Ovaires 3 (rarement plus), disjoints. Stigmates subulés, sessiles. Baie en général triple. Périsperme corné, irrégulièrement lacuneux. Embryon dorsal. — Tronc en général court ou réduit à la souche. Feuilles terminales, palmées, multifides ; segments indupliqués, fendus au sommet, sans filets aux bords ; pétiole bordé d'aiguillons étalés ou disposés en dents de scie. Panicules rameuses, axillaires : rameaux engaînés d'une spathelle. Spathes au nombre de 2 à 4, coriaces, incomplètes, obliquement fendues. Fleurs jaunes ou verdâtres. — Ce genre comprend 6 espèces.

Cʜᴀᴍᴀᴇʀᴏᴘs Pᴀʟᴍɪsᴛᴇ. — *Chamœrops humilis* Linn. — Duham. Arb. ed. nov. vol. 7, tab. 58. — Lam. Ill. tab. 900. — Lamb. in Linn. Trans. 10, tab. 8. — Andr. Bot. Rep. tab. 599. — Bot. Mag. tab. 2154. — Nees jun. Gen 10, tab. 2 et 5. — Mart. Palm. p. 248; tab. 120; tab. 124, fig. 2-5; tab. X, fig. 4. — *Chamæriphes major* et *Chamæriphes minor* Gærtn. Fruct. 1, tab. 9, fig. 4. — Tronc en général court (de 2 à 4 pieds de haut), rarement atteignant 20 à 50 pieds de haut, d'environ 6 pouces de diamètre (1). Souche ordinairement stolonifère. Feuilles suborbiculaires ; segments acuminés ; pétiole bordé d'aiguillons rectilignes ou oncinés, forts. Panicules composées ou décomposées, longues de 6 à 8 pouces. Baies ellipsoïdes, d'un jaune brunâtre. — Ce Palmier, connu sous les noms vulgaires de Palmiste, ou Palmier nain, est commun dans les localités incultes de presque tout le littoral de la Méditerranée. C'est la seule espèce de Palmier indigène d'Europe ; elle abonde surtout en Espagne et en Barbarie ; les terrains qu'elle a envahis ne se défrichent qu'avec beaucoup de peine, à cause de ses nombreux drageons souterrains, qui reproduisent sans cesse de nouvelles souches. Les Arabes mangent les fruits du *Chamærops* ainsi que ses jeunes pousses, quoique les uns et les autres aient une saveur astringente. La substance encore spongieuse des troncs et des souches fournit une fécule également comestible, à défaut d'aliments de meilleure qualité. Les feuilles, comme celles de la plu-

---

(1) M. de Martius distingue 2 formes du *Chamærops humilis*, savoir :

— α : *Chamærops humilis depressa*. Tige très-courte, stolonifère à la base. Feuilles roides, à lanières peu nombreuses, obtuses, bifides, celles du milieu cohérant jusqu'au delà du tiers ; pétiole à peu près aussi long que la lame ; nervures couvertes d'un duvet serré, blanchâtre, floconneux. Fleurs un peu lâches.

— β : *Chamærops humilis elata*. Tronc plus ou moins élevé, non stolonifère. Feuilles moins roides, multifides : segments pointus, bipartis, ceux du milieu cohérant seulement jusqu'au tiers ; pétiole plus long que la lame ; duvet nul ou fugace. Fleurs serrées. (Cette forme, ou peut-être espèce, est le *Chamærops humilis arborescens* Pers.)

part des Palmiers, sont utilisées à faire des cordages, des nattes
et des paniers.

Genre DATTIER. — *Phœnix* Linn.

Fleurs dioïques, bractéolées, sessiles.—*Fleurs-mâles :*
Périanthe externe cupuliforme, tridenté. Périanthe interne de 5 sépales distincts, valvaires en préfloraison. Étamines 6 (rarement 9), insérées au fond du périanthe interne; filets très-courts; anthères linéaires. —*Fleurs-femelles :* Périanthe externe comme dans les fleurs-mâles.
Périanthe interne de 3 sépales distincts, imbriqués en préfloraison. Ovaires 3 (dont 2 avortent constamment après
la floraison), disjoints, subglobuleux; ovules dressés.
Stigmates sessiles, oncinés. Baie 1-sperme. Graine linéaire-oblongue, creusée antérieurement d'un sillon longitudinal. Périsperme lacuneux ou uni, corné. Embryon dorsal ou subbasilaire. — Tronc court ou plus ou moins élevé, simple, columnaire. Feuilles terminales, pennées;
folioles très-entières ou courtement bifides, étroites. Panicules rameuses, interpétiolaires. Spathe simple, complète, presque ligneuse, ancipitée; rachis comprimé; ra-
mules-florifères subfastigiés. Fleurs accompagnées chacune
d'une petite bractée. — Genre propre à l'ancien continent;
on en connaît 9 espèces.

Dattier cultivé. — *Phœnix dactylifera* Linn. — Blackw.
Herb. tab. 202. — Gærtn. Fruct. 1, tab. 9, fig. 2. — Lamk.
Ill. tab. 893. — Delile, in Description de l'Egypte, tab. 62. —
Duham. nov. 4, tab. 1 *bis*, 2 *bis* et 3 *bis*. — Mart. Palm. tab.
120 ; tab. X, fig. 1 ; tab. Z, 1, fig. A. — *Phœnix excelsior*
Cav. Ic. — Tronc atteignant 60 à 80 pieds de haut, quelquefois
plus, grêle, tantôt très-droit, tantôt un peu flexueux, couvert,
dans sa jeunesse et à sa partie supérieure, d'écailles épaisses
(provenant de la base des vieux pétioles). Souche grosse, souvent stolonifère. Feuilles longues de 8 à 12 pieds : les inférieures pendantes ou réclinées, arquées ; les supérieures droites,

érigées ; le tout formant une cime peu touffue, arrondie. Folioles alternes ou opposées, d'un vert glauque, lancéolées-linéaires, très-acuminées, pliées en gouttière, irrégulièrement tétrastiques : les supérieures plus courtes ; les antérieures souvent redressées et conniventes. Spathe très-grande, pubescente en dehors. Panicule composée d'un grand nombre de rameaux presque simples, comprimés, serrés, flexueux. Fleurs petites, presque coriaces. Panicule fructifère pendante, touffue, longue de 5 à 4 pieds. Fruit de volume, de forme et de couleur variés, lisse, en général ellipsoïde et roussâtre, long d'environ 1 ¹/₂ pouce (1).

Le *Dattier* est cultivé abondamment dans l'Afrique septentrionale (surtout dans les oasis de la Lybie, et dans les régions comprises entre l'Atlas et le Sahara), en Arabie, en Syrie, dans les contrées arrosées par le Tigre et par l'Euphrate, ainsi que dans les provinces méridionales de la Perse ; au témoignage de Roxburgh, il ne prospère pas dans les régions tropicales de l'Inde. En Europe, le littoral de la Méditerranée trace les limites les plus septentrionales de cet arbre ; toutefois, ce n'est guère ailleurs qu'en Sicile, et dans la province de Valence en Espagne, qu'il se cultive comme arbre fruitier, et encore les dattes de ces pays sont-

---

(1) De même que tous les végétaux soumis de temps immémorial à la culture, le Dattier a produit un grand nombre de variétés quant à son fruit ; M. de Martius en cite les suivantes comme étant les plus caractérisées :

— α : SYLVESTRIS. — Fruit cylindracé ou ellipsoïde, vert ou roussâtre, petit ; chair sèche, astringente, mince.

— β : CYLINDROCARPA. — Fruit plus gros, allongé, cylindracé, obtus ; chair pulpeuse, sucrée.

— γ : SPHÆROCARPA. — Fruit presque sphérique ; chair pulpeuse, sucrée.

— δ : OOCARPA. — Fruit ovoïde, pointu.

— ε : GONOCARPA. — Fruit anguleux.

— ξ : SPHÆROSPERMA. — Graine globuleuse, molle ; chair du fruit mince, chartacée.

— η : OXYSPERMA. — Graine très-pointue à l'un des bouts.

Les variétés les plus estimées en culture sont dépourvues de graine (vulgairement noyau), très-grosses et très-succulentes.

elles inférieures à celles d'Afrique ou d'Orient. Dans la Rivière de Gênes, on voit d'assez vastes plantations de Dattiers, destinés spécialement à fournir les *palmes* requises pour les cérémonies réligieuses de l'Eglise romaine, et pour celles des israélites. Les Dattiers qu'on rencontre çà et là dans les jardins des départements les plus méridionaux de la France, ne trouvent plus dans ce climat une chaleur suffisante pour la maturation parfaite de leur fruit.

Le Dattier ne prospère que dans les terrains sablonneux, soit constamment humectés par des sources ou des ruisseaux, soit susceptibles d'irrigations copieuses ; du reste, l'eau saumâtre n'est pas moins favorable à sa croissance que l'eau douce. On le propage d'ordinaire par les rejetons que produit sa souche : ces rejetons prennent facilement racine, pourvu qu'on ait soin de les garantir des ardeurs du soleil, et de les arroser suffisamment ; par ce moyen on obvie à la multiplication superflue des individus mâles, et l'on obtient des arbres fructifiant au bout de 5 ou 6 ans, tandis qu'un Dattier venu de graine ne devient productif qu'à l'âge de 12 à 15 ans. Il suffit d'un petit nombre de Dattiers mâles, placés de loin en loin, pour féconder une immense plantation d'arbres femelles. D'ailleurs le cultivateur aide, en général, à opérer la fécondation, soit en projetant du pollen sur les fleurs femelles, soit en suspendant au-dessus des inflorescences femelles une grappe de fleurs mâles prêtes à s'épanouir. Théophraste, Pline et d'autres auteurs anciens ont fait mention de cette pratique, connue des Arabes de temps immémorial. La durée d'un Dattier est de 2 à 5 siècles. Un arbre en plein rapport donne de 200 à 500 livres de dattes par an.

Les dattes fraîches ont une saveur très-sucrée, jointe à un parfum délicieux ; séchées au four ou au soleil, telles que le commerce les importe en Europe, elles se conservent pendant plusieurs années, mais elles perdent beaucoup de leur arome. Le bois des vieux Dattiers est très-dur et presque incorruptible ; il sert à la construction des maisons et à beaucoup d'autres usages. Les feuilles s'utilisent à faire des nattes, des paniers, et autres ouvrages de vannerie. La gaîne des pétioles fournit une filasse textile. Le bourgeon est comestible comme le Chou-palmiste. Enfin, le tronc du Dattier fournit aussi du vin de palme, qu'on obtient en l'entaillant profondément au-dessous du sommet ; mais comme cette opération nuit à la production des fruits, on n'y soumet que les individus mâles superflus, et les individus femelles devenus stériles.

DATTIER A SUCRE. — *Phœnix sylvestris* Roxb. Flor. Ind. ed. 2, vol. 5, p. 787. — *Elate sylvestris* Linn. — *Katou Indel* Hort. Malab. 5, tab. 22-25. — Tronc élancé, assez gros. Folioles ensiformes, cuspidées, piquantes, tétrastiques, disposées en faisceaux presque opposés. Fruit jaunâtre ou rougeâtre, oblong. — Cette espèce est commune dans toute l'Inde. On extrait de sa séve du sucre et une boisson alcoolique analogue à l'arrak. Roxburgh estime que le produit de chaque arbre est d'environ 8 livres de sucre par an ; mais ce sucre est moins estimé que celui de canne. On obtient la séve en entaillant, jusqu'à la moelle, le sommet du tronc ; cette opération peut être répétée chaque année sans nuire à l'arbre, si ce n'est que ses fruits restent très-petits.

DATTIER A FARINE. — *Phœnix farinifera* Roxb. Corom. 1, p. 55 ; tab. 74. — Arbrisseau à tronc atteignant tout au plus 2 pieds de haut, d'un demi-pied de diamètre, entièrement couvert par la base des pétioles. Feuilles de la grandeur de celles du Dattier cultivé. Folioles d'un vert foncé, ensiformes, très-pointues, opposées, les deux inférieures terminées en épine. Spathe coriace, glabre, marcescente. Panicules dressées, très-rameuses ; ramules simples, étalés, longs de 8 à 12 pouces. Fruit noir, luisant, oblong, du volume d'une grosse Fève ; pulpe farineuse, sucrée. — Cette espèce est très-commune sur les plages sablonneuses de la côte de Coromandel ; l'intérieur de son tronc est spongieux et riche en fécule analogue au Sagou : toutefois on n'y a recours qu'en temps de disette. Le fruit est comestible. Les pétioles, coupés en lanières, servent à faire de la vannerie.

V° TRIBU. **COCOÏNÉES.** — *COCOINEÆ* Mart.

Ovaire 3-loculaire (rarement 2-ou 4-ou 5-loculaire). Ovules dressés ou résupinés, solitaires. Drupe à noyau solitaire, osseux, 3-loculaire (deux des loges constamment abortives et aspermes), percé au sommet de 3 petites ouvertures; rarement le noyau est 2-ou 4-ou 5-loculaire, à autant de petites ouvertures que de loges. Tégument de la graine adhérant plus ou moins au noyau du drupe. Étamines hypogynes; filets monadelphes à la base. — Tronc inerme ou garni d'aiguillons. Feuilles pennées; folioles rédupliquées en vernation. Fleurs jaunâtres, diclines, sessiles, ou enfoncées dans des fovéoles du rachis. Inflorescence jeune recouverte d'une ou de plusieurs spathes. Mésocarpe fibreux. Endocarpe épais. Périsperme huileux, non-lacuneux.

Genre BACTRIS. — *Bactris* Jacq.

Fleurs monoïques (dans la même inflorescence), sessiles, bractéolées : les femelles moins nombreuses, entremêlées aux mâles. — *Fleurs-mâles :* Périanthe externe triparti ou trifide, mince; segments sublancéolés, carénés. Périanthe interne de 3 sépales distincts, subcoriaces, ovés, presque plans, striés longitudinalement. Étamines 6, ou 9, ou 12, en général adnées à la base aux sépales internes; filets subulés; anthères linéaires, subsagittiformes. — *Fleurs-femelles :* Périanthe externe urcéolaire ou annulaire, à bord tronqué, très-entier ou légèrement tridenticulé. Périanthe interne urcéolaire ou cylindracé, à bord tronqué, tridenticulé. Ovaire ovoïde ou prismatique-trigone, à 3 loges dont 2 abortives. Stigmates 3, sessiles, pyramidaux, pointus, d'abord connivents, puis révolutés. Drupe ovoïde ou subglobuleux, 1-sperme. Épicarpe coriace; chair pulpeuse; noyau osseux, à 5 pertuis apicilaires. Périsperme corné, non-lacuneux, en général sans cavité. Embryon apicilaire. — Tige inerme ou armée d'aiguillons, en général grêle, semblable aux roseaux. Feuilles éparses ou subterminales, étalées, pennées; folioles bordées de soies ou d'aiguillons. Inflorescences latérales et terminales, simples, ou rameuses, accompagnées chacune de deux spathes (épineuses) dont l'une extérieure, plus courte, membranacée, ouverte au sommet, l'autre intérieure, fusiforme, coriace ou presque ligneuse, s'ouvrant antérieurement par une fente longitudinale. Fleurs jaunâtres, ou verdâtres, ou roses. Pulpe du fruit acidule. — Genre propre à l'Amérique équatoriale; on en connaît 24 espèces.

BACTRIS A CANNES. — *Bactris minor* Jacq. Amer. p. 279; tab. 171, fig. 1. — *Bactris minima* Gærtn. Fruct. 2, tab. 159, fig. 5. — *Cocos guineensis* Linn. Mant. — Souche grosse, stolonifère, multicaule. Tiges longues de 6 à 12 pieds, d'environ 1 pouce de diamètre, droites, noueuses, recouvertes par les gaînes des feuilles. Feuilles éparses, distancées, longues d'environ 5 pieds; gaîne et pétiole garnis de nombreux aiguillons; folioles alternes ou subopposées, linéaires, ensiformes, acuminées, luisantes, spinelleuses aux bords, tantôt lisses, tantôt parsemées d'aiguillons tant en dessus qu'en dessous. Panicules axillaires, solitaires, étalées; les fructifères pendantes. Fleurs inodores, d'un jaune pâle. Drupe d'un pourpre noirâtre, du volume d'une Cerise, subsphérique, un peu déprimé. — Cette espèce est commune aux environs de la ville de Carthagène. Ses tiges, dépouillées des gaînes, sont noires et luisantes; on en fait les cannes que le commerce importe en Europe sous le nom de *cannes de Tabago*. La pulpe du fruit de ce Palmier est mangeable; on en prépare, dans le pays, une boisson vineuse. Les fruits de quelques espèces congénères s'emploient au même usage.

Genre GUILIELMA. — *Guilielma* Mart.

Fleurs monoïques (dans la même inflorescence), sessiles, bractéolées. — *Fleurs-mâles* : Périanthe externe presque plat, triangulaire : angles pointus, membranacés. Périanthe interne subglobuleux ou obové-turbiné, tri-parti : segments suborbiculaires ou obovés. Étamines 6, incluses, insérées par paires devant les sépales internes ; filets subulés ; anthères linéaires-oblongues, incombantes. Ovaire rudimentaire, minime. — *Fleurs-femelles* (éparses, entremêlées aux fleurs-mâles) : Périanthe externe membranacé, annulaire, légèrement tridenticulé, percé à la base. Périanthe interne subglobuleux ou turbiné, coriace, à bord tronqué, tridenticulé. Ovaire subturbiné, à 3 loges dont 2 rudimentaires. Stigmates 5, sessiles, petits. Drupe ovoïde, charnu, 1-sperme ; noyau osseux, à 5 pertuis apicilaires. Périsperme non-lacuneux, cartilagineux, à peine creusé au centre. Embryon apicilaire. — Tronc columnaire, armé de nombreux aiguillons, entièrement dur e ligneux. Feuilles terminales, pennées ; folioles linéai rapprochées, spinelleuses aux bords. Panicules simpᴶ, ramules cotonneux. Spathe double : l'extérieure᾽te, cylindracée, bifide ; l'intérieure fusiforme , ligᴂle.— s'ouvrant antérieurement par une fente longiᶠ L'espèce suivante constitue à elle seule le gᵉ

Palm. p. 82;

GUILIELMA ÉLÉGANT.—*Guilielma speciosa*ᵖin Humb. et tab. 66 et 67. — *Bactris Gasipaes* Kᴜ700. —*Paripou* Bonpl. Nov. Gen. et Spec. 1, p. 502 ;olitaires ou touffus, Aubl. Guian. Suppl. p. 101. — Troᶜd'aiguillons noirs com-hauts de 80 à 100 pieds, dressés, arᵣfolioles nombreuses (100 primés. Feuilles longues de 6 à 7 piᵧées, crépues, longues de 1 et plus), linéaires-lancéolées, acuᵢllons de même que le pétiole. pied à 1 1/2 pied, garnies d'aᵢet plus, garnies d'un duvet ferru-Panicules longues de 1 1/2 piᵣarsemées d'aiguillons. Fleurs-mâles gineux cotonneux. Spathesᵣelles verdâtres. Drupe ovoïde-conique, d'un jaune pâle. Fleurs-fᵣelles verdâtres.

obtus, luisant, du volume d'une Prune, jaunâtre ou rougeâtre du
côté le plus exposé au soleil, verdâtre du côté opposé; chair
épaisse, sucrée, farineuse. — Ce Palmier croît au Brésil et dans
l'intérieur de la Guiane, aux bords des fleuves et des rivières; il
est fréquemment cultivé comme arbre fruitier, tant par les colons
de ces régions que par les peuplades aborigènes.

Genre ACROCOMIA. — *Acrocomia* Mart.

Fleurs monoïques (dans la même inflorescence), sessiles :
les mâles très-serrées, occupant la partie supérieure des
ramules, nichées dans des fovéoles; les femelles moins
nombreuses, un peu distancées. — *Fleurs-mâles* : Périanthe externe de 5 sépales petits, ovés. Périanthe interne de
5 sépales lancéolés-oblongs, connivents en forme de prisme
cylindracé. Étamines 6, incluses; filets comprimés; anthères linéaires-oblongues, subsagittiformes. Ovaire rudimentaire. — *Fleurs-femelles* : Périanthe externe de 5 sépales ovales-orbiculaires. Périanthe interne de 5 sépales
ovés, imbriqués en préfloraison. Ovaire ovoïde, 5-locu-
laire, engaîné à la base par un disque annulaire à 6
dents. Style court. Stigmates 5, lancéolés, révolutés.
Drupe globuleux, 1-sperme. Épicarpe cartilagineux; chair
mucilagineuse, fibreuse; noyau épais, lenticulaire, à 5
pertuis latéraux (dont 2 incomplets). Périsperme dur,
non-lacuneux, à peine creux au centre. Embryon latéral,
correspondant à l'un des pertuis du noyau. — Tronc
élancé, ventru au milieu, armé d'aiguillons. Feuilles pennées, terminales. Panicules interpétiolaires, simples, persistantes, pendantes après la floraison. Spathe simple,
lignescente, épineuse, recouvrante avant la floraison. —
Genre de l'Amérique équatoriale; on n'en connaît que 2
espèces.

ACROCOMIA A FRUIT OSSEUX. — *Acrocomia sclerocarpa* Mart.
Palm. p. 66; tab. 56, 57, et 100; fig. 5.— *Cocos aculeata* Jacq.
Amer, tab. 169; ed. pict. tab. 154. — *Cocos fusiformis*

Swartz, Flor. Ind. Occid. — *Palmier Macoya* Aubl. Guian. suppl. p. 98. — Tronc dressé, rectiligne, haut de 20 à 30 pieds, hérissé d'aiguillons ; bois fibreux, d'un brun noirâtre. Feuilles longues de 10 à 15 pieds ; pétiole hérissé d'aiguillons noirâtres et de soies ; folioles linéaires-lancéolées, d'un vert glauque, un peu crépues. Spathe longue de 1 ½ pied à 2 pieds, lancéolée, garnie d'aiguillons en dessous. Fleurs-mâles jaunâtres. Fleurs-femelles verdâtres. Drupe subglobuleux, d'un brun verdâtre, ou d'un roux pâle, glabre, luisant, d'environ 1 pouce de diamètre ; noyau très-dur, d'un brun noirâtre. — Ce Palmier, remarquable par le renflement que son tronc offre vers le milieu, croît dans une grande partie du Brésil, dans la Guiane et aux Antilles ; les créoles de la Martinique et de Saint-Domingue le désignent par le nom de *Grougrou.*

Genre ASTROCARYUM. — *Astrocaryum* G. F. W. Mey.

Fleurs sessiles, monoïques (dans la même inflorescence): les mâles serrées, occupant la partie supérieure des ramules, nichées dans des fovéoles ; les femelles solitaires à la base des épis-mâles sur une dilatation du rachis, recouvertes chacune de deux bractées marginales. — *Fleurs-mâles :* Périanthe externe triparti ou trifide, mince, pertuisé à la base ; lobes triangulaires, pointus. Périanthe interne triparti : segments oblongs-lancéolés, dressés, membranacés. Étamines 6 (rarement plus), insérées deux à deux devant les sépales intérieurs, en général peu saillantes ; filets filiformes ; anthères linéaires, subsagittiformes, incombantes. Pistil rudimentaire, minime. — *Fleurs-femelles :* Périanthe externe urcéolé, légèrement tridenté, chartacé, nerveux, presque sec. Périanthe interne urcéolé, charnu, subtridenté (finalement trifide), percé à la base. Ovaire ovoïde, à 3 loges dont 2 abortives. Style indivisé. Stigmate conique ou trilobé. Drupe ovoïde ou subglobuleux, 1-sperme ; chair épaisse, très-fibreuse ; noyau osseux, à 3 pertuis apicilaires. Périsperme non-lacuneux, corné, blanc, creux au centre. Embryon apicilaire, niché dans une fossette correspondant à l'un des pertuis du noyau. —.Tronc columnaire, ou très-court, couvert d'aiguillons noirâtres. Feuilles terminales, pennées ; folioles linéaires, rapprochées, spinelleuses aux bords ; pétiole hérissé d'aiguillons. Panicules interpétiolaires, simples, persistantes. Spathe simple, fusiforme, lignescente, persistante, recouvrante en préfloraison, s'ouvrant antérieurement par une fente longitudinale. — Genre propre à l'Amérique équatoriale; M. de Martius en a fait connaître 10 espèces.

ASTROCARYUM MOUROUMOUROU. — *Astrocaryum Murumuru* Mart. Palm. p. 70 ; tab. 58 et 59. — Tronc droit, atteignant 10 à 20 pieds de haut, hérissé d'aiguillons très-nombreux. Feuilles longues de 10 à 20 pieds ; folioles au nombre de 60 à 80, ou plus, lancéolées, subfalciformes, argentées en dessous. Panicules longues de 3 à 4 pieds. Spathe longue d'environ 2 pieds, sillonnée, hérissée de soies rousses. Fleurs-mâles d'un jaune pâle. Drupe long d'environ 2 pouces, pyriforme, spinelleux, rouge ; à chair douceâtre, aromatique. — Cette espèce habite le Brésil et la Guiane, où on la connaît sous le nom de *Mouroumourou;* la chair de son fruit a une saveur musquée et analogue à celle du Melon ; ce fruit est fort goûté des habitants du pays.

ASTROCARYUM AYRI. — *Astrocaryum Ayri* Mart. Palm. p. 71 ; tab. 59, *a.* — Tronc atteignant 20 à 50 pieds de haut, d'environ 1 pied de diamètre, couvert d'aiguillons de 5 à 6 pouces de long. Feuilles longues de 8 pieds et plus ; folioles lancéolées, longuement acuminées, étroites, argentées en dessous. Panicules dressées, longues d'environ 2 pieds, à rachis garni d'aiguillons réfléchis. Spathe couverte d'aiguillons. Drupe long de 1 ½ pouce à 2 pouces, obové, rostré, roussâtre, hérissé de petites soies d'un brun de châtaigne. — Ce Palmier croît dans les provinces méridionales du Brésil; son bois est assez dur pour servir aux peuplades sauvages à faire des lances et des flèches.

Genre ATTALÉA. — *Attalea* Kunth.

Fleurs monoïques (dans la même inflorescence), sessiles, bractéolées : les mâles occupant la partie supérieure des ramules ; les femelles moins nombreuses.— *Fleurs-mâles :* Périanthe externe de 5 sépales distincts, oblongs-lancéolés, dressés. Étamines au nombre de 10 à 24, serrées, insérées au réceptacle; filets subulés, presque égaux; anthères sublinéaires, dressées.— *Fleurs-femelles :* Périanthe externe de 5 sépales distincts, ovés, imbriqués. Périanthe interne semblable à l'externe, mais plus petit. Ovaire ovoïde, 2-à 5- (en général 3-) loculaire. Stigmates en même nombre que les loges de l'ovaire, subulés, connivents. Drupe ovoïde ou ellipsoïde, subrostré; épicarpe ligneux, fibreux; noyau osseux, très-dur, 2-à 5-loculaire; loges pertuisées à la base. Périsperme huileux, charnu, non-lacuneux, à peine creusé au centre. Embryon basilaire, niché dans une fossette correspondant au pertuis du noyau. — Tronc columnaire ou réduit à la souche, spongieux à l'intérieur, inerme. Feuilles grandes, terminales, pennées, inermes; folioles minces. Panicules interpétiolaires, étalées, simples. Spathe simple, inerme. — Genre propre à l'Amérique équatoriale; on en connaît 6 espèces; ces végétaux sont remarquables par leur périsperme huileux et comestible, ainsi que par l'extrême dureté de leurs noyaux.

Attaléa a cordes. — *Attalea funifera* Mart. Palm. p. 136 ; tab. 95 ; tab. 96, fig 4 ; et tab. T, fig. 1 et 2. — *Cocos lapidea* Gærtn. Fruct. 1, tab. 6, fig. 1. — *Lithocarpus cocciformis* Targ.-Tozz. — Tronc atteignant 20 à 50 pieds de haut. Feuilles longues de 15 à 20 pieds, dressées ; base du pétiole fibreuse ; folioles linéaires-lancéolées, acuminées, glabres, d'un vert foncé, longues de 5 pieds. Drupe du volume d'un œuf d'autruche, ellipsoïde; noyau du volume d'un œuf d'oie, trisulqué. — Cette espèce croît dans les forêts-vierges du Brésil méridional ; les noyaux de son fruit servent à faire des ouvrages de tour.

ATTALÉA MAGNIFIQUE. — *Attalea spectabilis* Mart. Palm.
p. 156 ; tab. 96, fig. 1 et 2.—Tronc presque nul, ou atteignant
3 à 4 pieds de haut. Feuilles longues de 18 à 20 pieds ; folioles
très-nombreuses, étalées, linéaires-lancéolées, pointues, rédupliquées à la base. Fleurs-mâles d'un jaune pâle. Drupe ovoïde,
omboné, du volume d'un petit œuf de poule, couvert d'un duvet
cotonneux roussâtre ; chair sèche, blanche ; noyau 2-ou 5-locu-
laire. — Cette espèce croît dans les forêts-vierges du Brésil.

ATTALÉA ÉLÉGANT. — *Attalea compta* Mart. Palm. p. 157 ;
tab. 41, 75 et 97. — *Pindova* Pis. Bras. — *Pindoba* Marcgr.
Bras. p. 155, cum Ic. — Tronc tantôt très-court, tantôt atteignant 20 à 50 pieds de haut. Feuilles longues de 15 à 20 pieds,
étalées ; base du pétiole non-fibrillifère ; folioles longues de 1 ¹⁄₂
à 2 pieds, larges de 1 pouce, rectilignes, ou subfalciformes, rédupliquées à la base, d'un vert gai. Spathe longue de 2 ¹⁄₂ pieds,
couverte à la surface externe d'un duvet floconneux roussâtre.
Fleurs-mâles d'un jaune pâle. Fleurs-femelles d'un vert pâle.
Panicule fructifère pendante, longue d'environ 2 pieds. Drupe
ovoïde ou obové, rostré, du volume d'un œuf d'oie, d'un brun de
châtaigne. — Cette espèce habite les forêts-vierges d'une grande
partie du Brésil.

ATTALÉA GIGANTESQUE. —*Attalea excelsa* Mart. Palm. p.
158 ; tab. 96, fig. 5. — Tronc atteignant jusqu'à 100 pieds de
haut. Feuilles presque étalées. Panicule fructifère longue de 5 à
4 pieds. Drupe oblong, pointu, subpentagone, d'un brun de châtaigne, long de près de 5 pouces ; noyau très-épais , brunâtre. —
Cette espèce croît au Brésil, dans les forêts-vierges des provinces
de Maragnan et de Para.

ATTALÉA A AMANDES. — *Attalea amygdalina* Kunth, in H. et
B. Nov. Gen. et Spec. 1, p. 510 ; tab. 95 et 96. — Tronc très-
court. Spathe longue de 4 pieds, striée. Panicules subradicales.
Drupe long de 2 à 5 pouces, ovoïde, courtement acuminé, 5-lo-
culaire ; noyau ovoïde, ligneux, longitudinalement sillonné. —
Cette espèce est cultivée dans la Nouvelle-Grenade.

Genre ÉLAÉIS. — *Elaeis* Jacq.

Fleurs monoïques (en inflorescences unisexuelles), nichées dans des fovéoles du rachis. — *Fleurs-mâles* : Périanthe externe de 3 sépales linéaires ou lancéolés, scarieux, chartacés. Périanthe interne de 3 sépales lancéolés, connivents, membranacés. Étamines 6, incluses ; filets
monadelphes : androphore urcéolaire, 6-fide au sommet ;
anthères oblongues ou ovées, étalées lors de l'anthèse.
Pistil rudimentaire, minime. — *Fleurs-femelles* : Périanthes membranacés : l'extérieur 5-sépale ; l'intérieur 5-à 6-
sépale. Ovaire ovoïde ou subcylindracé, à 3 loges dont 2
abortives. Style terminal, court, conique. Stigmates 3,
oncinés, subpersistants. Drupe ovoïde, anguleux, 1-
sperme ; épicarpe mince ; chair fongueuse, huileuse ; noyau
anguleux ou trigone, osseux, ovoïde, à 3 pertuis apicilaires. Graines ellipsoïdes. Périsperme non-lacuneux, corné,
creux au centre. Embryon latéral auprès du sommet. —
Tronc dressé ou décombant. Feuilles grandes, terminales,
pennées ; pétiole gros, bordé de dentelures spinescentes.
Panicules corymbiformes, denses, couvertes d'un duvet
floconneux. Spathe double : l'une et l'autre recouvrantes
en préfloraison, finalement décomposées en fibres ; l'extérieure comprimée ; l'intérieure lancéolée. Fleurs saillantes
lors de l'anthèse : les mâles très-serrées, imbriquées ; les
femelles plus lâches.— On ne connaît comme certaines
que les 2 espèces dont nous allons faire mention.

ÉLAÉIS DE GUINÉE. — *Elaeis quineensis* Linn. Mant. — Jacq.
Amer. p. 280 ; tab. 172 ; Ed. pict. tab. 257.—Gærtn. Fruct. 1,
tab. 6. — Lamk. Ill. tab. 896. — Mart. Palm. p. 62 ; tab. 54
et 56. — *Palma Avoira* Aubl. Guian. Suppl. p. 95. — Tronc
atteignant 20 à 50 pieds de haut, d'un pied de diamètre, columnaire, dressé, inerme, marqué de gros bourrelets annulaires.
Feuilles longues de 10 à 15 pieds ; folioles linéaires-lancéolées,
pointues, concolores en dessous : les inférieures très-étroites,

longuement cuspidées. Panicules amples, interpétiolaires, dressées : les fructifères pesant souvent 40 livres et plus, et portant
de 600 à 800 drupes. Fleurs blanchâtres, odorantes. Drupe
d'environ 1 pouce de long, ovoïde ou obové, un peu anguleux,
glabre, coloré de jaune, de brun et de rouge.

Ce Palmier, originaire de la Guinée, se cultive au Brésil, à la
Guiane et aux Antilles ; c'est de l'enveloppe charnue de ses fruits
qu'on obtient, par expression, l'huile grasse connue dans le
commerce sous le nom d'*huile de palme* ou *huile de palmier*.
Lorsqu'elle a été préparée avec soin, cette huile a une odeur
agréable et point de saveur prononcée : on s'en sert, en Amérique, en guise d'huile d'olive ; mais celle qu'on importe d'A-
frique en Europe ne peut servir qu'à l'éclairage et à la saponifi-
cation. « L'huile qu'on obtient en Afrique des fruits de l'*Elaeis*
« *guineensis*, dit Palisot de Beauvois, n'est pas comparable à
« notre huile d'olive, ni même à celle de faînes ou de noix ; mais
« les nègres ont l'art de l'épurer et de la préparer de manière à
« en rendre le goût supportable ; c'est avec elle qu'ils assai-
« sonnent leur poisson et presque tous leurs mets ; elle sert à les
« éclairer et à graisser leurs cuirs ; l'usage habituel de cette
« huile a établi parmi les habitants de l'intérieur de la Guinée
« une sorte de commerce au moyen duquel ils peuvent se pro-
« curer des productions européennes dont ils sont rarement en
« état de traiter directement. » — Les amandes de l'*Elaeis*
guineensis fournissent une matière grasse jaunâtre, de la consistance du beurre, et d'une saveur très-agréable étant fraîche : le
commerce de l'Afrique l'apporte en Europe sous le nom de *beurre
de Galam ;* cette graisse végétale s'emploie aux mêmes usages que
l'huile de palme.

Élaéis Corozo. — *Elaeis melanococca* Gærtn. Fruct. 1,
p. 18 ; tab. 6, fig. 2. — Mart. Palm. p. 64 ; tab. 55 et 55. —
Alfonsia oleifera Kunth, in Humb. et Bonpl. Nov. Gen. et
Spec. 1, p. 507. — *Corozo* Jacq. Amer. p. 282 ; tab. 171. —
Tronc long de 8 à 12 pieds, ou rarement plus, décombant et
radicant à sa partie inférieure, cylindracé ou épaissi vers le haut.

Feuilles longues de 10 à 12 pieds, disposées en spirale; folioles linéaires, acuminées, concolores. Panicule mâle longue de 1 $\frac{1}{2}$ pied, dressée. Panicule femelle ovoïde ou subsphérique, dense, composée d'un grand nombre (100 à 120) de ramules. Drupe long de 1 à 2 pouces, ovoïde, pointu, rouge ou jaune, 5-ou 6-gone; chair d'un jaune orange; noyau d'un brun noirâtre. — Ce Palmier croît dans les forêts-vierges du Brésil et de la Nouvelle-Grenade; les Caraïbes l'appellent *Corozo* (1). Ses fruits, de même que ceux de l'espèce précédente, fournissent beaucoup d'huile grasse, et une substance butyracée.

Genre COCOTIER. — *Cocos* Linn.

Fleurs monoïques (dans la même inflorescence), sessiles, bractéolées : les mâles occupant la partie supérieure des épis; les femelles plus nombreuses. — *Fleurs-mâles :* Périanthe externe de 3 sépales lancéolés, carénés, petits, plus ou moins connés. Périanthe interne de 3 sépales membranacés ou un peu charnus, lancéolés, ou ovales-lancéolés, dressés ou connivents, plans, souvent striés. Étamines 6, hypogynes, en général incluses; filets subulés, presque égaux; anthères linéaires, subsagittiformes, dressées. Pistil rudimentaire et minime, ou nul. — *Fleurs-femelles :* Périanthes membranacés ou chartacés : l'extérieur de 3 sépales suborbiculaires ou ovés; l'intérieur de 3 sépales suborbiculaires, en général plus courts. Style nul ou très-court. Stigmates pyramidaux, trièdres, d'abord connivents, puis révolutés. Étamines rudimentaires ou nulles. Drupe 1-sperme; mésocarpe spongieux ou pulpeux, fibreux, épais; noyau osseux, à 3 pertuis basilaires. Périsperme non-lacuneux, ou pertuisé en forme de rayons, cartilagineux, ou charnu, creux au centre. Embryon niché dans une fossette basilaire. — Tronc columnaire, plus ou moins élevé, inerme, spongieux à l'intérieur. Feuilles am-

____

(1) Ce même nom s'applique aussi au *Cocos butyracea.*

ples, pennées, terminales ; folioles glabres, en général subfasciculées ; gaîne-pétiolaire très-fibreuse. Panicules interpétiolaires, simples. Spathe fusiforme ou claviforme,
simple, complète, ligneuse, mucronée, sillonnée en dessous, s'ouvrant antérieurement par une fente longitudinale. — Ce genre comprend 15 espèces, la plupart indigènes de l'Amérique équatoriale.

COCOTIER CULTIVÉ. — *Cocos nucifera* Linn. Flor. Zeyl. —
Jacq. Amer. p. 277 ; tab. 169 ; ed. pict. tab. 255. — Gærtn.
Fruct. 1, tab. 4 et 5. — Roxb. Corom. 1, tab. 75. — Des
court. Flore méd. des Antilles, tab. 21 et 22. — Tuss. Flor.
Antill. 4, tab. 54. — Mart. Palm. p. 125 ; tab. 62, tab. 65,
et tab. 88, fig. 5-6. — *Tenga* Hort. Malab. 1, tab. 1-5. —
Calappa Rumph. Amb. 1, tab. 1 et 2. — Tronc atteignant
60 à 80 (rarement jusqu'à 100) pieds de haut, de 1 pied
à 1 ½ pied de diamètre, très-droit, mais plus ou moins incliné, épaissi à la base ; écorce lisse, grisâtre, marquée de bourrelets incomplétement annulaires, obliques ; bois périphérique,
très-dur, corné, noirâtre, de 2 à 5 pouces d'épaisseur ; intérieur spongieux. Racines très-nombreuses, grêles, noirâtres.
Feuilles longues de 12 à 16 pieds, les vieilles étalées ou pendantes, les jeunes presque dressées ; pétiole gros, dégarni de
folioles jusqu'à 3 à 4 pieds de la base ; folioles longues de 5 à 5 ½
pieds, larges de 2 pouces ou plus, d'un vert gai, linéaires-lancéolées, acuminées, finalement défléchies ; côte médiane jaune, saillante. Spathe d'un vert foncé, longue de 2 ½ à 5 pieds, profondément sillonnée, floconneuse étant jeune. Panicules longues de 5
à 6 pieds, étalées, composées de 20 à 50 épis fasciculés, grêles,
flexueux, pendants après la floraison. — Aux Moluques (suivant
Rumphius) chaque panicule ne produit que de 10 à 16 fruits ;
dans l'Inde, ce nombre est souvent du double ou plus. L'arbre
porte simultanément 5 ou 6 panicules, à différents degrés de développement : les unes chargées de fruits plus ou moins avancés,
les autres en fleurs ou encore en boutons. — Fleurs-mâles d'un
jaune pâle. Fleurs-femelles d'un blanc verdâtre, à périanthe sub-

globuleux. Drupe en général du volume d'une tête d'homme, ovoïde ou subsphérique, ombiliqué aux deux bouts, obscurément trigone ; épicarpe mince, luisant, jaune, ou roussâtre, ou rouge avant la maturité, finalement grisâtre ; brou spongieux, sec, roussâtre, de 1 ½ à 2 pouces d'épaisseur, entremêlé d'une grande quantité de fibrilles fixées au noyau ; noyau assez mince, osseux, noirâtre, luisant, ovoïde ou subsphérique, du volume de la tête d'un enfant, muni vers le haut de 3 crêtes saillantes, convergentés au sommet. Périsperme charnu, blanchâtre, ovoïde (1).

____

(1) Rumphius distingue 13 variétés principales ou races du Cocotier, savoir :

I. CALAPPA VULGARIS. C'est, ainsi que l'indique son nom, la variété la plus commune, et à laquelle se rapportent les descriptions que tous les auteurs ont données du Cocotier. — Rumphius en cite 3 sous-variétés, savoir : 1° *Le plus commun*, dont le jeune fruit est vert, et le fruit à peu près mûr coloré de jaune, de cuivré et de roux ; 2° le *Coco blanc* : jeune fruit blanchâtre ; fruit adulte d'un jaune de laiton ; 3° le *Coco vert* : son fruit reste vert jusqu'à la maturité.

II. CALAPPA RUTILA. La coque de la noix est de couleur rouge ou ferrugineuse. Le périsperme a une saveur très-sucrée, mais désagréable.

III. CALAPPA SACCHARINA. La coque jeune est excessivement sucrée.

IV. CALAPPA CANARINA. *Calappa Canari* des Malais. Fruit semblable à la noix du Coco commun, mais différent en ce que l'amande est plus épaisse, plus molle, et d'une saveur plus agréable.

V. CALAPPA PULTARIA. Ne diffère du Coco commun qu'en ce que la matière gélatineuse du périsperme y est plus abondante.

VI. CALAPPA MACHÆROIDES. *Calappa Parrang* des Malais. Fruit oblong, comprimé, pointu, du volume d'un œuf d'oie ou d'un œuf d'autruche ; noyau conforme au brou. Cette variété, dit Rumphius, se reproduit de graine. Le noyau est recherché pour en faire des vases à boire.

VII. CALAPPA CAPULIFORMIS. Fruit beaucoup plus petit que le Coco commun, d'un beau jaune à la surface ; noyau oblong, grisâtre, de la grosseur et de la longueur du doigt ; cette variété est très-rare aux Moluques.

VIII. CALAPPA CYSTIFORMIS. Fruit très-petit, arrondi, à noyau noirâtre.

IX. CALAPPA PUMILA. Tronc n'atteignant pas plus de dix pieds de

Ce Palmier, qu'on désigne vulgairement par le seul nom de *Cocotier* ou *Coco* (1), croît spontanément dans les deux presqu'îles de l'Inde, aux îles de la Sonde et dans la plupart des archipels de ces parages, ainsi que dans la Polynésie; c'est d'ailleurs un des arbres les plus fréquemment cultivés dans ces mêmes régions, et qui a été naturalisé tant en Afrique qu'en Amérique. Tout le monde sait que la cavité du jeune fruit du Cocotier est remplie d'une liqueur limpide, sucrée et rafraîchissante; c'est cette liqueur qui, à mesure que la maturation fait des progrès, se transforme peu à peu en périsperme. L'amande se mange soit avant la maturité, à l'état d'une gélatine laiteuse, analogue à une crême

---

haut, et fructifiant souvent presque rez terre. Fruit semblable au Coco commun. Cette variété est commune aux Moluques.

X. CALAPPA REGIA. *Calappa Radja, Calappa Mera* des Malais. Fruit semblable au Coco commun, mais beaucoup plus petit, acuminé ou mamelonné au sommet, d'un jaune orange ou rougeâtre; brou mince, à peine de l'épaisseur d'un doigt; noyau oblong ou sphérique. La lymphe de son fruit est d'une saveur plus agréable que celle du Coco commun. Le tronc fructifie dès qu'il a atteint une hauteur de 8 à 12 pieds; il est plus grêle que celui du Cocotier commun. Les pétioles se font remarquer par leur couleur jaune. Cette variété se cultive fréquemment à Java et à Banda. Les noyaux sont fort estimés des Malais pour la confection de cuillers et de vases à boire.

XI. CALAPPA LANSIFORMIS. *Calappa Lansa* des Malais. Fructifie dès qu'il atteint 5 ou 6 pieds de haut. Fruits rapprochés en grappe au nombre de 10 à 12, oblongs, du volume du poing, d'un blanc verdâtre à l'extérieur; brou et noyau minces, fragiles; lymphe douce, d'une saveur très-agréable.

XII. Le Palmier TERRI des habitants de la presqu'île orientale de l'Inde. On ne saurait dire, d'après la courte description de Rumphius, si ce Palmier est en effet un Cocotier. Son fruit, beaucoup plus petit que celui du Cocotier commun, n'est pas mangeable, mais l'arbre est très-utile par le vin de palme qu'on en obtient.

XIII. CALAPPA PARVA. Fruit plus petit que celui du *Calappa machæroides*, à noyau oblong, noir, très-dur, excellent pour la fabrication de toutes sortes de vases. Cette variété croît aux Maldives.

(1) Ces mots sont des altérations du latin *coccus* (noix): plusieurs auteurs anciens ayant appelé ce Cocotier *Palma indica coccos ferens*. Cet arbre est nommé en malais *Calappa*, en malabare *Tenga*, et en arabe *Naréghil, Néréghil, Naret,* ou *Narigh*.

épaisse, soit à peu près mûre et ayant acquis de la consistance ;
toutefois ces aliments sont très-indigestes, parce qu'ils contiennent
beaucoup d'huile grasse. L'huile qu'on exprime de ces amandes
a la consistance du beurre et une saveur très-agréable tant qu'elle
est récente ; mais elle rancit promptement. Néanmoins les Hindous en font un usage journalier tant pour des préparations alimentaires que comme cosmétique ; elle sert à l'éclairage et à quantité d'autres emplois. On fabrique des cordages avec la filasse qui
abonde dans le brou de la noix ; cette même filasse est excellente
pour calfeutrer les navires. La coque de la noix se façonne en
vases. La sommité du tronc et les feuilles intérieures des bourgeons constituent un aliment non moins estimé que le Chou-palmiste
de l'*Areca oleracea.* Le Cocotier fournit beaucoup de séve sucrée,
ou *vin de palme,* qu'on obtient en coupant l'extrémité des jeunes
spathes, et en répétant chaque jour cette opération ; les arbres
qu'on soumet habituellement à cette exploitation n'en sont point
affectés dans leur croissance, mais ils ne donnent pas de fruit.
On extrait de la séve du Cocotier une sorte d'arrak et du sucre ;
abandonnée à elle-même, cette séve se convertit en vinaigre.

Le Cocotier fructifie souvent dès l'âge de 5 ou de 6 ans, et au
plus tard à 10 ou 12 ans ; il continue de rester productif durant une soixantaine d'années, et même jusqu'à cent ans. Cet
arbre se plaît surtout dans les sols légers et humides ; aussi
abonde-t-il en général sur les plages sablonneuses et aux bords
des eaux courantes. La germination se fait à l'air, quelques mois
après la chute du fruit. On active l'accroissement des jeunes Co-
cotiers en répandant des cendres au voisinage de leurs racines.

Cocotier couronné. — *Cocos coronata* Mart. Palm. p. 115 ;
tab. 80 ; tab. 81 ; et tab. T, fig. 5. — *Urucuri-iba* Pis. Bras.
p. 127. (exclus. ic.) —Tige haute de 20 à 50 pieds, offrant vers
le sommet un épaississement très-gros formé par la base persistante des pétioles ; bourrelets très-gros, annulaires. Feuilles longues de 6 à 8 pieds, dressées ; folioles subfasciculées, un peu crépues, linéaires, blanchâtres en dessous. Spathe fusiforme, longue
de 2 pieds, cotonneuse étant jeune. Fleurs-mâles d'un jaune pâle.

Fleurs-femelles verdâtres, subglobuleuses. Drupe ellipsoïde ou ové-globuleux, jaune ou rougeâtre, glabre, long au plus de 1 pouce; chair pulpeuse, douceâtre. — Ce Palmier croît dans les régions tropicales du Brésil; les naturels de ces contrées l'appellent *Urucuri-iba;* le tissu spongieux de son tronc leur fournit une fécule dont ils font une sorte de pain; l'amande du fruit contient une huile qui sert aussi aux usages alimentaires des sauvages.

Cocotier oléracé. — *Cocos oleracea* Mart. Palm. p. 118; tab. 83; tab. 84; et tab. 75, D, fig. 5. — *Palma Iraiba* Pis. Bras. p. 129. — Tronc haut de 60 à 80 pieds, épaissi à la base; bourrelets annulaires, peu saillants. Feuilles longues de 6 à 8 pieds, touffues, un peu étalées; folioles linéaires, légèrement crépues, subfalciformes, pointues, subfasciculées, obliquement adnées, d'un vert foncé en dessus, d'un vert glauque en dessous. Panicules longues de 1 ½ pied à 2 pieds, d'abord dressées, puis étalées ou inclinées. Spathe cotonneuse étant jeune; duvet d'un gris ferrugineux. Fleurs-mâles d'un jaune de soufre. Fleurs-femelles coniques. Drupe ovoïde, long d'environ 18 lignes. — Ce Palmier croît au Brésil, dans les forêts de l'intérieur de la province des Mines. Son bourgeon est comestible.

Cocotier butyracé —*Cocos butyracea* Linn. Suppl.—Kunth, in Humb. et Bonpl. Nov. Gen. et Spec. p. 301.—Tronc gros, très-haut. Feuilles amples. Spathe cylindracée-oblongue, caduque, ligneuse, longue de 4 à 6 pieds. Panicule à épis très-serrés, épars, défléchis, longs d'environ 1 pied. Drupe obové, 1-loculaire, succulent, très-glabre, mamelonné au sommet, obscurément trigone; épicarpe cartilagineux; noyau très-dur, strié, oblong, pointu aux 2 bouts, plat d'un côté, convexe de l'autre. Périsperme oléagineux, finalement très-dur. — Ce Palmier, qui appartient peut-être à un autre genre, croît au Pérou et dans la Colombie; on extrait de ses amandes une huile butyracée, analogue au beurre de Coco, et servant aux mêmes usages. L'arbre fournit aussi beaucoup de séve sucrée ou vin de palme.

Cocotier a amande amère. — *Cocos amara* Jacq. Amer.

p. 277. — Arbre très-semblable au *Cocos nucifera*, atteignant
souvent plus de 100 pieds de haut. Fruits du volume d'un œuf
d'oie, très-nombreux dans chaque panicule. Amande très-amère.
— Ce Palmier croît à Haïti et à la Martinique, où on le nomme
Palmiste amer. « C'est dans le tronc de ce Palmier, dit M. de
« Tussac (*Dict. des Sciences Nat.*, vol. 9, p. 552), que
« naissent les larves d'une espèce de charançon qu'on nomme *ver*
« *de Palmiste*, lesquels se vendent aux gourmands créoles comme
« un mets très-délicat ; les Européens ont bien de la peine à
« vaincre la répugnance que font naître ces hideuses larves, qui
« ressemblent beaucoup à celles que produisent les hannetons,
« mais qui sont plus grosses. Pour multiplier ce mets délicat, les
« habitants de la Martinique ont coutume de faire des incisions
« dans l'écorce des jeunes Palmiers, ce qui engage les charançons
« à y déposer leurs œufs. »

Genre MAXIMILIANA. — *Maximiliana* Mart.

Fleurs monoïques (tantôt dans la même panicule, tantôt dans des panicules séparées), sessiles, bractéolées. —
Fleurs-mâles : Périanthe externe de 3 sépales membranacés, ovés, triangulaires. Périanthe interne de 3 sépales
lancéolés, subcoriaces. Étamines 6, insérées au fond du
périanthe interne ; filets subulés : anthères linéaires.
Pistil rudimentaire, minime. — *Fleurs-femelles* (occupant la partie inférieure des épis, dans les panicules
androgynes) : Périanthe externe de 3 sépales chartacés,
scarieux, ovoïdes. Périanthe interne semblable au périanthe externe, mais plus petit et recouvert. Ovaire ovoïde-
conique (engaîné à la base par un disque annulaire membranacé), à 3 loges dont 2 abortives. Style court, cylindrique. Stigmates 3, subrévolutés. Drupe ovoïde, 1-sperme ;
mésocarpe pulpeux ; noyau osseux, acuminé au sommet,
à 3 pertuis basilaires. Graine ellipsoïde ; périsperme cartilagineux ou charnu, non-lacuneux, creux au centre.
Embryon niché dans une fossette basilaire. — Tronc co-

lumnaire. Feuilles pennées, terminales ; folioles fasciculées. Panicules simples, interpétiolaires. Spathe simple,
épaisse, ligneuse, oblongue, rostrée, sillonnée, persistante.
Fleurs serrées, jaunâtres. — Genre propre à l'Amérique
équatoriale ; M. de Martius en décrit 2 espèces.

Maximiliana royal. — *Maximiliana regia* Mart. Palm.
p. 152; tab. 91, 92 et 95. — Tronc haut de 15 à 20 pieds, droit,
couronné des bases persistantes des pétioles ; écorce lisse, à
bourrelets annulaires, presque réguliers ; bois jaunâtre, tenace.
Feuilles longues de 15 à 20 pieds : folioles longues de 2 pieds,
linéaires, acuminées : les inférieures ternées, les supérieures
fasciculées au nombre de 4 ou de 5. Spathe longue de 2 pieds
et plus, longuement rostrée. Panicules les unes androgynes,
les autres mâles, ovoïdes, denses, longues de 1 $^1/_2$ pied. Fleurs-
mâles d'un jaune pâle. Fleurs-femelles verdâtres. Drupe roussâtre ou d'un brun roux, ovoïde, pointu ; chair mucilagineuse.
— Ce Palmier croît dans les régions tropicales du Brésil ; la
chair de son fruit est mangée par les naturels du pays.

Genre JUBÉA. — *Jubœa* Kunth.

Fleurs monoïques, pédicellées. — *Fleurs-mâles* : Périanthe externe triparti : segments linéaires-lancéolés. Périanthe interne de 5 sépales ovés, pointus, concaves. Étamines
nombreuses, insérées au fond du périanthe interne ; filets
courts, filiformes, libres ; anthères linéaires. — *Fleurs-
femelles* : Périanthe comme dans les fleurs-mâles. Ovaire
à 5 loges dont 2 abortives. Stigmates 5, étalés. Drupe obové, 1-sperme ; noyau à 5 pertuis apicilaires. Périsperme
creux au centre. Embryon niché dans une fossette apicilaire. — Tronc très-gros, élevé, écailleux par la base persistante des pétioles. Feuilles terminales, pennées. Spathe
simple. — L'espèce suivante constitue à elle seule le
genre.

Jubéa magnifique. — *Jubœa insignis* Kunth, in H. et B.

Nov. Gen. et Spec. 1, p. 508 ; tab. 96. — Mart. Palm. p. 161; tab. 5. — *Cocos chilensis* Molin. Chil. — *Molincæa* Bertero, in Sillim. Amer. Journ. 19, p. 63. — Tronc columnaire, inerme, haut de 50 à 40 pieds, de 4 pieds de diamètre. Feuilles peu nombreuses, longues de 12 pieds; folioles longues de 1 1/2 pied à 2 pieds, linéaires, striées, vertes aux deux faces. Fleurs rougeâtres. Étamines constamment au nombre de 17, plus courtes que le périanthe. Drupe long de 1 pouce. — Cet arbre croît au Chili ; son fruit est comestible ; on l'exporte dans les villes du Pérou.

LES SCITAMINÉES,

SCITAMINEÆ Bartl.

CARACTÈRES.

Herbes vivaces ou bisannuelles, en général munies d'un rhizome tubéreux. *Tige* nulle ou simple, cylindrique, quelquefois arborescente. (On connaît une seule espèce à tronc ligneux.)

Feuilles convolutées en vernation, alternes, ou en spirale, très-entières, pétiolées, penninervées; côte médiane grosse, saillante; nervures fines, très-nombreuses, très-rapprochées, très-simples, parallèles, infléchies vers leur extrémité, en général obliquement horizontales; pétiole amplexatile, dilaté en tout ou en partie en gaîne plus ou moins allongée, quelquefois couronnée d'une ligule.

Fleurs hermaphrodites ou polygames, irrégulières, disposées en épi, ou en grappe, ou en panicule. Inflorescence terminale, ou radicale, ou axillaire. Bractées souvent spathacées.

Périanthe supère, soit simple (ordinairement 6-sépale, moins souvent bilabié), soit triple : l'extérieur tubuleux, ou spathacé, ou 3-sépale, plus court; l'intermédiaire dissemblable, pétaloïde, tubuleux, trifide ; l'interne (formé de staminodes pétaloïdes) à limbe 3-à 5-parti, ou bilabié, ou unilabié (réduit à la lèvre inférieure), à tube saillant ou inclus, adné par la partie incluse au périanthe intermédiaire.

Étamines insérées au pourtour du sommet de l'ovaire, ou au périanthe interne ; dans la plupart des espèces *une seule*, dans les autres 5 ou très-rarement 6. Filets souvent pétaloïdes et dilatés.

Pistil : Ovaire infère, 3-loculaire (rarement 1-ou 2-loculaire) ; ovules en général horizontaux, axiles, en nombre indéfini, anatropes. Style indivisé, en général inadhérent ; dans plusieurs genres à fleurs monandres, le style est adné au tube du périanthe interne et au filet de l'étamine. Stigmate terminal, toujours libre.

Péricarpe capsulaire ou baccien, en général polysperme.

Graines périspermées, souvent arillées. Embryon rectiligne ou courbé, axile, ou excentrique, homotrope.

La classe des Scitaminées comprend les *Musacées*, les *Cannacées* et les *Amomées*. Tous ces végétaux sont exotiques ; la plupart habitent la zone équatoriale.

LES MUSACÉES. — *MUSACEÆ*.

Musæ Juss. Gen. — *Scitamineæ* Vent. (non R. Br.) Tabl. 2, p. 196.
— *Musaceæ* Agardh, Aphor. p. 180. — Juss. in: Dict. des Sciences
Nat. 53, p. 422. — A. Rich. Élem. — Bartl. Ord. Nat. p. 62. —
Endl. Gen. p. 227. — Lindl. Nat. Syst. ed. 2, p. 326. — Dumort.
Fam. p. 56. — *Scitamineæ-Musaceæ* Reichenb. Consp. p. 71. —
Ad. Brongn. Enum. Gen. Hort. Par. p. xv, et 24. — *Scitamineæ-
Musæ* Reichenb. Syst. Nat. p. 157. — Cfr. L. C. Richard, *Commen-
tatio botanica de Musaceis*, in Nov. Act. Nat. Cur. XV, Suppl. —
Lestiboudois, *Observations sur les Musacées, les Scitaminées, les
Cannacées et les Orchidées*, in Ann. des Sciences Nat. 2ᵉ sér.
vol. 15, p. 305.

Famille presque entièrement tropicale; aucune espèce
n'est indigène d'Europe. La plupart des Musacées se
font remarquer soit par l'ampleur de leur feuillage,
soit par l'élégance de leurs fleurs. Plusieurs espèces
(du genre Bananier ou *Musa*) sont très-importantes à
titre de plantes alimentaires.

Caractères de la famille.

Herbes acaules ou comme caulescentes (les gaînes
des pétioles étant convolutées et emboîtées de manière
à simuler un tronc ou une tige), vivaces, ou bisannuelles, en général pourvues d'un rhizome tubéreux. Une
seule espèce (le *Ravenala*) est un arbre à tronc subcolumnaire.

Feuilles convolutées en vernation, grandes, alternes,
pétiolées, simples, très-entières, penninervées; côte
médiane grosse, saillante; nervures horizontales ou
obliques, parallèles, rapprochées, très-nombreuses,
simples, fines, infléchies vers l'extrémité; pétiole di

laté inférieurement en gaîne plus ou moins longue, amplexatile. — Dans quelques espèces les feuilles sont réduites au pétiole.

Fleurs sessiles ou pédicellées, bractéolées, ou ébractéolées, hermaphrodites, ou polygames, irrégulières, fasciculées à l'aisselle d'une bractée ou spathe. Pédoncules-communs soit radicaux et solitaires, soit axillaires.

Périanthe supère, pétaloïde, soit à deux lèvres dissemblables (l'une externe, liguliforme, 5-fide; l'autre interne, beaucoup plus courte, très-entière), soit à 6 sépales bisériés : 3 extérieurs, plus grands, subsimilaires, et 3 intérieurs, plus petits (2 latéraux, disjoints, ou entregreffés au bord intérieur, subsimilaires, le 3° inférieur, très-petit, dissemblable).

Étamines insérées au pourtour du sommet de l'ovaire, toutes anthérifères, en général au nombre de 5 (la place d'une sixième, devant le sépale inférieur ou labelle, restant vide), rarement en même nombre que les sépales (c'est-à-dire 6). Filets libres, presque plats. Anthères introrses, continues au filet, sublinéaires, appendiculées au sommet, ou acuminées par le prolongement du connectif, à 2 bourses juxtaposées, parallèles, déhiscentes chacune par une fente longitudinale.

Pistil : Ovaire infère, 3-loculaire ; ovules soit très-nombreux et attachés à l'angle interne des loges, soit solitaires et attachés au fond des loges, anatropes. Style filiforme, subcylindrique, indivisé. Stigmate 3-parti, ou 6-lobë, terminal.

Péricarpe soit charnu et indéhiscent, soit capsulaire, ombiliqué au sommet, 3-loculaire.

Graines soit solitaires, soit en nombre indéfini dans chaque loge, inarillées, ou munies d'un arille incomplet (soit membraneux, soit chevelu); tégument coriace. Périsperme charnu et farineux, blanc. Embryon cylindracé, ou claviforme, ou en forme de clou, rectiligne, axile; extrémité radiculaire courte, obtuse, un peu saillante à la surface du périsperme, infère, ou centripète, pointant vers le hile.

La famille des Musacées ne comprend que les 5 genres suivants :

Iʳᵉ TRIBU. **URANIÉES.** — *URANIEÆ* A. Rich.

Fruit à loges polyspermes. Graines horizontales.

Musa Tourn.— *Strelitzia* Banks.— *Ravenala* Adans. (Urania Schreb.) — *Phenacospermum* Endl.

IIᵉ TRIBU. **HÉLICONIÉES.**—*HELICONIEÆ* A. Rich.

Fruit à loges monospermes. Graine renversée, attachée au fond de la loge.

Heliconia Linn. (Bihai Plum.)

Genre BANANIER. — *Musa* Tourn.

Fleurs polygames-monoïques; la plupart hermaphrodites; les autres neutres ou mâles. Périanthe bilabié; lèvres disjointes : l'inférieure externe, liguliforme, courtement 5-fide au sommet, ou tripartie, subconvolutée, embrassant la supérieure; la supérieure interne, en général beaucoup plus courte, concave, acuminée, ou trilobée. Étamines 5 (courtes et stériles dans les fleurs-neutres). Pistil imparfait et stérile dans les fleurs-mâles ou neutres. Ovaire à 5 loges multi-ovulées; ovules bisériés, horizontaux, attachés à l'angle interne des loges. Style allongé, épaissi aux deux bouts. Stigmate ovoïde, concave, à 6 lobes courts et dressés. Baie cylindrique ou anguleuse, à 5 loges polyspermes, pulpeuses. Graines subglobuleuses, ou planes, ou lenticulaires, inarillées, nidulantes ; tégument crustacé. Embryon en forme de clou ; radicule centripète. — Herbes comme arborescentes (les gaînes pétiolaires convolutées et emboîtées de manière à simuler un tronc plus ou moins élancé, très-simple) et vivaces (à souche grosse, conique, produisant chaque année de nouveaux rejetons ou drageons), ou ne fructifiant qu'une seule fois. Feuilles très-grandes, touffues, comme terminales, insérées sur la souche. Hampe solitaire, radicale, centrale, longue, florifère au sommet, recouverte inférieurement par les gaînes pétiolaires. Fleurs sessiles, ébractéolées, en général très-serrées. Fascicules multiflores ou pauciflores, distiques, alternes, disposés en grappe interrompue, accompagnés chacun d'une grande bractée colorée ; les fascicules supérieurs en général stériles. Bractées caduques, ou persistantes, imbriquées en préfloraison. La fausse tige (formée par les gaînes-pétiolaires) meurt avec la hampe dès que celle-ci a porté fruit. — Genre propre à l'ancien continent. On en connaît une vingtaine d'espèces.

Section I. Espèces à souche vivace, grosse, produisant chaque année de nouveaux drageons ou rejetons.

A. *Hampe nutante dans sa partie florifère. Fleurs et fruits érigés ou redressés.*

Bananier commun. — *Musa paradisiaca* Linn. Spec. — Trew. Ehret. 5, tab. 18, 19 et 20. — Tussac, Flore des Antilles 1, tab. 1 et 2.— Tenore, in Atti dell' Acad. Pontan. 2, fasc. 1, tab. 1.— L. C. Rich. Comment. de Mus. tab. 1. (Anal. flor.)— *Bata* Hort. Malab. 1, tab. 12, 13 et 14. — *Musa* v. *Pissang* Rumph. Amb. 5, tab. 60. — *Musa Cliffortiana* Linn. Mus. tab. 1. — Feuilles réclinées, longuement pétiolées, ondulées, elliptiques oblongues ; gaînes vertes, immaculées. Fleurs mâles marcescentes. Bractées lisses, pointues. Lèvre extérieure du périanthe à lobes inégaux. Étamines plus courtes que le pistil. Baie

trièdre, subfalciforme, oblongue. (*Tenore, l. c.*) — Faux-tronc
haut de 10 à 12 pieds, conique à la base, de la grosseur de la
jambe d'un homme. Feuilles longues de 8 à 12 pieds, larges de
1 ½ pied à 2 pieds, un peu décurrentes sur le pétiole. Pétiole
long d'environ 5 pieds (la gaîne non comprise). Hampe cylindrique, pubescente, de la grosseur du bras. Grappe longue de 3
à 4 pieds (quelquefois de 6 à 7 pieds), composée de 15 à 20 fascicules multiflores : les supérieurs stériles. Spathe longue de
2 pieds, large de 3 à 4 pouces, verte en dessus, pourpre en dessous,
subcoriace, oblongue-lancéolée, pointue. Bractées longues d'environ 4 pouces, larges de 2 pouces, d'un pourpre violet en dessus,
pulvérulentes et glauques en dessous, un peu charnues, ovales-
oblongues, pointues. Périanthe membranacé, presque diaphane,
d'un brun grisâtre ; lèvre extérieure longue d'environ 1 pouce,
large de 5 lignes, à lobes triangulaires, pointus, réfléchis, les
trois moyens plus courts que les latéraux ; lèvre intérieure acuminée et fimbriée au sommet. Filets anisomètres, ceux des fleurs-
mâles à peu près aussi longs que la lèvre extérieure du périanthe.
Anthères pointues, jaunâtres. Ovaire des fleurs-femelles long de
2 à 3 pouces. Style plus long que les étamines. Fruit jaunâtre,
long de 4 à 15 pouces, sur un pouce à 3 pouces de diamètre,
farineux, en général asperme dans les variétés de culture.

Cette espèce (nommée vulgairement *Figuier d'Adam*), probablement originaire de l'Inde, est une des plantes alimentaires les
plus généralement cultivées dans toute la zone équatoriale ; elle
réussit d'ailleurs au delà des tropiques, partout où le climat est
assez chaud pour la culture du Dattier. On en possède un grand
nombre de variétés, dont plusieurs sont extrêmement productives ;
il en est dont la grappe, donnant deux à trois cents fruits, pèse
assez pour qu'un homme ait de la peine à la porter. D'après l'éva-
luation faite par M. de Humboldt, un terrain de cent mètres carrés, dans lequel on a planté quarante Bananiers, rapporte, dans
un an, quatre mille livres en poids de substance nourrissante. Ce
même espace de terrain, semé en blé, ne donnerait que 50 livres
de grain ; d'où M. de Humboldt conclut que le produit des bananes
est à celui du froment (sous le rapport de la substance nutritive

et du terrain cultivé), comme 155 est à 1, et à celui des pommes
de terre, comme 44 est à 1.

Le fruit du *Bananier commun* (ou du moins de la plupart de
ses variétés) est farineux et insipide ou acidulé ; aussi ne le
mange-t-on guère à l'état cru ; on le fait frire ou on l'accommode
de diverses autres manières ; dans l'Amérique méridionale et aux
Antilles, on le convertit en une farine riche en fécule ; il constitue
la nourriture la plus ordinaire des nègres des colonies américaines ; les habitants des îles de la Sonde, ainsi que ceux de beaucoup de contrées de l'Inde, en font aussi leurs mets journaliers.

BANANIER DES SAGES. — *Musa sapientum* Linn. Spec. —
Gærtn. Fruct. 1, tab. 11. — Trew. Ehret. 4, tab. 21, 22 et
23.— Tenore, in Atti dell' Acad. Pontan. 2, fasc. 1, tab. 2. —
Feuilles elliptiques, un peu pointues, d'un vert gai, courtement
pétiolées, presque dressées ; gaînes maculées de noir. Fleurs-mâles
caduques. Bractées caduques, obtuses, presque planes. Baie
ellipsoïde, obscurément trigone (*Tenore, l. c.*). — Espèce semblable à la précédente par le port. Fausse-tige, en général, plus
grosse. Feuilles plus larges. Spathe verte aux deux faces. Bractées pourpres en dessous, d'un brun jaunâtre et rugueuses en
dessus. Lèvre supérieure du périanthe à lobes égaux. Étamines
isomètres, aussi longues que le style. Fruit plus court, à chair
fondante et sucrée.

Cette espèce n'est pas moins fréquemment cultivée que la précédente. Son fruit, connu sous le nom vulgaire de *figue banane*
(*Bacova* ou *Pacova* des créoles espagnols), a une saveur comparable à celle des figues ; il est très-estimé dans l'Inde et les Antilles, tant par les hommes de couleur que par les blancs ; on en
prépare une boisson vineuse dite *vin de bananes ;* on s'en sert
aussi pour faire du vinaigre et du sirop.

BANANIER A FRUIT MACULÉ. —*Musa maculata* Jacq. Hort.
Schœnbr. 4, tab. 446. — Feuilles rétrécies à la base. Bractées
lancéolées, pointues, brunes aux deux faces, caduques. Fleurs-
mâles caduques. Baie oblongue, obscurément trigone, mouchetée
de noir. — Cultivé à l'île de France. Fruit comestible.

Bananier rosacé. — *Musa rosacea* Jacq. Hort. Schœnbr. 4, tab. 445.—Bot. Reg. tab. 706.—Feuilles inégalement cordiformes à la base. Bractées caduques, ovées, arrondies au sommet, de couleur violette en dessous, écarlates en dessus. Fleurs-mâles stériles. Périanthe jaune. Baie oblongue. — Cultivé à l'île de France. Fruit comestible. Les bractées du sommet de la hampe s'étalent en rosace.

Bananier de Chine. — *Musa sinensis* Sweet, Hort. Brit. — Lemaire, Herb. gén. de l'Amat. 2, n° 46.—*Musa Cavendishii* Paxt. Mag. of Bot. tab. 54. — Feuilles oblongues, obtuses, rétrécies vers la base, glauques en dessous. Bractées oblongues, obtuses, révolutées, d'un brun de châtaigne en dessus, d'un violet glauque en dessous. Périanthe jaunâtre. Baie jaunâtre, anguleuse, comestible. — Cette espèce, nommée vulgairement *Bananier nain de Chine*, ne s'élève pas à plus de 5 ou 4 pieds.

Bananier textile. — *Musa textilis* Nee, in Cavan. Anal. de Cienc. Nat. 4, p. 125. — *Musa sylvestris* Colla, Monogr. Mus. p. 58. — Rumph. Amb. 5, p. 159. — Faux-tronc tréshaut, de la grosseur du tronc du Cocotier. Feuilles plus grandes, plus fermes, et d'un vert plus foncé que celles des Bananiers cultivés ; gaînes noirâtres. Fruit oblong, dur, anguleux, non comestible. — Cette espèce croît aux Philippines, où l'on confectionne, avec la filasse de ses gaînes-pétiolaires, des étoffes pour vêtements. Il paraît que c'est la filasse de ce Bananier que le commerce importe sous le nom de *soie végétale*.

B. *Hampe dressée de même que les fleurs et fruits.*

Bananier des Troglodytes. — *Musa Troglodytarum* Linn. — *Musa Uranoscopos* Rumph. Amb. 5, p. 157.—Faux-tronc semblable à celui du Bananier commun. Feuilles plus étroites, plus longuement pétiolées. Grappe dense. Bractées longues de 1 pied, vertes, minces, acuminées. Fruit petit, irrégulier, épaissi vers le sommet, subcylindrique, rouge, ou d'un brun roux ; chair jaune, sucrée à la maturité. Graines planes, brunes. — Cette espèce croît aux Moluques. Son fruit passe pour diurétique; mais il ne sert guère d'aliment.

BANANIER A BRACTÉES ÉCARLATES. — *Musa coccinea* Andr. Bot. Rep. tab. 47.—Bot. Mag. tab. 1559. — Redout. Lil. tab. 507 et 508. — Fausse-tige de la grosseur du bras, haute de 3 à 4 pieds. Feuilles semblables à celles du *Musa sapientum*, mais moins grandes. Bractées persistantes, 1-ou 2-flores, linéaires-oblongues, obtuses, naviculaires, glabres, d'un écarlate brillant. Lèvre interne du périanthe presque aussi longue que la lèvre externe. Étamines aussi longues que le périanthe. Baie oblongue, un peu comprimée, longue d'environ 2 pouces, jaune. (*Roxburgh, Flora Indica*, ed. 2, vol. 1, p. 666.) — Indigène de Chine.

BANANIER ÉLÉGANT. — *Musa ornata* Roxb. Flor. Ind. ed. 2, vol. 1, p. 666. — Plante haute de 5 à 6 pieds, semblable au *Musa sapientum* par le port et le feuillage. Bractées caduques, 5-flores, lancéolées, obtuses, naviculaires, glabres, striées, d'un rose vif. Périanthe de couleur orange; lèvre extérieure irrégulièrement 5-dentée; lèvre intérieure aussi longue que l'extérieure. Baie linéaire-oblongue, légèrement courbée, obscurément 4-ou 5-gone, du volume du petit doigt. Graines comprimées, presque carrées, tuberculeuses, noires. (*Roxburgh, l. c.*) — Indigène du Bengale.

BANANIER MAGNIFIQUE. — *Musa speciosa* Tenor. Ind. Sem. Hort. Neapol. 1829, p. 15; Id. in Atti dell' Acad. Pont. 2, fasc. 1, tab. 5. — Fausse-tige haute de 6 à 8 pieds, de 5 à 6 pouces de diamètre à la base, verte. Feuilles longues de 3 à 5 pieds, larges de 9 à 15 pouces, réclinées, d'un vert gai, oblongues-lancéolées ; pétiole long de 3 à 5 pouces, rose en dessous. Grappe finalement longue de près de 2 pieds. Spathe longue d'environ 1 pied, large de 1 pouce à 2 pouces, foliacée, verte. Bractées persistantes, ovales-oblongues, non-réfléchies, de couleur lilas aux deux faces : les inférieures longues de 5 à 6 pouces, les supérieures graduellement plus courtes. Périanthe à lèvres égales, elliptiques : l'extérieure d'un jaune orange, 5-dentée : dents réfléchies ; l'intérieure pointue, subdiaphane. Anthères de couleur lilas. Baie longue d'environ 15 lignes, jaunâtre, fongueuse, elliptique, cylindrique. Graines lenticulaires, muriquées, marbrées de blanc et de noir. (*Tenore, l. c.*) — Espèce d'origine inconnue ; cultivée comme plante d'ornement de serre.

Section II. Plantes à racine fibreuse, non-stolonifère, périssant entièrement dès l'accomplissement de la maturation des fruits.

Bananier superbe. — *Musa superba* Roxb. Flor. Ind. ed. 2, vol. 1, p. 667. — Fausse-tige presque conique, n'atteignant que 3 pieds de haut, mais jusqu'à 7 pieds de circonférence à la base. Feuilles longues de 5 à 10 pieds, larges de 2 à 3 pieds, lancéolées, pointues, lisses et glabres aux deux faces ; pétiole long d'environ 2 pieds (la gaîne non-comprise). Hampe nutante au sommet. Bractées cordiformes, multiflores, lisses, non-révolutées, de couleur ferrugineuse, celles des fleurs-femelles persistantes. Périanthe à lèvres très-inégales : l'extérieure coriace, 3-partie, à segments linéaires ; l'intérieure 5 à 6 fois plus courte, presque transparente, profondément 2-lobée, avec un appendice ensiforme. Baie du volume d'un œuf d'oie, glabre, oblongue, presque sèche à la maturité. Graines noires, anguleuses. (*Roxburgh, l. c.*) — Cette espèce croît dans les provinces méridionales de la péninsule de l'Inde.

Bananier glauque.—*Musa glauca* Roxb. Corom. tab. 300 ; Flor. Ind. ed. 2, vol. 1, p. 669. — Fausse-tige haute de 10 à 12 pieds, sur environ 2 pieds de circonférence, droite, columnaire, fleurissant, en général, la troisième année. Feuilles d'un glauque pâle, semblables de forme à celles du *Musa sapientum*, de même que le périanthe, les étamines et le pistil. Bractées ovales-lancéolées, imbriquées, persistantes, 10-à 20-flores ; celles des fleurs-mâles marcescentes. Baie longue de 4 à 5 pouces, subclaviforme, trigone, du volume d'un Concombre, d'un jaune verdâtre lavé de pourpre. Graines noires, du volume d'un Haricot. (*Roxburgh, l. c.*) — Cette espèce croît au Pégou.

Genre STRÉLITZIA. — *Strelitzia* Banks.

Périanthe de 6 sépales bisériés : les trois extérieurs presque égaux (2 inférieurs, presque plats; 1 supérieur, caréné en dessous, révoluté aux bords) ; les 3 intérieurs inégaux (1 inférieur, minime, concave, acuminé; 2 supérieurs, conformes, cohérents par le bord intérieur, pointus, auriculés au bord extérieur vers le milieu, ondulés inférieurement, convolutés en gaîne recouvrant le style et les étamines). Étamines 5. Style filiforme, indivisé. Stigmate 3-parti; segments linéaires. Capsule coriace, oblongue, obtuse, obscurément trigone, 3-loculaire, 3-valve, loculicide, polysperme. Graines subglobuleuses; arille fibrilleux. Embryon cylindracé.—Herbes vivaces, acaules. Feuilles grandes, radicales, distiques, longuement pétiolées ; pétiole subcanaliculé, dilaté à la base en gaîne membraneuse ; chez certaines espèces les feuilles (ou du moins quelques-unes) sont réduites au pétiole. Hampe très-simple, dressée, garnie d'écailles engaînantes imbriquées. Fleurs grandes, terminales, sessiles, fasciculées, bractéolées, s'épanouissant successivement, accompagnées d'une spathe générale, oblique, foliacée, recouvrante en préfloraison. — Genre propre à l'Afrique australe. Les *Strélitzia* sont remarquables par la forme bizarre et par l'éclat des couleurs de leurs fleurs; on cultive ces plantes pour l'ornement des serres.

STRÉLITZIA ROYAL. — *Strelitzia Reginæ* Ait. Hort. Kew. ed. 1, p. 285, fig. 2. — Redouté, Lil. tab. 77 et 78. — Feuilles ovales, 5 fois plus courtes que le pétiole. Hampe à peine plus longue que les pétioles. Feuilles dressées, longues de 2 à 3 pieds; pétiole demi-cylindrique, canaliculé en dessus. Hampe à écailles acuminées. Spathe longue de 5 à 6 pouces, concave, naviculaire, acuminée. Sépales externes d'un jaune orange, lancéolés, longs de près de 4 pouces. Sépales internes d'un bleu vif : l'inférieur cuculliforme.

STRÉLITZIA A FEUILLES OVOÏDES. — *Strelitzia ovata* Hort. Kew. — *Strelitzia Reginæ* Curt. Bot. Mag. tab. 119 et 120.— Andr. Bot. Rep. tab. 452. — Feuilles ovées-oblongues, 2 fois plus courtes que le pétiole. Hampe plus longue que les feuilles.

STRÉLITZIA MAGNIFIQUE. — *Strelitzia augusta* Thunb. Flor. Cap. — Feuilles longues d'environ 6 pieds, environ 2 fois plus courtes que le pétiole. Hampe de moitié plus courte que les pétioles.

Genre RAVÉNALA. — *Ravenala* Adans.

Périanthe de 6 sépales bisériés ; les 3 extérieurs presque égaux, très-longs, pointus (1 supérieur, caréné en dessus ; 2 inférieurs, non-carénés) ; les 5 intérieurs inégaux : 2 latéraux, connivents, presque aussi longs que les extérieurs, et 1 inférieur, plus court et plus étroit, un peu divergent. Étamines 6. Style filiforme, indivisé. Stigmate oblong, courtement 6-lobé. Capsule oblongue, trigone, ombiliquée au sommet, loculicide-trivalve, polysperme ; endocarpe ligneux. Graines peltées, bisériées dans chaque loge, à moitié recouvertes d'un arille membraneux (charnu étant frais), fimbrié. Embryon subcylindracé, à extrémité radiculaire infléchie. — Arbre à tronc très-simple, columnaire. Feuilles terminales, alternes-distiques, contiguës, longuement pétiolées, très-grandes ; pétiole dilaté à la base en gaîne amplexicaule. Pédoncules solitaires, axillaires, terminés en grappe composée d'environ 12 épis alternes-distiques, gloméruliformes. Fleurs grandes, blanches, dressées, sessiles, unilatérales, bractéolées ; chaque glomérule accompagné d'une grande spathe. — L'espèce suivante constitue à elle seule le genre.

RAVÉNALA DE MADAGASCAR. — *Ravenala madagascariensis* Poir. Enc. — Sonnérat, Voyage, 2, p. 223 ; tab. 124, 125 et 126. — Jacq. Hort. Schœnbr. 1, tab. 93. — *Urania speciosa* Willd. Spec.—*Urania Ravenala* L. C. Rich. Comment. Musac.

p. 19 ; tab. 4 et 5. — Arbre d'un port magnifique, semblable aux Palmiers par le tronc, et aux Bananiers par les feuilles. Tronc droit, très-haut, marqué de nombreuses cicatrices annulaires. Feuilles disposées en cime flabelliforme, longues d'environ 6 pieds, sur 2 à 5 pieds de large, très-rapprochées, nombreuses, oblongues, presque tronquées aux deux bouts, glabres, les jeunes dressées, les adultes étalées ; pétiole long d'environ 8 pieds, concave en dessus, convexe en dessous. Pédoncules beaucoup plus courts que les pétioles, nus inférieurement. Spathes subcordiformes-oblongues, pointues, longues de 1 pied à 2 pieds, contiguës, subcoriaces. Bractéoles lancéolées. Glomérules d'environ 20 fleurs, plus courts que la spathe. Durant la floraison, les spathes sont remplies d'une liqueur gélatineuse et limpide. Fleurs s'épanouissant successivement une à une dans chaque glomérule, imbriquées et horizontales en préfloraison, inodores. Sépales linéaires-lancéolés : les externes longs d'environ 8 pouces, subringents ; les deux supérieurs des internes un peu moins longs et moins larges, équitants, cohérents en préfloraison par le bord interne; l'inférieur des sépales internes très-étroit, convoluté, un peu décliné. Étamines aussi longues que le périanthe ; filets gros; anthères linéaires, deux fois plus longues que les filets. Style roide, dressé, un peu plus long que les étamines. Lobes du stigmate pointus, très-courts. Capsule du volume d'un petit Concombre, d'un brun foncé, fibreuse. Graines réniformes ; arille huileux, d'un bleu de ciel. (*Roxburgh, Flora Indica*, ed. 2, vol. 2, p. 116.)

LES CANNACÉES. — *CANNACEÆ*.

Cannarum genn. Juss. Gen. — *Drymyrrhizearum genn.* Vent. Tabl.
— *Amomearum genn.* Juss. in Dict. des Sciences Nat. 2, p. 57. —
Canneæ R. Br. Prodr. p. 307. — *Cannaceæ* Agardh, Aphor. —
Link, Handb. 1, p. 223. — Bartl. Ord. Nat. p. 61. — Endl. Gen.
p. 225. — Dumort. Fam. p. 56. — *Maranteæ* R. Br. in Flind.
Voy. p. 575. — *Marantaceæ* Lindl. Nat. Syst. ed. 2, p. 324. —
Martius, Consp. p. 10. — *Scitamineæ-Cannaceæ* Reichb. Consp.
p. 70. — *Scitamineæ-Canneæ* Reichb. Syst. Nat. p. 157. — Ad.
Brongn. Enum. Gen. Hort. Par. p. XV et 24. — *Amomeæ-Canneæ*
Rich. fil. in Dict. Univers. des Sc. Nat.

Les *Cannacées* sont entièrement privées de l'arome
qui existe dans les rhizomes et dans les graines de la
plupart des Amomées, dont elles diffèrent d'ailleurs à
peine par les caractères systématiques. Quelques espèces sont remarquables comme plantes alimentaires produisant la fécule connue sous le nom *d'arrow-root*. La
plupart méritent d'être cultivées comme plantes d'ornement.

CARACTÈRES DE LA FAMILLE.

Herbes vivaces, à rhizome rampant ou tuberculeux,
non-aromatique.

Tige simple, ou ramifiée dans sa partie supérieure,
cylindrique.

Feuilles convolutées en vernation, alternes, simples,
pétiolées, très-entières, planes, penninervées; côte-médiane grosse, saillante; nervures horizontales ou obliques, parallèles, rapprochées, très-nombreuses, simples, fines, infléchies à l'extrémité; pétiole engaînant

à la base, souvent épaissi et géniculé au sommet; gaîne sans ligule.

Fleurs hermaphrodites, irrégulières, bractéolées, disposées en grappe ou en panicule terminale.

Périanthe triple, supère. *Périanthe externe* de 3 sépales scarieux ou herbacés, égaux, ou presque égaux, similaires, courts, disjoints. *Périanthe intermédiaire* plus grand que le périanthe externe, pétaloïde, tubuleux, à limbe régulier ou subrégulier, 3-parti. *Périanthe interne* (composé de staminodes pétaloïdes) très-irrégulier, plus ou moins longuement tubuleux, adné inférieurement au tube du périanthe intermédiaire; limbe soit bilabié et ringent (lèvre supérieure plus ou moins profondément 2-fide ou 3-fide; lèvre inférieure 2-ou 3-lobée, ou très-entière, dissemblable), soit réduit à la lèvre inférieure.

Une seule étamine. Filet pétaloïde et dilaté, ou filiforme, adné dans sa partie inférieure au tube du périanthe interne. Anthère terminale ou unilatérale, introrse, formée d'une seule bourse déhiscente par une fente médiane longitudinale.

Pistil : Ovaire 1-ou plus souvent 3-loculaire, infère ; loges 1-ou multi-ovulées; ovules soit anatropes, bisériés et attachés horizontalement à l'angle interne des loges, soit (étant solitaires) campylotropes et attachés au fond des loges. Style soit plat, dilaté et pétaloïde, soit filiforme, libre, ou adné dans sa partie inférieure tant au tube du périanthe interne qu'à l'un des bords du filet de l'étamine, indivisé. Stigmate terminal ou sublatéral, indivisé, ou subbilabié.

Péricarpe capsulaire, 1-ou 3-loculaire, 1-sperme, ou polysperme, loculicide-trivalve.

Graines globuleuses ou irrégulièrement anguleuses,

inarillées, ou munies d'un arille très-incomplet; tégument coriace. Périsperme farineux ou corné. Embryon
rectiligne ou courbé, axile, cylindracé; extrémité radiculaire extraire, pointant vers le hile.

Cette famille ne comprend que les genres suivants :
Canna Linn. (Cannacorus Tourn.) — *Myrosma*
Linn. fil.— *Calathea* G. F. W. Mey. (Gœppertia Nees.)
— *Phrynium* Willd. (Phyllodes Lour.) — *Maranta*
Plum. — *Thalia* Linn. (Peronia D. C.)

Genre BALISIER. — *Canna* Linn.

Périanthe externe de 3 sépales herbacés, dressés, marcescents. Périanthe intermédiaire courtement tubuleux,
trifide : segments presque égaux, concaves, étroits, presque dressés. Périanthe interne bilabié, plus grand que le
périanthe intermédiaire : tube plus ou moins saillant;
lèvre supérieure (abortive dans quelques espèces) profondément 2-ou 3-fide, à segments presque égaux, presque
plans, dressés, ou recourbés; lèvre inférieure très-entière, plus large et concave dans sa partie inférieure (qui
embrasse le filet de l'étamine et le style), plane et défléchie dans sa partie supérieure. Étamines à filet pétaloïde, dilaté, inséré vis-à-vis de la lèvre inférieure et presque conforme à celle-ci, adné dans sa partie inférieure
au tube du périanthe interne; anthère à bourse linéaire,
marginale (plus ou moins au-dessous du sommet du filet),
adnée de la base jusque vers le milieu, libre dans sa partie
supérieure. Ovaire triloculaire, trigone, couronné d'un
disque annulaire; loges multi-ovulées; ovules bisériés,
horizontaux, anatropes. Style plat, pétaloïde, oblong-spa-
thulé, très-obtus, adné dans sa partie inférieure au tube
du périanthe interne et au filet de l'étamine. Stigmate
formant un bourrelet papilleux, terminal, plus ou moins
oblique. Capsule chartacée, muriquée, triloculaire, poly-

sperme, trigone, s'ouvrant par 3 fentes dorsales longitudinales (sans désunion des cloisons et de l'axe central),
couronné du périanthe externe. Graines lisses, globuleuses, strophiolées ; tégument coriace ; périsperme corné ;
embryon rectiligne, subcylindracé.—Rhizome tubéreux.
Tiges dressées, paniculées, feuillées. Feuilles larges, plus
ou moins longuement pétiolées (du moins les inférieures), les supérieures à pétiole réduit à la gaîne. Fleurs en
panicule simple ou rameuse ; rameaux naissant à l'aisselle de spathes membranacées; pédicelles géminés ou
fasciculés ; chaque fascicule accompagné d'une bractée
spathacée, membraneuse. Périanthe interne jaune, ou
rouge, ou panaché de ces deux couleurs.— Ce genre
comprend environ 60 espèces ; les suivantes se cultivent
communément comme plantes d'ornement.

Balisier de l'Inde. — *Canna indica* Linn. — Red. Lil.
tab. 204. — Lèvre supérieure du périanthe interne trifide : segments lancéolés, pointus, dressés. (*Roscoe, in Linn. Trans.* 8,
p. 538.) Tige de 2 à 5 pieds. Feuilles ovales-lancéolées. Panicule spiciforme, à rachis trigone. Périanthe interne d'un rouge
pâle.

Balisier a fleurs écarlates. — *Canna coccinea* Ait. Hort.
Kew. — *Canna indica* Bot. Mag. tab. 454. — Lèvre supé-
rieure du périanthe interne trifide : segments dressés, échancrés.
(*Roscoe, l. c.*) — Indigène des Antilles.

Balisier élancé. — *Canna gigantea* Desfont. Hort. Par. —
Red. Lil. 6, tab. 55. — Bot. Reg. tab. 206. — Feuilles ovées,
nerveuses, longues de 1 1/2 pied à 2 pieds, larges de 8 à 10 pouces.
Tige haute de 6 à 7 pieds. Panicule racémiforme, lâche. Pédicelles géminés. Périanthe interne long de près de 4 pouces, écarlate : lèvre supérieure trifide, à segments linéaires-lancéolés,
obtus, dressés.

Balisier étalé. — *Canna patens* Roscoe, in Linn. Trans. 8,

p. 558.— Bot Reg. tab. 576.— Lèvre supérieure du périanthe
interne trifide : segments réfléchis, panachés d'écarlate et de
jaune ; lèvre inférieure jaune. — Indigène de Chine.

Balisier a fleurs jaunes.— *Canna lutea* Roscoe, in Linn.
Trans. 8, p. 558. — Lèvre supérieure du périanthe interne
bifide : segments dressés. — Indigène de l'Amérique méridionale.

Balisier glauque. — *Canna glauca* Rosc. l. c. p. 559.
— Smith , Exot. Bot. tab. 102. — Red. Lil. 6, tab. 254. —
Bot. Mag. tab. 2502. — Lèvre supérieure du périanthe interne
trifide : segments ovés, dressés ; lèvre inférieure trilobée,
fimbriée. (*Roscoe*, l. c.) — Feuilles oblongues-lancéolées, glauques. Périanthe interne jaune, souvent maculé de rouge. — Indigène de l'Amérique méridionale.

Balisier a fleurs flasques. — *Canna flaccida* Rosc. l. c.
p. 559. — Salisb. Stirp. Rar. 5, tab. 2. — Redout. Lil. tab.
106. — Feuilles sessiles, lancéolées, glauques. Lèvre supérieure du périanthe-interne trifide : segments flasques. (*Rosc.*
l. c.) — Fleurs jaunes. — Indigène des provinces méridionales
des États-Unis.

Genre MARANTA. — *Maranta* Plum.

Périanthe externe 5-sépale. Périanthe intermédiaire
profondément 5-fide : segments égaux. Périanthe interne
bilabié : lèvre supérieure 2-partie, plus petite ; lèvre inférieure bifide. Étamine à filet pétaloïde, biparti : l'un des
segments anthérifère, l'autre enveloppant le style. Ovaire
1-loculaire, 1-ovulé ; ovule campylotrope, attaché au fond
de la loge. Style charnu, infléchi, adné inférieurement au
tube du périanthe interne. Stigmate subtrigone. Capsule
charnue, 1-sperme, couronnée du périanthe externe. Graine
subglobuleuse, oncinée, rugueuse. Périsperme corné. Embryon onciné. — Tige paniculée. Fleurs en panicule.

Maranta cultivé.—*Maranta arundinacea* Linn.—Redout. Lil. 1, tab. 57. — Bot. Mag. tab. 2307. — *Maranta indica* Tussac, Flore des Antill. 1, tab. 26. — Souche produisant des drageons souterrains, charnus, cylindriques, longs d'environ 1 pied, sur 12 à 18 lignes de diamètre, couverts d'écailles triangulaires. Tiges hautes d'environ 5 pieds. Feuilles glabres, ovales-lancéolées; pétiole engaînant. Panicule lâche; fleurs blanches. — Cette espèce, au témoignage de M. de Tussac, a été introduite de l'Inde aux Antilles, où on la cultive en grand comme plante alimentaire; c'est de ses drageons charnus qu'on extrait la fécule connue sous le nom d'*arrow-root* (1); ces drageons se mangent aussi en nature, soit bouillis, soit préparés de diverses manières.

---

(1) Il paraît qu'on obtient aussi de l'*arrow-root* de quelques autres espèces du même genre.

DEUX CENT SIXIÈME FAMILLE.

LES AMOMÉES. — *AMOMEÆ*.

Cannarum genn. Juss. Gen. — *Amomeæ* (ex parte) Juss. in Mirb.
Elem. p. 854; Id. in Dict. des Sciences Nat. 2, p. 57. — Rich. Fil.
Elém. — Martius, Consp. p. 10. — Bartl. Ord. Nat. p. 60. — *Dry-
myrrhizeæ* (ex parte) Vent. Tabl. — *Scitamineæ* R. Br. Prodr. p.
305. — *Zingiberaceæ* L. C. Rich. Anal. du Fruit, p. 36. — Endl.
Gen. p. 221. — Lindl. Nat. Syst. ed. 2, p. 322. — *Alpiniaceæ* Link.,
Handb. 1, p. 228. — *Curcumaceæ* Dumort. Fam. — *Scitamineæ-
Amomeæ* Reichb. Consp. p. 70; Id. Syst. Nat. p. 157. — *Scitami-
neæ-Zingiberaceæ* Ad. Brongn. Enum. Gen. Hort. Par. p. XV et 24.

Les Amomées, de même que les Cannacées et les
Musacées, sont fort remarquables par la conformation
bizarre et anomale de leurs fleurs, qui ont beaucoup
d'analogie avec celles des Orchidées. Les rhizomes et
les graines de ces végétaux contiennent en général des
huiles-essentielles âcres et aromatiques; le Gingembre,
les *Curcuma*, et les Cardamomes en sont les exemples
les plus notables. Un grand nombre d'espèces se cultivent comme plantes d'ornement de serre.

CARACTÈRES DE LA FAMILLE.

Herbes vivaces ou bisannuelles, à racine tubéreuse
ou tuberculeuse. *Tige* simple ou nulle.

Feuilles convolutées en vernation, alternes, simples,
pétiolées, très-entières, planes, penninervées; côte-
médiane grosse, saillante; nervures horizontales ou
obliques, parallèles, rapprochées, très-nombreuses,
simples, fines, infléchies vers l'extrémité; pétiole dilaté
en entier ou inférieurement en gaîne amplexatile, souvent couronnée d'une ligule membraneuse.

Fleurs hermaphrodites, irrégulières, bractéolées, ou ébractéolées, disposées en épi, ou en grappe, ou en panicule. Inflorescence radicale ou terminale, souvent garnie de bractées spathacées ou imbriquées.

Périanthe triple, supère. *Périanthe externe* coloré ou herbacé, tubuleux, ou spathacé, 2-ou 3-denté, ou 3-fide. *Périanthe intermédiaire* pétaloïde, plus ou moins longuement tubuleux ; limbe triparti : segments plus ou moins inégaux : l'impair (supérieur) en général plus grand, cuculliforme. *Périanthe interne* (composé de staminodes pétaloïdes) dissemblable, irrégulier, plus ou moins longuement tubuleux ; tube saillant ou non-saillant, à partie incluse adnée au tube du périanthe intermédiaire ; limbe bilabié, ou triparti (à segment inférieur plus grand), ou réduit à la lèvre inférieure.

Une seule étamine, insérée à la base du segment impair (supérieur) du périanthe intermédiaire. Filet libre, en général dilaté et pétaloïde, souvent prolongé au delà de l'anthère. Anthère incombante ou dressée, introrse, à 2 bourses en général marginales ou intra-marginales, plus ou moins distancées.

Pistil : Ovaire infère, 3-loculaire (rarement 1-ou 2-loculaire), surmonté d'une ou de 2 glandes ; loges multi-ovulées (rarement 1-ovulées). Ovules anatropes, horizontaux, 2-ou pluri-sériés, attachés à l'angle interne des loges, ou (étant solitaires) attachés au fond des loges, et campylotropes. Style filiforme, libre, niché en partie dans un sillon entre les deux bourses de l'anthère. Stigmate infondibuliforme ou bilabié, terminal.

Péricarpe sec ou charnu, capsulaire, 1-à 3-loculaire, loculicide-trivalve ; ou irrégulièrement ruptile, ou s'ouvrant par des fentes longitudinales; loges en général polyspermes.

Graines subsphériques ou irrégulièrement anguleuses, inarillées, ou arillées; tégument cartilagineux. Périsperme farineux. Embryon rectiligne ou courbé, cylindracé, ou claviforme, axile, ou subexcentrique, recouvert (à l'exception de l'extrémité radiculaire) du sac-embryonnaire transformé en une enveloppe charnue (*vitellus* de Gærtner) distincte du périsperme; radicule pointant vers le hile.

La famille des Amomées comprend les genres suivants :

Globba Linn. (Catimbium Juss. Hura Kœn. Colebrookia Don. Ceratanthera Horn. Mantisia Curt.)— *Zingiber* Gærtn. (Cassumunar Colla.) — *Curcuma* Linn. — *Hitchenia* Wallich. — *Kæmpferia* Linn. (Trilophus Lestib.) — *Roscoea* Smith. — *Amomum* Linn. (Marenga et Alexis Salisb. Hornstedtia Retz. Cardamomum Salisb.) — *Elettaria* (Rheed.) White et Matton. (Mattonia Smith.) — *Donacodes* Blum. — *Diracodes* Blum. — *Hedychium* Kœn. — *Renealmia* Linn. (Alpinia Plum. Gethyra Salisb. Peperidium Lindl.) — *Alpinia* Linn. (Zerumbet Jacq. Costus Pers. Ethanium Salisb. Allughas Linn. Phæomeria Lindl.) — *Leptosolena* Presl. — *Gastrochilus* Wallich. — *Hellenia* Willd. (Heritiera Retz. Languas Kœn.) — *Monolophus* Wallich. — *Cenolophon* Blum. — *Costus* Linn. (Banksea Kœn. Hellenia Retz. Glissanthe Salisb. Jacuanga Lestib.) — *Monocystis* Lindl. — *Kolowratia* Presl.

Genre GINGEMBRE. — *Zingiber* Rosc.

Périanthe externe tubuleux, fendu latéralement. Périanthe intermédiaire trifide : tube court ; segments égaux.

Périanthe interne à limbe unilabié : lèvre trilobée. Étamine à filet prolongé en pointe au delà de l'anthère ; anthère mutique. Ovaire 5-loculaire ; loges multi-ovulées ; ovules horizontaux, anatropes, attachés à l'angle interne des loges. Style filiforme, enveloppé dans le filet. Capsule charnue, 5-loculaire, polysperme. Graines arillées, nidulantes dans une pulpe. — Herbes à rhizome tubéreux, articulé, rampant, vivace. Tiges annuelles, simples, stériles, recouvertes par les gaînes des feuilles. Feuilles minces, distiques. Hampes-florales très-simples, radicales, écailleuses, aphylles. Fleurs en épi strobiliforme, très-dense. Bractées imbriquées, 1-flores, colorées. — Genre propre à l'Asie équatoriale.

GINGEMBRE OFFICINAL. — *Zingiber officinale* Rosc. in Trans. Linn. Soc. 8, p. 548. — *Amomum Zingiber* Linn. — Jacq. Hort. Vindob. 1, tab. 75. — Fisch. in Comment. Mosquens. vol. 1, pars 1, tab. 66, fig. D. — Tratt. Arch. tab. 202. — *Inschi*, Hort. Malab. 11, tab. 12. — *Zingiber majus* Rumph. Amb. 5, tab. 66, fig. 1. — Rhizome rampant, noueux, blanchâtre ou rougeâtre à l'intérieur. Tiges dressées ou ascendantes, hautes de 3 à 4 pieds. Feuilles longues de 6 à 7 pouces, larges d'environ 1 ¹/₂ pouce, subsessiles, linéaires-lancéolées, très-glabres ; gaîne munie d'une ligule bifide. Hampes longues de ¹/₂ pied à 1 pied, dressées, garnies de quelques écailles oblongues engaînantes. Épi court, oblong, dressé. Bractées obovées, pointues, striées, membraneuses aux bords, d'un jaune verdâtre. Bractéoles engaînant le périanthe externe et en partie le périanthe interne. Fleurs assez petites. Périanthe externe tridenté au sommet. Périanthe intermédiaire jaune, à segments oblongs, dressés. Périanthe interne à labelle d'un pourpre foncé. (*Roxburgh, Flora Ind.* ed. 2, vol. 1, p. 47.) — Cette plante, dont l'origine n'est pas certaine (1), se cultive dans toute l'Asie équatoriale, ainsi qu'aux Antilles et dans d'autres établissements colo-

---

(1) Suivant **Rumphius**, elle aurait été introduite de la côte orientale de l'Afrique dans l'Inde.

niaux de l'Amérique. Ce sont ses rhizomes qui constituent le *Gingembre* du commerce.

GINGEMBRE ZÉRUMBET. — *Zingiber Zerumbet* Rosc. in Trans. Linn. Soc. 8, p. 548. — Smith, Exot. Bot. tab. 112. — *Amomum Zerumbet* Linn. — Jacq. Hort. Vindob. 3, tab. 54. — Tratt. Arch. tab. 203. — *Amomum sylvestre* Lam. Ill. tab. 2, fig. 5. — *Lampujum* Rumph. Amb. 5, tab. 64. — Rhizome rampant, noueux, blanchâtre à l'extérieur, d'un jaune pâle à l'intérieur, d'une saveur aromatique et amère. Tiges hautes de 3 à 4 pieds, obliques. Feuilles sessiles, lancéolées, larges, ondulées, glabres, d'un vert foncé en dessus, d'un vert pâle en dessous; gaîne munie d'une grande ligule échancrée. Hampes longues de 1 pied à 2 pieds, solitaires, dressées, recouvertes de gaînes imbriquées. Épi ellipsoïde, obtus, du volume d'un œuf d'oie. Bractées obovées, obtuses, colorées aux bords. Fleurs grandes, engaînées par les bractéoles. Périanthe externe de moitié plus court que le tube du périanthe intermédiaire. Lèvre inférieure à lobe moyen plus court, biparti. Anthère subsessile, longuement cuspidée. (*Roxburgh, Flora Ind.* ed. 2, vol. 1, p. 49.)— Cette espèce croît dans l'Inde; les habitants du pays se servent de ses rhizomes à titre de médicament aromatique.

Genre CURCUMA. — *Curcuma* Linn.

Périanthe externe tubuleux, tridenté. Périanthe intermédiaire trifide; tube dilaté dans sa partie supérieure; segments égaux ou dissemblables. Périanthe interne bilabié : lèvre supérieure bipartie, à segments en général conformes au segment supérieur du périanthe intermédiaire, connivents ; lèvre inférieure plus grande, échancrée, d'une couleur plus foncée. Étamine à filet court, large, pétaloïde, caréné, trilobé au sommet : le lobe moyen anthérifère ; anthère bi-éperonnée. Ovaire 3-loculaire, surmonté de 2 glandes subulées ; loges multi-ovulées ; ovules horizontaux, anatropes, attachés à l'angle interne des loges.

Style filiforme. Stigmate infondibuliforme, subbilabié, en général cilié. Capsule submembranacée, ovoïde, irrégulièrement ruptile, triloculaire, polysperme. Graines oblongues, arillées. —Herbes acaules, bisannuelles, à souche renflée, bulbiforme, émettant de longues racines tubéreuses à l'extrémité inférieure, et des tubercules latéraux palmés : ceux-ci reproduisent de nouvelles plantes, tandis que le bulbe et ses racines meurent après la fructification. Feuilles minces, distiques, insérées au bulbe; gaînes-pétiolaires emboîtées de manière à simuler une tige. Hampe latérale ou centrale, simple, dressée, courte. Fleurs en épi subcylindracé, dressé, dense, couronné d'une touffe de bractées stériles. Bractées subimbriquées, 4- ou 5-flores, les bords de chacune adnés au dos des 2 bractées immédiatement suivantes. Périanthes-pétaloïdes de couleur jaune. — Genre propre à l'Asie équatoriale; on en connaît une vingtaine d'espèces.

A. *Épi latéral.*

CURCUMA ZÉDOAIRE.— *Curcuma Zerumbet* Roxb. Corom. 5, tab. 201. — *Amomum Zerumbet* Kœn. in Retz. Obs. (non Linn.) — *Zerumbet* Rumph. Amb. 5, tab. 68. — *Kua* Hort. Malab. 11, tab. 7. — Bulbe et tubercules d'un jaune pâle à l'intérieur. Feuilles longues d'environ 5 pieds (avec les gaînes), glabres, pétiolées, lancéolées, pointues, vertes, avec une bande longitudinale de couleur pourpre. Hampe longue d'environ 1 pied, plus précoce que les feuilles, ferme, garnie à sa base de quelques gaînes lâches, vertes, obtuses. Bractées concaves, rougeâtres, oblongues. Fleurs grandes, sessiles, engaînées chacune par une bractéole latérale incolore. Périanthe externe à peu près du tiers de la longueur du périanthe interne, diaphane, irrégulièrement tridenté. Périanthe intermédiaire infondibuliforme, à tube un peu courbé; segment supérieur couronné d'un appendice subulé. Périanthe interne à lèvre inférieure recourbée, bifide, d'un jaune foncé; lèvre supérieure un peu plus courte que l'inférieure, d'un jaune pâle, à segments obovés, égaux. Ovaire poilu. Capsule ellipsoïde, lisse, d'un jaune pâle, subdiaphane. Graines à arille blanc, charnu, découpé en lanières inégales cohérentes seulement autour du hile. (*Roxburgh, Flora Ind.* ed. 2, vol. 1, p. 21.) — Cette plante croît dans l'Inde et aux Moluques. Sa racine et ses tubercules ont une saveur aromatique légèrement amère, et une odeur un peu camphrée; au témoignage de Roxburgh, ce sont sont eux qu'on connaît en matière médicale sous le nom de *Zédoaire*.

CURCUMA AROMATIQUE. — *Curcuma aromatica* Salisb. Parad. Lond. tab. 96. — *Curcuma Zedoaria* Rosc. in Trans. Linn. Soc. 8, pag. 554. — *Amomum Zedoaria* Linn. Spec. — Bulbe petit, d'un jaune vif à l'intérieur de même que les racines et les tubercules. Feuilles lancéolées, sessiles sur leur gaîne, soyeuses en dessous. Hampe cylindrique, courte, garnie de gaînes vertes. Épi long de 6 à 12 pouces. Bractées et périanthe externe comme dans l'espèce précédente. Périanthe intermédiaire à tube court, très-évasé; gorge fermée par des poils glanduleux; limbe à lanières oblongues, dressées, d'un pourpre pâle; la supérieure plus pointue, appliquée sur l'anthère. Périanthe interne à limbe jaune, charnu. Lèvre inférieure obovée, entière; segments latéraux plus courts, obovés, connivents, recouvrant l'anthère. (*Roxburgh, Flora Indica*, ed. 2, vol. 1, p. 24.) — Cette espèce croît dans presque toute l'Asie tropicale. Ses fleurs sont odorantes et très-élégantes. Ses racines ont une odeur agréable et une saveur aromatique légèrement amère; les Hindous les emploient comme médicament stimulant et comme parfum; suivant Roxburgh, elles constituent la *Zédoaire longue* et la *Zédoaire ronde* de la matière médicale.

CURCUMA ROUGEATRE. — *Curcuma rubescens* Roxb. in Asiat. Res. 11, p. 556. — Bulbe conique, très-aromatique, d'un jaune pâle à l'intérieur, de même que les racines et les tubercules. Feuilles longues de 3 à 4 pieds (y compris les gaînes), glabres, d'un vert foncé, pétiolées, lancéolées-elliptiques, cuspidées, larges de 5 à 6 pouces; pétiole, gaîne et côte d'un rouge foncé, de même que la hampe et les bractées. Hampe longue d'environ 1 pied, y compris l'épi. Fleurs petites, odorantes, d'un jaune vif, plus longues que les bractéoles. Périanthe intermédiaire à tube grêle ; gorge fermée par 5 glandes velues. (*Roxburgh, l. c.*) — Cette espèce croît au Bengale ; on obtient de ses tubercules une fécule analogue à celle dite *arrow-root.*

CURCUMA A RACINE BLANCHE. — *Curcuma leucorhiza* Roxb. in As. Res. 11, p. 557. — Bulbe ovoïde, d'un jaune très-pâle à l'intérieur, de même que les tubercules. Tubercules atteignant souvent près de 1 pied de long. Feuilles longues de 3 à 4 pieds (y compris la gaîne), pétiolées, lancéolées-elliptiques, glabres, vertes. Épi pauciflore. Bractées de couleur rose. Fleurs aussi longues que les bractées. Limbe du périanthe intermédiaire rou-geâtre. Fruit semblable à celui du *Curcuma Zerumbet.* (*Roxburgh, Flora Indica*, ed. 2, vol. 1, p. 50.) — Cette espèce croît dans l'Inde; on extrait de ses racines une fécule alimentaire.

CURCUMA A FEUILLES ÉTROITES. — *Curcuma angustifolia* Roxb. in Asiat. Res. 11, p. 558, tab. 5.— Bulbe fusiforme, sans tubercules palmés. Feuilles longues de 1 pied à 5 pieds (y compris les gaînes), pétiolées, lancéolées, étroites, pointues, glabres aux 2 faces. Épi long de 4 à 6 pouces. Bractées-stériles elliptiques-oblongues, de couleur pourpre. Bractées-florifères cordiformes-ovales, obtuses, recourbées. Bractéoles naviculaires, engaînantes. Fleurs grandes, éphémères, d'un jaune vif. Périanthe externe un peu ventru. Périanthe intermédiaire à tube infondibuliforme ; segments d'un jaune pâle : le supérieur grand, cuculliforme ; les latéraux plus petits, oblongs, concaves. Périanthe interne à lèvre inferieure échancrée ou bifide, suborbiculaire ; lèvre supérieure à segments cunéiformes-obovales. (*Roxburgh, Flora Indica*, ed. 2, vol. 1, p. 51.) — Cette espèce croît au Bengale, où on la connaît sous le nom de *Tikor.* Au témoignage de Roxburgh, on extrait de ses racines une fécule d'aussi bonne qualité que l'*arrow-root.*

B. *Épi central.*

CURCUMA LONG. — *Curcuma longa* Linn. — Blackw. Herb.

tab. 596. — Herm. Lugd. 6, tab. 209. — *Amomum Curcuma*
Murr. Syst. — Jacq. Hort. Vindob. 5, tab. 4. — *Curcuma
domestica major* Rumph. Amb. 5, tab. 67. — *Manjella-Kua*
Hort. Malab. 11, tab. 11. — Bulbe petit, garni d'un grand
nombre de longs tubercules palmés, d'un jaune orange à l'intérieur. Feuilles longues d'environ 1 ½ pied, longuement pétiolées,
lancéolées-elliptiques, vertes. Épi assez gros, oblong, long d'environ ½ pied. Bractées panachées de vert et de pourpre. Fleurs
odorantes, plus courtes que les bractées, d'un blanc jaunâtre ;
lèvre inférieure d'un jaune vif. — Cette plante est communément
cultivée dans l'Asie tropicale ; on ignore son origine. Ses racines, connues dans le commerce sous le nom de *Safran des
Indes, Curcuma, Curcuma long, Curcuma jaune*, s'emploient
comme médicament tonique, comme épice, comme parfum, et
comme matière tinctoriale.

Genre KÆMPFÉRIA. — *Kœmpferia* Linn.

Périanthe externe tubuleux, subcylindracé, fendu latéralement, inégalement denté et resserré au sommet. Périanthe intermédiaire trifide : tube filiforme , allongé ;
segments étroits , égaux : le supérieur cuculliforme ; les
latéraux étalés. Périanthe interne bilabié, beaucoup plus
grand que le périanthe intermédiaire : lèvre supérieure
bipartie ; lèvre inférieure plane, bilobée, d'une couleur plus
foncée que la lèvre supérieure. Étamine à filet court, caréné , prolongé au-dessus de l'anthère en crête bifide ou
bidentée ; anthère mutique. Ovaire 5-loculaire ; loges
multi-ovulées ; ovules horizontaux, anatropes, attachés à
l'angle interne des loges. Style filiforme. Stigmate infondibuliforme, ciliolé. Capsule 5-loculaire, polysperme, loculicide-trivalve. Graines arillées. — Herbes bisannuelles,
acaules. Racine tubéreuse. Feuilles minces , distiques.
Hampes radicales. Fleurs en épi dense. Bractées en général imbriquées sur 2 rangs. — Genre propre à l'Asie équatoriale ; on en connait 5 espèces.

KÆMPFÉRIA GALANGA. — *Kœmpferia Galanga* Linn. Spec.; Id. Hort. Cliffort. tab. 5. — Bot. Mag. tab. 850. — Redout. Lil. 5, tab. 144. — *Soncorus* Rumph. Amb. 5, tab 69, fig. 2. — *Mala-Kua* Hort. Malab. 11, tab. 41. — *Alpinia sessilis* Kœn. in Retz. Obs. — Feuilles étalées sur terre, cordiformes-suborbiculaires, subobtuses, membraneuses et ondulées aux bords, un peu cotonneuses en dessous, striées en long; gaîne cylindracée, souterraine, couronnée d'une ligule membraneuse. Épis 6-à 12-flores, centraux, petits. Fleurs tribractéolées. Bractées linéaires, pointues, membranacées, 1 fois plus courtes que le tube du périanthe intermédiaire; l'extérieure plus grande. Segments supérieurs du périanthe interne elliptiques; lèvre inférieure à 2 lobes bifides. (*Roxburgh, Flora Indica*, ed. 2, vol. 1, p. 15.) — Cette espèce est assez commune dans l'Inde, et on l'y cultive fréquemment dans les jardins. Sa racine a une odeur agréable et une saveur aromatique légèrement amère; les Hindous l'emploient tant comme parfum, que comme médicament tonique.

KÆMPFÉRIA A TUBERCULES RONDS. — *Kœmpferia rotunda* Linn. Spec. — Blackw. Herb. tab. 599. — Bot. Mag. tab. 920. —*Kœmpferia longa* Lamk. Enc.—Jacq. Hort. Schœnbr. 5, tab. 57.—Red. Lil. 1, tab. 49.—*Malankua* Hort. Malab. 11. tab. 9.—Feuilles longues d'environ 1 pied, sur 4 à 6 pouces de large, pétiolées, glabres, ondulées, oblongues, ordinairement colorées en dessous. Hampe très-courte, 4-à 6-flore, d'un pourpre verdâtre. Fleurs très-grandes, odorantes, panachées de blanc et de pourpre, 2-bractéolées. Bractées inégales; l'extérieure 1 fois plus courte que le calice; l'intérieure plus courte que l'extérieure, 2-fide. Périanthe externe un peu gibbeux, bidenté au sommet, de couleur pourpre, aussi long que le tube du périanthe intermédiaire. Périanthe intermédiaire à tube obliquement infondibuliforme au sommet; segments linéaires, révolutés aux bords, d'un blanc pur. Périanthe interne à segments supérieurs dressés, lancéolés, pointus, rougeâtres aux bords. Lèvre inférieure à 2 lobes obcordiformes, défléchis, d'un pourpe foncé (*Roxburgh, Flora Indica*, ed. 2, vol. 1, p 17.)—Cette espèce se cultive fréquemment dans l'Inde, en raison de l'élégance et du parfum de ses fleurs. C'est à tort, suivant Roxburgh, qu'on a avancé qu'elle produit la racine connue en matière médicale sous le nom de *Zédoaire.*

Genre AMOME. — *Amomum* Linn.

Périanthe externe tubuleux, trifide au sommet. Périanthe interne trifide : tube court ; segments conformes : les latéraux plus étroits que le supérieur. Périanthe interne unilabié : labelle très-grand, plan. Étamine à filet comprimé, trilobé : lobe moyen anthérifère ; anthère mutique, couronnée d'une crête bilobée. Ovaire 5-loculaire, surmonté d'une glande dilatée ; loges multi-ovulées : ovules horizontaux, anatropes, attachés à l'angle interne des loges. Style filiforme. Stigmate infondibuliforme. Capsule triloculaire, polysperme, en général charnue. Graines à arille mou, visqueux, finalement oblitéré. Embryon sub-claviforme. — Herbes à rhizome vivace, rampant, articulé, garni de racines tubéreuses. Tiges vivaces ou bisannuelles. Feuilles minces, distiques. Hampes radicales. Fleurs en épi un peu lâche ; bractées 1-flores, subimbriquées. — Genre propre à l'Asie équatoriale.

AMOME FAUX-CARDAMOME. — *Amomum Cardamomum* Linn. Spec. — *Cardamomum minus* Rumph. Amb. 5, tab. 65, fig. 1. — Rhizome grêle, presque ligneux, blanc. Tiges hautes de 2 à 4 pieds, grêles, dressées, subbisannuelles, recouvertes par les gaînes pétiolaires. Feuilles longues de 6 à 12 pouces, courtement pétiolées, lancéolées, pointues, glabres aux 2 faces. Épis sessiles, oblongs, à moitié cachés sous terre. Bractées lancéolées, pointues, velues, grisâtres, scarieuses. Bractéoles tuberculeuses, scarieuses, pubescentes. Fleurs de grandeur médiocre. Périanthe externe claviforme, pubescent, aussi long que le tube du périanthe intermédiaire. Périanthe intermédiaire à tube grêle, un peu infléchi ; segments diaphanes, presque isomètres. Labelle un peu plus long que les segments extérieurs, trilobé, crénelé, on-

dulé : lobe moyen jaune, strié de 2 lignes roses. (*Roxburgh,
Flora Indica*, ed. 2, vol. 1, p. 57.) — Cette espèce croît aux
Moluques et aux îles de la Sonde ; ses graines, que les Malais
emploient comme assaisonnement, ont une saveur aromatique
agréable ; toutefois les graines connues dans le commerce sous le
nom de *Cardamomes* ne proviennent pas de cette plante.

Genre ÉLETTARIA. — *Elettaria* Rheede.

Périanthe externe tubuleux, tridenté. Périanthe intermédiaire trifide : tube long, filiforme ; segments presque
égaux, les latéraux plus étroits que le supérieur. Périanthe interne unilabié : labelle beaucoup plus grand que les
segments du périanthe intermédiaire, plan, trilobé,
1-denté de chaque côté à la base. Étamine à filet aplati,
indivisé, tronqué, échancré ; anthère terminale, mutique,
à bourses non-contiguës. Ovaire 5-loculaire ; loges multi-
ovulées ; ovules horizontaux, anatropes, attachés à l'angle interne des loges. Style filiforme. Stigmates infondibuliformes. Capsule triloculaire, 5-valve, polysperme.
Graines arillées. — Herbes à rhizome rampant, vivace, articulé, garni de racines tubéreuses. Tiges vivaces. Feuilles distiques. Hampes radicales. Fleurs en épi dense ou
lâche. Bractées imbriquées ou lâches, 1-flores.

ÉLETTARIA CARDAMOME. — *Elettaria Cardamomum* White
et Matton, in Trans. Linn. Soc. 10, p. 229, tab. 4 et 5. — *Cardamomum Ensal* Burm. Thes. Zeyl. p. 54. — *Amomum repens*
Rosc. — Woodw. Med. Bot. tab. 151. — *Alpinia Cardamomum* Roxb. Flor. Ind. ed. 2, vol 1, p. 70. — *Elettaria* Hort.
Malab. 11, tab. 4 et 5. — Tiges hautes de 6 à 9 pieds, dressées,
glabres, articulées, recouvertes par les gaînes des feuilles. Feuilles
longues de 4 à 5 pieds, subsessiles, lancéolées, pointues, un
peu velues en dessus, soyeuses en dessous ; gaîne pubescente,
couronnée d'une ligule arrondie. Hampes subfasciculées, articulées, paniculées, flexueuses, procombantes, longues de 4 à 2
pieds ; rameaux alternes, presque dressés. Bractées solitaires,

oblongues, glabres, membraneuses, striées. Fleurs alternes, courtement pédicellées, solitaires à chaque articulation. Périanthe externe long d'environ 9 lignes, strié, persistant. Périanthe intermédiaire marcescent ; tube aussi long que le périanthe externe ; segments oblongs, concaves, d'un blanc verdâtre. Périanthe interne à labelle obové, crépu, strié de pourpre ; appendices basilaires courts, subulés. Capsule ellipsoïde, subtrigone. Graines anguleuses. (*Roxburgh, l. c.*) — Cette plante, dont les graines constituent les *Cardamomes* de la matière médicale, croît dans les montagnes du Malabar.

Genre HÉDYCHIUM. — *Hedychium* Kœn.

Périanthe externe tubuleux, tridenté. Périanthe intermédiaire trifide ; tube grêle, allongé ; segments étroits, égaux. Périanthe interne à limbe triparti, résupiné : les deux segments latéraux semblables à ceux du limbe du périanthe interne, mais un peu plus courts ; le segment impair labelliforme, plus grand, en général échancré ou bifide. Étamine à filet filiforme. Anthère terminale, supra-basifixe, incombante. Style filiforme. Stigmate infondibuliforme. Ovaire 3-loculaire ; loges multi-ovulées ; ovules anatropes, horizontaux, attachés à l'angle interne des loges. Capsule 3-loculaire, loculicide-trivalve, polysperme. —Herbes à rhizome tubéreux, articulé, rampant. Feuilles semi-amplexicaules, distiques, subsessiles sur leur gaîne. Inflorescence en épi terminal. Bractées spathacées, imbriquées. Fleurs fasciculées dans chaque bractée. — Genre propre à l'Asie équatoriale.

HÉDYCHIUM MAGNIFIQUE. — *Hedychium coronarium* Linn. — Bot. Mag. tab. 708. —Jacq. Fragm. tab. 150, et 157 fig. 1. — Redout. Lil. 8, tab. 436. — *Kœmpferia Hedychium* Lam. — *Gandasulium* Rumph. Amb. 5, tab. 69, fig. 5. — Rhizome cylindrique, de la grosseur du pouce. Tiges hautes de 5 à 6 pieds, dressées, cylindriques, recouvertes des gaînes-pétiolaires. Feuilles longues de 9 à 15 pouces, larges de 2 pouces, lancéolées,

suboblutuses, glabres et d'un vert foncé en dessus, d'un vert pâle
et pubescentes en dessous ; gaîne glabre, striée, couronnée d'une
ligule ordinairement bifide. Épi très-dense, oblong, dressé. Bractées vertes, grandes, persistantes, concaves. Bractéoles solitaires
sous chaque fleur, membraneuses, engaînantes par la base, de
moitié au moins plus courtes que les bractées. Fleurs grandes,
très-odorantes, d'un blanc pur, ou d'un jaune pâle, au nombre
de 3 ou 4 dans chaque bractée. Périanthe externe un peu renflé,
contracté au sommet, pubescent, 1 fois plus court que le tube
du périanthe intermédiaire. Périanthe intermédiaire à segments
transparents, lancéolés, pointus. Périanthe interne à segments-
latéraux obliquement elliptiques, subonguiculés ; labelle obcordiforme. Capsule oblongue, de couleur rouge à l'intérieur. Arille
pourpre, complet. (*Roxburgh, Flor. Ind.* ed. 2, vol. 1, p. 10.)
— Cette espèce croît dans l'Inde ; on l'y cultive communément
comme plante d'ornement.

Hédychium a feuilles étroites. — *Hedychium angustifolium* Roxb. Corom. 3, tab. 254. — Bot. Reg. tab. 157. —
Tiges hautes de 5 à 6 pieds, dressées, recouvertes par les gaînes.
Feuilles longues d'environ 1 pied, larges de 1 pouce à 2 pouces,
linéaires-lancéolées, cuspidées. Épi long de $^1\!/_2$ à 1 $^1\!/_2$ pied, dressé,
roide, glabre, composé de fascicules subternés, horizontaux.
Bractées cylindracées, subquadriflores. Bractéoles solitaires, plus
petites que les bractées. Fleurs de grandeur médiocre, d'un rouge
terne. Périanthe externe aussi long que le tube du périanthe intermédiaire, cylindracé, à 3 dents égales. Périanthe intermédiaire
à tube long d'environ 1 pouce ; segments subfiliformes, révolutés.
Labelle du périanthe interne à 2 lobes oblongs. Etamine deux
fois plus longue que le labelle. (*Roxburgh, l. c.*) — Indigène
dans l'Inde. Cultivé comme plante d'ornement.

Genre ALPINIA. — *Alpinia* Linn.

Périanthe externe tubuleux, lâche, irrégulièrement denté. Périanthe intermédiaire 3-fide ; tube court ; segments
égaux ou inégaux, presque dressés. Périanthe interne

unilabié : lèvre 2-ou 5-lobée, ou indivisée, grande, plane.
Étamine à filet linéaire ; anthère terminale, en général
mutique. Ovaire 5-loculaire ; loges bi-ou multi-ovulées ;
ovules horizontaux, anatropes, attachés à l'angle interne
des loges. Style filiforme. Stigmate capitellé, ou infondibuliforme, ou bilabié. Péricarpe capsulaire ou baccien,
oligosperme, ou polysperme, 5-loculaire. Graines arillées.
— Herbes vivaces, à rhizome rampant, épais, tubéreux.
Tiges vivaces, nombreuses. Feuilles distiques, à gaîne fendue, couronnée d'une ligule. Inflorescence paniculée, ou
en grappe, ou en épi, terminale. — Genre propre à l'Asie
équatoriale.

Alpinia Galanga. — *Alpinia Galanga* Swartz, Obs. p. 8.
— Roxburgh, in Asiat. Rès. 11, p. 352. — *Maranta Galanga*
Linn. Spec. — Rumph. Amb. 5, tab. 65. — Tiges hautes de 6
à 9 pieds, presque dressées, cylindriques, glabres, grêles, feuillues dans leur moitié supérieure, recouvertes dans leur partie
inférieure par les gaînes-pétiolaires. Feuilles longues de 1 pied à
2 pieds, larges de 4 à 6 pouces, lancéolées, glabres, sessiles,
blanches et un peu calleuses aux bords ; gaîne glabre ; ligule
courte, arrondie, ciliée. Panicule dressée, oblongue, couronnée
d'un grand nombre de ramules bifurqués, étalés, 2-à 6-flores.
Bractées concaves, solitaires aux ramifications du rachis. Fleurs
légèrement odorantes, d'un blanc verdâtre. Périanthe externe
subcylindrique, à peine aussi long que le tube du périanthe intermédiaire. Périanthe intermédiaire à segments subisomètres, linéaires, recourbés. Labelle du périanthe interne onguiculé,
oblong, ascendant, concave, fimbriolé, ponctué (de rouge), bifide
au sommet ; onglet muni de 2 appendices basilaires, charnus,
subulés, colorés. Filet de l'étamine un peu plus long que l'onglet
du labelle ; anthère horizontale, déclinée, appliquée au labelle.
Ovaire oblong, glabre, à loges bi-ovulées. Stigmate infondibuliforme, fimbriolé, après la floraison recourbé. Baie du volume
d'une petite Cerise, presque sèche, obovée, lisse, de couleur
orange ; loges 1-ou rarement 2-spermes. Graines comprimées, du
volume d'un grain de Poivre ; arille presque complet, mince, un

peu fibreux, d'un blanc sale ; tégument coriace, fibreux, luisant, un peu rugueux, d'un brun de châtaigne. Embryon d'un blanc grisâtre, subglobuleux. (*Roxburgh, l. c.*)—Cette plante croît aux Moluques et aux îles de la Sonde ; sa racine, connue en pharmaceutique sous les noms de *grand Galanga* ou *Galanga major*, a une saveur aromatique, analogue à un mélange de poivre et de gingembre ; les Malais l'emploient fréquemment, tant comme assaisonnement que comme médicament stimulant.

ALPINIA ALLUGHAS. — *Alpinia Allughas* Rosc. in Trans. Soc. Linn. 8, p. 546. — *Hellenia Allughas* Linn. Spec. — Andr. Bot. Rep. tab. 504. — *Heritiera Allughas* Retz, Obs. fasc. 6, tab. 1.—*Allughas* Linn. fil. Flor. Zeyl.—*Mala-Inschikua* Hort. Malab. 11, p. 29 ; tab. 14. — Rhizome brunâtre, très-aromatique. Tige haute de 5 à 6 pieds, dressée, un peu comprimée, complétement recouverte par les gaînes pétiolaires. Feuilles longues d'environ 1 pied, larges de 4 pouces, lancéolées, cuspidées, glabres, luisantes, d'un vert pâle en dessous. Panicule légèrement inclinée. Fleurs grandes, inodores, d'un beau rose. Périanthe externe gibbeux, charnu, 2-ou 5-denté. Périanthe intermédiaire à tube court ; limbe à segments subisomètres, pubescents en dessous, concaves, d'un rose tirant sur le vert. Labelle du périanthe interne bifide, fimbriolé, calleux à la base ; lobes rétus. Étamine à filet court, large, aplati ; anthère bicorniculée au sommet. Stigmate claviforme, subtrigone, obtus, cilié aux bords. Baie globuleuse, subtrigone, polysperme, lisse, noire à la maturité. (*Roxburgh, Flora Indica*, ed. 2, vol. 1, p. 61.)—Cette espèce croit au Bengale ; les Hindous en emploient la racine comme assaisonnement.

ALPINIA DE MÁLACCA.—*Alpinia malaccensis* Rosc. in Trans. Linn. Soc. 8, p. 545. — Bot. Reg. tab. 528. — *Maranta malaccensis* Linn. — *Galanga malaccensis* Rumph. Amb. 5, tab. 71, fig. 1. — Tiges hautes de 6 à 10 pieds, nombreuses, touffues, fleurissant au bout de 2 à 4 ans, et périssant après la maturation des fruits ; les centrales dressées ; les périphériques ascendantes. Feuilles longues de 2 à 5 pieds, larges de 5 à 9 pouces, pétiolées, lancéolées, pointues, pubescentes en dessous, souvent ondulées, garnies aux bords de courts poils bruns ; pétiole long de 2 à 5 pouces. Fleurs très-grandes, disposées en grappe simple, dressée, longue de $1/2$ pied à 1 pied, munie à sa base d'un involucre de 2 ou 5 bractées naviculaires, caduques ; chaque fleur accompagnée d'une bractée spathacée. Pédoncule-commun velu. Pédicelles courts, velus, 1-flores, un peu inclinés. Périanthe externe gibbeux, irrégulièrement ruptile, aussi long que la bractée. Périanthe intermédiaire à segments oblongs, obtus, anisomètres, de couleur blanche ; le supérieur plus grand. Labelle du périanthe interne large de 5 pouces, un peu moins long que large, panaché de pourpre et d'orange, trilobé, bicorniculé à la base ; lobes latéraux infléchis ; lobe moyen plus court, crépu, quelquefois bifide. Étamine à filet à peu près aussi long que l'anthère ; anthère grande, profondément bilobée au sommet. Ovaire velu. Style velu vers le sommet. Stigmate infondibuliforme, velu. Capsule du volume d'une grosse Groseille à maquereau, obovée-globuleuse, muriquée, polysperme, trivalve, presque sèche, jaune à la maturité. Graines ovoïdes, ou ellipsoïdes, ou obovées ; arille pulpeux. (*Roxburgh, Flora Indica*, ed. 2, vol. 1, p. 65.) — Cette espèce, remarquable par la beauté de ses fleurs, est indigène des Moluques.

ALPINIA NUTANT. — *Alpinia nutans* Rosc. in Trans. Linn. Soc. 8, p. 546. — Bot. Mag. tab. 1903. — Smith, Exot. Bot. tab. 106. — *Renealmia nutans* Andr. Bot. Rep. tab. 560. — *Globba nutans* Linn. — Red. Lil. tab. 60. — *Zerumbet speciosum* Wendl. Sert. Hannov. tab. 19. — Tiges hautes de 4 à 6 pieds, un peu inclinées, feuillues dans leur moitié supérieure. Feuilles longues de 1 pied à 5 pieds, lancéolées, courtement pétiolées : les jeunes pubescentes aux bords ; les adultes glabres ; gaîne glabre ; ligule barbue. Fleurs en grappe longue d'environ 1 pied, velue, nutante, accompagnée d'un involucre de 2 gaînes naviculaires, caduques ; pédicelles inférieurs 2-ou 5-flores, inclinés. Bractées grandes, concaves, glabres, d'un blanc pur. Périanthe externe blanc, tridenté. Périanthe intermédiaire à segments d'un rose pâle, dissimilaires : les latéraux linéaires-oblongs, révolutés ;

le supérieur elliptique, incombant. Labelle du périanthe interne grand, cordiforme, trilobé, d'un orange foncé, panaché de pourpre : les lobes latéraux connivents en forme de cloche; le lobe moyen bifide. Ovaire ellipsoïde, poilu; loges multi-ovulées. Style après l'anthèse révoluté au sommet. Capsule globuleuse, déhiscente par des fentes. (*Roxburgh*, *Flora Indica*, ed. 2, vol. 1, p. 65.) — Cette espèce, une des plus remarquables de la famille, en raison de la beauté de ses fleurs, habite les Moluques et les îles de la Sonde.

Genre COSTUS. — *Costus* Linn.

Périanthe externe tubuleux, trifide. Périanthe intermédiaire trifide; tube infondibuliforme; segments égaux, connivents. Périanthe interne unilabié; lèvre grande, campaniforme, fendue au dos. Étamine à filet pétaloïde, longuement prolongé au delà de l'anthère; anthères à bourses intra-marginales. Ovaire 3-loculaire; loges multi-ovulées; ovules horizontaux, anatropes, axiles. Style filiforme. Stigmate bilamellé, bicorniculé à la base. Capsule 3-loculaire, loculicide-trivalve, polysperme : graines arillées. — Rhizome tubéreux, rampant. Feuilles un peu charnues; gaîne tubuleuse, couronnée d'une ligule obliquement tronquée. Inflorescence terminale ou radicale. Fleurs en épi garni de bractées imbriquées.

COSTUS ÉLÉGANT. — *Costus speciosus* Smith, in Trans. Soc. Lond. 1, p. 249. — *Costus arabicus* Linn. Spec. — Jacq. Ic. Rar. 1, tab. 1. — *Amomum hirsutum* Lam. Ill. tab. 5. — *Tsjanakua* Hort. Malab. 11, tab. 8. — Rhizome articulé, long de quelques pouces, assez gros, absolument inodore, d'un jaune pâle, garni de longues racines perpendiculaires. Tiges hautes de 4 à 6 pieds, dressées, les unes rectilignes, les autres plus ou moins contournées, garnies à la base de quelques gaînes aphylles et pubescentes. Feuilles longues de 6 à 15 pouces, sessiles, oblongues, cuspidées, soyeuses en dessous, disposées en spirale. Épi dense, oblong. Bractées 1-flores : les inférieures ovées, dures, luisantes, concaves, acuminées, persistantes, de couleur verte ou brunâtre, finalement rouges ; les autres carénées, de couleur rouge. Fleurs grandes, inodores. Labelle de la grandeur et à peu près de la forme de la corolle du *Convolvulus sepium*, obscurément trilobé, ondulé, fimbrié. Filet de l'étamine poilu au dos ; poils longs, blancs. Style plus court que le filet de l'étamine. Stigmate large, bilabié, débordé par l'anthère. Capsule trièdre, glabre, dure, d'un rouge foncé, déhiscente par des fentes latérales, couronnée du périanthe externe coloré. Graines anguleuses, glabres, noires. (*Roxburgh, in Asiat. Res.* 11, p. 549.)—Commun dans presque toute l'Asie équatoriale. Cultivé comme plante d'ornement. On a cru longtemps à tort que cette plante produit la racine aromatique, connue en matière médicale sous le nom de *Costus arabicus*.

LES ORCHIDÉES.

ORCHIDEÆ (Juss.) Bartl. (*Orchioideæ* Ad. Brongn. Enum. Gen. Hort. Par. p. XVI et 25.)

CARACTÈRES.

Plantes herbacées ou suffrutescentes, vivaces, souvent pourvues d'un rhizome rampant ou d'une souche bulbiforme. Racines souvent fasciculées ou tuberculeuses. *Tige* (dans beaucoup d'espèces nulle ou très-courte) cylindrique ou anguleuse, simple (rarement rameuse), dressée, ou grimpante et radicante.

Feuilles simples, très-entières, nerveuses, engaînantes à la base ; les caulinaires alternes (quelquefois subopposées), assez souvent articulées à la tige, dans beaucoup d'espèces réduites à des écailles engaînantes ; les radicales en général roselées.

Fleurs hermaphrodites, irrégulières (rarement régulières ou subrégulières), accompagnées chacune d'une bractée, disposées en grappe, ou en épi, ou en corymbe, ou en panicule, ou solitaires, axillaires, ou terminales.

Périanthe supère, pétaloïde (rarement herbacé), bisérié, en général ringent. *Périanthe externe* de 3 sépales disjoints, en général dissemblables : l'impair (souvent en forme de casque ou de capuchon) supérieur (par renversement de la fleur, résultant de la torsion du pédicelle ou de l'ovaire) ou rarement inférieur ; les deux autres latéraux, similaires entre eux ; moins sou-

vent périanthe externe de 2 sépales : l'un supérieur,
l'autre inférieur. *Périanthe interne* de 3 sépales disjoints, en général dissemblables : l'impair (dit *labelle*)
ordinairement plus grand, de forme très-variée (suivant les genres et les espèces ; très-souvent à base prolongée postérieurement en forme de bosse ou d'éperon
creux), inférieur, ou rarement supérieur ; les deux autres similaires entre eux, souvent conformes aux sépales latéraux du périanthe externe, quelquefois soudés à
ceux-ci ou au gynostème, rarement abortifs.

Étamines épigynes, en général une seule (dans quelques espèces 2), soudées avec le style en un corps central (de forme très-variée, suivant les genres) solide (dit
gynostème) placé vis-à-vis du labelle (lequel est en général continu avec sa base). Filets non distincts du gynostème. Anthères introrses, terminant le gynostème,
en général à 2 bourses soit contiguës, soit distancées.
Pollen composé de granules en général cohérents en
masses de forme régulière et souvent en nombre défini.
— Dans quelques espèces les étamines sont au nombre
de 3, ayant leurs filets libres, ou adnés au style seulement par leur partie inférieure.

Pistil : Ovaire 1-loculaire, à 3 placentaires pariétaux,
multi-ovulés ; dans quelques espèces l'ovaire est 3-locu-
laire, à placentaires axiles. Style en général non distinct du gynostème. Stigmate formant une fossette visqueuse (de forme variée), située à la surface antérieure
du gynostème, immédiatement au-dessous des bourses
de l'anthère.

Péricarpe capsulaire, 1-loculaire, 3-valve (dans quelques espèces 2-valve), polysperme, à 6 côtes longitudinales (dont 3 plus grosses, alternes avec les placentaires, correspondant à l'axe des sépales externes) ; valves

placentifères au milieu, tombant en se séparant des 3
côtes plus saillantes lesquelles persistent après la déhiscence. — Quelques espèces ont la capsule 3-loculaire,
s'ouvrant par 3 fentes longitudinales alternes avec les
cloisons.

Graines minimes, apérispermées, en général scobiformes, à tégument membraneux, lâche, réticulé, prolongé au delà de l'amande. Embryon formant un cor-
puscule homogène, indivisé, dans lequel on ne distingue, avant la germination, ni cotylédon ni radicule.

Cette classe ne comprend que la famille des Orchidées

LES ORCHIDÉES. — *ORCHIDEÆ.*

Orchides Juss. Gen. — *Orchideœ* R. Br. Prodr. p. 209. — Juss. in
Dict. des Sciences Nat. vol. 56, p. 301. — Bartl. Ord. Nat. p. 54. —
Reichb. Consp. p. 67; Id. Syst. Nat. p. 154. — Dumort. Fam. p. 56.
— *Orchidaceœ, Vanillareœ* et *Apostasiaceœ* Lindl. Nat. Syst. ed. 2,
p. 336 et seqq. — *Orchideœ* et *Apostosieœ* (R. Br.) Endl. Gen. p. 183
et seqq. — Ad. Brongn. Enum. Gen. Hort. Par. p. XV et 25. —
Confer R. Br., *Observations on the sexual organs of Orchideœ
and Asclepiadeœ.* — L. C. Rich., *de Orchideis europœis*, in Mém.
du Mus. 4, p. 25. — Lindley, *Orchidearum sceletos*; Id. *Genera
and species of orchideous plants.*

Les *Orchidées* constituent une des familles les plus
naturelles du règne végétal, intéressante surtout par
la structure des fleurs, qui affectent des formes aussi
variées que bizarres ; mais ces végétaux, à l'exception
des espèces qui produisent la Vanille et le Salep, ont
peu d'importance sous le rapport de l'utilité. On en
cultive aujourd'hui une quantité considérable dans les
collections de serre, dont elles font un des plus beaux
ornements. Cette famille appartient à tous les climats ;
toutefois la plupart des espèces habitent les forêts des
contrées tropicales, où un grand nombre sont parasites
soit sur les arbres vivants, soit sur les troncs que la
vétusté fait entrer en décomposition.

CARACTÈRES DE LA FAMILLE.

(Voir les caractères de la classe du même nom.)

La famille des Orchidées comprend les genres suivants :

Iʳᵉ TRIBU. **MALAXIDÉES.** — *MALAXIDEÆ* Lindl.

Pollen cohérant en masses continues (de matière analo-

*gue à la cire), ni rétrécies en stipe à la base, ni insé-
rées sur des glandes. Fleurs monandres. Anthère terminale, operculaire. Ovaire 1-loculaire. — Herbes
terrestres ou parasites.*

Section I. **PLEUROTHALLÉES**. — *Pleurothalleæ* Lindl.

Gynostème dressé, continu avec l'ovaire,

Pleurothallis R. Br. (Myoxanthus et Aspegrenia
Pœpp. et Endl.) — *Cadetia* Gaudich. — *Scelochilus*
Klotz. — *Specklinia* Lindl. — *Physosiphon* Lindl. —
Octomeria R. Br. — *Bryobium* Lindl. — *Evelyna*
Pœpp. et Endl. — *Lepanthes* Swartz. — *Stelis* Swartz
(Humboldtia Ruiz et Pav.)—*Osyricera* Blum. — *Chry-
soglossum* Blum. — *Gastroglottis* Blum. — *Restrepia*
Kunth.— *Oberonia* Lindl.— *Titania* Endl.— *Cartere-
tia* A. Rich. — *Empusaria* Reichenb. (Empusa Lindl.)
— *Platystylis* Blum.— *Microstylis* Nutt. (Achroanthes
Rafin. Pterochilus Hook.) — *Dienia* Lindl. (Pedilea
Lindl.) — *Malaxis* Swartz. — *Nephelaphyllum* Blum.
— *Corallorhiza* Hall. — *Aplectrum* Nutt. — *Liparis*
L. C. Rich. (Sturmia Reichenb. Cestichis Petit-Thou.)
— *Dendrochilum* Blum. — *Otochilus* Lindl. — *Cœlia*
Lindl. — *Pholidota* Lindl. (Ptilocnema Don. Crinonia
Blum.) — *Dilochia* Lindl — *Earina* Lindl— *Cœlogyne*
Lindl. (Gomphostylis Wallich. Panisea Lindl.)—*Hexi-
sea* Lindl.(Forsan Eleanthes Presl.) — *Paxtonia* Lindl.
— *Diploconchium* Schauer.

Section II. **DENDROBIÉES**. — *Dendrobieæ* Lindl.

Gynostème incombant (appliqué sur l'ovaire).

Cochlia Blum.—*Lyræa* Lindl.— *Megaclinium* Lindl.
—*Bolbophyllum* Petit-Thou. (Diphyes Blum. Odontosty-
lis Blum. Tribrachia Lindl. Gersinia Néraud. Anisopeta-

lum Hook.) — *Cirrhopetalum* Lindl. (Zygoglossum
Reinw. Forsan Ephippium Blum. et Sestochilus Kuhl
et Hasselt.) — *Trias* Lindl. — *Macrostomium* Blum.
— *Microcœlia* Lindl. — *Epicrianthes* Blum. — *Mono-
meria* Lindl. — *Stenoglossum* Kunth. — *Diglyphys*
Blum. (Diglyphosa Blum.) — *Mycaridanthes* Blum.
(Mycaranthes Blum.) — *Phreatia* Lindl. — *Eria* Lindl.
(Dendrolirium Blum. Pinalia Hamilt.) — *Aporum*
Blum. (Schismoceras Presl.) — *Oxystophyllum* Blum.
— *Polystachyia* Hook. — *Metachilum* Lindl. — *Ma-
crolepis* A. Rich. — *Dendrobium* Swartz. (Onychium,
Pedilonium, Desmotrichum, Sarcostoma et Gastridium
Blum. Ceraia et Keranthus Lour. Bontia Petiv.)—*Hexa-
desmia* Ad. Brongn.

IIᵉ TRIBU. ÉPIDENDRÉES. — *EPIDENDREÆ* Lindl.

*Pollen cohérant en masses continues (de matière analo-
gue à la cire), rétrécies en stipe élastique, point insérées sur des glandes. Fleurs monandres. Anthère terminale, operculaire. Ovaire 1-loculaire. — Herbes
terrestres ou parasites, souvent caulescentes.*

Collabium Blum. — *Hartwegia* Lindl. — *Pesomeria*
Lindl. — *Schomburgkia* Lindl. — *Epidendrum* Linn.
(Auliza et Amphiglottis Salisb.) — *Dinema* Lindl. —
Physinga Lindl. — *Diothonea* Lindl.—*Encyclia* Hook.
— *Isochilus* R. Br. — *Arophyllum* Llav. et Lexarz. —
Poncra Lindl. — *Brassavola* R. Br. — *Lœlia* Lindl.
— *Cattleya* Lindl. (Melænia Dumort.) — *Barkeria*
Knowles et Westc. — *Broughtonia* R. Br. — *Leptotes*
Lindl. — *Tetramicra* Lindl. — *Spathoglottis* Blum. —
Bletia Ruiz et Pav. (Gyas Salisb. Tankarvillia Link.
Thiebaudia Colla. Forsan Pachystoma Blum.) — *Ipsea*
Lindl. — *Arundina* Blum. — *Phajus* Lour. (Pachyne

Salisb.) — *Cytheris* Lindl. — *Tylostylis* Blum. (Callostylis Blum.) — *Ania* Lindl. — *Cylindrolobus* Blum. (Ceratium Blum.) — *Apaturia* Lindl. — *Trichotosia* Blum. — *Mitopetalum* Blum. (Tainia Blum.) — *Plocoglottis* Blum.—*Sophronitis* Lindl.—*Drymoda* Lindl. — *Trichosma* Lindl.

III° TRIBU. **VANDÉES.** — *VANDEÆ* Lindl.

Pollen cohérant en masses continues (de matière analogue à la cire), rétrécies en stipe inséré sur une glande. Fleurs monandres. Anthère terminale (rarement dorsale), operculaire. Ovaire 1-loculaire. — Herbes terrestres ou parasites.

Nanodes Lindl. — *Aspasia* Lindl. — *Ornithidium* Salisb. — *Acriopsis* Blum. — *Seraphyta* Fisch et M.— *Trizeuxis* Lindl. — *Ornithocephalus* Hook. — *Dactylostylis* Scheidw. — *Cirrhœa* Lindl. — *Sarcochilus* R. Br. — *Trigonidium* Lindl. — *Aganisia* Lindl. — *Huntleya* Lindl. —*Maxillaria* Ruiz et Pav. (Colax, Xylobium, Eumaxillaria et Nothium Lindl.) — *Stenia* Lindl. — *Epiphora* Lindl. — *Siagonanthus* Pœpp. et Endl. — *Trichocentrum* Pœpp. et Endl. — *Bifrenaria* Lindl. — *Batemania* Lindl. — *Scaphyglottis* Pœpp. et Endl. (Cladobium Lindl.) — *Dicrypta* Lindl. (Heterotaxis Lindl.) — *Govenia* Lindl. — *Alamania* Llav. et Lex. — *Psittacoglossum* Llav. et Lex. — *Cycnoches* Lindl. — *Zygostates* Lindl. — *Catasetum* L. C. Rich. (Monacanthus, Myanthus et Marmodes Lindl.) — *Cyclosia* Klotz. — *Stanhopea* Hook. (Ceratochilus Lindl.) — *Houlletia* Ad. Brongn. — *Gongora* Ruiz et Pav. — *Coryanthes* Hook. — *Anguloa* Ruiz et Pav. — *Peristera* Hook.—*Eucnemis* Lindl.—*Cymbidium* Swartz. (Eucymbidium, Mesoclastes, Pseudovanda, Camaridium,

Bolbidium et Angidium Lindl.) — *Grobya* Lindl. — *Acropera* Lindl. — *Scleropteris* Scheidw. — *Cremastra* Lindl. — *Grammatophyllum* Blum. (Gabertia Gaudich.) — *Bromheadia* Lindl. — *Trichoceros* Kunth.— *Geodorum* Jackson. (Otandra Salisb. Cistella Blum.) — *Acanthophippium* Blum.— *Doritis* Lindl. — *Chelonanthera* Blum. — *Acanthoglossum* Blum. — *Sunipia* Buchan. — *Calypso* Salisb. (Orchidium Swarz. Norna Wahlenb.) — *Eulophia* R. Br. — *Dipodium* R. Br. (Forsan Armodorum Kuhl et Hasselt.) — *Galeandra* Lindl. — *Zygopetalum* Hook. — *Cirtopodium* R. Br.— *Chysis* Lindl. — *Cyrtopera* Lindl. — *Lissochilus* R. Br. — *Notylia* Lindl. — *Chœnanthe* Lindl. — *Masdevallia* Ruiz et Pav. — *Cryptochilus* Wallich. — *Trichopilia* Lindl. — *Ionopsis* Kunth. (Cybelion Spreng.) — *Diadenium* Pœpp. et Endl. — *Quekettia* Lindl. — *Comparettia* Pœpp. et Endl. — *Rodriguezia* Ruiz et Pav. (Gomeza R. Br.) — *Burlingtonia* Lindl. — *Macradenia* R. Br. — *Sutrina* Lindl. — *Cryptarrhena* R. Br. — *Pteroceras* Hasselt. — *Cuitlauzinia* Llav. et Lex. — *Oncidium* Swartz. — *Leochilus* Knowl. — *Fernandezia* Ruiz et Pav. (Lockhartia Hook.) — *Pachyphyllum* Kunth. — *Dichæa* Lindl. — *Phymatidium* Lindl. — *Cyrtochilum* Kunth. — *Odontoglossum* Kunth. — *Miltonia* Lindl. — *Brassia* R. Br. — *Tetrapeltis* Wallich. — *Phalænopsis* Blum. — *Trichoglottis* Blum. — *Telipogon* Kunth. — *Vanda* R. Br. (Fieldia Gaudich.) — *Luisia* Gaudich. — *Renanthera* Lour. (Aerides Swartz, non Lour., Arachnis et Arachnanthe Blum.) — *Diplocentrum* Lindl. — *Microsaccus* Blum. — *Camarotis* Lindl. — *Chiloschista* Lindl. — *Gunnia* Lindl. — *Micropera* Lindl. — *Saccolabium* Lindl. (Saccochilus Blum. Gastrochilus Don, non Wallich. Robiquetia

Gaudich. Gussonea A. Rich. Rhynchostylis Blum.) —
Tæniophyllum Blum.—*Cleiosostoma* Blum. (Polychilos
Kuhl et Hassell.) — *Appendicula* Blum. — *Cryptoglot-*
tis Blum. — *Ceratostylis* Blum. — *Ephippium* Blum.
— *Ceratochilus* Blum. (Omœa Blum.) — *Echioglossum*
Blum. — *Sarcanthus* Lindl. — *Podochilus* Blum. (Pla-
tysma, Placostigma et Apista Blum.) — *Birchea* A.
Rich. — *Adenoncos* Blum. — *Oeceoclades* Lindl. —
Aerides Lour. (Cuculla, Tubera et Fornicaria Blum.
Pilearia Lindl. Ornithochilus Wallich.)—*Stauroglottis*
Schauer. — *Schœnorchis* Blum. — *Aeranthus* Lindl.—
Cryptopus Lindl. (Beclardia A. Rich.) — *Æonia* Lindl.
— *Angrœcum* Petit-Thou. (Aerobion Spreng.) — *Mys-*
tacidium Lindl. — *Agrostophyllum* Blum. — *Calanthe*
R. Br. (Centrosia A. Rich. Alismorchis Petit-Thou. Am-
blyglottis Blum. Styloglossum Kuhl et Hasselt.) — *An-*
thericlis Rafin. (Tipularia Nutt.) — *Limatodes* Blum. —
Glomera Blum.— *Oxyanthera* Ad. Brongn.— *Ptycho-*
chilus Schauer. — *Thelasis* Blum. — *Malachadenia*
Lindl. — *Centropetalum* Lindl.

IVᵉ TRIBU. OPHRYDÉES. — *OPHRYDEÆ* Lindl.

Pollen de chaque bourse-anthérale formant une masse
*   lâche composée d'un nombre indéfini de petites masses*
*   légèrement cohérentes, rétrécie en stipe inséré sur une*
*   glande. Fleurs monandres. Anthère dressée ou résu-*
*   pinée, terminale, persistante, à 2 bourses distinctes*
*   complètes. Ovaire 1-loculaire. — Herbes terrestres,*
*   à racine tuberculeuse.*

Orchis Linn. — *Anacamptis* L. C. Rich. — *Gymna-*
denia R. Br. (Sieberia Spreng.) — *Perularia* Lindl. —
Nigritella L. C. Rich. — *Aceras* R. Br. (Loroglossum
L. C. Rich. Himantoglossum Spreng.) — *Holothrix* L.

C. Rich. — *Glossaspis* Spreng. (Glossula Lindl.)— *Platanthera* L. C. Rich. (An Mecosa Blum.) — *Hemipilia* Lindl. — *Peristylus* Blum. — *Saccidium* Lindl. — *Pachites* Lindl. — *Cœloglossum* Lindl. — *Monotris* Lindl. — *Scopularia* Lindl. — *Aopla* Lindl. — *Herminium* R. Br. — *Habenaria* Willd. — *Ate* Lindl. — *Bonatea* Willd. (Bilabrella Lindl.) — *Diplomeris* Don. (Diplochilus Lindl. Paragnathis Spreng.) — *Cynorchis* Petit-Thou. — *Tryphia* Lindl. — *Bucculina* Lindl. — *Arnottia* A. Rich. — *Stenoglottis* Lindl. — *Bartholina* R. Br. — *Bicornella* Lindl. — *Satyrium* Swartz. (Diplectrum Petit-Thou.) — *Satyridium* Lindl. — *Disa* Berg. — *Brachycorythis* Lindl. — *Aviceps* Lindl. — *Herschelia* Lindl. — *Schizodium* Lindl. — *Monadenia* Lindl. — *Forficaria* Lindl. — *Ommatodium* Lindl. — *Ceratandra* Lindl. — *Centrochilus* Schauer. — *Dyssorhynchium* Schauer. — *Repandra* Lindl. — *Monadenia* Lindl.— *Penthea* Lindl.— *Serapias* Linn. (Helleborine Pers.) — *Pterygodium* Swartz. — *Corycium* Swartz.— *Chamærepes* Spreng. (Chamorchis L. C. Rich.) — *Ophrys* Linn. — *Disperis* Swartz. (Dipera Spreng. Dryopeia Petit-Thou.?)

Vᵉ TRIBU. NÉOTTIÉES. — *NEOTTIEÆ* Lindl.

Pollen pulvérulent, à granules légèrement cohérents en masses insérées sur une glande. Fleurs monandres. Anthère dorsale, parallèle au stigmate; bourses contiguës. Ovaire 1-loculaire. — Herbes acaules ou caulescentes, terrestres. Racine fibreuse, ou tubéreuse, ou tuberculeuse.

Spiranthes L. C. Rich. (Ibidium Salisb.) — *Cyclopogon* Presl. — *Stenorhynchus* L. C. Rich. — *Sarcoglottis* Presl.—*Adenostylis* Blum. (Cionisaccus Kuhl et Hasselt.) — *Ulantha* Hook. — *Chloidia* Lindl. — *Plexau-re* Endl. — *Neottia* Linn. (Neottidium Link. Diostomæa Spenn.) — *Listera* R. Br. — *Epipactis* Hall. (Serapias Pers.) — *Pelexia* Poit. (Collæa Lindl.) — *Sauroglossum* Lindl. — *Eucosia* Blum. — *Georchis* Lindl. — *Ætheria* Blum. — *Goodyera* R. Br. (Gonogona Link. Tusacca Rafin. Platylepis A. Rich.?)— *Hœmaria* Lindl — *Hylophila* Lindl. — *Microchilus* Presl. — *Physurus* L. C. Rich. (Erythrodes Blum. Psychechilos Kuhl et Hasselt.) — *Chœrodoplectron* Schauer. — *Synossa* Lindl. — *Tropidia* Lindl. — *Cnemidia* Lindl. (Decaisnea Lindl. non Brongn.)— *Galera* Blum.— *Cordylostylis* Falconer. — *Herpysma* Lindl. — *Anœctochilus* Blum. (Chrysobaphus Wallich. Orchipedum Kuhl et Hasselt.) — *Myoda* Lindl. — *Cheirostylis* Blum. — *Tripleura* Lindl. — *Ponthieva* R. Br. — *Cranichis* Swartz. — *Prescottia* Lindl. — *Altensteinia* Kunth.— *Zeuxine* Lindl. — *Rophostemon* Blum. (Cordyla Blum.) — *Cryptostylis* R. Br. — *Zosterostylis* Blum. — *Calochilus* R. Br. — *Prasophyllum* R. Br. — *Genoplesium* R. Br. — *Orthoceras* R. Br. — *Diuris* Smith. — *Epiblema* R. Br. — *Thelymitra* Forst. — *Pterichis* Lindl. — *Chlorosa* Blum. — *Stenoptera* Presl. — *Monochilus* Wallich. — *Macodes* Blum. — *Baskervilla* Lindl. — *Burnettia* Lindl.

VIe TRIBU. **ARÉTHUSÉES**. — *ARETHUSEÆ* Meisn.
(*Arethuseæ, Gastrodieæ,* et *Vanillaceæ* Lindl.)

Pollen pulvéracé ou composé de granules anguleux, légèrement cohérent. Fleurs monandres. Anthère terminale, operculaire. Ovaire 1-loculaire.—Herbes terrestres ou parasites.

Gastrodia R. Br. (Epiphanes Blum.?) — *Ceratopsis* Lindl.— *Epipogium* Gmel. — *Gamoplexis* Falconer.

— *Hysteria* Reinw. — *Decaisnea* Ad. Brongn. — *Microtis* R. Br.— *Acianthus* R. Br. — *Cyrtostylis* R. Br.— *Chiloglottis* R. Br. — *Eriochilus* R. Br. — *Caladenia* R. Br. — *Leptoceras* R. Br. — *Glossodia* R. Br. — *Pterostylis* R. Br.— *Codonorchis* Lindl. — *Lyperanthus* R. Br. — *Corysanthes* R. Br. — *Corybas* Salisb.— *Caleya* R. Br. — *Calcearia* Blum. — *Calopogon* R. Rr (*Cathea* Salisb.)— *Pogonia* Juss. (Triphora Nutt. Odonectis et Isotria Rafin.) — *Arethusa* Gronov. — *Haplostelis* A. Rich. — *Chloræa* Lindl. — *Asarca* Lindl. — *Gavilea* Pœpp. — *Bipinnula* (Commers.) Juss. — *Limodorum* Tourn. — *Anthogonium* Wallich. — *Cephalanthera* L. C. Rich. — *Crybe* Lindl.— *Acronia* Presl. — *Drakœa* Lindl. — *Spiculœa* Lindl. — *Thelychiton* Endl. — *Macdonaldia* Lindl. — *Cyathoglottis* Pœpp. et Endl.— *Sobralia* Ruiz et Pav.— *Epistephium* Kunth.— *Vanilla* Blum. — *Cyrtosia* Blum. — *Erythrorchis* Blum.

VIIe TRIBU. CYPRIPÉDIÉES. — *CYPRIPEDIEÆ* Lindl.

Pollen granuleux, légèrement cohérent. Fleurs diandres. Anthères marginales. Gynostème terminé en appendice pétaloïde. Ovaire 1-loculaire.— Herbes terrestres.

Cypripedium Linn. (Calceolus Tourn. Criosanthes Rafin.)

VIIIe TRIBU. APOSTASIÉES.—*APOSTASIEÆ* R. Br.

Pollen pulvéracé, non-cohérent. Fleurs triandres ou diandres. Filets courts, subulés, adnés dans leur partie inférieure à la base du style. Anthères libres. Ovaire 3-loculaire, à placentaires axiles. Style libre dans la plus grande partie de sa longueur.
Apostasia Blum. — *Neuwiedia* Blum.

Genre ORCHIS. — *Orchis* (Linn.) L. C. Rich.

Périanthe ringent, marcescent, coloré. Sépales externes
5 : l'impair supérieur, connivent en forme de casque ou
de capuchon avec les sépales latéraux internes ; les 2 autres redressés ou étalés ou réfléchis, latéraux. Sépales internes 5 : 2 latéraux, conformes au sépale impair externe
(en général plus petits) ; l'impair (*labelle*) inférieur, défléchi, 5-ou 4-lobé, ou indivisé, plan, ou bombé, continu
avec la base du gynostème, prolongé postérieurement en
éperon creux. Gynostème court, monandre, dressé, sans
rétrécissement basilaire. Anthère terminale, antérieure,
adnée, plus longue que le stigmate, subobtuse, à 2 bourses disjointes, presque contiguës, subclaviformes, stipitées, déhiscentes chacune par une fente longitudinale oblique : stipes confluents à la base. Pollen de chaque bourse
formant une masse conforme à celle-ci, stipitée, composée
d'une grande quantité de petites masses obovées ou pyriformes, anguleuses, finement réticulées, céracées, légèrement cohérentes, insérées sur un axe rétiforme ; stipes
insérés chacun sur une glande. Connectif plus ou moins
prolongé au delà du sommet des bourses anthérales. Stigmate formant une fossette subcordiforme à la base de la
surface antérieure du gynostème. Ovaire oblong, contourné, 1-loculaire, à 5 placentaires multi-ovulés. Capsule
chartacée, oblongue, 6-costée, 1-loculaire, polysperme,
déhiscente par des fentes le long des 5 côtes plus saillantes. Graines minimes, scobiformes ; tégument lâche, membraneux, réticulé. — Herbes vivaces, terrestres, caulescentes. Racine fibreuse et bituberculeuse ; tubercules
opposés, perpendiculaires. Tige très–simple, dressée.
Feuilles minces, succulentes, la plupart radicales. Fleurs
en épi terminal.

Les tubercules des *Orchis* et des genres voisins sont
composés presque uniquement de fécule ; ce sont ces tu-

bercules séchés qui constituent la substance alimentaire connue sous le nom de *Salep* (1). Parmi les espèces indigènes, les plus remarquables, en raison de l'élégance de leurs fleurs, sont les suivantes :

SECTION I. Tubercules arrondis ou ellipsoïdes, très-entiers.

a) *Labelle large, convexe, replié.*

ORCHIS COMMUN. — *Orchis Morio* Linn. — Vaill. Bot. Par. tab. 51, fig. 15 et 14.—Flor. Dan. tab. 255.—Sépales externes oblongs ou ovales-oblongs, obtus : les latéraux divergents. Labelle arrondi, 5-lobé : le lobe moyen plus large, échancré ; les latéraux crénelés ; éperon subclaviforme, ascendant, à peu près aussi long que l'ovaire. — Tige haute de $\frac{1}{2}$ pied à 1 pied. Feuilles radicales oblongues ou lancéolées-oblongues, étalées. Feuilles caulinaires petites, dressées, lancéolées, étroites. Epi lâche, à fleurs peu nombreuses. Bractées membraneuses, lancéolées, plus longues que l'ovaire, ordinairement colorées. Périanthe ponctué de violet, en général pourpre, quelquefois rose ou blanc. — Commun dans les prairies sèches; fleurit en mai et juin.

ORCHIS A FLEURS LACHES. — *Orchis laxiflora* Lam. Flor. Franç. — Vaill. Bot. Par. tab. 51, fig. 55 et 54. — *Orchis ensifolia* Vill. — *Orchis palustris* Jacq. Ic. Rar. tab. 181. — Labelle obové ou oblong-obové, légèrement trilobé; lobes très-entiers ou crénelés : le moyen en général plus court ; éperon subhorizontal, 2 fois plus court que l'ovaire. — Tige haute d'environ 1 pied. Feuilles lancéolées, étroites. Épi lâche. Fleurs grandes, en général de couleur pourpre, quelquefois roses ou blanches.—Prairies humides; fleurit en mai et juin.

ORCHIS MALE. — *Orchis mascula* Linn. — Blackw. Herb. tab. 55.—Flor. Dan. tab. 457.—Engl. Bot. tab. 621.—Jacq. Ic. Rar.

---

(1) Le Salep du commerce est apporté d'Orient; mais les tubercules des *Orchis* indigènes pourraient, sans aucun doute, servir au même usage.

tab. 180.—Reichb. Plant. Crit. 6, fig. 768.—Sépales externes ovales-lancéolés, pointus : les latéraux presque réfléchis, divergents ; l'impair et les deux sépales internes lâchement connivents. Labelle arrondi, trilobé ; lobes arrondis, crénelés : le lobe moyen échancré ; éperon cylindracé, subrectiligne, subhorizontal, plus long que l'ovaire. — Tige haute de 1 pied à 1 ¹/₂ pied. Feuilles oblongues ou lancéolées-oblongues, luisantes, ordinairement maculées. Épi lâche, multiflore. Fleurs assez grandes. Périanthe ordinairement pourpre, quelquefois blanc. — Prairies sèches ; fleurit en mai et juin.

b) *Labelle plan, quadrifide, parsemé en dessus de petites papilles d'un pourpre foncé ; une petite dent pointue au fond du sinus des deux lobes moyens. Éperon court, courbe, défléchi.*

ORCHIS MILITAIRE. — *Orchis militaris* D. C. Flor. Franç. — *Orchis fusca* Jacq. Flor. Austr. tab. 507. — Vaill. Bot. Par. tab. 51, fig. 27 et 28. — Sépales connivents en capuchon subglobuleux. Labelle triparti : segments latéraux oblongs, subobtus, subparallèles ; segment moyen obcordiforme, crénelé ; éperon presque droit, 2 fois plus court que l'ovaire. Bractées 5 fois plus courtes que l'ovaire. — Tige haute de 1 ¹/₂ pied à 2 ¹/₂ pieds. Feuilles grandes, elliptiques, obtuses, luisantes. Épi dense, ovoïde, multiflore, finalement allongé. Sépales externes d'un pourpre noirâtre. Labelle blanc. — Clairières des bois ; fleurit en mai et juin.

ORCHIS SINGE. — *Orchis simia* Lam. Flore Franç. — Vaill. Bot. Par. tab. 51, fig. 25 et 26.— *Orchis tephrosanthos* Vill. — Hook. Flor. Lond. tab. 82. — *Orchis zoophora* Thuil. — Sépales connivents en capuchon subglobuleux. Labelle profondément 4-fide ; segments très-étroits, linéaires, pointus, allongés : les moyens divergents ; éperon 1 fois plus court que l'ovaire. Bractées très-courtes. — Tige haute d'environ 1 pied. Feuilles luisantes, lancéolées-elliptiques, moins grandes que dans l'espèce précédente. Épi assez dense, multiflore, ovoïde. Sépales externes de couleur lilas. Labelle pourpre ou rose. — Pâturages secs ; fleurit en mai et juin.

Section II. Tubercules palmés.

ORCHIS A LARGES FEUILLES. — *Orchis latifolia* Linn. — Flor.
Dan. tab. 266. — Blackw. Herb. tab. 405. — Reichb. Plant.
Crit. 6, fig. 769. — Bractées plus longues que les fleurs. Sépales
externes lâches, étalés. Labelle replié, légèrement trilobé : lobes
érosés, obtus, inégaux ; éperon conique, plus court que l'ovaire.
— Tige fistuleuse, haute de 1 pied à 1 ½ pied, feuillue. Feuilles
oblongues-lancéolées, souvent maculées. Épi dense, cylindrique,
multiflore. Fleurs pourpres, ou roses, ou blanches, ou carnées, ou
violettes, ou panachées. — Prairies humides ou marécageuses ;
fleurit en mai et en juin.

ORCHIS A FEUILLES MACULÉES. — *Orchis maculata* Linn. —
Flor. Dan. tab. 955. — Engl. Bot. tab. 632. — Vaill. Bot. Par.
tab. 51 fig. 9 et 10. — Hook. Flor. Lond. tab. 112.—Reichb.
Plant. Crit. 6, fig. 572. — Sépales externes divariqués. Labelle
plan, crénelé, trilobé : lobe moyen plus petit, pointu, entier ;
éperon conique, à peu près aussi long que l'ovaire. Bractées plus
courtes que la fleur. — Tige haute de 1 pied à 2 pieds, pleine,
nue vers le haut. Feuilles lancéolées, en général maculées. Épi
ovoïde-conique, court, dense. Fleurs roses ou carnées, panachées
de pourpre ou de lilas. — Bois un peu humides ; fleurit en mai
et juin.

Genre ANACAMPTIS. — *Anacamptis* Rich.

Ce genre (ou pour mieux dire sous-genre) ne diffère
des Orchis qu'en ce que les bourses-anthérales sont confluentes au sommet, et que les stipes des deux masses-
polliniques s'insèrent sur une seule et même glande ; le
labelle offre à sa base deux petits appendices transverses.

ANACAMPTIS PYRAMIDAL. — *Anacamptis pyramidalis* Rich.
— *Orchis pyramidalis* Linn. — Engl. Bot. tab. 110. — Jacq.
Flor. Austr. tab. 266. — Reichb. Plant. Crit. 6, fig. 766. —
Hook. Flor. Lond. tab. 106. — Nees jun. Gen. fasc. 5.—Ra-

cine à 2 tubercules arrondis, très-entiers. Tige grêle, feuillée, haute d'environ 1 pied. Feuilles oblongues-lancéolées ; les supérieures très-courtes. Épi court, multiflore, très-dense, d'abord pyramidal, puis conique-oblong. Fleurs d'un rose plus ou moins pourpré (par variation blanches). Bractées acuminées, à peine plus longues que l'ovaire. Sépales externes acuminés, distants. Sépales internes connivents. Labelle à peine plus long que les sépales externes, trilobé ; lobes arrondis, crénelés, de même longueur, le moyen plus étroit ; éperon subulé, plus long que l'ovaire. — Prairies sèches ; fleurit en mai et juin.

Genre OPHRYS. — *Ophrys* (Linn.) L. C. Rich.

Périanthe ringent, coloré, marcescent. Sépales externes 5, étalés, distants, conformes : l'impair supérieur. Sépales internes 5 : 2 latéraux, petits, non-connivents ; l'impair (*abelle*) inférieur, plus grand, velouté, bombé, défléchi, panaché, 5-ou 4-lobé, non-prolongé postérieurement, continu avec la base du gynostème ; gynostème court, monandre, dressé, sans rétrécissement basilaire. Anthère terminale, antérieure ,adnée, plus longue que le stigmate, à deux bourses contiguës mais complétement disjointes (même à la base du rétrécissement), claviformes, comme stipitées, déhiscentes chacune par une fente longitudinale. Pollen de chaque bourse formant une masse conforme à celle-ci, comme stipitée, composée dans sa partie épaisse d'une grande quantité de petites masses obovées ou pyriformes, finement réticulées, céracées, légèrement cohérentes, insérées sur un axe rétiforme ; stipes insérés chacun sur une glande distincte. Connectif prolongé au delà des bourses en appendice pointu ou obtus. Ovaire oblong, 1-loculaire, peu ou point contourné, à 5 placentaires multi-ovulés. Stigmate formant, à la base de la surface antérieure du gynostème, une fossette visqueuse. Capsule chartacée, oblongue, 6-costée, 1-loculaire, polysperme, déhiscente par des fentes le long des côtes plus saillantes. Graines minimes , scobiformes ; tégument lâche, membraneux, réticulé. — Herbes vivaces, terrestres, caulescentes. Racine fibreuse et bituberculeuse ; tubercules arrondis ou elliptiques, opposés, perpendiculaires. Feuilles minces, succulentes , la plupart radicales. Fleurs en épi terminal très-lâche.

Les Ophrys sont remarquables par leur labelle qui affecte, suivant les espèces, une forme plus ou moins semblable à celle d'une mouche, ou d'une abeille, ou d'un bourdon, ou de quelque autre insecte. Parmi les espèces indigènes les suivantes sont les plus communes.

a) *Sépales latéraux du périanthe interne subulés, très-étroits. Labelle oblong, profondément trifide : segments latéraux divergents ; segment moyen beaucoup plus grand, bifide.*

OPHRYS MOUCHE. — *Ophrys myodes* Jacq. Ic. Rar. 1, tab. 184. — Vaill. Bot. Par. tab. 31, fig. 17 et 18. — *Ophrys muscifera* Smith, Engl. Bot. tab. 64.—Hook. Flor. Lond. tab. 31. — *Ophrys muscaria* Lam. — Tige haute de $\frac{1}{2}$ pied à 1 $\frac{1}{2}$ pied, effilée, nue dans sa partie supérieure. Feuilles lancéolées. Épi 5-à 10-flore. Sépales externes verdâtres, lancéolés, obtus. Sépales internes pourpres. Labelle d'un pourpre brun, panaché vers le milieu d'une tache bleuâtre presque semi-lunée ; segments latéraux courts, linéaires-lancéolés; segment moyen elliptique-oblong, à lobes un peu divergents, oblongs. — Pâturages secs ; fleurit en mai et juin.

b) *Sépales latéraux du périanthe externe oblongs ou linéaires. Labelle indivisé ou courtement lobé.*

OPHRYS ARAIGNÉE. — *Ophrys aranifera* Smith, Engl. Bot. tab. 65. — Bot. Reg. tab. 1197. — Vaill. Bot. Par. tab. 31, fig. 15 et 16. — *Ophrys fuciflora* Curt. Flor. Lond. tab. 67. — Sépales externes oblongs, obtus, conformes aux sépales latéraux-internes, mais 2 fois plus grands. Labelle indivisé, obové, échancré et apiculé au sommet, gibbeux de chaque côté vers la base. Anthère obtuse. — Tige haute de $\frac{1}{2}$ pied à 1 pied, 2-à 5-flore. Feuilles lancéolées, d'un vert glauque. Sépales d'un vert blanchâtre ou jaunâtre. Labelle brunâtre, marbré de taches glabres, d'un jaune grisâtre ou carnées.—Pâturages secs ; fleurit en mai.

Ophrys Bourdon. — *Ophrys Arachnites* Hoffm. — Bot. Mag. tab. 2516. — Vaill. Bot. Par. tab. 50, fig. 10-15. — Sépales externes elliptiques-oblongs, obtus. Sépales latéraux-internes très-courts, triangulaires-lancéolés, pointus, glabres. Labelle obové ou suborbiculaire, indivisé, acuminulé au sommet (à pointe infléchie), gibbeux à la base. Anthère pointue. — Tige haute de ½ pied à 1 pied, 5- à 5-flore. Sépales d'un pourpre plus ou moins vif. Labelle d'un pourpre violet ou brunâtre, panaché de vert et de jaune. — Pâturages secs ; fleurit en mai et juin.

Ophrys Abeille. — *Ophrys apifera* Huds. — Smith, Engl. Bot. tab. 383. — Curt. Flor. Lond. tab. 5. — Vaill. Bot. Par. tab. 50, fig. 9. — Sépales externes oblongs, obtus. Sépales latéraux-internes linéaires-lancéolés, dilatés à la base, velus, très-courts. Labelle trilobé ; lobes latéraux courts, oblongs ; lobe moyen beaucoup plus grand, obové, terminé en appendice subulé et défléchi. Anthère pointue. Tige 5- à 10-flore, haute de 1 pied à 1 ½ pied. Fleurs grandes. Sépales d'un rose plus ou moins vif : les externes striés de vert. Labelle d'un pourpre brun, marbré de jaune. — Mêmes localités que les précédentes ; fleurit en juin et juillet.

Genre VANILLE. — *Vanilla* Swartz.

Périanthe un peu charnu, coloré, étalé, caduc. Sépales externes 5, similaires, presque plans ; l'impair supérieur. Sépales internes 5 ; les deux latéraux à peu près conformes aux externes; l'impair (*labelle*) inférieur, dissimilaire, non-prolongé au delà de la base, convoluté en forme d'entonnoir. Gynostème allongé, presque droit, ou infléchi au sommet, cuculliforme au-dessus du stigmate, recouvert par le labelle. Anthère terminale, adnée, operculée. Pollen granuleux. Capsule trigone ou trièdre, siliquiforme,

charnue, bivalve (1), 1-loculaire, polysperme. Graines petites, nidulantes, aptères. — Herbes à tiges grimpantes,
radicantes, charnues, en général très-longues. Feuilles
charnues, distiques, nerveuses, allongées, sessiles, ou pétiolées. Fleurs grandes, éphémères, blanches ou d'un jaune
verdâtre, disposées en épis axillaires. — Genre propre à
l'Amérique équatoriale ; plusieurs espèces produisent les
gousses aromatiques connues sous le nom de *Vanille.*

VANILLE A FEUILLES PLANES. — *Vanilla planifolia* Hort.
Kew.—Andr. Bot. Rep. tab. 558.—Lodd. Bot. Cab. tab. 755.
— Blume, Rumphia, 1, tab. 68, fig. 2. — Lemaire, Herb. Gén.
de l'Amat. 2, n° 7. — *Myrobroma fragrans* Salisb. Parad.
Lond. tab. 82. — Feuilles oblongues-lancéolées, planes, finement striées. Labelle rétus. (*R. Br. in Hort. Kew.* ed. 2,
p. 220.)—Tiges très-longues, rameuses, de la grosseur du petit
doigt. Feuilles longues de 5 à 8 pouces, pointues, courtement
pétiolées, d'un vert glauque, assez distancées. Épis dressés, assez
denses, subsessiles, multiflores, racémiformes; rachis presque aussi
gros que la tige, long d'environ ¹/₂ pied. Bractées petites, vertes,
ovales. Ovaire grêle, allongé , défléchi après la floraison. Sépales
d'un vert jaunâtre luisant, lancéolés-oblongs, subobtus : les
externes longs d'environ 15 lignes ; les internes un peu plus
courts. Labelle un peu plus court que les sépales internes : limbe
déployé , réfléchi, d'un jaune pâle, obové, pubescent en dessus.
Gynostème concave et pubescent antérieurement. — Cette espèce
croît aux Antilles ; c'est une de celles qui produisent la Vanille
du commerce.

VANILLE CULTIVÉE. — *Vanilla sativa* Schiede, in Linnæa,
vol. 4, p. 575. — Feuilles oblongues, les florales très-petites.
Capsule ésulquée. (Fleur inconnue.) (*Schiede, l. c.*) — Cette
espèce croît spontanément au Mexique ; au témoignage de

---

(1) C'est par erreur que la plupart des auteurs attribuent à ce
genre une capsule trivalve.

M. Schiede, c'est celle qui fournit la meilleure sorte de Vanille du commerce.

Vanille sylvestre. — *Vanilla sylvestris* Schiede, l. c. — Feuilles oblongues-lancéolées ; les florales très-petites. Fruit bisulqué. (Fleur inconnue.) (*Schiede, l. c.*)—Cette espèce croît au Mexique. Son fruit, quoique moins aromatique que celui de l'espèce précédente, entre de même dans le commerce.

Vanille Pompona. — *Vanilla Pompona* Schiede, l. c. — Feuilles oblongues, quelquefois très-larges et subcordiformes à la base. Fruit (beaucoup plus gros que celui des 2 espèces précédentes) bisulqué. (*Schiede, l. c.*)— Cette espèce habite les mêmes contrées que les deux précédentes ; les habitants du pays l'appellent *Pompona ;* son fruit n'est pas moins aromatique que celui des espèces susmentionnées; mais, à ce qu'assure M. Schiede, on ne le reçoit pas dans le commerce, parce qu'à cause de sa grosseur il ne se dessèche pas assez parfaitement pour être exporté sans se détériorer.

Vanille de Guiane. — *Vanilla guianensis* Splitgerber, in Ann. des Sc. Nat. 2e sér. vol. 15, p. 279. — Feuilles elliptiques-oblongues, acuminées. Sépales révolutés au sommet. Labelle pointu. Capsule trièdre. — Tiges longues de 50 à 60 pieds, de la grosseur du petit doigt. Feuilles sessiles, plus courtes que les entrenœuds, longues de 6 à 8 pouces, larges de 2 à 2 ¹/₂ pouces, d'un vert gai. Pédoncules 5-à 15-flores. Bractées ovées, pointues, longues de ¹/₂ pouce. Fleurs blanchâtres. Sépales externes longs de 2 ¹/₂ pouces, larges de 5 lignes, lancéolés, subacuminés, un peu ondulés aux bords. Sépales latéraux conformes aux sépales externes, quelquefois plus étroits et plus ondulés. Labelle plus court que les sépales : lame (étant déroulée) ovée, un peu crépue aux bords. Gynostème glabre, un peu épaissi au sommet. Anthère courtement bicorne au sommet. Capsule longue de 6 à 8 pouces, rectiligne, ou subfalciforme, d'un brun noirâtre à la maturité. (*Splitgerber, l. c.*) — Cette espèce croît dans la Guiane ; son fruit jouit des mêmes propriétés aromatiques que la Vanille du commerce.

VANILLE AROMATIQUE. — *Vanilla aromatica* Swartz, Flor.
Ind. Occid. — Plumier, Ic. p. 185 ; tab 188. — *Epidendrum
Vanilla* Linn. — Feuilles ovées-oblongues, nerveuses. Sépales
ondulés. Labelle pointu. Capsule cylindracée, très-longue. (*R.
Br. in Hort. Kew.* ed. 2, p. 220.) — Cette espèce habite
l'Amérique méridionale; du reste, contrairement à ce que semble-
rait indiquer son nom spécifique (qui est sans doute le résultat
de la confusion de plusieurs espèces), ce n'est point une de celles
dont provient la Vanille du commerce; car Plumier affirme que
le fruit de sa plante n'est pas aromatique.

Genre CYPRIPÈDE. — *Cypripedium* Linn.

Périanthe coloré, marcescent. Sépales externes 2, similaires, plans : l'un supérieur, dressé, très-entier ; l'autre
inférieur, défléchi, un peu plus petit, en général bidenté au
sommet. Sépales internes 5 : 2 latéraux, plans, similaires, étalés, plus étroits que les sépales externes ; l'impair
(*labelle*) inférieur, dissimilaire, défléchi, concave (de forme
approchant plus ou moins de celle d'un sabot), bouffi,
non prolongé au delà de la base, subonguiculé, continu
avec la base du gynostème. Gynostème court, substipité,
infléchi, diandre, profondément trilobé au sommet : le
lobe terminal plus grand, pétaloïde, stérile, caréné en
dessous ; les lobes marginaux courts, divergents, anthérifères antérieurement au-dessous du sommet. Anthères
petites, subcordiformes, adnées, à deux bourses contiguës,
non-stipitées, bivalves ; pollen granuleux, légèrement cohérent. Stigmate basilaire, subdeltoïde. Ovaire courtement
stipité, oblong, 1-loculaire, non-contourné, à 5 placentaires multi-ovulés, très-saillants à l'intérieur. Capsule
oblongue, 5-costée, chartacée, 1-loculaire, polysperme,
déhiscente par des fentes le long des côtes. Graines minimes, scobiformes; tégument lâche, réticulé. — Herbes
terrestres, vivaces, acaules, ou caulescentes. Racine fibreuse, fasciculée, dépourvue de tubercules. Tige très-
simple, dressée, 1-ou 2-flore. Feuilles alternes, sessiles.

Fleurs grandes, terminales, pédonculées, penchées.—Genre remarquable par l'élégance des fleurs ; la plupart des espèces habitent les régions extra-tropicales de l'hémisphère septentrional. Celles que nous allons décrire se cultivent comme plantes d'ornement.

A. *Plantes caulescentes. Feuilles minces, nerveuses.*

CYPRIPÈDE SABOT DE LA VIERGE. — *Cypripedium Calceolus* Linn. — Flor. Dan. tab. 999. — Engl. Bot. tab. 1.—Red. Lil. tab. 19. — Hook. Flor. Lond. tab. 42. — Labelle un peu comprimé, plus court que les sépales latéraux. Lobe terminal du gynostème elliptique, obtus. (*R. Br. in Hort. Hew.* ed. 2.)— Tige haute de 1/2 pied à 1 pied, feuillue, 1-ou 2-flore, plus ou moins pubescente de même que les feuilles. Feuilles elliptiques, subobtuses, d'un vert gai, nerveuses, toutes caulinaires; les 2 ou 5 inférieures réduites à la gaîne. Bractées foliacées, trinervées. Sépales acuminés, d'un pourpre brunâtre : les externes ovales-lancéolés; les internes linéaires-lancéolés. Labelle d'un jaune vif, veiné de rouge. —Cette espèce, la seule indigène du genre, est connue sous le nom vulgaire de *Sabot de la Vierge* ; elle croît dans les bois montueux ; fleurit en mai.

CYPRIPÈDE A PETITE FLEUR. — *Cypripedium parviflorum* Salisb. in Trans. Soc. Linn. 1, p. 77, tab. 2, fig. 2. — Bot. Mag. tab. 5024. — Sweet, Brit. Flow. Gard. tab. 80. — *Cypripedium Calceolus* Mich. Flor. Bor. Amer. —Labelle comprimé, plus court que les pétales latéraux. Lobe terminal du gynostème triangulaire, pointu. (*R. Br. l. c.*) — Tige haute d'environ 1 pied, 1-ou 2-flore, feuillue. Feuilles longues de 4 à 5 pouces, légèrement pubescentes, ovales-lancéolées, acuminées, ondulées. Fleurs très-odorantes. Bractées grandes, foliacées. Sépales d'un brun de chocolat : les externes ovés-lancéolés, pointus; les internes (latéraux) linéaires-lancéolés, de moitié plus longs que les externes. Labelle long d'environ 1 pouce, d'un jaune vif, ponctué de pourpre. — Indigène de l'Amérique septentrionale.

CYPRIPÈDE PUBESCENT. —*Cypripedium pubescens* Willd. Hort. Berol. tab. 15. — Sweet, Brit. Flow. Gard. tab. 71. — Lois. Herb. de l'Amat. 2, tab. 154. — *Cypripedium flavescens* Red. Lil. tab. 20. — Labelle comprimé, plus court que les sépales latéraux. Lobe terminal du gynostème triangulaire-oblong, obtus. (*R. Br. l. c.*) — Plante très-semblable au *Cypripedium Calceolus*. Périanthe jaune. — Indigène des États-Unis.

CYPRIPÈDE A GRANDE FLEUR. — *Cypripedium macranthum* Swartz, Gen. et Spec. Orch. p. 105. — Bot. Mag. tab. 2938. — Bot. Reg. tab. 1554. — Labelle plus court que les sépales, crénelé et resserré au bord. Lobe terminal du gynostème cordiforme-allongé. Feuilles presque glabres. Anthères aristées au dos. (*Hook. in Bot. Mag.*) — Tige haute de $^1/_2$ pied à 1 pied. Feuilles radicales ovées, rétrécies à la base, ondulées, plissées, légèrement pubescentes aux bords et en dessous aux nervures. Fleur grande, solitaire, presque entièrement d'un pourpre violet. Sépale supérieur ové, réfléchi. Sépale inférieur ovale, bidenté. Sépales latéraux oblongs-lancéolés, acuminés, un peu plus longs que les sépales externes. Labelle long d'environ 2 pouces, subovale, bouffi, en dedans pubescent et ponctué de pourpre-noirâtre. Anthères d'un brun verdâtre. Lobe terminal du gynostème d'un rose pâle. — Sibérie.

CYPRIPÈDE VENTRU. —*Cypripedium ventricosum* Swartz, in Act. Holm. 1800, p. 251. — Sweet, Brit. Flow. Gard. ser. 2, tab. 1. — Labelle plus court que les sépales latéraux, crénelé au bord. Lobe terminal du gynostème subsagittiforme, obtus. Anthères aristées au dos. — Tige haute d'environ 1 pied, pubescente, 1-ou 2-flore. Feuilles larges, ovales, acuminées, pubescentes, longues de 4 à 6 pouces, d'un vert pâle. Fleurs grandes, d'un pourpre violet. Sépale supérieur ové, acuminé, pubescent en dessous ; sépale inférieur similaire, un peu plus court. Sépales latéraux lancéolés ou linéaires-lancéolés, pointus, un peu plus longs que le sépale supérieur, barbus en dessus à la base. Labelle long d'environ 2 pouces, obové, blanchâtre au bord, barbu à la base, à surface interne blanchâtre parsemée de points poilus et d'un pourpre noirâtre. Gynostème à lobes de couleur pourpre. Anthères jaunes. (*Sweet, l. c.*) — Sibérie.

Cypripède élégant. — *Cypripedium spectabile* Salisb. in Trans. Linn. Soc. 1, p. 78. — Bot. Reg. tab. 1666. — Lodd. Bot. Cab. tab. 697. — Sweet, Brit. Flow. Gard. tab. 240. — *Cypripedium album* Curt. Bot. Mag. tab. 216. — *Cypripedium canadense* Michx. Flor. Bor. Amer. — Sépales obtus, plus courts que le labelle. Lobe terminal du gynostème cordiforme-elliptique. — Tige haute d'environ 1 pied, pubescente de même que les feuilles, 1-ou 2-flore. Feuilles ovales, pointues. Fleurs grandes, blanches, ou d'un blanc lavé de rose. Sépales externes ovales. Sépales latéraux lancéolés-oblongs, un peu plus longs que les sépales externes. Labelle long d'environ 2 pouces, bouffi, un peu sillonné, ponctué de rouge en dedans. — Indigène de l'Amérique septentrionale.

B. *Plantes acaules. Feuilles radicales, coriaces, distiques, équitantes, carénées en dessous, sans nervures apparentes.*

Cypripède magnifique. — *Cypripedium insigne* Wallich. — Lindl. Coll. Bot. tab. 52. — Hook. Exot. Flor. tab. 34. — Bot. Mag. tab. 5412. — Lodd. Bot. Cab. tab. 1521. — Hampe haute d'environ 1 pied, 1-flore, pubescente, d'un pourpre violet, de moitié plus longue que les feuilles. Feuilles liguliformes. Bractée ovale, obtuse, concave, foliacée, comprimée, striée. Fleur large de 3 à 4 pouces. Sépales externes ovés-arrondis : le supérieur 'concave, échancré, verdâtre excepté vers le sommet où il est blanc et maculé de pourpre en dessus; l'inférieur vert. Sépales latéraux oblongs-spathulés, obtus, subondulés, pubescents en dessous, d'un vert jaunâtre (excepté vers le sommet où ils sont blancs), striés de pourpre, un peu plus longs que les sépales externes. Labelle un peu plus court que le sépale inférieur, sacciforme, arrondi, infléchi au bord, panaché de vert et de pourpre à la surface externe, jaune à la surface interne. Lobe terminal du gynostème obcordiforme, jaune, pubescent en dessous. — Indigène du Népaul.

CYPRIPÈDE CHARMANT. — *Cypripedium venustum* Wallich.
— Bot. Reg. tab. 788. — Bot. Mag. tab. 2129. — Hampe à
peine plus longue que les feuilles, 1-flore, cylindrique, pubescente, ponctuée de pourpre. Feuilles lancéolées, pointues, longues
de 4 à 5 pouces, d'un vert glauque, marbrées en dessus de taches
d'un vert foncé, ponctuées en dessous de pourpre. Bractée ovoïde,
concave, carénée. Sépale supérieur ové, concave, blanchâtre,
strié de vert ; sépale inférieur similaire, mais plus petit. Sépales
latéraux 2 fois plus longs que les sépales externes, lancéolés-
oblongs, ciliés, panachés de vert et de pourpre, parsemés en
dessus de quelques taches rondes d'un pourpre noirâtre. Labelle
veineux, infléchi au bord, panaché de pourpre, de jaune et de
vert. — Indigène du Népaul.

LES LILIACÉES.

LILIACEÆ Bartl. (*Lirioideæ*, ex parte, Ad. Brogn. Enum. Gen. Hort. Par. p. xv et 17.)

CARACTÈRES.

Plantes la plupart herbacées, à racine tubéreuse ou bulbeuse. *Tige* (nulle chez beaucoup d'espèces) en général cylindrique et inarticulée.

Feuilles alternes (rarement opposées ou verticillées), simples, très-entières, nerveuses (rarement veinées et réticulées), en général engaînantes ou amplexatiles.

Fleurs hermaphrodites ou unisexuelles, en général régulières.

Périanthe 6-sépale ou 6-fide (rarement 3-ou 4-ou 8-sépale), inadhérent (par exception adhérent), en général pétaloïde; sépales ou segments bisériés (excepté dans les espèces dont le périanthe est réduit à 3 sépales).

Étamines en même nombre que les sépales, antépositives, hypogynes, ou insérées au périanthe; dans quelques espèces les 3 étamines extérieures manquent. Anthères introrses ou rarement extrorses, 2-thèques. Pollen pulvérulent.

Pistil : Ovaire 3-loculaire (par exception 1-ou 2-ou 4-ou 8-loculaire), 1-style, ou 3-style, ou astyle; ovules en nombre défini ou en nombre indéfini, en général axiles. — Dans un certain nombre d'espèces le pistil se compose de 3 ovaires disjoints.

Péricarpe capsulaire, ou folliculaire, ou baccien.

Graines périspermées. Embryon intraire.

Cette classe comprend les *Dioscorées*, les *Smilacées*, les *Colchicacées*, et les *Asphodélées* (Liliacées et Asphodélées d'A. L. de Jussieu). Un grand nombre de ces végétaux se font remarquer par la beauté de leurs fleurs.

LES DIOSCORÉES. — *DIOSCOREÆ* R. Br.

Asparagorum genn. Juss. — *Dioscoreæ* R. Br. Prodr. p. 294. — Bartl. Ord. Nat. p. 53. — Endl. Gen. p. 157. — Ad. Brongn, Enum. p. XV et 22. *Tamneæ* Lois. Desl. Man. p. 551. — *Dioscorideæ* et *Tamideæ* Dumort. Fam. — *Dioscoreaceæ* Lindl. Nat. Syst. ed. 2, p. 359. — *Sarmentaceæ-Dioscoreæ* Reichb. Consp. p. 64. — *Sarmentaceæ-Dioscorineæ* (ex parte) Reichenb. Syst. Nat. p. 153.

La plupart des espèces de cette famille appartiennent à la zone équatoriale; plusieurs ont de l'importance comme plantes alimentaires; leurs fleurs, contrairement à ce qu'on observe chez la plupart des autres végétaux de la même classe, sont petites et peu apparentes.

CARACTÈRES DE LA FAMILLE.

Herbes vivaces, ou *arbustes*. *Racine* en général tubéreuse, parfois très-grosse. *Tige* volubile, en général rameuse.

Feuilles alternes (opposées dans quelques espèces), simples, pétiolées, palmatinervées, veineuses, réticulées, très-entières, ou denticulées, ou (rarement) palmatifides; pétiole souvent biglanduleux.

Fleurs petites, régulières, en général dioïques, disposées en grappes ou en épis axillaires.

Périanthe herbacé ou subpétaloïde, 6-sépale, 2-sérié, supère dans les fleurs-femelles.

Étamines (nulles dans les fleurs-femelles) 6, insérées à la base des sépales. Filets filiformes ou subulés, libres. Anthères ovées-subglobuleuses, suprabasifixes, introrses, 2-thèques; bourses opposées, contiguës, déhiscentes chacune par une fente longitudinale.

Pistil (nul dans les fleurs-mâles) : Ovaire infère, 3-style, 3-loculaire ; loges 1-ou 2-ovulées. Ovules anatropes, verticaux, superposés, attachés à l'angle interne des loges. Styles terminaux, disjoints, ou connés par la base, terminés chacun par un stigmate entier ou bilobé.

Péricarpe 3-loculaire (ou par avortement soit 1-soit 2-loculaire), en général membranacé (capsulaire ou indéhiscent), rarement baccien ; loges 1-ou 2-spermes.

Graines globuleuses ou comprimées, inarillées. Périsperme cartilagineux ou charnu. Embryon petit, subglobuleux, niché dans une fossette voisine du hile.

Cette famille comprend les genres suivants :

Ire TRIBU. **TAMIDÉES.** — *TAMIDEÆ* Dumort.

Fruit charnu.

Tamus Linn. (Tamnus Juss.) — *Oncus* Lour.

IIe TRIBU. **DIOSCORIDÉES.** — *DIOSCORIDEÆ*
Dumort.

Fruit membranacé.

Dioscorea Plum. (Testudinaria Salisb.) — *Rajania* Linn. (Jauraja Plum.)

GENRES VOISINS DES DIOSCORÉES.

Tacca Forst. — *Ataccia* Presl. (1). — *Herreria* Ruiz et Pav.

---

(1) M. Presl a établi sur ces deux genres une famille nouvelle : les *Taccées* (*Taccacées* Lindl. Endl. Blume.) — Ce petit groupe ne diffère essentiellement des Dioscorées que par l'ovaire, qui est 1-loculaire, à 3 placentaires pariétaux multi-ovulés.

Genre TAMINIER. — *Tamus* Linn.

Fleurs dioïques. Périanthe subpétaloïde, 6-parti, campaniforme dans les fleurs-femelles, étalé dans les fleurs-mâles. Étamines 6. Filets filiformes. Anthères subglobuleuses. Ovaire 5-loculaire, 5-gone, 1-style ; loges 2-ovulées ; ovules suspendus. Style trifide. Stigmate échancré. Baie 5-loculaire ou par avortement 1-loculaire, oligosperme. Graines subglobuleuses, aptères. — Herbes vivaces. Racine tubéreuse. Tiges volubiles, rameuses. Feuilles minces, longuement pétiolées, très-entières, veineuses, cordiformes ; pétiole en général biglanduleux à la base. Fleurs petites, jaunâtres, en grappes axillaires.

Taminier commun. — *Tamus communis* Linn. — Engl. Bot. tab. 91. — *Bryonia nigra* Blackw. Herb. tab. 457. — Racine de la grosseur du poing, d'un brun noirâtre en dehors, blanchâtre en dedans. Tiges grêles, faibles, longues de 4 à 8 pieds. Feuilles cordiformes-ovées, acuminées, glabres, luisantes, d'un vert gai. Grappes lâches, multiflores : les fructifères pendantes. Périanthe d'un jaune blanchâtre. Baies rouges, globuleuses, du volume d'un gros Pois. — Commun dans presque toute l'Europe, dans les buissons et les bois. Fleurit en mai et juin. (Noms vulgaires : *Herbe aux femmes battues, Racine-Vierge, Sceau de la Vierge, Sceau de Notre-Dame, Vigne noire, Tamier, Taminier.*) La racine, âcre et amère, a des propriétés drastiques; en médecine empirique, on lui attribue la propriété de résoudre le sang épanché, étant appliquée en cataplasmes sur les contusions.

Genre ONCUS. — *Oncus* Lour.

Fleurs hermaphrodites, 2-bractéolées à la base. Périanthe 6-sépale : sépales subulés. Étamines 6. Ovaire 6-sulqué, 5-style. Stigmates oblongs. Baie oblongue, 5-loculaire, polysperme. Graines subglobuleuses. — Arbuste volubile. Racine grosse, tubéreuse, fibreuse. Feuilles pétiolées, cordiformes, acuminées. Fleurs en épis terminaux. (*Loureiro.*) — Ce genre, fort imparfaitement connu, n'est fondé que sur l'espèce suivante.

ONCUS COMESTIBLE. — *Oncus esculentus* Loureir. Cochinch. — Tiges cylindriques, très-rameuses. Feuilles cordiformes-arrondies. Épi long, grêle, lâche. Fleurs petites, d'un blanc pâle. Périanthe pubescent, campaniforme. Sépales réfléchis au sommet. Étamines très-courtes. — Cette plante croît dans les forêts de la Cochinchine ; les habitants du pays en mangent le tubercule.

Genre IGNAME. — *Dioscorea* Plum.

Fleurs dioïques. Périanthe herbacé, 6-sépale, persistant dans les fleurs-femelles. Étamines 6 ; filets subulés ; anthères subglobuleuses. Ovaire 5-loculaire, trièdre; loges 2-ovulées. Styles 5, disjoints. Stigmates inapparents. Capsule membranacée, trièdre (angles très-saillants, aliformes), 3-loculaire, loculicide-trivalve ; loges 2-spermes. Graines aplaties, bordées d'une aile membraneuse.—Herbes vivaces, ou arbustes. Racine en général tubéreuse, grosse, charnue, farineuse. Tiges volubiles. Feuilles alternes ou opposées, pétiolées, veineuses, en général cordiformes ou hastées, le plus souvent très-entières (palmatifides dans quelques espèces). Fleurs en grappes ou en épis axillaires.

Plusieurs espèces de ce genre produisent les tubercules connus sous le nom d'*ignames*. Ces tubercules, étant cuits, constituent un aliment sain et agréable, assez analogue aux pommes de terre ; les habitants de la plupart des îles de la Polynésie, et ceux de beaucoup de contrées de l'Asie équatoriale, en font leur principale nourriture. La culture de cette denrée est aussi productive que facile, mais elle ne réussit que dans les climats tropicaux.

IGNAME AILÉE. — *Dioscorea alata* Linn. — Hort. Malab. 7,

tab. 58. — Tubercules gros, oblongs, bruns à la surface, blanchâtres à l'intérieur. Tiges herbacées, très-longues, subtétragones ; angles ailés : aile large, membraneuse, ondulée, spinelleuse dans le bas des tiges. Feuilles opposées (excepté les inférieures), longuement pétiolées, cordiformes-bilobées à la base
(lobes arrondis, incombants), ensiformes et pointues au sommet,
5-ou 7-nervées, glabres ; pétiole 5-ptère, amplexatile à la base.
Fleurs-mâles en épis paniculés. Fleurs-femelles en épis simples
ou rameux, lâches. Périanthe petit, verdâtre. (*Roxburgh, Flora
Indica,* ed. 2, vol. 5, p. 798.) — Présumée indigène de l'Inde.
C'est l'Igname la plus fréquemment cultivée dans toute l'Asie
équatoriale ; elle a été introduite en Afrique et en Amérique. La
culture de cette plante exige fort peu de soins ; il suffit de labou-
rer la terre au commencement de la saison des pluies, et d'y
introduire des tronçons de racines munis d'un bourgeon ; on
abandonne ensuite la plantation à la nature jusqu'à la saison
sèche, pendant laquelle on consomme les tubercules nouvelle-
ment formés.

Igname globuleuse.—*Dioscorea globosa* Roxb. Flor.Ind. ed.
2, vol. 5, p. 797.—Tubercules subglobuleux, souvent très-gros,
blancs en dedans. Tiges herbacées, très-longues, subhexagones,
ailées aux angles ; ailes spinelleuses dans le bas des tiges. Feuilles
opposées et alternes, longuement pétiolées, larges, sagittiformes,
pointues, ondulées, glabres, 5-ou 7-nervées ; pétiole 5-ptère. Épis
mâles simples ou rameux, longs, pendants, multiflores ; fleurs subverticillées. Épis-femelles simples, dressés, pauciflores. Fleurs
très-odorantes. (*Roxburgh, l. c. p.* 797.) —Fréquemment cultivée dans l'Inde, où l'on préfère ses tubercules à ceux de
l'*Igname commune.*

Igname rougeatre. — *Dioscorea rubella* Roxb. Flor. Ind.
ed. 2, vol. 5, p. 798. — Rumph. Amb. 5, tab. 121. — Tubercules rougeâtres à la surface (sous l'épiderme), oblongs, atteignant jusqu'à 5 pieds de long. Tiges herbacées, hexagones,
souvent marbrées de rouge ; angles légèrement ailés. Feuilles opposées, sagittiformes, cuspidées, glabres, 5-ou 7-nervées ; pétiole

long, pentaptère, amplexatile. Epis-mâles simples ou rameux,
solitaires ou fasciculés, plus courts que les feuilles, multiflores.
Épis-femelles plus longs que les feuilles, lâches, en général simples.
Fleurs petites, très-odorantes ; les femelles munies d'étamines
stériles. (*Roxburgh, l. c.*) — Cultivée dans l'Inde et aux Moluques ; ses tubercules sont moins estimés que ceux des deux espèces précédentes.

IGNAME POURPRE.— *Dioscorea purpurea* Roxb. l. c. p. 799.
— Tubercules oblongs, d'un pourpre plus ou moins vif à l'intérieur. Tiges suffrutescentes à la base, 6-ptères, ou aptères, parfois spinelleuses à la base. Feuilles opposées et alternes, cordiformes, cuspidées, 5-ou 7-nervées, glabres, luisantes, d'un vert
intense en dessus, d'un vert pâle en dessous ; pétiole long, ailé,
amplexatile à la base. Inflorescence comme dans l'espèce précédente. (*Roxburgh, l. c.*) — Fréquemment cultivée dans l'Inde ;
ses tubercules sont à peu près d'aussi bonne qualité que ceux du
Dioscorea alata.

IGNAME SPINELLEUSE. — *Dioscorea aculeata* Roxb. l. c.
p. 800. — Rumph. Amb. 5, tab. 126. — Tubercules oblongs-
elliptiques, blancs à l'intérieur. Tiges spinelleuses. Feuilles subréniformes, pointues, 5-ou 7-nervées. (*Roxburgh, l. c.*) — Indigène de l'Inde et des Moluques. Cette espèce n'est pas cultivée ;
toutefois ses tubercules, qui pèsent souvent 2 livres ou plus, sont
comestibles.

IGNAME A TUBERCULES FASCICULÉS. — *Dioscorea fasciculata*
Roxb. l. c. p. 804. — Tubercules nombreux, fasciculés, verticaux, blancs en dedans, de la forme et du volume d'un œuf de
poule, fixés à la base des tiges par un rétrécissement filiforme.
Tiges grêles, annuelles, cylindriques, garnies çà et là de petits
aiguillons, et d'une paire d'aiguillons sous l'insertion de chaque
pétiole. Feuilles alternes, longuement pétiolées, cordiformes-orbiculaires, pointues, 5-à 7-nervées, légèrement velues. (*Roxburgh, l. c.*) — Fréquemment cultivée aux environs de Calcutta,
où l'on extrait de la fécule de ses tubercules.

Igname à feuilles opposées. — *Dioscorea oppositifolia*
Willd. — Racine tubéreuse. Tiges grêles, cylindriques, annuelles. Feuilles cordiformes, ou ovées-lancéolées, pointues, ondulées, glabres, 5-à 7-nervées. Épis-mâles multiflores, paniculés.
Épis-femelles lâches, pauciflores. — Indigène de la côte dé Coromandel ; ses tubercules sont comestibles.

Igname du Japon. — *Dioscorea japonica* Thunb. Jap. —
Racine tubéreuse, comestible. Tige filiforme, anguleuse, glabre.
Feuilles opposées, cordiformes-oblongues, acuminées, 9-nervées ;
pétiole anguleux, presque aussi long que la lame. Épis solitaires
ou géminés, plus longs que les feuilles. (*Thunb. l. c.*) — Cultivée au Japon.

Igname à racine blanche. — *Dioscorea eburnea* Loureir.
Cochinch. — Tubercules verticaux, coniques, un peu courbés,
blanchâtres, longs de 2 à 5 pieds. Tiges ligneuses, très-longues ;
rameaux tétragones de même que les pétioles. Feuilles alternes,
glabres, cordiformes, 7-nervées. Grappes longues, simples, latérales. Capsule ovale-oblongue. (*Lour.*) — Cultivée en Cochinchine, où ses tubercules sont un aliment très-recherché.

Igname fétide.—*Dioscorea dæmona* Roxb. Flor. Ind. ed. 2,
vol. 5, p. 805. — Rumph. Amb. 5, tab. 127. — Racine bis-
annuelle, tubéreuse, subglobuleuse, irrégulièrement lobée, couverte d'un grand nombre de radicelles, et atteignant 1 pied de
diamètre. Tige annuelle, très-longue, cylindrique, armée de beaucoup d'aiguillons. Feuilles longuement pétiolées, trifoliolées :
folioles pubescentes étant jeunes, 5-ou 5-nervées, pointues, entières : la médiane cunéiforme-ovale ; les latérales subsemi-cordi-
formes ; les plus grandes atteignant 1 pied de long, sur 6 pouces
de large ; pétiole-commun spinelleux. Épis-mâles rameux, réclinés, longs de 6 à 18 pouces, parfois feuillés. Épis-femelles solitaires, pendants, lâches. Ovaire gros, trigone, velu. (*Roxburgh*,
l. c.) — Indigène des Moluques et de l'Inde. Au témoignage de
Roxburgh, sa racine a une saveur détestable.

Igname Pied-d'éléphant.—*Dioscorea elephantopus* Spreng.

Syst. — *Tamus elephantipes* L'hérit. Sert. — Bot. Mag. tab.
1547. — *Testudinaria elephantipes* Lindl. Bot. Reg. tab. 92.
— Souche courte, très-grosse, ovale, ligneuse, couverte de tubercules taillés à facettes. Tiges herbacées, annuelles, grêles.
Feuilles réniformes, mucronées. Fleurs petites, verdâtres. — Indigène du Cap de Bonne-Espérance. Cultivée dans les collections
de serre ; sa souche simule en quelque sorte un pied d'éléphant.

Genre TACCA. — *Tacca* Forst.

Fleurs hermaphrodites. Périanthe charnu, coloré, 6-par-
ti, persistant. Étamines 6. Filets larges, courts, cuculliformes au sommet. Anthères linéaires, adnées. Ovaire 1-lo-
culaire, infère, à 5 placentaires pariétaux, multi-ovulés,
lamelliformes. Ovules amphitropes (*Endl.*). Style court,
gros, trisulqué. Stigmate capitellé, 5-lobé : lobes échancrés. Baie 1-loculaire, polysperme. Graines ovoïdes, anguleuses ; tégument coriace, strié. — Herbes vivaces, glabres,
acaules. Racine tubéreuse, subglobuleuse. Feuilles radicales, longuement pétiolées, palmées, ou bipennatifides,
veineuses. Hampe simple, multiflore. Fleurs longuement
pédicellées, terminales, disposées en ombelle simple accompagnée d'une collerette foliacée. — Genre propre à la
zone équatoriale de l'ancien continent.

TACCA A FEUILLES PENNATIFIDES. —*Tacca pinnatifida* Willd.
— Gærtn. Fruct. 1, tab. 14, fig. 2. — Lodd. Bot. Cab. tab. 692.
— Rumph. Amb. 5, tab. 114. — Tubercule assez lisse, de la
grosseur d'une tête d'enfant. Feuilles longues et larges de 2 à 5
pieds, triparties : segments profondément 2-ou 3-fidés ; lobes
pennatifides, à bords ondulés ; pétiole cylindrique, légèrement
canaliculé, long de 1 pied à 5 pieds. Hampes cylindriques, lisses,
1 fois plus longues que les pétioles, dressées. Ombelle 10-à 40-
flore. Collerette de 6 à 12 folioles lancéolées, recourbées, élégamment veinées de pourpre. Fleurs longuement pédicellées, verdâtres, pendantes, entremêlées de longues bractées pendantes.
Périanthe subglobuleux : sépales courbés en dedans, obtus, rou-

geâtres au bord, alternativement plus larges et plus étroits. Étamines conniventes. Ovaire turbiné, hexagone, couronné de 5 grosses glandes poilues, convexes, rouges. Style court. Stigmate large, pelté, à 5 segments bilobés. Baie du volume d'un œuf de pigeon, jaune, subglobuleuse, 6-costée, couronnée des restes du périanthe. Graines d'un brun clair, ovées, ou elliptiques, longitudinalement sillonnées, enveloppées d'un arille pulpeux incolore; tégument double : l'externe spongieux ; l'interne membraneux, réticulé. Périsperme charnu. Embryon petit. — Cette espèce croît aux Moluques et dans la presqu'île de Malacca. Sa racine, bien que très-amère à l'état frais, fournit une excellente fécule dont il se fait une consommation alimentaire très-considérable dans les Indes. (*Roxburgh, Flora Indica,* ed. 2, vol. 2, p. 172.)

Il paraît que le *Tavoulou* des Madégasses, dont la racine sert aussi d'aliment, est une espèce du genre *Tacca*.

LES SMILACÉES. — *SMILACEÆ*.

Asparagi (ex parte) Juss. Gen. — *Asparagineæ* Juss. in Dict. des
Sciences Nat. vol. 3, p. 213. — *Smilaceæ* R. Br. Prodr. p. 292. —
Bartl. Ord. Nat. p. 52. — *Smilaceæ* et *Liliaceæ-Asparageæ* Endl.
Gen. — *Parideæ* et *Asparagineæ* Dumort. Fam. — *Smilaceæ, Liliaceæ-Asparageæ* et *Liliaceæ-Convallarineæ* Lindl. Nat. Syst. ed.
2.— *Sarmentaceæ-Smilaceæ* Reichenb. Consp. p. 64.— *Sarmentaceæ-Smilaceæ* et (ex parte) *Sarmentaceæ-Dioscorineæ* Reichenb.
Syst. Nat. p. 155. — *Asparagoideæ* et *Smilaceæ* Vent. Tabl. — *Liliaceæ-Asparageæ* Ad. Brongn. Enum. Gen. Hort. Par. p. XV et 17.

Cette famille, qui comprend la plupart des Asparagi-
nées d'A. L. de Jussieu, ne diffère guère des Asphodélées, auxquelles les réunissent aujourd'hui plusieurs auteurs. Il se trouve des Smilacées dans toutes les régions
du globe ; mais la plupart des espèces habitent l'Amérique ; plusieurs ont de l'importance à titre de plantes
médicinales ; d'autres sont remarquables par l'élégance
de leurs fleurs.

CARACTÈRES DE LA FAMILLE.

Herbes vivaces, ou *arbustes*. *Racine* fibreuse, ou tubéreuse, ou rampante. *Tige* cylindrique, ou anguleuse,
simple, ou rameuse, parfois sarmenteuse, en général
inarticulée.

Feuilles alternes ou verticillées, simples, pétiolées,
ou sessiles, très-entières, nerveuses, en général réticulées, rarement engaînantes par la base ; pétiole souvent
articulé à la base. Dans certaines espèces les feuilles
sont réduites à de petites écailles, et les ramules dilatés
de manière à simuler des feuilles.

Fleurs hermaphrodites, ou par avortement dioïques,
régulières, axillaires, ou terminales, solitaires, ou fas-

ciculées, ou en grappes. Pédicelles le plus souvent articulés, en général bractéolés.

Périanthe pétaloïde ou herbacé (parfois glumacé), persistant, ou caduc, inadhérent, 6-sépale, ou plus ou moins profondément 6-fide, rarement 4-ou 8-sépale; sépales ou segments bisériés.

Étamines hypogynes ou insérées à la base des sépales, isomères, antépositives. Filets libres, ou monadelphes vers leur base. Anthères basifixes ou supra-basifixes, introrses (par exception extrorses), adnées, ou versatiles, dithèques; bourses parallèles, contiguës, déhiscentes chacune par une fente longitudinale; connectif en général inapparent.

Pistil : Ovaire inadhérent, 3-loculaire (parfois 2-ou 4-loculaire), ou par avortement 1-loculaire, en général 1-style, moins souvent 3-style, parfois 2-ou 4-style; loges en général pauci-ovulées, rarement 1-ou multi-ovulées; ovules atropes, ou anatropes, ou amphitropes, 1-ou 2-sériés, attachés à l'angle interne des loges. Stigmates entiers, terminaux.

Péricarpe charnu, indéhiscent, en général 3-loculaire, parfois 1-2-ou 4-loculaire; loges 1-spermes ou oligospermes.

Graines subglobuleuses; tégument en général membranacé. Périsperme charnu ou cartilagineux. Embryon petit, intraire, rectiligne, niché dans une cavité du périsperme en général située au voisinage du hile.

La famille des *Smilacées* comprend les genres suivants :

Iʳᵉ TRIBU. **ASPARAGÉES. —** *ASPARAGEÆ* Bartl.

Ovaire 1-style.

Convallaria Linn. — *Polygonatum* Tourn. (Axilla-

ria Rafin.) — *Maianthemum* Wigg. (Unifolium Hall.
Evallaria Neck. Bifolium Flor. Wetter. Sciophila Hall.
Styrandra Rafin.) — *Smilacina* Desf. (Sigillaria Rafin.
Tovaria Neck.) — *Clintonia* Rafin. — *Drymophila* R.
Br. — *Dianella* Lam. — *Geitonoplesium* Cunningh.
(Luzuriaga R. Br. non Ruiz et Pav.)— *Cordyline* Com-
mers. (Charlwoodia Sweet.) — *Dracœna* Linn. (Stœr-
kia et Œdera Crantz. Tætsia Medic.) — *Sanseviera*
Thunb. (Acyntha Commel. Salmia Cavan.) — *Aspidis-*
tra Ker. (Macrogyne Link et Otto.) — *Tupistra* Ker.
— *Rohdea* Roth. — *Asparagus* Linn.—*Ruscus* Tourn.
— *Danae* Medic. (Danaida Link.) — *Callixene* Com-
mers. (Enargea Soland.) — *Luzuriaga* Ruiz et Pav. —
Ripogonum Forst.—*Smilax* Tourn.— *Lapageria* Ruiz
et Pav. — *Philesia* Commers.

IIᵉ TRIBU. **PARIDÉES.** — *PARIDEÆ* Bartl.

Ovaire 3-à 5-style.

Myrsiphyllum Willd. — *Medeola* Linn. (Gyromia
Nutt.) — *Trillium* Mill. (Phyllantherum, Trillium et
Delostylis Rafin.) — *Paris* Linn. — *Demidowia* Hoffm.
— Genre voisin des Paridées : *Roxburghia* Jones (1).

GROUPE VOISIN DES SMILACÉES : **OPHIOPOGONÉES.** — *OPHIOPOGONEÆ* Endl.

Ovaire adné au tube du périanthe.

Ophiopogon Hort. Kew. (Fluggea Rich. Slateria
Desv. Polygonastrum Mœnch. Liriope Loureir. Sanseviella Reichenb.) — *Bulbospermum* Blum.—*Peliosan-*
thes Andr. (Teta Roxb.)

---

(1) M. Lindley établit sur ce genre sa famille des *Roxburghiacées*,
dans laquelle il place aussi les genres *Philesia* et *Lapageria*.

Genre MUGUET. — *Convallaria* Linn.

Fleurs hermaphrodites, régulières. Périanthe pétaloïde, caduc, campanulé, 6-fide : lobes recourbés. Étamines 6, insérées à la base du périanthe, incluses. Filets libres, dressés, filiformes. Anthères supra-basifixes, subsagitti- formes, sans connectif. Ovaire non-stipité, ovoïde, 3-locu- laire ; loges 2-ovulées ; ovules superposés, horizontaux, atropes (*Endl.*). Style court, columnaire. Stigmate petit, obtus, subtrigone, papilleux. Baie globuleuse, charnue, 3-loculaire, oligosperme. Graines subglobuleuses, plus ou moins anguleuses, lisses ; tégument blanchâtre, membra- nacé. — Herbe vivace, acaule. Rhizome rampant. Feuilles radicales, subgéminées, elliptiques, nerveuses, pétiolées ; pétiole engaînant. Hampe simple, pluriflore. Fleurs blan ches, odorantes, penchées, disposées en grappe unilaté- rale ; pédicelles 1-bractéolés à la base ; bractées membra- neuses. — L'espèce suivante constitue à elle seule le genre.

Muguet de mai. — *Convallaria majalis* Linn. — Blackw. Herb. tab. 70. — Flor. Dan. tab. 854. — Engl. Bot. tab. 1035. — Bull. Herb. tab. 219. — Rhizome grêle, blanchâtre, stoloni- fère, écailleux, garni de longues radicelles rameuses. Feuilles dressées, minces, glabres, acuminées aux 2 bouts, d'un vert glauque en dessus, d'un vert gai en dessous ; pétioles longs, recouverts jusqu'au milieu de plusieurs gaînes membraneuses, tubuleuses, obliquement tronquées au sommet. Hampe en général solitaire, un peu plus courte que les feuilles, latérale, semi- cylindrique, grêle, glabre, dressée. Grappe 6-à 15-flore, un peu lâche. Pédicelles réclinés, plus longs que le périanthe. Bractées linéaires-lancéolées, la plupart plus courtes que les pédicelles. Périanthe d'un blanc pur (rose dans une variété de culture) : lobes courts, ovés, pointus. Baie rouge, du volume d'un gros Pois. — Commun dans les bois. Fleurit en mai. Fréquemment

cultivé comme plante d'agrément. (Vulgairement : *Muguet,
Muguet de mai, Lis de mai, Lis des vallées*.) L'eau distillée
des fleurs de Muguet était jadis préconisée comme antispasmodique. La racine et les fleurs, réduites en poudre, sont sternuta-
toires ; on leur attribue aussi des propriétés émétiques.

Genre SCEAU DE SALOMON. — *Polygonatum* Tourn.

Fleurs hermaphrodites, régulières. Périanthe tubuleux,
pétaloïde, caduc, 6-fide ; lobes dressés ou presque dressés, en général courts. Étamines 6, insérées vers le milieu
du périanthe, incluses. Filets libres, filiformes, dressés.
Anthères cordiformes-oblongues, supra-basifixes, sans connectif. Ovaire ovoïde, non-stipité, 5-loculaire, 5-gone ;
loges 2-ovulées ; ovules horizontaux, superposés, atropes
(*Endl.*). Style filiforme, trigone. Stigmate petit, obtus, trigone, papilleux. Baie charnue, globuleuse, 5-loculaire,
oligosperme. Graines subglobuleuses, plus ou moins anguleuses, lisses ; tégument blanchâtre, membraneux. —
Herbes vivaces. Rhizome rampant, noueux, charnu. Tige
simple, feuillue. Feuilles alternes, ou opposées, ou verticillées, sessiles, ou amplexatiles, nerveuses. Pédoncules
1-flores ou pauciflores, axillaires, penchés. Fleurs blanches ou verdâtres, pendantes, inodores. — Les espèces
suivantes se cultivent comme plantes d'agrément.

A. *Feuilles verticillées.*

SCEAU DE SALOMON VERTICILLÉ. — *Polygonatum verticilla-
tum* Mœnch, Meth. — *Convallaria verticillata* Linn.—Flor.
Dan. tab. 86. — Engl. Bot. tab. 128. — Redout. Lil. tab. 244.
—Tige haute de $^1/_2$ pied à 2 pieds, glabre, dressée, grêle, anguleuse. Verticilles 5-à 7-phylles. Feuilles linéaires ou linéaires-
lancéolées, acuminées, glauques en dessous, sessiles, plus longues
que les entre-nœuds. Pédoncules 2-ou 5-flores, courts. Périanthe
d'un blanc mat, long de 5 lignes, vert au sommet ; lobes barbus
en dessus. Baie bleue.— Croît dans les bois des montagnes ; fleurit en mai et juin.

B. *Feuilles alternes.*

SCEAU DE SALOMON ANGULEUX. — *Polygonatum anceps* Mœnch, Meth. — *Polygonatum vulgare* Redout. Lil. tab. 258. — *Convallaria Polygonatum* Linn. — Flor. Dan. tab. 577.—Engl. Bot. tab. 280.—Glabre. Tige anguleuse. Feuilles ovées-oblongues ou elliptiques, subobtuses, amplexatiles. Pédoncules 1-ou 2-flores. Étamines glabres. (*Mert. et Koch.*) — Rhizome blanchâtre, de la grosseur du doigt, garni de radicelles filiformes. Tige solitaire, dressée, haute de 1 pied à 1 ¹/₂ pied, un peu inclinée au sommet, fortement sillonnée dans le haut, flexueuse. Feuilles distiques, dressées, d'un vert gai en dessus, d'un vert glauque en dessous. Pédoncules courts, nus, unilatéraux. Périanthe long d'environ 9 lignes, cylindracé, blanc, luisant, à sommet vert ; lobes courts, ovés, obtus, légèrement barbus au sommet : les 5 extérieurs droits, les 5 intérieurs un peu recourbés. Baie bleue. — Commun dans les bois; fleurit en mai et juin. (Vulgairement : *Sceau de Salomon, Signet, Genouillet, Muguet anguleux.*) Le rhizome est astringent.

SCEAU DE SALOMON MULTIFLORE. — *Polygonatum multiflorum* Mœnch, Meth. — Redout. Lil. tab. 129. — Engl. Bot. tab. 279. — Flor. Dan. tab. 192. — Glabre. Tige cylindrique. Feuilles ovées-oblongues ou elliptiques, subobtuses, amplexatiles. Pédoncules 3-à 5-flores. Étamines velues. (*Mert. et Koch.*) — Plante plus grande que l'espèce précédente. Fleurs plus grêles, longues de 6 à 8 lignes. Baie bleue. — Commun dans les bois; fleurit en mai et juin.

SCEAU DE SALOMON A LARGES FEUILLES. — *Polygonatum latifolium* Redout. Lil. tab. 245. — *Convallaria latifolia* Jacq. Flor. Austr. tab. 252. — Tige anguleuse. Feuilles ovées, acuminées, courtement pétiolées, pubescentes en dessous aux nervures. Pédoncules 1-à 4-flores, pubescents. Étamines glabres. (*Mert. et Koch.*) — Plante semblable à l'espèce précédente par le port. Fleurs comme celles du *Polygonatum anceps.* — Indigène d'Autriche.

Genre MAÏANTHÈME. — *Maianthemum* Wigg.

Fleurs hermaphrodites, régulières. Périanthe pétaloïde, rotacé, 4-parti, caduc ; segments étalés, subrévolutés. Étamines 4, insérées à la base des segments du périanthe. Filets libres, filiformes, divergents, un peu plus courts que le périanthe. Anthères cordiformes-ovées, supra-basifixes, sans connectif. Ovaire ovoïde, non-stipité, 2-loculaire ; loges 1- ou 2-ovulées ; ovules horizontaux, atropes. Style court, columnaire. Stigmate petit, obtus, entier, papilleux. Baie subglobuleuse, succulente, 1-ou 2-sperme. Graines subglobuleuses, plus ou moins anguleuses, lisses ; tégument membranacé, blanchâtre. —Herbes vivaces, sans feuilles radicales. Tige simple, dressée, 2-ou 5-phylle dans le haut, nue inférieurement. Feuilles alternes, pétiolées, cordiformes, nerveuses. Fleurs petites, blanches, dressées, en grappe terminale. Pédicelles ébractéolés.

MAÏANTHÈME A DEUX FEUILLES. — *Maianthemum bifolium* Redout. Lil. tab. 216, fig. 1. — *Maianthemum Convallaria* Wigg. — *Maianthemum cordifolium* Mœnch, Meth. — *Convallaria bifolia* Linn. — Flor. Dan. tab. 291. — Bot. Mag. tab. 510. — Rhizome filiforme, blanchâtre, rameux, noueux, écailleux. Tige haute de $^1/_2$ pied ou plus, grêle, dressée, anguleuse, ponctuée de roux, flexueuse au sommet, munie à la base de 2 ou 5 écailles membraneuses. Feuilles cordiformes-ovées, acuminées, très-entières, finement réticulées, glabres ; pétiole long de 5 à 6 lignes. Grappe assez dense, dressée, longue de 1 pouce. Pédicelles filiformes, en général géminés ou ternés. Fleurs très-petites. Sépales ovés-oblongs, obtus. Baie rouge. — Croît dans les bois humides. Cultivé comme plante d'agrément.

Genre SMILACINE. — *Smilacina* Desfont.

Fleurs hermaphrodites, régulières. Périanthe pétaloïde, caduc, rotacé, 6-parti ; segments étalés. Étamines insérées à la base du périanthe. Filets filiformes, libres. Anthères ovées, supra-basifixes, sans connectif. Ovaire ovoïde, non-stipité, 5-loculaire; loges 1-ou 2-ovulées; ovules horizontaux, atropes. Style court, columnaire. Stigmate petit, obtus, légèrement 5-lobé. Baie globuleuse, pulpeuse, 1-ou 2-sperme. Graines subglobuleuses, lisses; tégument membranacé, blanchâtre.—Herbes vivaces. Rhizome rampant. Tige simple, feuillue. Feuilles alternes, sessiles, nerveuses. Fleurs petites, blanches, dressées, disposées en grappe terminale rameuse.

SMILACINE A GRAPPES. — *Smilacina racemosa* Desfont. — Redout. Lil. tab. 250. — *Convallaria racemosa* Linn. — Bot. Mag. tab. 899. — *Maianthemum racemosum* Link. — Tige haute de 1 pied à 2 pieds, dressée, flexueuse. Feuilles oblongues ou ovales, acuminées, pubescentes. Grappes denses, multiflores. —Indigène de l'Amérique septentrionale. Cultivée comme plante d'agrément.

Genre DIANELLE. — *Dianella* Lam.

Fleurs hermaphrodites, régulières. Périanthe pétaloïde, 6-parti, étalé. Étamines 6, insérées au fond du périanthe. Filets courbés, épaissis au sommet. Anthères linéaires, basifixes. Ovaire 5-loculaire; loges multi-ovulées; ovules anatropes. Style filiforme. Stigmate simple. Baie globuleuse, polysperme. Graines ovales; tégument noir, luisant, crustacé. — Herbes vivaces. Racine fibreuse. Feuilles longues, linéaires, demi-engaînantes à la base. Fleurs en général bleues, disposées en panicule terminale. Pédicelles penchés, articulés au sommet, 1-bractéolés latéralement. — Genre de l'Asie équatoriale et de la Nouvelle-Hollande; les espèces suivantes se cultivent comme plantes d'ornement de serre.

DIANELLE BLEUE. — *Dianella cœrulea* Curt. Bot. Mag. tab. 505. — Redout. Lil. tab. 79. — Tige tortueuse, haute de 2 à 3 pieds. Feuilles distiques, linéaires-ensiformes, carénées, denticulées au bord et sur la carène. Panicule lâche. Fleurs d'un beau bleu. — Indigène de la Nouvelle-Hollande.

DIANELLE A LONGUES FEUILLES. — *Dianella longifolia* R. Br. — Bot. Reg. tab. 754. — Feuilles linéaires-ensiformes, très-entières, larges de ½ pouce. Fleurs bleues.

Genre DRAGONIER. — *Dracœna* Vandell.

Fleurs hermaphrodites, régulières. Périanthe pétaloïde, 6-parti, caduc ; segments subrévolutés. Étamines 6, insérées au fond du périanthe. Filets libres, épaissis au milieu. Anthères versatiles, bifides à la base. Ovaire 5-loculaire, stipité. Style anguleux. Stigmate 5-fide. Baie globuleuse, 6-sulquée, 5-loculaire ou par avortement 1-loculaire ; loges 1-spermes. —Arbres ou arbrisseaux d'un port très-élégant. Tige simple ou dichotome. Feuilles touffues, terminales, linéaires-lancéolées, ou lancéolées, en général terminées en pointe spinescente. Fleurs en panicules terminales. Pédicelles articulés au-dessous du sommet, 2-ou 5-bractéolés à la base. — Genre de la zone équatoriale de l'ancien continent.

DRAGONIER GIGANTESQUE. — *Dracœna Draco* Linn. — Blackw. Herb. tab. 358. — Berthelot, in Nov. Act. Nat. Cur. vol. 15, tab. 55 ad 59. — *Stœrkia Draco* Crantz, Diss. p. 50, fig. 1 et 2. — *OEdera dragonalis* Crantz, l. c. fig. 5. — Arbre d'une croissance très-lente, susceptible d'acquérir avec l'âge une grosseur énorme. Tronc divisé au sommet en un grand nombre de branches dichotomes. Feuilles longues de 1 ½ pied, larges de 1 pouce, étalées ou réfléchies, planes, linéaires-lancéolées, sessiles, terminées en pointe piquante. Panicule ample, dense. Fleurs petites, blanchâtres. Baie jaunâtre, de la grosseur d'une petite Cerise. — Indigène des Canaries et de Madère. (On le dit originaire de l'Inde ; cependant Roxburgh n'en fait pas mention dans sa Flore.) — Il paraît que cet arbre est du nombre des végétaux qui produisent la gomme-résine connue dans le commerce sous le nom de *sang-dragon*.

Dragonier a feuilles réfléchies. — *Dracœna reflexa* Lamk. Enc. — Redout. Lil. tab. 92. — Tronc simple, droit, cassant. Feuilles planes, linéaires-lancéolées, acuminées, longues de 5 à 7 pouces, larges de $^1/_2$ pouce; les adultes rabattues sur le tronc. Fleurs odorantes, d'un blanc jaunâtre, longues d'environ 6 lignes. Baies d'un jaune orange. — Indigène de Madagascar. Cultivé dans les collections de serre. Au témoignage de Commerson, les fleurs ont des propriétés emménagogues très-puissantes.

Dragonier pourpre. — *Dracœna terminalis* Linn. — Redout. Lil. tab. 91. — Lodd. Bot. Cab. tab. 1224. — *Aletris chinensis* Lamk. Dict. — Tige haute de 8 à 12 pieds. Feuilles grandes, pétiolées, lancéolées, minces, en général de couleur pourpre. Panicule composée de grappes lâches, rameuses, étalées. Fleurs assez grandes, blanches. — Indigène de l'Inde, où on le cultive dans les jardins, à cause de l'élégance de son feuillage. Sa racine est employée par les Javanais comme antidyssentérique.

Dragonier ferrugineux. — *Dracœna ferrea* Linn. — Bot. Mag. tab. 2055. — *Terminalis rubra* Rumph. Amb. 4, tab. 54, fig. 2. — Arbuste haut de 6 à 10 pieds. Tige dressée, atteignant la grosseur du poing d'un homme, divisée en un petit nombre de branches dressées. Feuilles longues de 1 pied à 2 pieds, subdistiques, pétiolées, lancéolées, d'un pourpre violet; pétiole long de 5 à 6 pouces, amplexatile, concave. Panicule composée de grappes étalées, en général simples. Fleurs courtement pédicellées, horizontales, d'un pourpre pâle, 5-bractéolées. Bractées triangulaires, pointues. Tube du périanthe court, légèrement gibbeux; segments oblongs, étalés : les 5 extérieurs d'un rouge plus foncé. Étamines plus courtes que le périanthe. Ovaire à loges multi-ovulées. (*Roxburgh, Flora Indica.*) — Indigène des Moluques.

Dragonier a feuilles marginées. — *Dracœna marginata* Lam. Enc. — Tronc grêle, nu, grisâtre. Feuilles touffues, pourpres au bord, planes, étroites, pointues, ponctuées de blanc, engaînantes à la base; gaîne courte, blanche. — Indigène de Madagascar.

DRAGONIER PARASOL. — *Dracæna umbraculifera* Jacq. Hort. Schœnbr. 1, tab. 95.—Lodd. Bot. Cab. tab. 289.— Tronc droit. Feuilles longues de 5 pieds, touffues, étalées en parasol, linéaires-lancéolées, sessiles. Panicule courte, dense, multiflore. Périanthe long de 15 lignes, courtement lobé, pourpre en dehors, blanc en dedans. — Indigène de Madagascar.

DRAGONIER ODORANT. — *Dracæna fragrans* Gawl. Bot. Mag. tab. 1084. — *Aletris fragrans* Linn. — Andr. Bot. Rep. tab. 506. — Redout. Lil. tab. 117.— Tronc droit, cylindrique, haut de 8 à 10 pieds. Feuilles longues, touffues, lancéolées, amplexatiles, réfléchies. Fleurs blanchâtres, très-odorantes. — Indigène de l'Afrique australe.

DRAGONIER A FEUILLES ÉTROITES. — *Dracæna angustifolia* Roxb. Flor. Ind. — *Terminalis angustifolia* Rumph. Amb. 4, tab. 55. — Arbrisseau rameux, haut de 8 à 10 pieds. Tronc grêle, dressé. Feuilles longues de 12 à 15 pouces, larges de 2 pouces, linéaires, pointues, réclinées, lisses. Panicule ovale, très-rameuse: ramules ascendants. Fleurs fasciculées, d'un blanc verdâtre. Bractées petites. Périanthe subcylindracé, fendu jusqu'au milieu; segments linéaires, révolutés. Baie pulpeuse, 1-à 5-coque, d'un orange foncé ; coques du volume d'un gros Pois. Graines globuleuses. (*Roxb. l. c.*) — Indigène des Moluques.

DRAGONIER MACULÉ. — *Dracæna maculata* Roxb. Flor. Ind. — Arbuste touffu, haut de 3 à 4 pieds. Tiges grêles, subdécombantes, médiocrement rameuses. Feuilles longues de 4 à 8 pouces, larges de 1 pouce à 3 pouces, lancéolées-oblongues, marbrées de taches jaunes. Panicules lâches. Fleurs éparses, assez grandes, d'un jaune verdâtre. Bractées solitaires, ensiformes. Périanthe à tube gibbeux ; segments linéaires, de la longueur du tube. Ovaire à loges 1-ovulées. (*Roxb. l. c.*) — Indigène de Sumatra.

Genre SANSÉVIÈRE. — *Sanseviera* Thunb.

Fleurs hermaphrodites, régulières. Périanthe pétaloïde, infondibuliforme, 6-fide ; tube allongé, presque droit ; segments étalés ou révolutés. Étamines 6, insérées à la gorge du périanthe ; filets libres, filiformes. Ovaire 5-loculaire ; loges 1-ovulées. Style filiforme. Stigmate obtus, légèrement 5-lobé. Baie 5-loculaire, 5-sperme, ou par avortement 1-loculaire et 1-sperme. — Herbes vivaces, acaules. Rhizome charnu, rampant. Hampe simple, écailleuse, multiflore. Feuilles radicales, touffues, étroites, charnues, équitantes, très-entières, souvent maculées. Fleurs terminales, odorantes, disposées en grappe ou en thyrse. — Genre de la zone équatoriale, et de l'Afrique australe ; les espèces suivantes se cultivent comme plantes d'agrément.

SANSÉVIÈRE DE CEYLAN. — *Sanseviera zeylanica* Willd. — Roxb. Corom. 2, tab. 184. — Bot. Reg. tab. 160. — *Aletris hyacinthoides :* α, Linn. — *Aletris zeylanica* Mill. — Rhizome de la grosseur du petit doigt. Feuilles linéaires, concaves, cuspidées, semi-cylindriques, panachées de plusieurs nuances de vert ; les extérieures plus courtes, plus larges, presque étalées ; les intérieures presque dressées, longues de 1 pied à 4 pieds. Hampes longues de 1 pied à 2 pieds (y compris la grappe), dressées, cylindriques, lisses, grêles, garnies dans leur moitié supérieure d'écailles engaînantes. Fleurs de grandeur médiocre, d'un blanc verdâtre, dressées, fasciculées au nombre de 4 à 6 sur des saillies du rachis ; fascicules disposés en grappe. Pédicelles courts, claviformes, ascendants. Périanthe fendu jusqu'au milieu ; segments presque linéaires, de la longueur des filets. Anthères linéaires-oblongues, semi-bifides. Style aussi long que les étamines. Stigmate claviforme, trigone. Baies nutantes, 1-à 5-coques ; coques globuleuses ou subglobuleuses, lisses, de couleur orange, du volume d'un Pois. Graines globuleuses. (*Roxb.*) — Cette plante est commune dans l'Inde. Ses feuilles contiennent beaucoup de fibres blanches et très-tenaces, dont les Hindous se servent pour faire des cordes à arc. Roxburgh assure que cette filasse est très-supérieure au chanvre.

SANSÉVIÈRE DE GUINÉE. — *Sanseviera guineensis* Willd. — Bot. Mag. tab. 1180. — *Aletris guineensis* Jacq. Hort. Schœnbr. 1, tab. 84.— *Acyntha guineensis* Medic. — Feuilles longues de 2 à 5 pieds, larges de 4 pouces, droites, planes, d'un vert foncé, marbrées de blanc, lancéolées, pointues. Hampe cylindrique, d'un vert bleuâtre, à peu près aussi longue que les feuilles, garnie d'écailles engaînantes, membraneuses, pointues. Fleurs subsessiles, fasciculées au nombre de 5 ou 4 ; fascicules disposés en grappe lâche. Périanthe long d'environ 1 1/2 pouce ; segments longs, linéaires, blancs, révolutés. Bractées plus courtes que le tube du périanthe. Style 4 fois plus long que les étamines.

SANSÉVIÈRE CARNÉE. — *Sanseviera carnea* Andr. Bot. Rep. tab. 561.—*Sanseviera sessiliflora* Gawl. Bot. Mag. tab. 759.— *Sanseviella carnea* Reichenb.—*Sanseviera sarmentosa* Jacq. —Feuilles distiques, lanceolées-linéaires, canaliculées, carénées. Hampe haute de 5 à 6 pouces, dressée, plus courte que les feuilles, rougeâtre. Fleurs d'un blanc rosé, éparses, sub-essiles, de grandeur médiocre, disposées en grappe spiciforme. Bractées d'un brun rougeâtre. — Indigène de Chine.

Genre ASPERGE. — *Asparagus* Linn.

Fleurs hermaphrodites ou dioïques, régulières. Périanthe subpétaloïde, campanulé, 6 parti ; segments étalés au sommet : les intérieurs plus larges. Étamines 6, insérées au fond du périanthe, incluses. Filets subulés, monadelphes à la base, adnés presque jusqu'au sommet au périanthe. Anthères (stériles dans les fleurs-femelles) oblongues, basifixes, dressées, sans connectif apparent. Ovaire (abortif dans les fleurs-mâles) non stipité, 3-loculaire, 5-gone ; loges 2-ovulées. Ovules superposés, amphitropes (*Endl.*). Style court, columnaire, 5-sulqué. Stigmate trilobé. Baie globuleuse, charnue, 5-loculaire, 6-sperme. Graines subglobuleuses, anguleuses, peltées ; tégument noir, crustacé. — Herbes vivaces, ou arbustes. Tiges très-rameuses, souvent garnies d'aiguillons. Feuilles linéaires ou sétacées, petites, fasciculées. Fleurs solitaires, ou fasciculées, ou en grappes, axillaires, peu apparentes. Pédicelles articulés vers le milieu. — Genre propre à l'ancien continent.

ASPERGE OFFICINALE. — *Asparagus officinalis* Linn. — Blackw. Herb. tab. 552. — Engl. Bot. tab. 559. — Flor. Dan. tab. 805. — Herbe vivace, glabre, inerme. Racine fasciculée ; radicelles longues, cylindriques, blanchâtres. Tiges en général 2 ou 5, hautes de 2 à 4 pieds, dressées, très-rameuses, cylindriques ; rameaux étalés ou ascendants, grêles, paniculés, nus dans le bas. Feuilles fasciculées au nombre de 2 à 9, sétacées, cylindriques, molles, longues d'environ 6 lignes ; chaque fascicule accompagné d'une écaille ovée, courte, membraneuse, gibbeuse à la base. Fleurs géminées aux aisselles des écailles qui accompagnent la base des ramules, longuement pédicellées, pendantes, dioïques, d'un jaune verdâtre : les mâles de moitié plus grandes que les femelles. Sépales lancéolés-oblongs, subobtus. Anthères plus longues que la partie inadhérente du filet. Baie du volume d'un gros Pois, rouge. — Indigène et fréquemment cultivée ; les jeunes pousses et les racines sont apéritives et diurétiques. — Bien que cette espèce soit la seule qu'on cultive à titre de plante potagère, les jeunes pousses de la plupart de ses congénères sont de même comestibles.

Genre FRAGON. — *Ruscus* Tourn.

Fleurs dioïques, régulières. — *Fleurs-mâles* : Périanthe subpétaloïde, rotacé, 6-parti, persistant ; sépales intérieurs plus petits, recouverts en préfloraison par les sépales externes. Étamines 5, syngénèses, monadelphes, hypogynes.

Androphore tubuleux, ventru, un peu charnu. Anthères adnées au sommet de l'androphore, cordiformes-orbiculaires, sans connectif, déhiscentes par une fente périphérique ; bourses confluentes au sommet, divergentes et disjointes inférieurement. Pistil abortif. — *Fleurs-femelles :* Périanthe comme celui des fleurs-mâles. Étamines réduites à l'androphore (engaînant l'ovaire) dépourvu d'anthères. Ovaire 5-loculaire, 1-style, ou astyle, 5-loculaire ; loges 2-ovulées. Ovules amphitropes (*Endl.*). Style très-court, ou nul. Stigmate tronqué, ou capitellé. Baie charnue, globuleuse, en général par avortement 1-loculaire et 1-sperme. Graine subglobuleuse ; tégument blanchâtre, membraneux; hile grand, coloré. Embryon minime, antitrope, éloigné du hile. — Arbustes en général bas et touffus. Tiges anguleuses. Feuilles alternes-distiques, subsessiles, coriaces, persistantes, larges, planes, très-entières, nerveuses, plus ou moins réticulées, accompagnées d'une stipule membraneuse, semi-amplexatile, petite, infra-pétiolaire ; pétiole court, dilaté, non-engaînant, articulé à sa base. Fleurs petites, verdâtres, pédicellées, fasciculées, penchées, naissant à la face inférieure des feuilles (sur la côte médiane), ou au bord des feuilles; fascicules solitaires sur chaque feuille, accompagnés d'une bractée scarieuse ou foliacée; pédicelles articulés au sommet, bractéolés à la base : bractéoles tubuleuses, membranacées, scarieuses, engaînantes, souvent incisées.

A. *Fleurs naissant à la surface inférieure des feuilles ; fascicule accompagné d'une bractée petite, scarieuse, membraneuse.*

Fragon piquant. — *Ruscus aculeatus* Linn. — Bull. Herb. tab. 245. — Engl. Bot. tab. 560. — Tiges rameuses. Feuilles elliptiques, ou lancéolées-elliptiques, ou ovées, acuminées, aristées, piquantes, très-roides ; pétiole tordu. — Sous-arbrisseau haut de 2 à 4 pieds. Racine rampante, blanchâtre. Tiges vertes, roides, anguleuses et striées de même que les rameaux, droites, nues dans le bas ; rameaux simples, rapprochés , plus ou moins divergents. Feuilles luisantes, d'un vert gai, multinervées, rapprochées, étalées, ou presque étalées, longues de ¹/₂ pouce à 1 pouce. Fleurs très-petites, courtement pédicellées, d'un blanc verdâtre, insérées au-dessous du milieu des feuilles. Drupe rouge , du volume d'une petite Cerise. — Indigène de France et des contrées plus méridionales de l'Europe. Fleurit au printemps. Cultivé comme arbuste d'ornement. La racine est âcre et amère ; sa décoction s'emploie comme diurétique et apéritive. Les jeunes pousses sont comestibles. (Vulgairement : *Houx-Frelon ; Housson ; Petit-Houx ; Buis piquant ; Myrte épineux.*)

FRAGON HYPOPHYLLE.— *Ruscus Hypophyllum* Linn.— Dill. Hort. Elth. tab. 251, fig. 525. — Bot. Mag. tab. 2049. — Blackw. Herb. tab. 194.— Tiges simples. Feuilles ovées ou elliptiques, acuminées-cuspidées, mutiques; les inférieures en général verticillées ; pétiole droit. — Tiges droites, striées, hautes de 1 pied à 2 pieds, nues dans le bas, feuillues dans le haut. Feuilles longues de 1 ¹/₂ pouce à 2 pouces, luisantes, d'un beau vert. Fleurs petites, verdâtres, insérées vers le milieu des feuilles.— Indigène d'Italie. Cultivé comme arbuste d'ornement. (Vulgairement : *Laurier-Alexandrin.*)

B. *Fleurs naissant à la surface supérieure des feuilles ; fascicule accompagné d'une bractée foliacée, coriace, liguliforme, plus longue que les pédicelles.*

FRAGON HYPOGLOSSE. — *Ruscus Hypoglossum* Linn. — Blackw. Herb. tab. 128. — Feuilles lancéolées ou lancéolées-oblongues, acuminées, mutiques ; les inférieures en général verticillées-ternées ; pétiole non-tordu. Tiges simples. — Tiges hautes de 1 pied à 2 pieds, simples, dressées, plus ou moins flexueuses, striées, nues dans le bas, feuillues dans le haut. Feuilles longues de 2 à 3 pouces. Fleurs insérées vers le milieu de la feuille. — Indigène de l'Europe méridionale. Cultivé comme arbuste d'ornement.

C. *Fleurs naissant dans un sinus du bord des feuilles.*

FRAGON ANDROGYNE. — *Ruscus androgynus* Linn. — Dill. Hort. Elth. tab. 255, fig. 522. — Bot. Mag. tab. 1898. — Tiges sarmenteuses, grêles, hautes de 5 à 6 pieds, feuillues, flexueuses, à peine striées. Feuilles longues de 2 à 5 pouces, d'un vert gai, luisantes, ovées, acuminées, mutiques; pétiole plus ou moins tordu. Fleurs jaunâtres, plus grandes que celles des espèces précédentes. — Indigène des Canaries; cultivé comme plante d'ornement de serre.

Genre DANAÉ. — *Danae* Medic.

Fleurs polygames, régulières. Périanthe subglobuleux, urcéolé, courtement 6-lobé; lobes connivents : les 5 intérieurs plus petits. Étamines 6, hypogynes, incluses, monadelphes. Androphore ovoïde, ventru, recouvrant l'ovaire. Anthères minimes, terminales, syngénèses. Ovaire 5–loculaire, 1-style. Style filiforme. Stigmate tronqué. Baie globuleuse, par avortement 1-sperme. Graine globuleuse; tégument blanchâtre, membraneux. — Arbuste dressé, très-rameux, touffu. Tiges anguleuses. Feuilles alternes-distiques, subsessiles, coriaces, persistantes, larges, planes, très-entières, nerveuses, finement réticulées, plus ou moins obliques, accompagnées d'une stipule infra-pétiolaire, membraneuse, semi-amplexatile, petite; pétiole court, dilaté, plus ou moins tordu, non-engaînant, articulé aux 2 bouts. Fleurs petites, jaunâtres, penchées, disposées en grappes terminales; pédicelles articulés au sommet, 2-ou 5-bractéolés à la base. Bractéoles membraneuses, engaînantes. — On ne connaît que l'espèce suivante :

DANAÉ A GRAPPES. — *Danœ racemosa* Mœnch, Meth. — *Ruscus racemosus* Linn. — Wats. Dendr. Brit. tab. 145. — Tiges hautes de 5 à 4 pieds, grêles, plus ou moins flexueuses, vertes et glabres de même que les rameaux, non-striées; rameaux distiques, feuillus, presque dressés, flexueux. Feuilles longues

de 1 ½ pouce à 5 pouces, lancéolées-oblongues, ou ovées-lancéolées, acuminées, mutiques, finement striées (sans côte médiane
plus forte), d'un vert gai, luisantes. Grappes solitaires, nutantes,
lâches, 5-à 12-flores. Pédicelles, filiformes, alternes, plus longs
que le périanthe. Bractéoles très-petites et scarieuses de même que
les stipules. Baie globuleuse, rouge, du volume d'un gros Pois.
— Indigène de l'Europe méridionale. Cultivé comme arbuste
d'ornement.

Genre SMILACE. — *Smilax* Tourn.

Fleurs dioïques, régulières. Périanthe subpétaloïde, non-
persistant, 6-sépale; sépales étalés ou réfléchis, connés par
la base, étroits : les 5 externes plus larges. Étamines 6 (petites
et stériles dans les fleurs-femelles), libres, insérées à la base
des sépales. Filets filiformes, élargis à la base. Anthères basifixes, dressées, linéaires, sans connectif, à 2 bourses contiguës, parallèles. Pistil abortif dans les fleurs-mâles.
Ovaire 5-loculaire, 1-style; loges 1-ovulées. Ovules atropes (*Endl.*). Style très-court. Stigmates 5, courts, obtus,
étalés, ou réfléchis. Baie charnue, 1-à 5-loculaire, 1-à 5-
sperme, subglobuleuse, ou elliptique. Graines globuleuses ; tégument blanchâtre, membraneux ; hile grand, coloré, basilaire. Embryon minime, antitrope, éloigné du
hile. — Arbustes grimpants ; quelques espèces sont herbacées. Racine fasciculée, ou tubéreuse, ou rampante. Tige
anguleuse, en général garnie (de même que le bord et
les nervures des feuilles) d'aiguillons. Feuilles alternes,
pétiolées, coriaces, persistantes, larges (en général cordiformes ou hastiformes), planes, 5-ou 5-ou pluri-nervées,
réticulées, accompagnées de 2 vrilles stipulaires (soit in-
trapétiolaires, soit bilatérales et adnées dans leur partie
inférieure au pétiole). Inflorescences axillaires et terminales. Fleurs petites, d'un jaune verdâtre, soit sessiles et
glomérulées, soit pédicellées et fasciculées sur un tubercule (sorte de réceptacle) subglobuleux. Fascicules ou glo-

mérules portés sur des pédoncules simples ou rameux,
solitaires. Pédicelles articulés au sommet, bractéolés à la
base ; bractéoles petites, en général cupuliformes ou engaînantes.

Smilace commun. — *Smilax aspera* Linn. — Clus. Hist.
p. 112, fig. 2. — Duh. Nov. 1, tab. 53.—Tiges rameuses, sarmenteuses, flexueuses, vertes, grêles, fortement anguleuses, plus
ou moins longues, glabres comme toutes les autres parties de la
plante, garnies de courts aiguillons horizontaux, pugioniformes.
Feuilles longues de 1 pouce à 5 pouces, larges de quelques lignes
à 5 pouces, coriaces, luisantes, d'un vert gai, souvent maculées
de blanc, 5-à 9-nervées, aculéolées au bord (et souvent en dessous sur les nervures), pointues, mucronulées, de forme très-
variable (en général triangulaires ou triangulaires-lancéolées,
à base très-élargie, plus ou moins profondément cordiforme ;
moins souvent hastiformes-oblongues, ou cordiformes-oblongues) ;
pétiole plus ou moins long, cirrifère, aculéolé, semi-amplexatile,
inarticulé. Fleurs pédicellées, fasciculées ; fascicules sessiles ou
subsessiles, disposés en grappes flexueuses. Sépales oblongs-
linéaires. Baie rouge, du volume d'un Pois. — Indigène de
l'Europe méridionale et du nord de l'Afrique. (Vulgairement :
Fausse-Salsepareille. Fleurit en automne.) — La racine passe
pour diurétique.

Smilace Salsepareille. — *Smilax Sarsaparilla* Linn. —
Wats. Dendr. Brit. tab. 111. — *Smilax glauca* Mich. Flor.
Bor. Amer. — Arbuste sarmenteux. Tiges grêles, subtétragones,
rameuses, vertes, aculéolées ; aiguillons épars, courts, subulés,
horizontaux, plus ou moins courbés. Feuilles longues de 2 à 5
pouces, coriaces, persistantes, vertes et luisantes en dessus, glauques en dessous, 5-nervées, médiocrement veinées, ovées, subacuminées, mucronulées, lisses (sans aiguillons), arrondies ou subcordiformes à la base ; pétiole court, cirrifère. Fleurs pédicellées, fasciculées. Fascicules solitaires, 5-à 5-flores, pédonculés.
Pédoncules solitaires, plus courts que les feuilles. Sépales linéaires-oblongs, réfléchis. Baie d'un bleu noirâtre, 5-sperme,
du volume d'un Pois. — Indigène des États-Unis.

Cette espèce passe, à tort ou à raison, pour une des plantes qui fournissent les racines connues sous le nom de *Salsepareille*. Quoi qu'il en soit, il est certain que la Salsepareille du commerce provient tant d'une ou de plusieurs espèces de *Smilax* du Mexique, que du *Smilax papyracea* Poir., indigène de l'Amérique méridionale. Du reste, M. de Martius (*Systema Materiæ Medicæ vegetabilis brasiliensis*, p. 65) cite 5 autres espèces du même genre (*Smilax officinalis*, Kunth. — *Smilax Japicanga* Grisebach. — *Smilax syringoides* Griseb. — *Smilax brasiliensis* Spreng. — Et *Smilax syphilitica* Griseb.), ainsi que le *Herreria Salsaparilla* (Martius, Reise, II, p. 545. — Griseb. in Endl. et Mart. Flor. Bras. — *Herreria parviflora*, Lindl. Bot. Reg. tab. 1042,), tous indigènes de l'Amérique méridionale, et dont les racines ont les mêmes propriétés médicales que celles de la Salsepareille qui s'importe en Europe. — La décoction de Salsepareille s'emploie comme diurétique et sudorifique.

Smilace Squine. — *Smilax China* Linn. — Kæmpf. Amœn. tab. 782. — Arbuste sarmenteux. Racine grosse, tubéreuse. Tiges presque cylindriques, aculéolées. Feuilles cordiformes-ovées, 5-nervées, inermes. — Indigène de Chine. La décoction de la racine jouissait autrefois d'une grande vogue à titre d'anti-syphilitique.

Smilace Fausse-Squine. — *Smilax Pseudo-china* Linn. — *Smilax Sarsaparilla* Walt. Carol. — Arbuste sarmenteux, inerme. Racine tubéreuse, rampante, noueuse. Feuilles subpersistantes, 5-nervées : les caulinaires cordiformes ; les raméaires ovées-oblongues. Fleurs en fascicules très-longuement pédonculés. — Indigène des États-Unis, et (si toutefois il n'y a pas eu confusion de plusieurs espèces) des Antilles. La racine s'emploie aux États-Unis en guise de Salsepareille.

Genre TRILLIUM. — *Trillium* Mill.

Fleurs hermaphrodites, régulières. Périanthe (en général étalé ou réfléchi) 6-sépale, persistant ; sépales disjoints,

dissimilaires : les 5 externes herbacés, en général plus petits ; les 5 internes pétaloïdes. Étamines 6, insérées à la
base des sépales. Filets libres, filiformes. Anthères basifixes, dressées, linéaires, apiculées par le connectif ; connectif étroit, ou plus large que les bourses. Ovaire 5-locu-
laire, 5-style ; loges pluri-ovulées ; ovules bisériés, anatropes, horizontaux. Styles étalés ou recourbés, disjoints, ou
connés à la base, papilleux en dessus. Baie 5-loculaire,
polysperme. Graines subglobuleuses, brunâtres ; tégument
coriace. Embryon minime. — Herbes vivaces. Racine tubéreuse ou rampante. Tige très-simple, dressée, triphylle
au sommet, aphylle inférieurement, écailleuse à la base,
1-flore. Feuilles sessiles ou courtement pétiolées, verticillées, minces, planes, larges, nerveuses, veinées, très-entières. Fleur sessile ou pédonculée, terminale ; pédoncule
ébractéolé.—Genre propre à l'Amérique septentrionale.
Les espèces suivantes se cultivent comme plantes d'agrément.

A. *Fleur sessile, dressée. Anthères à bourses plus étroites
que le connectif.*

TRILLIUM A FLEUR SESSILE. — *Trillium sessile* Linn. — Bot.
Mag. tab. 40.—Delaun. Herb. de l'Amat. vol. 1.— Redout. Lil.
tab. 155. — *Trillium sessile* Rafin. — Racine charnue, un peu
rampante. Tige haute de ½ pied à 1 pied, glabre, verte, maculée de blanc. Feuilles ovées ou ovales, subsessiles, pointues, 5-
nervées, d'un vert foncé, maculées de blanc, glabres. Sépales-
externes oblongs, obtus, longs d'environ 1 pouce. Sépales-internes spathulés-lancéolés, subobtus, étroits, longs de 2 pouces,
dressés, connivents, d'un pourpre brunâtre. Étamines 1 fois plus
courtes que les sépales-externes. Filets et connectifs pourpres.
Ovaire 5-gone. Styles courts, étalés, obtus, disjoints. Baie déprimée, d'un pourpre noirâtre. — Croît dans les terrains fertiles
et humides, aux États-Unis. Fleurit au printemps.

B. *Fleur plus ou moins inclinée ou pendante, pédonculée.*
Anthères à connectif plus étroit que les bourses.

TRILLIUM RHOMBOÏDAL. — *Trillium rhomboideum* Mich. (ex
parte). — *Trillium erectum* Willd. — Bot. Mag. tab. 470. —
Feuilles larges, rhomboïdales, acuminées, sessiles. Fleur penchée. Sépales-externes ovés, acuminés, plans, étalés, plus larges
que les sépales-internes. — Pédoncule presque dressé, long de 2
à 5 pouces. Fleur grande. Sépales-internes pourpres. Baie d'un
pourpre noirâtre. — Croît dans les montagnes des États-Unis,
en sol tourbeux; fleurit en mai. Toute la plante a une odeur
désagréable.

TRILLIUM A GRANDE FLEUR. — *Trillium grandiflorum* Salisb.
Parad. Lond. tab. 1. — *Trillium erythrocarpum* Bot. Mag.
tab. 5002. (non Mich.) — *Trillium rhomboideum grandiflorum* Mich. Flor. Bor. Amer. — Tige haute d'environ 1 pied,
glabre comme toute la plante. Feuilles courtement pétiolées,
rhomboïdales, acuminées, 5-nervées, larges de 4 à 5 pouces.
Pédoncule long de 2 à 5 pouces, dressé. Fleur penchée. Sépales-
externes elliptiques-oblongs, acuminés, longs de 12 à 15 lignes.
Sépales-internes ovales, obtus, onguiculés, blancs, longs de près
de ¹/₂ pouce. Étamines plus courtes que les sépales-externes.
Styles grêles, révolutés, disjoints. Baie d'un pourpre foncé. —
Croît aux États-Unis, dans les localités humides des montagnes.
Fleurit en mai.

TRILLIUM PENDANT. — *Trillium pendulum* Willd. Hort.
Berol. I, tab. 55. — *Trillium erectum* β Bot. Mag. tab. 1027.
— Tige haute d'environ ¹/₂ pied, glabre de même que toute la
plante. Feuilles subsessiles, rhomboïdales-suborbiculaires, acuminées, 5-nervées, larges de 5 pouces. Pédoncule recourbé, long
de 1 pouce ou plus. Fleurs pendantes. Sépales-externes oblongs-
lancéolés, acuminés. Sépales-internes ovés, acuminés, étalés,
blancs, à peu près aussi longs que les sépales-externes. Étamines
plus courtes que les sépales. Styles courts, grêles, disjoints, re-

courbés, débordés par les étamines. — Indigène des États-Unis;
fleurit au printemps.

Genre PARISETTE. — *Paris* Linn.

Fleurs hermaphrodites, régulières. Périanthe 8-sépale
(accidentellement 10-sépale), subherbacé (d'un jaune verdâtre), persistant; sépales réfléchis ou étalés, disjoints : les
intérieurs plus étroits, subulés. Étamines 8 (accidentellement 10), insérées à la base des sépales. Filets filiformes,
submembraneux, monadelphes à la base. Anthères basifixes, dressées, linéaires, cuspidées par le connectif; connectif linéaire-subulé, plus étroit que les bourses. Ovaire
globuleux, 4-sulqué, 4-loculaire, 4-style (accidentellement 5-sulqué, 5-loculaire, et 5-style); loges multi-ovulées; ovules bisériés, ascendants, anatropes. Styles subulés, sans stigmates apparents. Baie subglobuleuse, charnue, polysperme, 4-loculaire (accidentellement 5-loculaire).
Graines obovées : tégument coriace, brunâtre. Périsperme
charnu. Embryon minime, contigu au hile. — Herbes vivaces. Racine rampante. Tige très-simple, 1-flore, 4-à
8-phylle au sommet, nue inférieurement, écailleuse
à la base. Feuilles verticillées, sessiles ou subsessiles, 3-
ou 5-nervées, veineuses, minces, larges, planes. Fleur
terminale, pédonculée; pédoncule nu.

Parisette a quatre feuilles. — *Paris quadrifolia* Linn.
— Bull. Herb. tab. 119. — Flor. Dan. tab. 139. — Engl. Bot.
tab. 7.—Racine jaunâtre, noueuse, grêle, cylindrique, garnie de
radicelles filiformes. Tige solitaire, dressée, cylindrique, finement striée, haute de ½ pied à 1 pied. Feuilles au nombre de
4 (rarement au nombre de 3 ou de 5), elliptiques ou ovées, acuminées, subsessiles, glabres, 3-ou 5-nervées, un peu scabres au
bord. Pédoncule grêle, dressé, cylindrique, long de 1 pouce à 3
pouces. Sépales externes linéaires-lancéolés, acuminés, 3-nervés,
un peu plus longs et 4 à 5 fois plus larges que les sépales internes.
Étamines plus courtes que les sépales-internes, plus longues que

le pistil. Baie d'un bleu noirâtre. — Cette plante, nommée vulgairement *Raisin de Renard* et *Étrangle-Loup*, croît dans les bois ; elle fleurit en mai. Toutes ses parties sont émétiques et purgatives.

Genre ROXBURGHIA. — *Roxburghia* Jon.

Fleurs hermaphrodites, régulières. Périanthe 4-sépale ; sépales disjoints, presque égaux, étalés, herbacés (verts en dessous, colorés en dessus), acuminés, concaves, nerveux. Étamines 4, insérées à la base des sépales, isomètres, conniventes. Filets courts, gros, monadelphes à la base. Anthères basifixes, adnées, introrses, syngénèses dans le haut, à connectif grand, charnu, subcordiforme-arrondi à la base, subulé au sommet, prolongé au delà des bourses ; bourses étroites, linéaires, couronnées d'un appendice stérile. Ovaire ovoïde, comprimé, 1-loculaire, multi-ovulé, astyle ; ovules anatropes, verticaux, attachés au fond de la loge. Stigmate sessile, capitellé, papilleux. Capsule 1-loculaire, 2-valve, 5-à 8-sperme, ovoïde, comprimée. Graines cylindracées, striées ; tégument fongueux, brunâtre ; funicule allongé, dressé. Périsperme charnu. Embryon rectiligne, cylindracé, axile. — Arbustes sarmenteux. Racine tubéreuse. Feuilles opposées, ou verticillées, ou alternes, pétiolées, nerveuses, cordiformes. Pédoncules axillaires, ou pétiolaires, ou foliaires, 1-ou pauci-flores ; fleurs grandes. — Genre propre à l'Asie équatoriale.

Roxburghia Faux - Gloriosa. — *Roxburghia gloriosoides* Willd. — Roxb. Corom. 1, tab. 52. — *Ubium* Rumph. Amb. 5, tab. 129. — Racine composée d'un faisceau de tubercules fusiformes, charnus, longs de $^1/_2$ pied à 1 pied, sur 3 à 5 pouces de circonférence au milieu. Tiges volubiles de même que les rameaux, très-longues. Rameaux grêles, cylindriques. Feuilles tantôt alternes, tantôt opposées, presque pendantes, cordiformes, acuminées, lisses, luisantes, minces, en général 11-nervées, réticulées, longues de 4 à 6 pouces, larges de 5 à 4 pouces. Pédoncules axillaires, solitaires, dressés, aussi longs que les pétioles, en général biflores ; pédicelles courts, claviformes, 1-bractéolés à la base. Bractées lancéolées. Fleurs très-élégantes, mais fétides. Sépales lancéolés, révolutés. — Indigène de l'Inde et des Moluques ; cultivé comme plante d'ornement de serre. Dans l'Inde, on confit au sucre les tubercules de la racine.

LES COLCHICACÉES. — *COLCHICACEÆ.*

Colchicaceæ De Cand. Flore Franç. ed. 3, vol. 3, p. 192. — Bartl.
Ord. Nat. p. 51. — *Colchiceæ* Juss. in Dict. des Sciences Nat. 10,
p. 15. — *Melanthaceæ* R. Br. Prodr. p. 272. — Lindl. Nat. Syst.
ed. 2, p. 347 (exclusis Parideis). — Asa Gray, in Ann. Lyc. New-
York, 4, p. 105. — Endl. Gen. p. 133. — Ad. Brongn. Enum. Gen.
Hort. Par. p. XV et 17. — *Veratreæ* Salisb. in Trans. Hort. Soc. 1.
p. 328. — Agardh, Aphor. p. 166. — *Junceæ-Melantheæ* Reichenb.
Consp. p. 63; Syst. Nat. p. 152. — *Colchicineæ* et *Veratrineæ*
Dumort. Fam. — *Colchicaceæ* et *Uvularieæ* Kunth, Enum.
vol. 4.

La plupart des *Colchicacées* sont vénéneuses; la thérapeutique en emploie plusieurs à titre de drastiques.
Cette famille est distribuée sur presque tout le globe.

CARACTÈRES DE LA FAMILLE.

Herbes vivaces. *Racine* bulbeuse, ou tubéreuse, ou
fasciculée, ou rampante. *Tige* nulle, ou simple, ou rameuse.

Feuilles simples, très-entières, nerveuses, en général engaînantes ; les radicales le plus souvent touffues;
les caulinaires alternes.

Fleurs hermaphrodites, ou polygames, régulières,
bractéolées, ou ébractéolées, terminales, ou rarement
axillaires, en général disposées en grappe ou en panicule.

Périanthe caduc ou persistant, coloré, inadhérent,
en général 6-sépale; moins souvent tubuleux à limbe
6-parti ; estivation valvaire ou induplicative.

Étamines 6, insérées à la base des sépales ou des

segments. Filets libres. Anthères basifixes, ou supra-basifixés, en général extrorses (du moins en préfloraison), soit 1-thèques et transversalement bivalves, soit à 2 bourses contiguës déhiscentes chacune par une fente longitudinale.

Pistil : Ovaire inadhérent, 3-loculaire, plus ou moins profondément trisulqué, 1-style, ou 3-style, souvent 3-céphale ; loges pauci-ovulées ou pluri-ovulées ; ovules atropes, ou presque campylotropes, ou anatropes.

Péricarpe 3-loculaire, en général à 3 coques folliculaires, disjointes dans leur partie supérieure, ou connées dans presque toute leur longueur, mais se séparant à la maturité, déhiscentes par la suture ventrale ; moins souvent capsule loculicide-trivalve.

Graines en général en nombre indéfini dans chaque loge ; tégument membraneux. Périsperme charnu ou cartilagineux. Embryon petit, intraire, subcylindracé, rectiligne, antitrope, ou homotrope.

La famille des Colchicacées comprend les genres suivants :

I\ʳᵉ TRIBU. **COLCHICÉES.**—*COLCHICEÆ* Nees.—Endl.

Périanthe tubuleux, à limbe 6-parti ; tube long, grêle.
— Fleurs solitaires ou fasciculées sur des hampes souterraines. Périanthe marcescent, peu persistant.

Colchicum Tourn. — *Hermodactylus* R. Br. — *Bulbocodium* Linn. — *Merendera* Ramond. (Geophila Bergeret.) — *Monocaryum* R. Br. — *Leucocrinum* Nutt. — *Weldenia* Schult. fil.

II\ᵉ TRIBU. **VÉRATRÉES.** —*VERATREÆ* Nees.—Endl.

Périanthe à 6 sépales disjoints, ou seulement connés à la base. — Plantes la plupart caulescentes. Périanthe persistant.

Androcymbium Willd. (Cymbanthes Salisb.) — *Erythrostictus* Schlechtend. — *Melanthium* Linn. (Criocephalus et Meliglossus Schlechtend.) — *Anguillaria* R. Br. — *Wurmbea* Thunb. — *Bæometra* Salisb. (Kolbea Schlechtend. Jania Schult.) — *Ornithoglossum* Salisb. (Lichtensteinia Willd. Cymation Spreng.) — *Burchardia* R. Br. — *Tofielda* Huds. (Narthecium Gérard. Heritiera Schrank. Hebelia Gmel. Isidrogalvia Ruiz et Pav. Triantha Nutt. Leptilix Rafin.) — *Pleea* L. C. Rich. (Plæa Pers.) — *Helonias* Linn. (Abalon Adans.) — *Chamælirium* Willd. (Diclinotrys Rafin. Ophiostachys Delile.) — *Xerophyllum* L. C. Rich. — *Amiantanthus* (Amianthium) A. Gray. (Chrosperma et Cyanotris Rafin.)—*Asagræa* Lindl. (Sabadilla A. Gray.) — *Schœnocaulon* A. Gray. — *Veratrum* Tourn. — *Stenanthium* A. Gray. — *Anticlea* Kunth. — *Zygadenus* L. C. Rich. (Leimanthium Willd.) — *Uvularia* Linn. — *Prosartes* Don. — *Hekorima* Rafin. — *Streptopus* L. C. Rich. — *Disporum* Salisb. (Drapiezia Blum.) — *Kreysigia* Reichenb. (Tripladenia Don.) — *Schelhammera* R. Br.

GENRES CLASSÉS AVEC DOUTE DANS LES COLCHICACÉES.

Drymophila R. Br. — *Iphigenia* Kunth.

Genre COLCHIQUE. — *Colchicum* Linn.

Périanthe pétaloïde, infondibuliforme, non-persistant; tube très-long, grêle, anguleux; limbe régulier, 6-parti. Étamines 6, insérées à la gorge du périanthe. Filets filiformes. Anthères 2-thèques, linéaires, ou linéaires-oblongues, supra-basifixes, dressées et extrorses en préfloraison, puis incombantes. Ovaire 5-loculaire; loges multi-ovulées.

Ovules 2-à 4-sériés dans chaque loge, horizontaux, presque atropes. Styles 5, filiformes, très-longs, un peu épaissis vers le sommet. Stigmates terminaux , subulés , indivisés, recourbés, papilleux antérieurement. Capsule 5-loculaire, 5-coque vers le sommet ; coques s'ouvrant par la suture ventrale ; loges polyspermes. Graines subglobuleuses, à base spongieuse ; tégument épais. Embryon petit, oblong, excentrique, antitrope, éloigné du hile. —Herbes vivaces, acaules, à bulbe solide, plan et canaliculé d'un côté, convexe de l'autre côté, couvert d'une tunique sèche et membraneuse. Bourgeons latéraux , naissant à la base de l'excavation du bulbe. Hampe très-courte, hypogée lors de la floraison, 1-ou pluri-flore, accrescente, finalement saillante. Feuilles radicales, sessiles, succulentes, striées, lancéolées, ou linéaires. Fleurs subsessiles, solitaires, ou fasciculées, grandes, plus précoces que les feuilles, ou se développant en même temps que celles-ci. Périanthe rose, ou pourpre, ou blanc; tube en partie hypogé.

Les bulbes des Colchiques sont très-vénéneux; leur principe délétère est âcre, mais volatil, de sorte qu'il se perd en tout ou en partie par la dessiccation. Les bestiaux ne broutent jamais les fleurs ni les feuilles de ces plantes, mais ils les mangent impunément dans le foin.

A. *Fleurs plus précoces que les feuilles.—(Les fleurs paraissent en automne; les feuilles du même bourgeon ne se montrent qu'au printemps suivant.*

COLCHIQUE D'AUTOMNE. — *Colchicum autumnale* Linn. — Bull. Herb. tab. 18. — Blackw. Herb. tab. 566. — Engl. Bot. tab. 155.—Redout. Lil. tab. 228. — Flor. Dan. tab. 1642.— *Colchicum latifolium* Red. Lil. tab. 468. (Var.) — Tube du périanthe 5 à 6 fois plus long que le limbe ; limbe à segments lancéolés-oblongs (ou lancéolés-obovés), obtus. Étamines alternativement plus longues et plus courtes. Feuilles lancéolées, larges, dressées. Bulbe pluriflore. (*Koch, Syn. Flor. Germ.*)

—Bulbe adulte ovoïde, blanc, charnu, couvert d'une tunique jaunâtre ou noirâtre. Hampe 2-à 6-flore, enveloppée d'une gaîne cylindrique aussi longue que la partie souterraine des fleurs. Tube du périanthe plus ou moins long, suivant la profondeur à laquelle se trouve le bulbe (qui est en général enfoncé d'un demi-pied ou plus), saillant de 5 à 4 pouces, semi-cylindrique dans sa partie hypogée, trigone vers le haut, blanchâtre, grêle ; limbe long de 1 pouce à 2 pouces, d'un lilas plus ou moins vif, moins souvent pourpre ou blanc : segments en général connivents en forme de cloche : les 5 intérieurs plus courts. Étamines plus ou moins longuement débordées par les stigmates. Filets filiformes, blanchâtres. Anthères jaunes. Feuilles longues de 5 à 8 pouces, larges de 10 à 15 lignes, d'un vert foncé, roselées au nombre de 5 à 5. Capsule finalement épigée, centrale, plus ou moins longuement stipitée, grosse, d'un brun roux, ovale ou obovée.

Cette plante, connue sous les noms vulgaires de *Safran bâtard, Safran des prés, Mort-Chien, Tue-Chien, Veillotte, Veilleuse,* est commune dans les prairies humides; elle fleurit en septembre et octobre; le fruit, qui se développe peu à peu sous terre durant l'hiver, ne se montre qu'au printemps suivant, accompagné des feuilles et porté sur une hampe peu saillante au-dessus de la surface du sol. On en cultive, comme plantes d'ornement, des variétés à fleur double, à fleur blanche, à fleur pourpre, et à feuilles panachées. —Administrés à petite dose, et avec les précautions qu'exige toujours l'emploi d'un médicament drastique, les bulbes de Colchique ont été employés avec succès contre l'hydropisie, la goutte et les maladies rhumatismales ; ils ont des propriétés diurétiques très-efficaces.

Colchique panaché.— *Colchicum variegatum* Linn. — Bot. Mag. tab. 1028. — *Colchicum variegatum* : A, Red. Lil. tab. 258. — Feuilles oblongues-lancéolées, canaliculées, ondulées au bord. Segments du périanthe lancéolés, carnés, marqués de taches violettes carrées disposées en damier. — Indigène de l'Archipel et de l'Asie Mineure. Cultivé comme plante d'ornement.

Colchique de Bivona.— *Colchicum Bivonæ* Guss. Prodr. 1,

p. 455. — *Colchicum variegatum* Bivon. — *Colchicum latifolium* Sibth. Flor. Græc. tab. 550. — *Colchicum variegatum* :
B, Redout. Lil. tab. 258. —*Colchicum byzantinum* Tenor.
Syll. — Feuilles linéaires, canaliculées, planes au bord. Segments
du périanthe elliptiques-oblongs, blanchâtres, marqués de taches
pourpres, carrées, disposées en damier. — Indigène de l'Europe
méridionale. Cultivé comme plante d'ornement.

COLCHIQUE D'ORIENT.—*Colchicum byzantinum* Gawl. in Bot.
Mag. tab. 1122. — Hampe multiflore. Feuilles oblongues,
plissées. Segments du périanthe elliptiques-oblongs, égaux. —
Bulbe produisant jusqu'à 20 fleurs, gros, globuleux, un peu déprimé. Fleur semblable à celle du Colchique d'automne. —Cultivé comme plante d'ornement.

COLCHIQUE DES SABLES. — *Colchicum arenarium* Waldst. et
Kit. Plant. Hung. 2, p. 195 ; tab. 179. — Bot. Mag. tab. 541.
— Bulbe subuniflore, polyphylle. Feuilles lancéolées-linéaires,
canaliculées, dressées, arrondies au sommet, d'un vert glauque.
Segments du périanthe lancéolés-linéaires, d'un rose vif. — Indi-
gène de Hongrie. Cultivé comme plante d'ornement.

Genre BULBOCODE. — *Bulbocodium* Linn.

Périanthe pétaloïde, 6-sépale ; sépales longuement onguiculés ; onglets connivents en forme de tube ; lames
étroites, égales, étalées, sagittiformes-bidentées à la base,
cohérentes par les dents. Étamines 6, insérées au sommet
des onglets. Filets filiformes. Anthères oblongues, échancrées au sommet, bilobées à la base, médifixes, extrorses
en préfloraison, versatiles, 2-thèques, latéralement déhiscentes ; connectif étroit. Ovaire 5-loculaire ; loges multi-ovulées ; ovules axiles, pluri-sériés dans chaque loge.
Style 5-furqué : branches (stigmates) presque planes,
tronquées et papilleuses au sommet. Capsule 5-loculaire,
septicide-trivalve au sommet. — Herbes acaules, à bulbe
solide, ovoïde, presque plan et canaliculé d'un côté, con-

vexe de l'autre côté, couvert d'une tunique membraneuse. Bourgeons latéraux, oligophylles. Hampe 2-ou 5-flore, très-courte à l'époque de la floraison. Feuilles radicales, engaînantes, étroites, minces, succulentes, striées; gaîne close. Fleurs courtement pédicellées, vernales. — Les espèces suivantes se cultivent comme plantes d'ornement.

BULBOCODE PRINTANIER. — *Bulbocodium vernum* Lion. — Bot. Mag. tab. 153. — Redout. Lil. tab. 197. — *Colchicum vernum* Gawl. in Bot. Mag. tab. 1028. — *Colchicum Bulbocodium* Gawl. in Bot. Reg. tab. 541. — Bulbe globuleux, triphylle. Feuilles linéaires-lancéolées, finalement arquées, plus tardives que les fleurs. Périanthe d'un lilas violet. — Cette espèce croît dans les montagnes de Suisse et de Hongrie.

BULBOCODE DU CAUCASE. — *Bulbocodium trigynum* Adam, ex Kunth, Enum. 4, p. 147. — *Merendera caucasica* Biberst. Flor. Taur. Caucas. ; Id. Plant. Ross. 1, tab. 50. — Bot. Mag. tab. 5690. — *Colchicum caucasicum* Spreng. Syst. — Bulbe ovoïde, triphylle, 1-ou 2-flore. Feuilles linéaires-lancéolées, finalement arquées, paraissant en même temps que les fleurs. Périanthe d'un lilas pâle.

BULBOCODE VERSICOLORE. — *Bulbocodium versicolor* Spreng. Syst. — *Colchicum versicolor* Ker, in Bot. Reg. tab. 571. — Bulbe 1-flore, 4-phylle. Feuilles étroites, liguliformes, spiralées, d'un vert grisâtre. Périanthe 6-parti, panaché de pourpre et de blanc; segments linéaires, inappendiculés. Style indivisé. — Présumé indigène de la Russie méridionale.

Genre MÉRENDÈRE. — *Merendera* Ramond.

Périanthe pétaloïde, 6-sépale; sépales étroits, très-longuement onguiculés; onglets libres, connivents en forme de tube; lames décurrentes, étalées en forme d'entonnoir. Étamines 6, insérées au sommet des onglets, plus courtes que les lames. Anthères sagittiformes-linéaires, pointues, supra-basifixes, extrorses en préfloraison, versatiles, longitudinalement déhiscentes. Ovaire à 5 coques disjointes presque dès la base, lancéolées, 1-styles, pauci-ovulées ; ovules bisériés. Styles très-longs, filiformes. Stigmates obtus, recourbés, terminaux, papilleux antérieurement. Capsule à 5 coques connées vers la base, déhiscentes par la suture antérieure, oligospermes. Graines globuleuses. — Herbes acaules, vivaces, à bulbe solide, ovoïde, convexe d'un côté, plan et canaliculé de l'autre côté, enveloppé de quelques tuniques sèches et membraneuses. Bourgeon latéral (naissant à la base du sillon du bulbe), enveloppé d'une gaîne tubuleuse. Hampe centrale, 1-flore, courte à l'époque de la floraison. Feuilles linéaires ou linéaires-lancéolées, subobtuses, canaliculées, carénées, engaînantes : gaîne close. Fleurs grandes, plus précoces que les feuilles. — L'espèce suivante se cultive comme plante d'ornement.

MÉRENDÈRE BULBOCODE. — *Merendera Bulbocodium* Ram. in Bullet. Philom. n° 47 ; tab. 12, fig. 2. — Redout. Lil. tab. 25. — *Colchicum montanum* Linn. Spec.—Bot. Reg. tab. 571. — *Bulbocodium autumnale* Lapeyr. — *Colchicum hexapetalum* Pourret. — *Geophila pyrenaica* Bergeret. — Bulbe de la grosseur d'une Noisette, à tuniques rousses. Feuilles au nombre de 3 ou 4, finalement étalées sur terre, longues de 4 à 5 pouces, arquées. Hampe hypogée pendant la floraison. Fleur blanche, ou pourpre, ou lilas, grande, droite, un peu plus précoce que les feuilles. Segments du périanthe étroits, oblongs ; tube en partie hypogé. Hampe fructifère longue de 3 à 4 pouces. — Cette plante croît dans les pâturages des Pyrénées ; elle fleurit à la fin de l'été ; son fruit ne paraît à la surface du sol qu'au printemps suivant.

Genre HÉLONIAS. — *Helonias* Linn.

Fleurs hermaphrodites, ou polygames. Périanthe 6-sépale, coloré, persistant ; sépales liguliformes ou linéaires, étalés, inonguiculés, non-glanduleux, plus courts que les étamines. Étamines 6, insérées à la base des sépales. Filets linéaires-filiformes. Anthères 2-thèques, médifixes, extrorses, arrondies, longitudinalement déhiscentes, bilobées à la base. Ovaire obcordiforme-globuleux, trilobé, 3-loculaire, couronné de 3 stigmates linéaires, allongés, révolutés au sommet, papilleux en dessus ; loges multi-ovulées. Capsule submembranacée, obcordiforme-tricoque, 3-loculaire, loculicide-trivalve au sommet ; loges polyspermes. Graines linéaires ou oblongues, appendiculées aux 2 bouts. — Herbes vivaces, à racine tubéreuse. Feuilles toutes radicales, roselées, rétrécies vers la base, nerveuses, minces. Hampe simple, fistuleuse, aphylle, garnie de quelques écailles éparses. Fleurs en grappe dense, rougeâtres ; pédicelles solitaires : les inférieurs 1-bractéolés, les autres non-bractéolés. Bractées caduques.

HÉLONIAS ROSE. — *Helonias bullata* Linn. — Bot. Mag. tab. 747. — Lodd. Bot. Cab. tab. 961. — Redout. Lil. tab. 15. — Delaun. Herb. de l'Amat. vol. 7. — Racine grosse, tronquée, amère, garnie de fibres touffues. Feuilles longues de près de 1 pied, larges de 15 à 18 lignes, lancéolées-spathulées, ou spathulées-oblongues, mucronées, planes, comme pétiolées, glabres, étalées en rosette. Hampe droite, multiflore, haute de 1 pied ou plus ; écailles petites, éparses. Grappe courte, dense, ovale ; pédicelles aussi longs et de même couleur que les fleurs. Périanthe d'un rose pourpre ; sépales liguliformes-oblongs, obtus, longs de près de 2 lignes. Anthères bleues. Ovaire d'un pourpre brunâtre. — Cette espèce croît dans les lieux marécageux des États-Unis ; on la cultive comme plante d'ornement.

Genre CHAMÉLIRIUM. — *Chamœlirium* Willd.

Fleurs dioïques. Périanthe coloré, persistant, 6-sépale ; sépales étroits, inonguiculés, non-glanduleux, étalés, plus courts que les étamines. Étamines 6 (abortives dans les fleurs-femelles), insérées à la base des sépales. Filets li-

néaires-filiformes. Anthères 2-thèques, subréniformes, basifixes, latéralement déhiscentes. Ovaire (abortif dans les
fleurs-femelles) oblong, triloculaire, 5-sulqué, couronné
de 3 stigmates linéaires, allongés, révolutés au sommet,
papilleux en dessus. Capsule oblongue, 5-sulquée, 3-lo-
culaire, chartacée, septicide-trivalve au sommet; loges
4-à 8-spermes. Graines oblongues, à peine comprimées, largement ailées aux 2 bouts. — Herbe vivace, à racine
grosse, tronquée. Tige grêle, simple, médiocrement feuillée dans sa partie inférieure, aphylle vers le sommet.
Feuilles radicales nombreuses, spathulées, roselées, rétrécies comme en pétiole. Feuilles caulinaires éparses, beaucoup plus petites. Fleurs blanchâtres, en grappe dense;
pédicelles ébractéolés.

CHAMÉLIRIUM DIOÏQUE. — *Chamœlirium dioicum* A. Gray,
Melanth. — *Chamœlirium carolinianum* Willd. — *Helonias
dioica* Pursh, Flor. Amer. Sept. — *Helonias pumila* Jacq. Ic.
Rar. 2, tab. 255. — *Helonias lutea* Hort. Kew. — Bot. Mag.
tab. 1062. — *Veratrum luteum* Linn. — Racine amère, garnie
de fibres touffues. Tige haute de 1 pied à 3 pieds, sillonnée.
Feuilles glabres, d'un vert pâle : les radicales oblongues-ou obovées-
spathulées, pointues, longues de 5 à 6 pouces; les caulinaires
lancéolées, ondulées au bord. Grappe effilée, multiflore ; la mâle
longue de 2 à 6 pouces, flasque, à pédicelles très-étalés, un peu
plus longs que les fleurs ; la femelle longue de 1 pied à 2 pieds,
roide, à pédicelles presque dressés. Fleurs petites. Sépales linéaires,
obtus, 1-nervés. — Cette plante croît aux États-Unis, dans les
prés humides et ombragés ; sa racine est employée comme tonique
par les médecins du pays.

Genre XÉROPHYLLE. — *Xerophyllum* L. C. Rich.

Fleurs hermaphrodites. Périanthe 6-sépale, coloré, persistant ; sépales étalés, inonguiculés, non-glanduleux.
Étamines 6, insérées à la base des sépales. Filets filiformes, élargis vers la base. Anthères 2-thèques, ovées-ar-

rondies, bilobées à la base, médifixes, extrorses. Ovaire subglobuleux, trilobé, triloculaire, couronné de 3 stigmates linéaires-filiformes, révolutés; loges bi-ovulées. Capsule subglobuleuse, subtrilobée, 3-loculaire, coriace, loculicide-trivalve ; loges 2-spermes. Graines collatérales, oblongues, un peu comprimées : tégument prolongé au delà des deux bouts en appendice membraneux. — Racine grosse, fasciculée. Tige simple, feuillée, épaissie en forme de bulbe à la base. Feuilles radicales très-nombreuses, touffues, longues, très-étroites, linéaires, roides, planes, striées, scabres au bord, élargies et imbriquées à la base; les caulinaires plus courtes et plus étroites, subsétacées, éparses. Fleurs blanches, disposées en grappe thyrsoïde ; pédicelles filiformes, 1-ou 2-bractéolés à la base.

XÉROPHYLLE FAUX-ASPHODÈLE.—*Xerophyllum asphodeloides* Nutt. Gen. — *Xerophyllum setifolium* Michx. Flor. Bor. Amer.—Bot. Reg. tab. 1613.—*Helonias asphodeloides* Linn. —Bot. Mag. tab. 748.—Racine vivace. Tige haute de 3 à 5 pieds, droite, cylindrique, pâle, feuillue jusqu'au sommet. Feuilles non-amplexatiles, carénées en dessous par la côte-médiane ; les radicales longues de 1 pied et plus, étalées en rosette, larges de ¹⁄₂ ligne vers la base. Pédicelles 2-bractéolés, longs de 1 pouce ou plus. Grappe dense, multiflore. Sépales longs de 2 lignes, ovales, obtus, striés. Étamines finalement aussi longues que les sépales. — Indigène des États-Unis ; cultivé comme plante d'agrément.

Genre AMIANTANTHE. — *Amiantanthium* A. Gray.

Fleurs hermaphrodites. Périanthe 6-sépale, coloré, persistant; sépales obovés ou oblongs-obovés, inonguiculés, non-glanduleux, étalés. Étamines 6, insérées à la base des sépales. Filets filiformes ou capillaires. Anthères réniformes, 1-thèques, extrorses, peltées après l'anthèse. Ovaire 3-lobé, 3-loculaire, 3-style ; loges pauci-ovulées.

Styles filiformes ou subulés. Stigmates petits, simples, terminaux. Capsule membranacée, bouffie, tricoque ; coques 1- à 4-spermes, déhiscentes au sommet par la suture ventrale. Graines soit lancéolées ou linéaires, comprimées, à bord membraneux, soit cylindriques, oblongues, à tégument lâche, finalement charnu. — Herbes vivaces. Tiges simples, feuillées, souvent bulbiformes à la base. Feuilles linéaires, étroites, les inférieures roselées, plus ou moins touffues, engaînantes (à gaîne close) ; les autres plus courtes, sans gaîne. Fleurs blanchâtres, disposées en grappe simple ou rameuse ; pédicelles 1-bractéolés à la base, en général longs.

AMIANTANTHE TUE-MOUCHE. — *Amiantanthium muscœtoxicum* A. Gray, Melanth. — *Melanthium muscœtoxicum* Walt. Carol. — *Melanthium lœtum* Hort. Kew. — *Melanthium phalangioides* et *Melanthium densum* Desrouss. in Lamk. Enc. — *Leimanthium lœtum* et *Leimanthium pallidum* Willd. — *Helonias lutea* Ker, in Bot. Mag. tab. 803. — *Helonias erythrosperma* Michx. Flor. Bor. Amer. — *Anthericum subtrigynum* Jacq. Ic. Rar. 2, tab. 419. — Bulbe tuniqué. Tige haute d'environ 2 pieds, droite, anguleuse. Feuilles linéaires, obtuses, glabres, nerveuses : les radicales longues d'environ 1 pied, larges de 4 à 8 lignes, flasques. Grappe simple, multiflore, dense, cylindracée, longue de 5 à 9 pouces. Pédicelles longs de 5 à 10 lignes, filiformes, presque étalés. Bractées ovées-lancéolées, scarieuses, en général plus courtes que les pédicelles. Sépales oblongs, très-obtus, striés, blancs, longs d'environ 2 lignes. Étamines aussi longues que les sépales. Anthères grandes, blanchâtres. Capsule à coques disjointes vers le haut et divariquées, 1-ou 2-spermes. Graines ovoïdes, à tégument charnu, écarlate. — Cette plante croît dans les lieux marécageux, aux États-Unis ; elle contient un poison narcotique ; ses bulbes frais, écrasés et mêlés avec du miel ou de la mélasse, s'emploient à la destruction des mouches.

Genre ASAGRÉA. — *Asagræa* Lindl.

Fleurs polygames. Périanthe 6-sépale, coloré, persistant ; sépales connés par la base, linéaires-lancéolés, 5-nervés, égaux, étalés, glanduleux en dessus à la base : glande concave, transversalement oblongue, nectarifère. Étamines 6, insérées à la base des sépales, alternativement plus longues et plus courtes. Filets filiformes-subulés. Anthères réniformes , 1-thèques , extrorses. Ovaire ovoïde, 5-loculaire, 5-céphale, 5-style; loges 4-à 6-ovulées; ovules 2-sériés. Styles subulés. Stigmates terminaux, obliques. sublinguiformes. Capsule chartacée, oblongue, tricuspidée, tricoque ; coques 2-ou 5-spermes, déhiscentes par la suture ventrale. Graines ailées au sommet.— Herbe vivace, bulbeuse. Tige simple, aphylle. Feuilles radicales, très-longues, linéaires, étroites, nerveuses, planes, roides, engaînantes. Fleurs blanches, disposées en grappe dense ; pédicelles épars, 1–bractéolés à la base.

ASAGRÉA OFFICINAL. — *Asagræa officinalis* Lindl. in Bot. Reg. 1859, tab. 55. — *Veratrum officinale* Schlechtend. in Linnæa, 6, p. 45. — Nees, Offic. Pflanz. Suppl. tab. 6. — *Helonias officinalis* Don, in Edinb. New. Phil. Journ. 1832, p. 254. —*Sabadilla officinarum* Brandt.— Tige grêle, dressée, haute d'environ 6 pieds, y compris la grappe de fleurs. Bulbe tuniqué. Feuilles radicales longues de près de 4 pieds, scabres au bord, carénées en dessous par la nervure médiane. Grappe multiflore, longue de 1 ½ pied, grêle ; pédicelles plus courts que la fleur ; fleurs supérieures mâles par avortement. Anthères jaunes. —Cette plante croît au Mexique ; ses fruits, célèbres par leurs propriétés drastiques, sont connus en matière médicale sous les noms de *Cévadille, Cébadille, Sabadilla,* et employés à l'extirpation de la vermine (1).

---

(1) On a cru longtemps que ces fruits provenaient du *Veratrum Sabadilla* Retz.

Genre VÉRATRE. — *Veratrum* Tourn.

Fleurs polygames. Périanthe 6-sépale, coloré, persistant ; sépales oblongs ou oblongs-obovés, subonguiculés, étalés, ou presque étalés, plus longs que les étamines. Étamines 6, insérées à la base des sépales. Filets filiformes. Anthères 1-thèques, réniformes, extrorses, peltées après l'anthèse. Ovaire à 3 coques multi-ovulées, 1-styles, connées par l'angle interne ; ovules bisériés. Styles courts, divariqués, subulés. Stigmates petits, terminaux. Capsule ovoïde, bouffie, membranacée, à 3 coques plus ou moins disjointes, déhiscentes par la suture ventrale, polyspermes. Graines suboblongues, comprimées, bordées d'une large aile membraneuse.— Herbes vivaces, à racine tubéreuse. Tige dressée, simple, feuillée. Feuilles elliptiques ou oblongues, grandes, nerveuses, engaînantes (à gaîne close) ; les caulinaires graduellement plus petites, les supérieures sans gaîne. Inflorescence terminale, paniculée, subpyramidale, composée de grappes grêles. Fleurs blanchâtres, ou verdâtres, ou d'un pourpre noirâtre ; les inférieures (dans chaque grappe) hermaphrodites, les autres mâles.

Les Vératres, de même que les Colchiques, la Cébadille, et la plupart des autres Colchicacées, contiennent un alcaloïde âcre et très-vénéneux, auquel les chimistes ont donné le nom de *vératrine* : substance qui est un des plus violents drastiques que l'on connaisse.

VÉRATRE BLANC. — *Veratrum album* Linn. — Bull. Herb. tab. 155. — Jacq. Flor. Austr. tab. 555. — Redout. Lil. tab. 447. — Flor. Dan. tab. 1120. — Bractées des ramifications de la panicule oblongues. Pédicelles beaucoup plus courts que le périanthe. Sépales oblongs, subobtus, fimbriolés, blanchâtres en dessus, verdâtres en dessous, étalés. — Racine oblongue, charnue, de la grosseur du pouce, noirâtre à la surface, garnie de radicelles grisâtres. Tige haute de 2 à 4 pieds, droite, cylindrique, fistu-

lcuse, presque recouverte par les gaînes des feuilles, légèrement
laineuse vers le sommet de même que les rameaux de la panicule
et les pédicelles. Feuilles plissées, d'un vert foncé : les inférieures
grandes, larges, elliptiques, obtuses ; les suivantes conformes,
mais pointues ; les supérieures ovales-lancéolées ou lancéolées.
Panicule grande, dressée, subpyramidale ; grappes denses, allongées. Bractées plus longues que les pédicelles. Sépales presque étalés, longs d'environ 2 lignes. — Cette plante, nommée vulgairement *Varaire*, *Varaire blanc*, *Hellébore blanc*, croît dans les
pâturages des montagnes de presque toute l'Europe, ainsi que
dans les plaines du Nord ; on la retrouve au Caucase et sur l'Altaï.
Les anciens en employaient la racine contre la manie, l'hypocon-
drie et l'épilepsie ; de nos jours, ce médicament dangereux est
relégué de la thérapeutique ; toutefois les vétérinaires et les empi-
riques l'administrent à titre de drastique. La poudre des racines
de Vératre, introduite dans les narines en quelque faible quantité
que ce soit, agit comme sternutatoire très-violent. Les feuilles et
les graines de la plante ne sont pas moins vénéneuses que ses
racines.

VÉRATRE NOIR. — *Veratrum nigrum* Linn. — Jacq. Flor.
Austr. tab. 556.—Redout. Lil. tab. 416.—Bot. Mag. tab. 965.
— Bractées des ramifications de la panicule linéaires-lancéolées,
très-longues. Pédicelles à peu près aussi longs que le périanthe. Sépales non-fimbriolés, d'un pourpre noirâtre.—Plante semblable à
l'espèce précédente par le port et les feuilles. Racine tronquée.
Feuilles rétrécies à la base. Panicule subpyramidale, pubescente.
Sépales très-étalés, oblongs, ou obovés-oblongs. — Cette espèce
croît sur les montagnes de l'Europe orientale et en Sibérie ; on la
cultive comme plante d'ornement ; elle participe d'ailleurs aux
propriétés délétères de ses congénères.

Genre ZYGADÈNE.— *Zygadenus* L. C. Rich.

Fleurs en général polygames. Périanthe 6-sépale, sub-
coloré, persistant ; sépales onguiculés, étalés, biglanduleux à la base : glandes collatérales. Étamines 6, insérées

aux onglets des pétales. Filets filiformes. Anthères réniformes, 1 thèques, extrorses, peltées après la déhiscence. Ovaire 5-loculaire, 5-style ; loges multi-ovulées ; ovules bisériés. Styles grêles. Stigmates petits, terminaux, subcapitellés. Capsule subcoriace, tricoque, ovée-conique ; coques 4-à 10-spermes, finalement disjointes vers le haut, déhiscentes par la suture ventrale. Graines oblongues, comprimées, ailées, ou aptères.— Herbes vivaces. Racine rampante ou bulbeuse. Tige simple, feuillée. Feuilles linéaires ou linéaires-lancéolées, longues, étroites. Inflorescence paniculée, subpyramidale, composée de grappes simples ou rameuses, multiflores. Pédicelles 1-bractéolés à la base. Fleurs blanchâtres, ou jaunâtres, ou verdâtres.

Zygadène glabre. — *Zygadenus glaberrimus* Mich. Flor. Bor. Amer. tab. 14. — Redout. Lil. tab. 461. — *Helonias glaberrima* Link, Enum. — *Helonias bracteata* Sims, Bot. Mag. tab. 1703. — Lodd. Bot. Cab. tab. 1550. — Racine rampante, charnue. Tige haute de 2 à 4 pieds, droite, cylindrique, aphylle dans sa partie supérieure. Feuilles linéaires-lancéolées, pointues, glabres, presque planes : les inférieures longues de $^1/_2$ pied à 1 pied, larges de 5 à 6 lignes ; les supérieures courtes, subspathacées. Panicule simple, pyramidale ; grappes 7-10-flores. Bractées ovées, acuminées, aussi longues que les pédicelles. Sépales ovés-lancéolés, subacuminés, blanchâtres, étalés, un peu rétrécis à la base ; glandes orbiculaires. Étamines à peu près aussi longues que le périanthe. — Cette plante croît aux États-Unis, dans les prairies humides et au bord des marais ; se cultive comme plante d'ornement.

Genre UVULAIRE. — *Uvularia* Linn.

Périanthe 6-sépale, coloré, caduc ; sépales sublancéolés, glanduleux en dessus à la base, connivents en forme de cloche ; glande concave, nectarifère. Étamines 6, courtes, insérées à la base des sépales. Filets linéaires, plans. Anthères allongées, linéaires, subcuspidées, 2-thèques, extrorses, suprà-basifixes. Ovaire elliptique ou obové, 5-loculaire, 1-style; loges 4-ovulées; ovules 2-sériés. Style caduc, droit, terminé en 5 stigmates recourbés, papilleux en dessus. Capsule 5-loculaire, loculicide-trivalve, oligosperme. Graines subglobuleuses, caronculées; tégument lisse, mince, adné à l'amande. — Herbes vivaces, glabres, à rhizome rampant. Tiges médiocrement rameuses. Feuilles éparses, sessiles, nerveuses, minces, en général perfoliées. Pédoncules solitaires, 1-flores, oppositifoliés. Fleurs jaunes, nutantes. — Genre propre à l'Amérique septentrionale ; les espèces suivantes se cultivent comme plantes d'ornement.

UVULAIRE PERFOLIÉE. — *Uvularia perfoliata* Linn. — Smith, Exot. Bot. 1, tab. 49. — Redout. Lil. tab 184. — Feuilles perfoliées, elliptiques, obtuses. Périanthe campaniforme, tuberculeux en dedans ; sépales subspathulés-lancéolés, nerveux, d'un jaune pâle.

UVULAIRE JAUNE. — *Uvularia flava* Smith, Exot. Bot. 1, p. 97 ; tab. 50. — *Uvularia perfoliata* : α, Bot. Mag. tab. 955. — Feuilles perfoliées, elliptiques-oblongues, obtuses, ondulées à la base. Périanthe rétréci vers la base, scabre en dedans. Anthères cuspidées.

UVULAIRE A GRANDES FLEURS. — *Uvularia grandiflora* Smith, Exot. Bot. 1, p. 99 ; tab. 51. — Bot. Mag. tab. 1112. — *Uvularia major* Redout. Lil. tab. 184. — *Uvularia lanceolata* Hort. Kew. — Tige dichotome, submultiflore. Feuilles ovées-lancéolées, pointues, ondulées à la base, pubescentes en dessous. Périanthe oblong-campaniforme, lisse en dedans. Anthères submutiques.

UVULAIRE A FEUILLES SESSILES. — *Uvularia sessilifolia* Linn. — Smith, Exot. Bot. 1, tab. 52. — Bot. Mag. tab. 1402. — Lodd. Bot. Cab. tab. 1262. — Tige glabre, bifurquée au sommet ; l'un des ramules stérile, l'autre 1-flore. Feuilles subsessiles, lancéolées-ovales, glauques en dessous. Sépales plans, oblongs, glabres aux 2 faces.

UVULAIRE PUBÉRULE. — *Uvularia puberula* Mich. Flor. Bor. Amer. — Lodd. Bot. Cab. tab. 1260. — Sweet, Brit. Flow. Gard. ser. 2, tab. 21. — Tige pubérule. Feuilles concolores, ovales, arrondies à la base, subamplexicaules. Sépales pointus, glabres aux 2 faces.

Genre KRÉYSIGIA. — *Kreysigia* Reichenb.

Périanthe 6-sépale, coloré, caduc ; sépales oblongs, pointus, égaux, à bords infléchis au-dessus de la base et y portant de chaque côté 2 à 4 glandes stipitées. Étamines 6, courtes, insérées à la base des sépales. Filets subulés, plans, un peu élargis à la base. Anthères 2-thèques, oblongues, rétuses, submédifixes, bilobées à la base, extrorses en préfloraison. Ovaire 1-style, subglobuleux, 3-loculaire ; loges 2-ovulées. Style court, terminé en 3 stigmates subulés, recourbés, papilleux en dessus. Fruit un peu charnu, 3-loculaire, loculicide-trivalve ; loges 1-spermes, ou à 2 graines superposées. Graines subhémisphériques, caronculées au hile. — Herbes vivaces, à souche polycéphale. Tiges presque simples, anguleuses. Feuilles éparses, sessiles, amplexicaules, nerveuses, minces. Pédoncules axillaires, solitaires, 2-ou 3-bractéolés au sommet, 1-ou 2-flores. Fleurs longuement pédicellées, d'un lilas pâle.

KRÉYSIGIA MULTIFLORE. — *Kreysigia multiflora* Reichenb. Ic. Exot. 3, tab. 229 (exclus. syn. R. Br.). — Hook. Bot. Mag. tab. 5905. — *Tripladenia Cunninghamii* Don. — Tiges flexueuses, scabres, violettes. Feuilles cordiformes-ovées, pointues, longues de 2 à 5 pouces ; les supérieures plus étroites, oblongues. Pédoncules plus courts que les feuilles. Sépales longs d'environ 5 lignes, étalés, 5 fois plus longs que les étamines ; glandes subglobuleuses, jaunes. Anthères blanchâtres. Fruit subglobuleux, d'un pourpre brunâtre, du volume d'un gros Pois.

—Indigène de la Nouvelle-Hollande ; cultivé comme plante d'ornement.

Genre SCHELHAMMÉRA. — *Schelhammera* R. Br.

Périanthe 6-sépale, coloré, caduc ; sépales onguiculés, égaux, connivents en forme de cloche, fovéolés à la base. Étamines 6, insérées à la base des sépales. Anthères 2-thèques, extrorses. Ovaire claviforme, 1-style, 5-loculaire ; loges multi-ovulées ; ovules bisériés. Style terminé en 5 stigmates recourbés. Capsule 5-loculaire, loculicide-tri-valve ; loges oligospermes. Graines subglobuleuses, caron-culées au hile. — Herbe vivace, à racine fibreuse. Tige suffrutescente à la base, dichotome. Feuilles assez larges, amplexicaules, nerveuses. Fleurs terminales, solitaires, longuement pédonculées, ébractéolées.

SCHELHAMMÉRA ONDULÉ. — *Schelhammera undulata* R. Br. Prodr. p. 274.—Bot. Mag. tab. 2712. — Tige grêle, haute de 4 à 6 pouces. Feuilles distancées, ovées-lancéolées, crépues au bord. Pédoncules 1-flores. Sépales d'un lilas violet, oblongs-lan-céolés, acuminés, 5-nervés, de moitié plus longs que les étamines. Filets filiformes, blanchâtres. Anthères violettes. — Indigène de la Nouvelle-Hollande australe ; cultivé comme plante d'orne-ment.

DEUX CENT ONZIÈME FAMILLE.

LES ASPHODÉLÉES. — *ASPHODELEÆ.*

Lilia, Asphodeli, et *Narcissorum* genn. Juss. Gen. — *Asphodeleæ*
Bartl. Ord. Nat. p. 49. — *Asphodeleæ* et *Hemerocallideæ* R. Br.
Prodr. — *Liliaceæ, Tulipaceæ* et *Asphodeleæ* D. C. — *Liliaceæ*
Rich. Élem. — *Liliaceæ, Asphodeleæ* et *Pontederiaceæ* Kunth,
Enum. vol. 4. — *Liliaceæ* (ex parte), *Gilliesiaceæ*, et *Pontede-
raceæ* Lindl. Nat. Syst. ed. 2. — *Liliaceæ* (exclusis *Asparageis*)
et *Pontederaceæ* Endl. Gen. — *Calochorteæ, Liliaceæ, Ponte-
deriaceæ, Xanthorhœaceæ* et *Flagellariaceæ* Dumort. Fam. —
Liliaceæ-Coronariæ Reichenb. Consp.—*Coronariæ* Reichb. Syst.
Nat. p. 155. — *Liliaceæ-Hyacinthineæ, Liliaceæ-Aloineæ, Lilia-
ceæ-Hemerocallideæ,* et *Liliaceæ-Tulipaceæ* Ad. Brongn. Enum.
Gen. Hort. Par. p. 18, 19, et 20.

CARACTÈRES DE LA FAMILLE.

Plantes la plupart herbacées, à racine bulbeuse, ou
tubéreuse, ou fasciculée. *Tige* (frutescente ou suffrutescente dans un certain nombre d'espèces; arborescente seulement dans quelques-unes; réduite à une
hampe nue dans un grand nombre) cylindrique ou anguleuse, simple, ou rameuse dans sa partie supérieure,
inarticulée (noueuse dans un petit nombre d'espèces).

Feuilles simples, alternes (rarement opposées ou
verticillées), nerveuses (par exception veineuses et subréticulées), très-entières (quelquefois légèrement crénelées), planes, ou canaliculées, ou cylindriques, les
inférieures (et souvent aussi les autres) amplexatiles ou
engaînantes.

Fleurs régulières (rarement irrégulières), herma
phrodites, en général terminales. Inflorescence variée.

Périanthe caduc ou marcescent, pétaloïde, inadhérent, soit 6-sépale, soit tubuleux ou campanulé, à

limbe 6-denté, ou 6-lobé, ou 6-parti; sépales, lobes, ou segments bisériés.

Étamines 6, hypogynes, ou insérées soit à la base des sépales ou des segments, soit au tube du périanthe. Par exception les étamines sont réduites au nombre de 3. Filets libres; par exception monadelphes à la base. Anthères basifixes ou supra-basifixes, dressées, ou incombantes, à 2 bourses déhiscentes chacune par une fente longitudinale; connectif nul ou inapparent.

Pistil : Ovaire inadhérent (par exception adhérent dans sa partie inférieure), 3-loculaire, soit astyle et couronné d'un stigmate trilobé, soit 1-style; loges pluri-ovulées (rarement 1-ou pauci-ovulées); ovules anatropes, ou amphitropes, ou campylotropes. Style terminal, couronné d'un stigmate 3-lobé ou trifide ou triparti ou entier.

Péricarpe capsulaire, 3-loculaire, loculicide-trivalve (par exception septicide-trivalve, ou charnu et indéhiscent); loges en général polyspermes.

Graines comprimées, ou anguleuses, ou subglobuleuses, en général bisériées dans chaque loge et horizontales. Périsperme charnu ou cartilagineux. Embryon rectiligne ou courbé, intraire, axile, subcylindracé; extrémité radiculaire contiguë au hile.

La famille des Asphodélées comprend les genres suivants :

Iʳᵉ TRIBU. **TULIPÉES.** — *TULIPEÆ* Bartl.

Étamines hypogynes; anthères basifixes.

Section I. **TULIPÉES-TYPES**. — *Tulipeæ* Kunth.

Anthères dressées, innées.

Erythronium Linn. (Dens canis Tourn.) — *Tulipa*

Tourn. — *Orithya* Don. — *Cyclobothra* Sweet. (Calochortus Pursh.) — *Calochortus* Douglas. — *Gagea* Salisb. (Ornithoxanthum Link.)— *Lloydia* Salisb. (Rhabdocrinum Reichenb. Nectarobothrium Ledeb.) — *Bulbillaria* Zuccar.

SECTION II. **LILIÉES**. — *Liliœ* Kunth.

Anthères versatiles, à base plus ou moins profondément bilobée.

Petilium Linn. (Corona-imperialis Tourn. Imperialis Juss.) — *Fritillaria* Tourn. — *Rhinopetalum* Fisch. — *Lilium* Linn. — *Amblirion* Rafin. — *Yucca* Linn. — *Phormium* Forst. (Chlamydia Banks et Soland.) — *Methonica* Herm. (Gloriosa Linn.)

IIᵉ TRIBU. **ASPHODÉLÉES**. — *ASPHODELEÆ* Kunth.

Étamines hypogynes ou périgynes. Anthères attachées vers le milieu du dos.

SECTION I. **HYACINTHÉES**. — *Hyacinthcœ* Kunth.

Herbes bulbeuses, acaules. Fleurs disposées en épi, ou en grappe, ou en corymbe. Pédicelles inarticulés.

Veltheimia Gleditsch. — *Cœlanthus* Willd. — *Lachenalia* Jacq. — *Peribœa* Kunth. — *Polyxena* Kunth. — *Massonia* Thunb. — *Daubenya* Lindl. — *Eucomis* L'hérit. (Basilæa Juss.) — *Hyacinthus* Linn. — *Eratobotrys* Fenzl. — *Bellevalia* Lapeyr. — *Botryanthus* Kunth. — *Muscari* Tourn. — *Scilla* Linn. — *Agraphis* Link. (Limonanthe Link.) — *Urginia* Steinheil. — *Ledebouria* Roth.— *Barnardia* Lindl.— *Puschkinia* Adams. (Adamsia Willd.) — *Drimia* Jacq. — *Idothea* Kunth. —*Camassia* Lindl. (Cyanotris Rafin.) — *Chlo-*

rogalum Kunth. — *Myogalum* Link. (Albucea Reichb.)
— *Ornithogalum* Linn. — *Albuca* Linn.

SECTION II. **AILLÉES**. — *Allieæ* Kunth.

Herbes bulbeuses, en général acaules. Fleurs en ombelle simple ou en capitule. Pédicelles inarticulés.

Allium Linn. (Allium, Porrum et Cepa Tourn. Moly Mœnch. Mœnchia Medicus. Saturnia Maratt. Ophioscorodon Wallorth. Codonoprasum Reichenb. Schœnoprasum Kunth.) — *Nectaroscordium* Lindl. — *Nothoscordium* Kunth. (Ornithogalodeum Don.) — *Hesperoscordium* Lindl.— *Triteleia* Douglas. —*Dichelostemma* Kunth. — *Brodiæa* Smith. — *Leucocoryne* Lindl. — *Tristagma* Pœpp.—*Seubertia* Kunth.—*Bessera* Schult. fil. (Pharium Lindl.) — *Milla* Cavan. (Millea Willd.) — *Agapanthus* L'hérit. (Mauhlia Dahlb. Abumon Adans.)—*Tulbaghia* Linn.— *Miersia* Lindl.— *Gilliesia* Lindl.

SECTION III. **ANTHÉRICÉES**.— *Anthericeæ* Kunth.

Plantes herbacées ou ligneuses, caulescentes, à racine fasciculée ou tubéreuse. Tige simple ou rameuse, quelquefois réduite à une courte souche. Fleurs en grappe. Pédicelles articulés au sommet ou au-dessous du sommet.

Aloe Tourn. (Apicra, Gasteria, Bowiea, Agriodendron et Pachydendron Haw. Catevala Medic. Haworthia Duval. Rhipidodendron Willd. Kumara Medic.)— *Lomatophyllum* Willd. (Phylloma Gawl.) — *Kniphofia* Mœnch. (Tritoma Gawl. Tritomanthe et Tritomium Link.)— *Eremurus* Bieberst. — *Ammolirion* Karel. et Kiril.— *Henningia* Karel. et Kiril.— *Asphodelus* Linn. — *Asphodeline* Reichenb. — *Bulbine* Linn. (Anthericum Juss.)—*Bulbinella* Kunth.—*Trachyandra* Kunth. — *Hemerocallis* Linn. — *Blandfordia* R. Br. — *Funkia* Spreng. (Niobe et Bryocles Salisb. Hosta Tratt. Libertia Dumort.) — *Czackia* Andrz. (Liliastrum Tourn. Allobrogia Tratt.) — *Phalangium* Juss. — *Anemarrhena* Bunge. — *Trichopetalum* Lindl. (Bottionæa Colla.) — *Chlorophytum* Gawl. — *Hartwegia* Nees. — *Cæsia* R. Br. — *Chloopsis* Blum. — *Tricoryne* R. Br. — *Thysanotus* R. Br. (Chlamysporum Salisb.) — *Simethis* Kunth. — *Arthropodium* R. Br. — *Dichopogon* Kunth. — *Stypandra* R. Br. — *Echeandia* Ortega. — *Conanthera* Ruiz et Pav. — *Cumingia* Don. — *Zephyra* Don. — *Pasithea* Don. — *Cyanella* Linn.

Genres voisins des Asphodélées.

Sowerbœa Smith. — *Laxmannia* R. Br. — *Alania* Endl. — *Borya* Labill. — *Johnsonia* R. Br. — *Xanthorhœa* Smith. — *Eriospermum* Jacq. — *Nolina* L. C. Rich. (Nolinæa Pers.) (1).

Groupe voisin des Asphodelées : **LES PONTÉDÉREES.**—*PONTEDEREÆ* Kunth, in Humb. et Bonpl. Nov. Gen. et Spec. 1, p. 211. — *Pontederiaceœ* Kunth, Enum. 4, p. 118 — *Pontederaceœ* A. Rich. Élém. — Lindl. Nat. Syst. ed. 2, p. 347. — Endl. Gen. p. 137. — Dumort. Fam. p. 61. — *Commelinearum* genn. Reichenb. Consp. p. 58.— *Coronariœ-Hemerocallideœ*, subdivisio 1 : *Pontedereœ* Reichenb. Syst. Nat. p. 154.

---

(1) M. Ad. Brongniart réunit les genres *Xanthorhœa, Xerotes, Aphyllanthes, Sowerbœa, Dasylirion* et *Narthecium* (*Abama* Adans.) en un groupe auquel il donne le nom de *Xérotées*, et qu'il envisage comme une tribu de ses *Liliacées*.

*Périanthe pétaloide, éphémère, irrégulier, convoluté spi-
ralement en préfloraison. Périsperme farineux. Embryon rectiligne, axile.*

Heteranthera R. et P. (Leptanthus Rich. Schollera
Willd. Heterandra Beauv.) — *Pontederia* Linn. (Uni-
sema Rafin.) — *Eichhornia* Kunth. — *Monochoria*
Presl. — *Reussia* Endl.

Ire TRIBU. **TULIPÉES.** — *TULIPEÆ* Bartl. (*Liliaceœ*
pleræque Juss. — *Liliaceœ* Kunth, Enum. — *Tulipaceœ*
D. C. — Bernh. — Endl.)

Étamines hypogynes. Anthères basifixes.

SECTION I. **TULIPÉES-TYPES**. — *Tulipeœ* Kunth.

Anthères dressées, innées.

Genre ÉRYTHRONE. — *Erythronium* Linn.

Périanthe 6-sépale, pétaloïde, régulier, persistant ; sépales disjoints, presque égaux, rétrécis à la base, connivents inférieurement en forme de cloche, étalés ou recourbés dans leur partie supérieure ; les 3 intérieurs
biglanduleux en dessus à la base. Étamines 6, étalées
dans le haut : les 3 externes hypogynes ; les 3 internes
insérées à la base des sépales. Filets linéaires ou linéaires-
spathulés, subulés au sommet. Anthères linéaires, subobtuses, échancrées à la base, mobiles, latéralement déhiscentes. Ovaire substipité, elliptique, trigone, 3-loculaire ;
ovules 2-sériés et en nombre indéfini dans chaque loge.
Style allongé. Stigmate soit trigone et indivisé, soit à 3
lobes profonds, obcordiformes-bilobés, condupliqués, étalés. Capsule subglobuleuse, trièdre, 3-loculaire, loculicide-trivalve, polysperme, pointue à la base. Graines ovoïdes, couronnées d'un appendice membraneux ; tégument

légèrement rugueux. —Herbes acaules, bulbeuses. Hampe 2-phylle, 1-flore. Feuilles pétiolées, subréticulées. Fleur grande, nutante. Sépales flabelli-nervés. — Les espèces suivantes se cultivent comme plantes d'ornement ; leurs fleurs sont très-élégantes.

ÉRYTHRONE DENT DE CHIEN. — *Erythronium Dens canis* Linn. — Jacq. Flor. Austr. tab. 9. — Redout. Lil. tab. 194. — Sweet, Brit. Flow. Gard. ser. 2, tab. 71. — *Erythronium maculatum* Lamk. Flor. Franç. — Bulbes fasciculés. Feuilles larges, ovées, acuminées, 5-nervées, veineuses. Sépales lancéolés, pointus, étalés. Ovaire obové, profondément 5-lobé. Stigmate trifide. (*Sweet, l. c.*) — Bulbe oblong, blanchâtre, solide, enveloppé de plusieurs tuniques sèches, 5-ou 4-dentées au sommet. Hampe cylindrique, rouge, haute de 5 à 6 pouces. Feuilles radicales, glabres, ordinairement marbrées de brun. Périanthe rose, ou pourpre, ou violet, ou blanc. Sépales longs de 1 pouce à 1 ½ pouce, marqués à leur base d'une tache brune ou verdâtre, encadrée de blanc, de forme obovée. Étamines conniventes, 2 fois plus courtes que les sépales. Filets blancs. Anthères d'un pourpre noirâtre. Style et stigmate blanchâtres. — Cette espèce croît dans les Alpes et dans les montagnes des contrées plus méridionales de l'Europe, ainsi que dans l'Altaï ; elle fleurit au printemps.

ÉRYTHRONE A LONGUES FEUILLES. — *Erythronium longifolium* Sweet, Brit. Flow. Gard, ser. 2, tab. 76. — *Erythronium Dens canis* Curt. Bot. Mag. tab. 6. — Bulbe gros, subsolitaire. Feuilles lancéolées-oblongues, pointues, nerveuses. Sépales oblongs-lancéolés, pointus, réfléchis. Ovaire ovoïde, légèrement 5-sulqué. Stigmate 5-fide : lanières linéaires, échancrées. — Bulbe noirâtre, solide, long d'environ 2 pouces, de la grosseur du doigt. Feuilles longues d'environ 4 pouces, sur 2 pouces de large, d'un vert foncé, marbrées de violet. Hampe grêle, dressée, rougeâtre, haute de 6 à 8 pouces. Périanthe pourpre ou blanc ; sépales longs de 1 ½ pouce, marqués à la base d'une tache brunâtre, arrondie, ou obovée, encadrée de blanc. Éta-

mines 2 fois plus courtes que les sépales. Filets blancs de même
que le style et le stigmate. Anthères d'un violet noirâtre. — Indigène des mêmes contrées que l'espèce précédente, et fleurissant
à la même époque.

ÉRYTHRONE D'AMÉRIQUE. —*Erythronium americanum* Smith,
in Rees. Cycl. — Gawl. in Bot. Mag. tab. 1115. — *Erythronium Dens canis :* γ, Linn. — Redout. Lil. tab. 194. — *Erythronium Dens canis* Mich. Flor. Bor. Amer. — *Erythronium
flavescens* Delaun. Herb de l'Amat. tab. 51. — *Erythronium
lanceolatum* Pursh, Flor. Amer. Sept. — Feuilles elliptiques-
lancéolées, involutées au sommet, finement ponctuées. Sépales
oblongs-lancéolés, obtus. Style claviforme. — Feuilles marbrées
de violet et de blanc. Périanthe d'un jaune vif. — Indigène de
l'Amérique septentrionale.

ÉRYTHRONE A GRANDE FLEUR. — *Erythronium grandiflorum*
Pursh, Flor. Amer. Sept. — Bot. Reg. tab. 1786. — Feuilles
oblongues-lancéolées ou linéaires-lancéolées, subconduppliquées,
obtuses. Sépales ovés-lancéolés, acuminés, réfléchis presque dès
la base. Stigmate triparti. — Feuilles immaculées. Fleur très-
grande, jaune, à fond blanc. Anthères alternativement pourpres
et jaunes. — Indigène du nord-ouest de l'Amérique.

Genre TULIPE. — *Tulipa* Tourn.

Périanthe 6-sépale, pétaloïde, régulier, caduc ; sépales
disjoints, subonguiculés, non-glanduleux, connivents en
forme de cloche ; les 3 intérieurs en général plus larges.
Étamines 6, courtes, hypogynes. Filets linéaires-subulés.
Anthères linéaires-oblongues, obtuses, échancrées à la base,
mobiles. Ovaire prismatique-trigone, allongé, non stipité,
3-loculaire, astyle, couronné d'un gros stigmate persistant,
à 3 lobes courts, arrondis, convexes, échancrés ; loges
multi-ovulées ; ovules bisériés, horizontaux. Capsule subcoriace, grosse, oblongue, trigone, triloculaire, loculicide-
trivalve, sans axe central ; valves fibrilleuses au bord ; lo-

ges polyspermes. Graines bisériées, obovées, aplaties, épaissies au bord, horizontales, inappendiculées ; hile petit ; tégument membraneux. — Herbes vivaces, à bulbe solide, ovoïde, enveloppé de plusieurs tuniques crustacées. Tige 1-flore ou rarement 2-flore, feuillée, dressée, cylindrique, simple. Feuilles glauques, alternes, sessiles, en général seulement 2 ou 3. Fleurs dressées ou nutantes avant la floraison, terminales, longuement pédonculées, ébractéolées, grandes, très-élégantes.— Genre propre aux régions tempérées de l'ancien continent ; on en connaît environ 20 espèces ; les suivantes se cultivent comme plantes d'ornement.

Tulipe odorante. — *Tulipa suaveolens* Roth, Cat. — Bot. Mag. tab. 839 et 2388. — Redout. Lil. tab. 111. — Delaun. Herb. de l'Amat. tab. 98. — Feuilles ovées-lancéolées, pubescentes en dessus, à peu près aussi longues que la tige. Tige pubescente. Fleur dressée, en forme de cloche très-évasée. Sépales subobtus, glabres de même que les filets des étamines. — Bulbe de la grosseur d'une Noix, non-stolonifère. Tige haute de 4 à 6 pouces. Fleur odorante, panachée de jaune et d'écarlate, ou moins souvent d'écarlate et de blanc. Sépales ovales-oblongs, 2 fois plus longs que les étamines. — Indigène de l'Europe méridionale ; fleurit en mars ou avril. Cette espèce est très-recherchée à cause du parfum et de la précocité de ses fleurs.

Tulipe pubescente. — *Tulipa pubescens* Willd. Enum. Suppl. — Sweet, Brit. Flow. Gard. ser. 1, tab. 78. — Feuilles oblongues-lancéolées, pubescentes, plus longues que la tige. Tige pubescente. Sépales-externes pointus. Sépales-internes obtus, mucronés. — Périanthe jaune, ou blanc, ou panaché de rouge et de blanc. — Indigène de l'Europe méridionale.

Tulipe étranglée. — *Tulipa strangulata* Reboul, Tulip. — *Tulipa scabriscapa* Strangways, in Bot. Reg. tab. 1990. — *Tulipa campsopetala* Delaun. Herb. de l'Amat. 5, tab. 172. — Tige un peu scabre, pubescente. Bulbe glabre. Périanthe contracté au-dessous du sommet. Sépales-externes plus grands, ovés, pointus. Sépales-internes obovés, brusquement acuminulés. (*Reboul, l. c.*) — Sépales pourpres, marqués à la base d'une tache noirâtre encadrée de jaune. — Indigène d'Italie.

Tulipe de Bonarota. — *Tulipa Bonarotiana* Bertol. — Reboul. — Sweet, Brit. Flow. Gard. ser. 2, tab. 116. — Tige pubescente, plus longue que les feuilles. Périanthe en forme de cloche très-évasée. Sépales elliptiques-lancéolés, pointus, barbus au sommet, involutés au bord, marqués à la base d'une petite tache rhomboïdale. (*Sweet, l. c.*)—Fleur dressée, grande, pourpre en dessus, jaunâtre en dessous, à fond violet. — Indigène d'Italie. (Suivant M. Kunth, c'est une variété du *Tulipa strangulata.*)

Tulipe des fleuristes. — *Tulipa Gesneriana* Linn. — Bot. Mag. tab. 1155. — Bot. Reg. tab. 580 ; ser. nov. tab. 46. — Delaun. Herb. de l'Amat. tab. 177-180. — Redout. Lil. tab. 478. — Feuilles ovées-lancéolées, glauques. Fleur dressée. Sépales obtus, glabres de même que les étamines. Stigmate à lobes décurrents. (*Smith, in Rees, Cycl.*)—Bulbe du volume d'une Noix. Tige haute de 1 pied à 1 ¹/₂ pied, glabre comme toute la plante. Fleur grande, campaniforme, en général jaune ou rouge chez la plante à l'état spontané, de couleurs très-variées et le plus souvent panachée dans les variétés de culture, qui sont pour ainsi dire innombrables. — Originaire d'Orient.

Tulipe turque. —*Tulipa turcica* Roth, Catalect. — Sweet, Brit. Flow. Gard. tab. 186. — *Tulipa acuminata* Vahl. — *Tulipa cornuta* Redout. Lil. tab. 445. — Bot. Reg. tab. 127. —*Tulipa stenopetala* Delaun. Herb. de l'Amat. tab. 171.—Tige glabre. Feuilles lancéolées-linéaires. Fleur dressée. Sépales lancéolés-acuminés, barbus au sommet. — Fleur blanche ou écarlate, grande. — Indigène de Perse.

Tulipe OEil de soleil — *Tulipa Oculus-solis* Saint-Amans, in Recueil de la Société d'Agricult. d'Agen, 1, p. 75.— Redout. Lil. tab. 219. — Delaun. Herb. de l'Amat. tab. 84. — Sweet,

Brit. Flow. Gard. ser. 2, tab. 102. — *Tulipa præcox* Strangw.
— Bot. Reg. tab. 1419. — Tige glabre, plus courte que les
feuilles. Feuilles lancéolées, longuement acuminées. Fleurs dressées. Sépales acuminulés, légèrement barbus au sommet; tache-
basilaire étroite, allongée. — Bulbe pubérule. Tige haute d'environ 1 pied. Fleur grande, campaniforme, très-évasée, pourpre, ou
panachée de poupre et de jaune. Sépales oblongs-obovés, à tache-
basilaire subrhomboïdale, d'un violet noirâtre, souvent encadrée
de jaune; les 5 internes plus étroits. — Indigène de l'Europe
méridionale.

Tulipe fétide.— *Tulipa maleolens* Reboul. Tulip.— Sweet,
Brit. Flow. Gard. ser. 2, tab. 155. — Bot. Reg. 1859, tab.
66. — Tige glabre, plus courte que les feuilles. Feuilles lancéolées, un peu ondulées, ciliolées, canaliculées en dessus, un peu
carénées en dessous. Fleur dressée. Sépales-externes ovés ou
ovés-oblongs, acuminulés. Sépales-internes elliptiques-obovés,
obtus.— Bulbe blanchâtre. Fleur grande, campaniforme, évasée,
panachée de rouge de diverses nuances et de jaune; tache-basilaire des sépales grande, subrhomboïdale, verdâtre. —Indigène
d'Italie.

Tulipe précoce. — *Tulipa præcox* Tenore, Flor. Napol. 1,
p. 170; tab. 52. — Sweet, Brit. Flow. Gard. tab. 157. —
Tulipa Raddii et *Tulipa Foxiana* Reboul. — Bulbe laineux.
Tige glabre, plus longue que les feuilles. Fleur dressée. Sépales-
externes ovés, pointus. Sépales-internes obovés, plus courts. —
Tige haute d'environ 1 pied. Fleur grande, d'un pourpre violet.
— Indigène d'Italie.

Tulipe du Liban. — *Tulipa montana* Lindl. in Bot. Reg.
tab. 1106. — Bulbe laineux. Tige feuillue. Feuilles oblongues-
lancéolées, canaliculées, ondulées; les supérieures linéaires.
Fleur dressée, écarlate. Sépales ovés, pointus. — Cette espèce
croît au Liban.

Tulipe de l'Écluse. — *Tulipa Clusiana* Vent. in Red. Lil.
tab. 37. — Bot. Mag. tab. 1390. — Delaun. Herb. de l'Amat.

tab. 71.—*Tulipa præcox* Cavan. — Bulbe laineux, stolonifère. Tige glabre. Feuilles linéaires-lancéolées, acuminées, glabres. Fleur dressée. Sépales lancéolés, à tache-basilaire grande, violette ; les 5 externes pointus, un peu plus grands, pourpres en dessous, blancs en dessus ; les internes blancs, subobtus. — Tige haute de ½ pied à 1 pied. Fleur de grandeur médiocre. Filets violets. Anthères jaunes. — Indigène de l'Europe australe.

Tulipe étoilée. — *Tulipa stellata* Hook. in Bot. Mag. tab. 2762. — Feuilles linéaires-lancéolées, subconvolutées. Sépales lancéolés, obtus, étalés : les 5 extérieurs plus courts. Filets égaux, glabres. Pistil plus court que les étamines. (*Hooker, l. c.*) — Fleur dressée. Sépales blancs, jaunes à la base, lavés de rose en dessous vers leur sommet. — Indigène de l'Himalaya.

Tulipe sauvage. — *Tulipa sylvestris* Linn. — Engl. Bot. tab. 63.— Flor. Dan. tab. 575. — Hook. Flor. Lond. tab. 19. — Redout. Lil. tab. 165. — Bot. Mag. tab. 1202. — Delaun. Herb. de l'Amat. tab. 140. — Feuilles lancéolées, acuminées, glabres de même que la tige. Fleur un peu inclinée avant l'épanouissement. Sépales acuminés : les 5 externes lancéolés, légèrement velus au sommet ; les 5 internes elliptiques, barbus au sommet. Filets barbus à la base. — Bulbe non-stolonifère, à tuniques glabres. Tige haute de 1 à 1 ½ pied, glauque de même que les feuilles. Fleur grande, jaune, odorante, campaniforme. — Cette espèce croît dans presque toute l'Europe ; fleurit en mars et en avril. — Variété à fleur double : Delaun. Herb. de l'Amat. tab. 141. — Le *Tulipa gallica* Lois. (in Delaun. Herb. de l'Amat. tab. 160) ne paraît différer aucunement du *Tulipa sylvestris*.

Tulipe rampante. — *Tulipa repens* Fisch. in Sweet, Hort. Brit.— Sweet, Brit. Flow. Gard. ser. 2, tab. 97.— Bulbe stolonifère. Tige 2-phylle, procombante à la base, glabre de même que les feuilles. Feuilles lancéolées-linéaires, pointues, condupliquées. Fleur dressée. Sépales acuminés, légèrement barbus au sommet : les externes lancéolés, étroits ; les internes lancéolés-

obovés ou lancéolés-elliptiques, 2 fois plus larges, pubérules à la
base aux 2 faces. Filets barbus à la base. — Bulbe glabre, du
volume d'une Noisette. Feuilles radicales solitaires, pétiolées,
lancéolées. Tige haute de 1 pied ou plus. Fleur jaune, campaniforme, de la grandeur de celle du *Tulipa sylvestris.* Étamines
jaunes. Stigmate court, trilobé. — Indigène de la Russie méridionale.

Tulipe de Cels. — *Tulipa Celsiana* D. C. in Redout. Lil.
tab. 58.— Delaun. Herb. de l'Amat. tab. 85.— *Tulipa Brey-
niana* Bot. Mag. tab. 717 (exclus. syn.). — *Tulipa sylvestris*
Gouan. — *Tulipa australis* Link.— *Tulipa transtagana* Bro-
tero.—Bulbe stolonifère. Feuilles lancéolées-linéaires, condupliquées, glabres de même que la tige. Fleur dressée. Sépales imberbes
au sommet, acuminés, glabres. Filets légèrement poilus à la base.
— Bulbe petit, glabre. Tige haute de 5 à 6 pouces. Fleur de
grandeur médiocre. Sépales en général d'un jaune orange en
dessus et d'un jaune pur en dessous, moins souvent jaunes aux
2 faces. Étamines jaunes. Stigmate court, pubescent, trilobé. —
Indigène de l'Europe méridionale ; fleurit en mars ou en avril.

Tulipe tricolore. — *Tulipa tricolor* Ledeb. Ic. Plant.
Ross. tab. 155. — Bot. Mag. tab. 5887. — Bulbe non-stolonifère. Tige subdiphylle. Feuilles oblongues-linéaires. Fleur
subnutante. Sépales pointus ; les intérieurs plus larges, ciliés à
la base. Filets barbus au-dessus de la base. — Sépales blancs en
dessus, avec une tache jaune à la base, verdâtres en dessous. —
Cette espèce croît dans l'Altaï.

Genre CYCLOBOTHRA. — *Cyclobothra* Sweet.

Périanthe 6-sépale, pétaloïde, régulier, caduc ; sépales
disjoints, connivents en forme de cloche, munis au-dessus
de leur base d'une glande concave, adnée, nectarifère ;
les 3 extérieurs pointus, en général imberbes ; les 3 intérieurs plus grands, barbus, ou velus en dessus. Étamines 6, dressées, insérées à la base des sépales. Filets

subulés. Anthères linéaires-oblongues, mobiles. Ovaire oblong, trièdre, triloculaire, astyle, couronné de 3 stigmates étroits, sublinéaires, canaliculés, recourbés, persistants. Loges multi-ovulées; ovules bisériés. Capsule trigone, subcoriace, oblongue, 3-loculaire, polysperme. Graines anguleuses. — Herbes vivaces, bulbeuses. Tige dressée, feuillée, en général rameuse dans sa partie supérieure. Feuilles planes, sessiles, amplexicaules, acuminées. Fleurs grandes, nutantes, terminales, pédonculées, solitaires, ou fasciculées. — Genre propre à l'Amérique septentrionale. Les espèces suivantes se cultivent comme plantes d'ornement.

CYCLOBOTHRA CHARMANT. — *Cyclobothra pulchella* Benth. in Hort. Trans. nov. ser. 1, p. 415, tab. 14, fig. 1. — Bot. Reg. tab. 1662. — Tige rameuse au sommet. Feuilles glauques. Pédoncules géminés ou ternés, plus courts que les bractées. Fleurs subglobuleuses. Sépales-externes ovés-lancéolés, verdâtres, presque aussi longs que les sépales-internes. Sépales-internes ovés, obtus, fimbriés, jaunes, barbus. — Indigène de la Nouvelle-Californie.

CYCLOBOTHRA BLANC. — *Cyclobothra alba* Benth. l. c. tab. 14, fig. 3. — Bot. Reg. tab. 1661. — Tige rameuse au sommet, 3- ou 4-flore. Feuilles glauques : la radicale linéaire-lancéolée ; les caulinaires beaucoup plus courtes. Pédoncules plus courts que les bractées. Fleurs oblongues, ventrues. Sépales ovés-lancéolés, acuminés, glabres, d'un jaune verdâtre, de moitié plus courts que les sépales-internes. Sépales-internes ovés-oblongs, très-obtus, blancs, velus en dessus et au bord, à glande jaune. — Indigène de la Nouvelle-Californie.

CYCLOBOTHRA JAUNE. — *Cyclobothra lutea* Lindl. in Bot. Reg. tab. 1665. — *Cyclobothra barbata* Sweet, Brit. Flow. Gard. tab. 275 (exclus. syn. Kunth.). — Tige presque simple, 1-flore, bulbillifere aux aisselles des feuilles. Fleur campaniforme, jaune. Sépales-externes ovés, acuminés, glabres, plus courts que les sépales-internes. Sépales-internes rhombiformes-ovés, acuminés, velus en dessus. — Indigène du Mexique.

CYCLOBOTHRA POURPRE. — *Cyclobothra purpurea* Sweet, Brit. Flow. Gard. ser. 2, tab. 20. — Tige pauciflore, rameuse au sommet, bulbillifère aux aisselles des feuilles, haute de 1 pied à 2 pieds. Feuilles glauques, pointues : les inférieures longues, sublinéaires ; les supérieures plus courtes et plus larges, oblongues-lancéolées. Fleurs campaniformes, évasées. Sépales-externes glabres, lancéolés-oblongs, pointus, verts, lavés de pourpre en dessous et de jaune en dessus, de moitié plus petits que les sépales-internes. Sépales-internes oblongs, obtus, velus en dessus et au bord, pourpres en dessous, panachés de vert et de jaune en dessus ; glandes d'un pourpre violet. Étamines plus courtes que le périanthe. — Indigène du Mexique.

Genre CALOCHORTE. — *Calochortus* Dougl.

Périanthe 6-sépale, pétaloïde, régulier, caduc ; sépales disjoints : les extérieurs linéaires-lancéolés, acuminés, étalés, en général verdâtres, imberbes ; les intérieurs plus courts, larges, arrondis, plans, subonguiculés, barbus au milieu, maculés à la base, connivents en forme d'urcéole dans leur partie inférieure, étalés dans le haut. Étamines 6, hypogynes. Filets subulés. Anthères linéaires-oblongues, mobiles. Ovaire 5-loculaire, 5-gone, astyle, couronné de 5 stigmates recourbés et repliés, persistants ; loges multi-ovulées ; ovules horizontaux, bisériés. Capsule subcoriace, trigone, triloculaire, polysperme, septicide-trivalve au sommet. Graines 1-sériées, comprimées, ovales ; tégument lâche, fongueux. — Herbes vivaces, à bulbe tuniqué. Tige dressée, feuillée, pauciflore, médiocrement rameuse. Feuilles étroites, acuminées, roides, engaînantes à la base. Fleurs terminales, solitaires, pédonculées, dressées, grandes, élégantes. — Genre propre à l'Amérique septentrionale ; les espèces suivantes se cultivent comme plantes d'ornement.

CALOCHORTE A GRAND FRUIT. — *Calochortus macrocarpus*
Douglas, in Hort. Trans. 7, tab. 8. — Bot. Reg. tab. 1152. —
Bulbe allongé, couvert de tuniques noirâtres. Tige haute de 1 $^1/_2$
pied à 2 pieds, glauque, 2-ou 5-flore, 5-à 5-phylle. Feuilles
glauques, sublinéaires, convolutées. Sépales-externes lancéolés-
linéaires, acuminés, 1-nervés, verdâtres en dessous, lilas en dessus. Sépales-intérieurs un peu plus courts que les extérieurs, mais
beaucoup plus larges, cunéiformes-obovés, acuminulés, lilas, verdâtres à la base ; barbe de poils blancs très-dense, encadrée de
soies jaunes. Étamines 5 fois plus courtes que les sépales. Anthères linéaires, violettes. Stigmate à lobes cordiformes, d'un
rose pâle. Capsule linéaire-oblongue, dressée. — Indigène de
l'Orégon.

CALOCHORTE BRILLANT. — *Calochortus splendens* Benth. in
Hort. Trans. nov. ser. 1, p. 411 ; tab. 15, fig. 1. — Lindl. in
Bot. Reg. tab. 1676. — Tige 5-à 5-flore. Feuilles étroites,
linéaires. Sépales-externes lancéolés, longuement acuminés, révolutés, verdâtres. Sépales-internes un peu plus courts, mais beaucoup plus larges que les sépales-externes, cunéiformes-obovés,
arrondis au sommet, de couleur lilas ; barbe de poils clair-semés,
concolores. Anthères bleuâtres. — Indigène de la Nouvelle-
Californie.

CALOCHORTE AGRÉABLE. — *Calochortus venustus* Benth. l. c.
p. 412 ; tab. 15, fig. 5. — Bot. Reg. tab. 1669. — Tige haute
d'environ 2 pieds, subquadriflore, oligophylle. Feuilles linéaires,
convolutées, acuminées. Sépales-externes ovés-lancéolés, acuminés, verdâtres, dressés, à peine plus longs que les sépales
internes. Sépales-internes cunéiformes - orbiculaires, crépus au
bord, blancs, maculés de jaune et de rouge vers les deux bouts ;
barbe de poils clair-semés. — Indigène de la Nouvelle-Californie.

CALOCHORTE JAUNE. — *Calochortus luteus* Douglas. — Lindl.
Bot. Reg. tab. 1567. — Tige subtriflore. Feuilles convolutées,
linéaires, acuminées, plus courtes que les pédoncules. Pédoncules
grêles. Sépales-externes verts, ovés-lancéolés, acuminés, recour-

lés au sommet. Sépales-internes aussi longs et beaucoup plus larges que les sépales-externes, cunéiformes, arrondis au sommet, transversalement barbus, jaunes au sommet, verts et ponctués de pourpre au milieu, verts à la base ; barbe de poils jaunes. Anthères jaunes. — Indigène de la Nouvelle-Californie.

SECTION II. **LILIÉES**. — *Liliéæ* Kunth.

Anthères versatiles, à base plus ou moins profondément bilobée.

Genre IMPÉRIALE. — *Petilium* Linn.

Périanthe 6-sépale, pétaloïde, régulier, caduc. Sépales disjoints, similaires, presque égaux, connivents en forme de cloche, munis en dessus à la base d'une glande concave, adnée, arrondie, immarginée, nectarifère. Étamines 6, insérées à la base des sépales. Filets filiformes. Anthères linéaires, apiculées, longitudinalement déhiscentes. Ovaire 3-loculaire, hexagone, 1-style ; loges multi-ovulées ; ovules bisériés, horizontaux. Style allongé, caduc, terminé par un stigmate à 3 gros lobes dressés et repliés. Capsule grosse, subcoriace, prismatique-hexaptère, 3-loculaire, polysperme, loculicide-trivalve, sans axe central ; valves fibrilleuses aux bords. Graines bisériées, horizontales, obovées, aplaties, marginées ; tégument membraneux, roussâtre. — Herbe vivace, à bulbe tuniqué. Tige simple, dressée, feuillue, multiflore. Feuilles étroites, éparses, sessiles. Fleurs grandes, terminales, pédicellées, nutantes, disposées en ombelle simple couronnée d'une touffe de feuilles. Pédicelles nus, défléchis après la floraison. — L'espèce suivante constitue à elle seule le genre.

IMPÉRIALE COURONNÉE. — *Petilium imperiale* Linn. Hort. Cliffort. — *Fritillaria imperialis* Linn. Spec. —Delaun. Herb. de l'Amat. tab. 459. — Bot. Mag. tab. 194 et 1215. — Redout. Lil. tab. 151. —*Imperialis comosa* Mœnch, Meth. — *Fritilla-*

ria Corona imperialis Gærtn. Fruct. — Bulbe gros, charnu.
Tige haute de 2 à 3 pieds, droite, cylindrique. Feuilles lancéolées, très-rapprochées, d'un vert gai. Fleurs fétides, de la grandeur et de la forme d'une Tulipe, ordinairement d'un jaune
orange, moins souvent rouges ou jaunes. Sépales oblongs-lancéolés, à glande d'un pourpre violet. — Plante d'ornement, originaire d'Orient, connue sous les noms vulgaires d'*Impériale,
Couronne impériale, Fritillaire impériale*; fleurit en avril;
elle passe pour être vénéneuse.

Genre FRITILLAIRE. — *Fritillaria* Tourn.

Périanthe 6-sépale, pétaloïde, régulier, caduc ; sépales
disjoints, similaires, presque égaux, connivents en forme
de cloche, munis antérieurement au-dessus de la base
d'une glande concave, adnée, nectarifère, immarginée, allongée. Étamines 6, hypogynes, plus courtes que le périanthe. Filets filiformes-subulés, droits. Anthères linéaires-oblongues, subtétragones, mobiles, longitudinalement
déhiscentes. Ovaire oblong, trigone, 3-loculaire. 1-style,
non-stipité; loges multi-ovulées ; ovules horizontaux, bisériés. Style caduc, subclaviforme, rectiligne, allongé,
terminé en 3 stigmates linéaires, canaliculés, obtus, divergents, papilleux en dessus. Capsule subcoriace, trigone
(par exception 6-gone), triloculaire, polysperme, loculicide-trivalve au sommet, sans axe central ; valves fibrilleuses au bord. Graines bisériées, horizontales, aplaties,
obovées, largement marginées, rousses ; tégument membraneux. — Herbes vivaces, à bulbe écailleux. Tige simple,
feuillée, 1-2 ou pluri-flore. Feuilles éparses, ou opposées,
ou subverticillées, sessiles. Fleurs grandes, élégantes, pédonculées, pendantes, ébractéolées, terminales, ou axil-
aires et terminales. — Genre propre aux régions extra-
ropicales de l'hémisphère septentrional ; la plupart des
espèces habitent l'ancien continent ; les suivantes se cultivent comme plantes d'ornement.

A. *Fleurs en grappe aphylle.*

FRITILLAIRE DE PERSE. — *Fritillaria persica* Linn. — Redout. Lil. tab. 67. — Bot. Mag. tab. 962 et 1557. — Feuilles subverticillées, obliques, lancéolées-oblongues, subobtuses. Grappe subpyramidale, multiflore, aphylle. — Tige haute d'environ 2 pieds. Feuilles glauques. Grappe 20-à 50-flore. Fleurs plus petites que dans la plupart des espèces congénères, d'un violet bleuâtre ; les sépales intérieurs marqués à la base d'une tache verdâtre triangulaire. — Présumé de Perse ; fleurit en avril.

B. *Fleurs soit axillaires et terminales, formant une grappe feuillée, soit terminales, solitaires ou géminées.*

FRITILLAIRE A FEUILLES DE TULIPE. — *Fritillaria tulipæfolia* Bieberst. Flor. Taur. Cauc. — Ejusd. Plant. Ross. 1, tab. 21. — *Fritillaria caucasica* Adam. — Tige 1-flore, nue dans sa partie inférieure, paucifoliée dans le haut. Feuilles éparses : les inférieures ovales, pointues ; les supérieures lancéolées, acuminées. Sépales concolores. (*Wickstrœm, in Act. Acad. Holm.* 2, p. 10.) — Tige haute de 1/2 pied à 1 pied. Feuilles très-glauques. Fleur d'un pourpre brunâtre. — Indigène du Caucase et de la Russie méridionale ; fleurit au printemps.

FRITILLAIRE A GRAPPE. — *Fritillaria racemosa* Smith, in Rees, Cycl. — Bot. Mag. tab. 952. — *Fritillaria nigra* Mill. Dict. — *Fritillaria pyrenaica* Hort. Kew. — *Fritillaria tenella* Bieberst. Flor. Taur. — *Fritillaria orientalis* Adam. — Tige pauciflore ou pluriflore (parfois 1-flore). Feuilles linéaires, pointues, presque planes. Sépales presque droits, tous gibbeux à la base. Glande oblongue. (*Smith, l. c.*) — Sépales d'un violet glauqué en dessus, panachés de jaune, de brun et de pourpre en dessous. — Indigène du Caucase et de la Russie méridionale; fleurit au printemps.

FRITILLAIRE A LARGES FEUILLES. — *Fritillaria latifolia* Willd. Spec. — Bot. Mag. tab. 857 et 1207. — Redout. Lil. tab. 51. — Tige 1-flore, nue vers sa base, feuillue dans le haut.

Feuilles éparses, glauques, épaisses, allongées, lancéolées, pointues, ou acuminées. Sépales subelliptiques, concolores. (*Wickstrœm, in Act. Acad. Holm.* 2, p. 10.) — Sépales d'un pourpre brunâtre, souvent panachés de taches brunes carrées disposées en damier. — Indigène du Caucase et de l'Europe méridionale ; fleurit au printemps.

Fritillaire jaune.— *Fritillaria lutea* Bieberst. Flor. Taur.
Cauc.; Plant. Ross. 1, tab. 41. — *Fritillaria latifolia lutea*
Bot. Mag. tab. 1558. — *Fritillaria collina* Adam. — Tige 1-
flore. Feuilles linéaires-lancéolées, alternes ; les supérieures rapprochées, plus courtes que la fleur. (*Bieberstein, l. c.*) — Fleur
de la grandeur de celle du *Fritillaria Meleagris*, jaune, avec
des taches brunâtres carrées disposées en damier. — Indigène du
Caucase ; fleurit au printemps.

Fritillaire Damier.— *Fritillaria Meleagris* Linn. —Engl.
Bot. tab. 622. — Jacq. Flor. Austr. App. tab. 52. — Flor.
Dan. tab. 972. — Redout. Lil. tab. 222. — Herb. de l'Amat.
tab. 65.—Tige 1-ou 2-flore, feuillée. Feuilles linéaires, canaliculées, recourbées, subéquidistancées, toutes alternes. Sépales
connivents au sommet, panachés de taches carrées et disposées
en damier. — Tige haute d'environ 1 pied. Feuilles d'un vert
foncé, peu nombreuses, étroites. Fleurs en général solitaires.
Sépales ovés-lancéolés, calleux au sommet, panachés de carrés
alternativement jaunes ou blancs et pourpres. — Variété à fleur
blanche non-panachée : *Fritillaria præcox* Sweet, Hort. Brit.
— Cette espèce croît dans les prairies humides de l'Europe
moyenne et de l'Europe septentrionale ; fleurit au printemps.

Fritillaire mineure. — *Fritillaria minor* Ledeb. Ic. Plant.
Ross. tab. 140. — Bot. Mag. tab. 5280. — Tige 1-à 5-flore,
nue vers la base. Feuilles éparses, linéaires, canaliculées. Sépales
plus ou moins panachés de taches carrées ; les extérieurs oblongs;
les intérieurs plus larges, obovés. — Fleurs d'un violet livide.
— Indigène de Sibérie ; fleurit au printemps.

Fritillaire verticillée. — *Fritillaria verticillata* Willd.

Spec. — Ledeb. Ic. tab. 2. — Tige 1-flore ou pluriflore, nue dans sa partie inférieure, feuillue dans le haut. Feuilles lancéolées, cirrifères : les inférieures opposées; les supérieures verticillées. Périanthe blanc, unicolore. — Indigène de Sibérie.

FRITILLAIRE A FLEUR BLANCHE. — *Fritillaria leucantha* Graham, in Bot. Mag. tab. 5085. — Tige pauciflore. Feuilles inférieures opposées, ovées, subobtuses, multinervées. Feuilles supérieures verticillées, linéaires-lancéolées, carénées, cirrifères au sommet. Périanthe blanc, non-panaché. — Indigène de Sibérie.

Genre LIS. — *Lilium* Linn.

Périanthe 6-sépale, pétaloïde, régulier, caduc; sépales disjoints, similaires, onguiculés, ou inonguiculés, plus ou moins connivents dans leur partie inférieure, étalés ou révolutés dans le haut, munis antérieurement (de la base jusque vers le milieu) d'une glande nectarifère adnée concave linéaire. Étamines 6, hypogynes. Filets droits, linéaires, subulés au sommet. Anthères linéaires-oblongues, obtuses ou échancrées, bilobées à la base, longitudinalement déhiscentes, versatiles. Ovaire prismatique-trigone (rarement hexaèdre), 5-loculaire, 1-style; loges multiovulées; ovules horizontaux, bisériés. Style caduc, columnaire, droit (rarement arqué), allongé, terminé par un stigmate disciforme ou capitellé, trilobé. Capsule oblongue ou obovée, obtuse, hexagone, subcoriace, triloculaire, polysperme, loculicide-trivalve au sommet, sans axe central ; valves fibrilleuses au bord. Graines horizontales, bisériées, obliquement obovées, rousses ou jaunâtres; tégument mince, subspongieux.—Herbes vivaces, à bulbe écailleux, souvent stolonifère. Tige simple, dressée, feuillée, 1-flore, ou pluriflore. Feuilles éparses ou verticillées, en général étroites. Fleurs dressées ou nutantes, grandes, élégantes, terminales, pédonculées, ébractéolées, disposées en ombelle, ou en grappe, ou en corymbe. — Genre propre aux régions extra-tropicales de l'hémisphère septentrional ; les espèces suivantes se cultivent comme plantes d'ornement.

SECTION I. — **MARTAGON** Endl.

Sépales inonguiculés, révolutés. Fleurs nutantes.

A. *Feuilles verticillées (du moins dans le milieu de la tige).*

LIS MARTAGON. — *Lilium Martagon* Linn. — Jacq. Flor. Austr. tab. 551. — Bot. Mag. tab. 893 et 1654. — Redout. Lil. tab. 146. — Feuilles elliptiques-lancéolées ou oblongues-lancéolées, acuminées, scabres au bord. Tige glabre ou pubescente, 5-à 20-flore. Fleurs en grappe lâche.—Bulbe jaune, composé d'écailles ovées. Tige haute de 2 à 4 pieds, souvent ponctuée de noir. Feuilles nerveuses, subpétiolées, d'un vert foncé. Fleurs à odeur peu agréable. Sépales oblongs-lancéolés, épais, d'un lilas violet (blancs ou jaunes ou rosés dans des variétés de culture), ponctués de pourpre à la base; glande ciliée. Étamines plus courtes que le périanthe. Anthères et stigmate d'un pourpre brunâtre. Ovaire hexaèdre, profondément 6-sulqué. Capsule obovée, hexagone, à angles marginés. — Indigène de presque toute l'Europe ; croît dans les prairies subalpines et les bois ; fleurit en été.

LIS DU CANADA. — *Lilium canadense* Linn. Spec. — Catesb. Carol. 3, tab. 11. — Bot. Mag. tab. 800 et 858. — *Lilium penduliflorum* Redout. Lil. tab. 105. — Feuilles lancéolées, 5-nervées, velues en dessous aux nervures ; verticilles distancés. Tige 3-à 10-flore. Fleurs en ombelle.—Tige haute de 2 à 4 pieds, glabre. Feuilles toutes verticillées. Pédoncules longs, réfléchis. Périanthe subcampaniforme. Sépales d'un jaune orangé, ou écarlates, ponctués de pourpre à la base, lancéolés. — Indigène de l'Amérique septentrionale ; fleurit en juillet.

LIS DE CAROLINE. — *Lilium carolinianum* Mich. Flor. Bor. Amer. — Bot. Reg. tab. 580.— Bot. Mag. tab. 2280.— *Lilium Michauxii* Poir. Enc. — *Lilium autumnale* Lodd. Bot. Cab.

tab. 555. — Delaun. Herb. de l'Amat. vol. 6.— Feuilles cunéiformes-lancéolées ou obovales, glabres, obscurément 5-nervées,
éparses et verticillées. — Fleurs terminales, subternées. — Tige
haute d'environ 2 pieds, glabre. Feuilles la plupart verticillées.
Sépales lancéolés, très-pointus, d'un jaune orange, ponctués de
pourpre foncé. — Indigène des montagnes des États-Unis.

LIS SUPERBE.—*Lilium superbum* Linn. Spec.—Catesb. Carol.
2, tab. 56.— Bot. Mag. tab. 956.—Redout. Lil. tab. 105. —
Feuilles lancéolées-linéaires, 5-nervées, glabres ; les inférieures
verticillées (6 à 9), les autres éparses. Tige glabre, multiflore.
Fleurs en grappe pyramidale. — Tige haute de 4 à 8 pieds,
souvent violette. Grappe 50-50-flore. Sépales d'un rouge orange,
ponctués de pourpre foncé. — Indigène de l'Amérique septentrionale ; ne réussit que dans les expositions fraîches et humides ;
fleurit en été.

B. *Feuilles toutes éparses.*

LIS MAGNIFIQUE. — *Lilium speciosum* Thunb. in Linn.
Trans. 2, p. 552.—Bot. Reg. tab. 2000. — Siebold et Zuccar.
Flor. Japon. tab. 12 et 13, I. — Tige flexueuse et rameuse vers
le sommet. Feuilles courtement pétiolées ou subsessiles, ovées,
ou oblongues, acuminées, arrondies à la base, glabres, très-entières ; les supérieures linéaires-lancéolées. Fleurs solitaires au
sommet des rameaux. Sépales papilleux en dessus à la base. —
Tige haute de 2 à 5 pieds ; rameaux axillaires, divariqués, longs
de 4 à 5 pouces, en général 1-flores et garnis d'une seule feuille.
Feuilles étalées ou subréfléchies, 5-ou 7-nervées ; les inférieures
longues de 5 à 6 pouces ; les supérieures longues de 2 à 5 pouces ; les raméaires petites , linéaires-lancéolées. Sépales longs
d'environ 5 pouces, sur un pouce de large, révolutés presque
dès la base, roses et maculés de pourpre, couverts en dessus depuis la base jusque vers le milieu de papilles claviformes. Étamines plus courtes que le périanthe. Filets blanchâtres. Anthères brunes. Ovaire 6-gone. Style dressé, aussi long que les
étamines. Capsule oblique, 6-gone, rétuse aux 2 bouts. — Variété à fleur blanche, immaculée : *Lilium speciosum Tametemo*

Siebold et Zuccar l. c. — *Lilium speciosum albiflorum* Hook. in Bot. Mag. tab. 5875. — Cette espèce, fréquemment cultivée au Japon, introduite en Europe par M. de Siebold, est originaire de la Corée.

Lis TIGRÉ.—*Lilium tigrinum* Gawl. in Bot. Mag. tab. 1237. — Delaun. Herb. de l'Amat. tab. 91. — Redout. Lil. tab. 595 et 475. — *Lilium speciosum* Andr. Bot. Rep. tab. 586. — Tige laineuse, bulbillifère aux aisselles des feuilles, en général multiflore. Feuilles lancéolées, glabres; les florales ovées. Fleurs en thyrse. Sépales papilleux en dessus. — Tige haute de 5 à 6 pieds, ordinairement violette, 12-40-flore (pauciflore chez les individus jeunes ou dans les sols maigres). Feuilles d'un vert foncé. Bulbilles-axillaires d'un violet noirâtre, caduques à l'époque de la floraison. Fleurs grandes, d'un rouge écarlate, marquées en dessus de petites taches d'un pourpre noirâtre. Papilles jaunes. — Indigène de la Chine ou du Japon ; fleurit en juillet ou août. Le bulbe est comestible.

Lis CONCOLORE. — *Lilium concolor* Salisb. Parad. tab. 47. —Bot. Mag. tab. 1165.—Tige scabre. Feuilles lancéolées. Fleurs dressées. Périanthe subcampanulé. Sépales lancéolés, réfléchis au sommet ; glandes muriquées au bord. Style plus court que l'ovaire. (*Fischer et Meyer, Index Sem. Petrop.* 6, p. 15.) — Tige haute de 2 à 3 pieds, 2-à 5-flore. Feuilles scabres en dessous sur la côte, bordées de petites crénelures cartilagineuses. Pédoncules en corymbe, ordinairement plus longs que la fleur. Sépales longs de 1 ½ pouce ou plus, étalés dès la base, d'un rouge orange, tantôt non-ponctués, tantôt ponctués de noir. Anthères pourpres. Capsule turbinée-columnaire, obscurément 6-gone, aptère. — Indigène de Chine.

Lis MONADELPHE. — *Lilium monadelphum* Bieberst. Flor. Taur. Cauc.; Id. Plant. Ross. 1, tab. 4.— Bot. Mag. tab. 1405. — Feuilles lancéolées, pubescentes en dessous aux nervures. Fleurs nutantes. Périanthe subcampanulé. Sépales réfléchis au sommet. Étamines monadelphes à la base. Style toujours rectiligne, Capsule hexaèdre. — Tige haute de 5 à 5 ¹/₂ pieds, 1-50-flore. Feuilles inférieures larges, nerveuses. Sépales d'un jaune de citron, ponctués de rouge. Anthères jaunes. Pédoncules-fructifères ascendants, arqués. Capsule longue de 1 ¹/₂ pouce ou plus, columnaire à angles marginés. (*Fischer et Meyer, l. c.* p. 14.) — Indigène du Caucase.

Lis Turban. — *Lilium pomponium* Linn. — Bot. Mag. tab. 974. — Feuilles étalées, lancéolées-linéaires, les supérieures graduellement plus étroites et très-rapprochées, ciliées, glabres en dessous. Fleurs nutantes. Sépales révolutés. (*Koch, Syn.*)— Tige feuillue, haute de 1 à 2 pieds, 2-6-flore. Fleurs en grappe. Sépales d'un rouge écarlate, papilleux en dessus et ponctués de noir. — Europe méridionale. Cultivé sous les noms de *Lis Turban, Lis de Pomponne, Martagon de Pomponne;* ces noms s'appliquent aussi au *Lilium chalcedonicum* et au *Lilium carniolicum,* qu'on confond souvent avec le *Lilium pomponium.* Fleurit en juillet.

Lis de Carniole.—*Lilium carniolicum* Bernhardi.—Koch, Synops. p. 708. — *Lilium chalcedonicum* Mert. et Koch, Deutschl. Flor. — Jacq. Flor. Austr. App. tab. 29. (non Linn.) —Feuilles toutes presque étalées, équidistancées, lancéolées, pointues, 5-ou 7-nervées, pubescentes au bord et en dessous aux nervures; les supérieures graduellement plus courtes. Tige glabre. Fleurs nutantes. Sépales révolutés. (*Koch, l. c.*)—Tige haute de 1 pied à 2 pieds, feuillue, 4-6-flore. Feuilles d'un vert foncé. Fleurs semblables à celles de l'espèce précédente. Sépales d'un jaune orange ou écarlates, marqués de petites taches d'un pourpre noirâtre. — Cette espèce croît dans les Alpes d'Autriche; fleurit en juillet.

Lis de Chalcédoine. — *Lilium chalcedonicum* Linn. — Bot. Mag. tab. 50. — Redout. Lil. tab. 276. — *Lilium pomponium* Redout. Lil. tab. 7. — Tige feuillue jusqu'au sommet, pubérule, scabre. Feuilles lancéolées-linéaires, subobtuses, glabres en dessous, pubérules et scabres au bord, contournées, sans transition plus petites et apprimées à partir du milieu de la tige. Fleurs nutantes. Sépales révolutés, papilleux en dessus. (*Koch, Syn.*) — Tige haute de 1 pied à 2 pieds, 1-6-flore. Feuilles d'un vert foncé. Fleurs semblables à celles des 2 espèces précédentes. Sépales pourpres ou écarlates, ponctués de pourpre-noir. — Indigène de l'Europe méridionale et d'Orient.

LIS DES PYRÉNÉES. — *Lilium pyrenaicum* Gouan, Ill. — Redout. Lil. tab. 145.—Bot. Mag. tab. 798. — Ce Lis paraît ne différer essentiellement des 5 espèces précédentes que par ses fleurs d'un jaune verdâtre, ponctuées de noir. —Indigène des Pyrénées.

LIS A FEUILLES MENUES. — *Lilium tenuifolium* Fischer, Hort. Gor. — Reichenb. Ic. Exot. tab. 79. — Schrank, Hort. Mon. tab. 91. — Bot. Mag. tab. 5140. — Sweet, Brit. Flow. Gard. tab. 275. — Feuilles très-étroites, linéaires. Tige 1-flore ou 2-flore, aphylle vers le haut. Fleurs nutantes. Sépales subrévolutés, pubérules aux bords de la glande. — Fleur semblable à celle du *Lilium pomponium*. — Indigène de Sibérie.

LIS NAIN. — *Lilium pumilum* Red. Lil. tab. 578. — Bot. Reg. tab. 152. — Lodd. Bot. Cab. tab. 558. — Feuilles linéaires-subulées, glabres. Fleurs pendantes. Sépales révolutés, à glande glabre. —Fleurs semblables à celles du *Lilium pomponium*.

SECTION II. **PSEUDOLIRION** Endl.

Sépales onguiculés, connivents en forme de cloche ; les intérieurs plus petits.

LIS DE PHILADELPHIE.—*Lilium philadelphicum* Linn.—Bot. Mag. tab. 519. — Redout. Lil. tab. 104. — Lodd. Bot. Cab. tab. 976. — Delaun. Herb. de l'Amat. tab. 92. — Bot. Reg. tab. 594. — *Lilium umbellatum* Pursh. — *Lilium andinum* Nutt. — Tige glabre, 4-5-flore. Feuilles verticillées (4 à 8), ovales-oblongues ou lancéolées. Fleurs dressées. Sépales lancéolés-spathulés. — Tige haute d'environ 2 pieds. Feuilles 1-nervées, la

plupart verticillées. Fleurs grandes, terminales, très-évasées. Sépales d'un rouge orange, d'un jaune verdâtre et ponctués de
noir vers la base. Anthères d'un pourpre noirâtre. — Indigène
des États-Unis ; fleurit en juillet.

LIS DE CATESBY. — *Lilium Catesbæi* Walt. Carol. — Bot.
Mag. tab. 259. — Lodd. Bot. Cab. tab. 807. — Sweet, Brit.
Flow. Gard. ser. 2, tab. 185.—*Lilium carolinianum* Catesb.
Carol. 2, tab. 58. — *Lilium spectabile* Salisb. Stirp. Rar. 9,
tab. 5. — Tige 1-flore, nue vers le sommet. Feuilles linéaires-
lancéolées, glabres, éparses. Fleur dressée. Sépales longuement onguiculés, ovés-lancéolés, acuminés, ondulés au bord, réfléchis au
sommet. Tige glabre, haute d'environ 2 pieds. Feuilles sessiles,
pointues, d'un vert foncé en dessus. Sépales d'un jaune verdâtre
en dessous, pourpres en dessus (excepté vers la base, où ils sont
jaunes et maculés de noir), longs de 2 à 3 pouces (y compris
l'onglet, qui est à peu près de moitié plus court que la lame) ; les
externes un peu plus longs et presque 2 fois plus larges que les
internes. Étamines un peu plus courtes que le périanthe. Filets
filiformes, pourpres. Anthères jaunes. Style beaucoup plus long
que l'ovaire, un peu plus long que les étamines, droit, vert.
Stigmate subclaviforme, gros, pourpre, obtus, obscurément 3
lobé. — Indigène des États-Unis. Fleurit en juillet ou août.

SECTION III. **EULIRION** Endl.

Sépales inonguiculés, connivents en forme de cloche.

A. *Fleurs de couleur rouge ou orange.*

LIS DE DAOURIE.—*Lilium davuricum* Gawl. in Bot. Mag. sub.
fol. 1210. — *Lilium pensylvanicum* Gawl. in Bot. Mag. tab.
872.—*Lilium spectabile* Fisch. Cat. Hort. Petrop.—Reichenb.
Ic. Exot. 1, tab. 50. — Tige ailée. Feuilles éparses. Fleurs
dressées. Périanthe subcampanulé ; glandes muriquées au bord.
Style 2 fois plus long que l'ovaire. Capsule obovée-turbinée,
aptère, 6-sulquée. Amande de la graine 2 fois plus large que le
rebord. — Tige haute de ½ pied à 3 ½ pieds, 1-9-flore, sans

bulbilles axillaires. Feuilles étroites, lancéolées, 5-nervées, glabres en dessus, velues en dessous vers le bord, subcrénelées, pointues, longues de 3 à 4 pouces, quelquefois subverticillées ; les florales constamment verticillées, en nombre égal à celui des pédoncules. Pédoncules légèrement cotonneux, en ombelle terminale. Fleurs de la grandeur de celles du Lis orangé. Sépales laineux en dessous, d'un rouge de brique ou oranges en dessus, presque lisses à partir du milieu. Pistil finalement plus long que les étamines. Graines rousses. (*Fischer* et *Meyer, Ind. Sem. Hort. Petrop.* 6, p. 16.) — Indigène du Kamtchatka et de la Sibérie orientale.

Lis BULBIFÈRE. — *Lilium bulbiferum* Linn. — Jacq. Flor. Austr. tab. 226. — Bot. Mag. tab. 1018. — *Lilium latifolium* Link, Enum. — Tige anguleuse (angles carénés), bulbillifère aux aisselles. Feuilles éparses. Fleurs dressées. Périanthe sub-campanulé, longuement muriqué aux bords des glandes. Style 2 fois plus long que l'ovaire. Capsule turbinée-columnaire, hexagone, profondément ombiliquée. Amande de la graine 8 fois plus large que son rebord. — Tige haute de 1 1/2 pied'à 3 pieds, 1-à 17-flore. Feuilles étroites ou plus ou moins larges, presque glabres, lancéolées ; les florales subverticillées lorsque la tige est pluriflore. Pédoncules disposés en corymbe ou en grappe. Fleurs semblables à celles du *Lis orangé*. Sépales d'un rouge orangé, aranéeux en dessous, muriqués en dessus jusqu'au delà du milieu. Capsule longue de 1 1/2 pouce à 2 pouces. Graines rousses. (*Fischer* et *Meyer, l. c.*) — Cette espèce croît dans les Alpes d'Europe.

Lis ORANGÉ. — *Lilium croceum* Chaix, in Villars, Dauph. — *Lilium bulbiferum* Redout. Lil. tab. 210. — Tige anguleuse (angles carénés), 1-17-flore. Feuilles éparses. Fleurs dressées. Périanthe subcampanulé. Sépales longuement muriqués aux bords des glandes. Style 2 fois plus long que l'ovaire. Capsule colum-naire, hexaèdre, profondément ombiliquée. Amande de la graine 3 fois plus large que son rebord. — Tige haute de 1 pied à 3 pieds, sans bulbilles axillaires. Feuilles lancéolées, étroites, presque glabres ; les florales souvent verticillées. Pédoncules aranéeux, disposés tantôt en grappe, tantôt en ombelle, ou bien les inférieurs en grappe et les supérieurs en ombelle. Fleurs grandes, oranges, ou d'un jaune de safran. Sépales maculés de brun en dessus ; les externes lancéolés-elliptiques ; les internes ovés. Filets et style de couleur orange. Capsule longue d'environ 2 pouces, à angles bordés d'une aile étroite. Graines rousses. (*Fischer* et *Meyer*, *l. c.* p. 15.) — Indigène des Alpes d'Europe. Très-communément cultivé dans les jardins.

LIS DE THUNBERG.—*Lilium Thunbergianum* Rœm. et Schult. Syst. — Bot. Reg. 1839, tab. 38.—*Lilium bulbiferum* Thunb. in Linn. Trans. — *Lilium philadelphicum* Thunb. Flor. Jap. —Tige velue dans sa partie supérieure. Feuilles ovées-lancéolées : les inférieures alternes ; les supérieures verticillées. Fleurs terminales, dressées. Sépales révolutés au sommet, glabres en dessus, beaucoup plus longs que les étamines. — Indigène du Japon.

B. *Fleurs blanches.*

LIS BLANC.—*Lilium candidum* Linn.—Bot. Mag. tab. 278. — Redout. Lil. tab. 199. — Hayn. Arzn. 8, tab. 26. — Tige graduellement effilée jusqu'au sommet. Feuilles éparses, décrescentes : les basilaires cunéiformes-lancéolées, les supérieures la plupart linéaires-lancéolées ; les florales ovées-lancéolées. Périanthe campanulé, glabre en dedans. Style trisulqué au sommet. (*Hayne*, *l. c.*) — Bulbe gros, blanchâtre. Tige haute de 3 à 4 pieds, cylindrique, feuillue, en général 10-15-flore. Feuilles sessiles, d'un vert gai. Fleurs en grappe, presque dressées, très-odorantes, d'un blanc éclatant. Anthères jaunes. — Originaire de Syrie et de Perse. C'est cette espèce qu'on désigne vulgairement par le seul nom de *Lis*, sans épithète spéciale. Le parfum qu'exhalent ses fleurs a des propriétés narcotiques ; il occasionne, chez les personnes nerveuses, des maux de tête et des vertiges. Le bulbe peut servir à faire des cataplasmes émollients. — On cultive une variété de ce Lis à fleurs lavées de rouge : les fleuristes l'appellent *Lis ensanglanté.*

LIS DE CONSTANTINOPLE. — *Lilium peregrinum* Mill. Dict.

— Hayn. Arzn. 8, tab. 27. — Sweet, Brit. Flow. Gard. ser. 2, tab. 567. — Tige atténuée seulement jusqu'au milieu. Feuilles éparses, décrescentes : les basilaires cunéiformes-lancéolées ; les supérieures la plupart linéaires ; les florales lancéolées. Périanthe campanulé, glabre en dedans. Style trigone au sommet. (*Hayne, l. c.*) — Tige moins haute que celle du *Lis blanc.* Feuilles plus étroites. Fleurs moins grandes, inclinées. Ce Lis est probablement une variété de culture du Lis blanc.

Lis du Japon. — *Lilium japonicum* Thunb. Flor. Jap. — Bot. Mag. tab. 1591. — Lodd. Bot. Cab. tab. 458. — De-laun. Herb. de l'Amat. vol. 6. — Feuilles éparses, lancéolées, mucronées, nerveuses, glabres. Tige 1-flore. Périanthe turbiné-campanulé, nutant. Sépales elliptiques-oblongs, obtus, étalés au sommet. — Tige cylindrique, haute d'environ 2 pieds. Feuilles pétiolées, acuminées, 3-ou 5-nervées, longues d'environ 1 pied. Périanthe long d'environ 8 pouces, rougeâtre en dehors, d'un blanc de neige en dedans. — Indigène de Chine et du Japon.

Section IV. **CARDIOCRINUM** Endl.

Sépales subonguiculés, connivents en forme de cloche, étalés au sommet, glande sacciforme.

Lis a feuilles cordiformes. — *Lilium cordifolium* Thunb. in Linn. Trans. (non Don.) — Sieb. et Zuccar. Flor. Japon. fasc. 5, p. 55 ; tab. 15, II, et tab. 14. — Banks, Ic. Kæmpf. tab. 46. — *Hemerocallis cordata* Thunb. Flor. Japon. — Feuilles ovées, profondément cordiformes à la base, pointues, toutes lon-guement pétiolées. Tige 2-ou 3-flore. Fleurs sessiles, alternes, presque en épi. Bractées lancéolées, spathacées, persistantes. Sé-pales pointus. Capsule à valves tricarénées. — Tige roide, cylin-drique, glabre, de la grosseur du doigt, souvent violette ou maculée de violet. Feuilles grandes, légèrement ondulées, d'un vert foncé, glabres ; les inférieures longues de 4 à 5 pouces, rap-prochées ; pétiole long de 5 à 4 pouces. Bractées longues de près de 5 pouces, glabres, membranacées, oblongues-lancéolées, acu-minées. Périanthe subinfondibuliforme, très-rétréci vers sa base,

long de 5 à 6 pouces. Sépales oblongs-spathulés, larges d'environ
1 pouce, striés, glabres, blanchâtres, ponctués de violet en dessus ;
glande (fovéole nectarifère) oblongue. Étamines dressées, conniventes, anisomètres, plus courtes (à peu près de moitié) que les
sépales. Filets blancs. Anthères d'un jaune pâle. Style un peu plus
long que les étamines. Stigmate à 5 lobes connivents. Capsule
ovée, trigone, substipitée. — Indigène du Japon. Le bulbe est
comestible.

LIS GIGANTESQUE. — *Lilium giganteum* Siebold et Zuccar.
l. c. p. 35, in adnot. — *Lilium cordifolium* Wallich, Tent.
Flor. Nepal. tab. 12 et 15. (exclus. syn.)—Feuilles grandes,
ovées, pointues : les inférieures longuement pétiolées, cordiformes à la base ; les supérieures subsessiles, arrondies à la base.
Tige 8-à 10-flore. Fleurs courtement pédonculées, disposées en
grappe. Bractéoles subulées. Capsule à valves 1-carénées. (*Sieb.*
et *Zucc. l c.*)—Fleurs longues d'environ $^1/_2$ pied, subinfondibu-
liformes, d'un blanc verdâtre en dessous, d'un blanc sale et
ponctuées de violet en dessus. — Indigène du Népaul.

Genre YUCCA. — *Yucca* Linn.

Périanthe 6-sépale, pétaloïde, marcescent ; sépales cohérents par la base, elliptiques, ou oblongs, acuminés, ou
pointus, nerveux, presque de même longueur, non-glanduleux, plus ou moins connivents ; les 5 internes plus larges. Étamines 6, plus courtes que le périanthe, insérées à
la base des sépales. Filets charnus, claviformes, un peu
comprimés, papilleux, apiculés, recourbés au sommet
après l'anthèse. Anthères sagittiformes, ou cordiformes-
oblongues, petites, pointues, versatiles. Ovaire gros, non-
stipité, subconique, ou fusiforme, profondément trisulqué, complétement ou incomplétement triloculaire, muni
vers la base de 5 fossettes nectarifères ; loges multi-ovulées ; ovules horizontaux, bisériés, anatropes. Style nul ou
gros et très-court. Stigmates 5, gros, plus ou moins allongés, canaliculés en dessus, échancrés, ou bilobés. Capsule

charnue, oblongue, 5-ou 6-gone, triloculaire, loculicide-
trivalve au sommet; loges polyspermes. Graines obovées,
plus ou moins comprimées, 2-sériées, séparées par des
diaphragmes membraneux ; tégument mince, noir, opa-
que, subcoriace. — Arbres ou arbrisseaux; tronc droit,
très-simple, feuillu au sommet, chez plusieurs espèces réduit à une courte souche en grande partie souterraine.
Feuilles linéaires, ou lancéolées, ou linéaires-lancéolées,
très-nombreuses, couronnantes, touffues, roides, coriaces,
persistantes, sessiles, longues, étroites, très-entières, ou
spinelleuses au bord, élargies à leur base, incomplétement
amplexatiles. Inflorescence terminale, formant une panicule thyrsoïde, aphylle, garnie de bractées herbacées, colorées. Fleurs grandes (le plus souvent blanches), pédicellées, pendantes ; pédicelles 1-bractéolés à la base. —
Les *Yucca* sont remarquables non-seulement par la beauté
de leurs fleurs, mais surtout par leur port pittoresque ;
ces végétaux font l'ornement des serres ; plusieurs espèces sont assez rustiques pour être cultivées en pleine terre
dans le nord de la France.

A. *Feuilles denticulées au bord, et fortement mucronées au
sommet ; dentelures petites, cartilagineuses, piquantes,
très-nombreuses.*

Yucca a feuilles d'Aloès.—*Yucca aloifolia* Linn.—Pluk.
Almag. tab. 256, fig. 5. — De Cand. Plantes Grasses, tab. 20.
— Tussac, Flore des Antilles, 2, tab. 29. — Redout. Lil. tab.
401 et 402.—Bot. Mag. tab. 1700.—Dill. Hort. Elth. tab. 523,
fig. 416. —Feuilles très-roides, contiguës, linéaires-lancéolées,
dressées. scabres au bord, d'un vert pâle. (*Haworth, Syn.
Plant. Succ.* p. 70.) — Tronc de 3 à 4 pouces de diamètre,
s'élevant quelquefois jusqu'à 30 pieds. Feuilles longues de 15 à
18 pouces. Panicule très-ample. Fleurs de la forme et de la grandeur d'une petite Tulipe, d'un blanc sale à la surface interne, jaunâtres ou rougeâtres à la surface externe. Sépales ovales-oblongs,
pointus. Filets blancs. Anthères jaunes. Capsule longue d'environ

1 ½ pouce, ovale-oblongue, 5-gone. (*Tussac.*) — Cette espèce croît aux Antilles et au Mexique. On obtient de ses feuilles une filasse qui sert à confectionner des cordages et des tissus. Au témoignage de M. de Tussac, les graines donnent une belle couleur d'un rouge violet, mais peu durable.

Yucca Faux-Dragonnier. — *Yucca Draconis* Linn. — Bot. Reg. tab. 1894.—Feuilles un peu distancées, lancéolées-linéaires, d'un vert roussâtre, scabres au bord, souvent réfléchies. (*Haworth, l. c.*) — Arbrisseau atteignant 10 pieds de haut. Fleurs blanches; les sépales externes verdâtres en dessous, violets au sommet. — Indigène des provinces les plus méridionales des États-Unis.

B. *Feuilles bordées d'aiguillons.*

Yucca épineux. — *Yucca spinosa* Kunth, in Humb. et Bonpl. Nov. Gen. et Spec. 1, p. 289. — Arbre atteignant environ 50 pieds de haut. Feuilles longues de 1 ½ pied, larges de 4 lignes, très-roides, vertes, luisantes, glabres, linéaires, bordées d'épines jaunâtres, ascendantes. Périanthe d'un rouge orangé. Sépales oblongs, pointus. — Indigène de la Nouvelle-Espagne.

C. *Tige en général réduite à une courte souche. Feuilles très-entières, filamenteuses au bord.*

a) *Espèces subacaules.*

Yucca filamenteux. — *Yucca filamentosa* Linn. — Trew. Ehret. tab. 57. — Bot. Mag. tab. 900.—Redout. Lil. tab. 277 et 278.—Delaun. Herb. de l'Amat. vol. 4.—Feuilles lancéolées-oblongues, mucronulées, concaves en dessus, recourbées dans leur partie supérieure ; filaments marginaux longs de 2 à 5 pouces, très-tenaces, tordus, roussâtres. (*Haworth, Suppl. Plant. Succ.* p. 54.) — Feuilles subradicales, longues de 1 pied à 2 pieds, larges de 1 ½ pouce, vertes. Hampe-florale atteignant 7 à 8 pieds de haut. Périanthe d'un blanc jaunâtre. Sépales acuminés : les extérieurs oblongs, les intérieurs elliptiques-oblongs. Anthères d'un jaune pâle. Stigmates allongés, recourbés. Capsule oblongue, trisulquée, septicide-trivalve au sommet. (*Kunth, Enum.* 4,

p. 272.)—Indigène des provinces méridionales des États-Unis.
Ses feuilles servent à faire des cordages et des câbles d'une grande
force.

Yucca flasque. — *Yucca flaccida* Haw. Suppl. Plant. Succ.
— Bot. Reg. tab. 1895. —Feuilles flasques, pendantes, lancéolées-linéaires, planes, mucronulées, concaves au sommet, un
peu scabres aux 2 faces; filaments-marginaux très-forts, roussâtres. Fleurs d'un jaune pâle tirant sur le vert. (*Haworth, l. c.*)
— Présumé originaire de l'Amérique septentrionale ; se cultive en
pleine terre de même que l'espèce précédente.

Yucca pubérule. — *Yucca puberula* Haw. in Philos. Magaz.
1828, p. 186.—Sweet, Brit. Flow. Gard. tab. 251.—Feuilles
lancéolées ou lancéolées-linéaires, étalées, planes, glauques, concaves au sommet, mucronulées. Panicule à rameaux flexueux,
presque cotonneux. Sépales elliptiques-lancéolés, pointus. (*Sweet,
l. c.*) — Filaments des feuilles roussâtres, peu nombreux. Fleurs
blanches ; sépales externes verdâtres au dos.—Indigène de l'Amérique septentrionale ; se cultive en pleine terre.

Yucca presque glauque.—*Yucca glaucescens* Haw. Suppl.
— Sweet, Brit. Flow. Gard. tab. 55. — Feuilles linéaires-lancéolées, concaves, un peu glauques, droites, à filaments-marginaux très-rares. Hampe-florale rameuse. Sépales-internes presque
2 fois plus larges que les externes. (*Sweet, l. c.*) — Fleurs
blanches. — Présumé originaire de l'Amérique septentrionale ; se
cultive en pleine terre. — Cette espèce ne paraît guère différer du
Yucca filamentosa.

Yucca a feuilles étroites.—*Yucca angustifolia* Pursh.—
Bot. Mag. tab. 2236. — Feuilles droites, roides, très-étroites,
ensiformes, glauques. marginées de blanc ; filaments-marginaux
blancs, très-déliés, peu nombreux. (*Haworth, Suppl. Plant.
Succ.* p. 55.) — Feuilles longues de 2 pieds, larges de $^1/_2$ pouce.
Fleurs d'un jaune verdâtre. Capsule grande, oblongue-obovée.
— Cette espèce croît aux bords du Missouri.

YUCCA ROIDE. — *Yucca stricta* Sims, in Bot. Mag. tab. 2222.
— Feuilles lancéolées-linéaires, très-roides. Hampe-florale ra-
meuse à la base ; rameaux simples. Périanthe subglobuleux. —
Fleurs verdâtres, lavées de pourpre à l'extérieur. (*Sims, l. c.*) —
Indigène de la Caroline.

b) *Espèce caulescente.*

YUCCA A FEUILLES RECOURBÉES. — *Yucca recurvifolia* Salisb.
Parad. tab. 51. — *Yucca recurva* Haw. Syn. — Feuilles linéaires-
lancéolées, vertes, réfléchies; filaments-marginaux rares. (*Pursh.*)
— Tronc atteignant 5 pieds de haut. Fleurs blanches, souvent
lavées de vert ou de rouge en dehors. — Cette espèce croît sur
les côtes de la Géorgie.

D. *Feuilles très-entières, lisses et non-filamenteuses au bord.*

YUCCA MAGNIFIQUE. — *Yucca gloriosa* Linn. — Bot. Mag.
tab. 1260. — Redout. Lil. tab. 526 et 527. — Feuilles dressées,
lancéolées, roides, épaisses, un peu plissées, d'un vert bleuâtre,
un peu scabres en dessous ; bord pâle. Périanthe ové-campanulé.
(*Haworth, Suppl.*) — Tronc haut de 2 à 4 pieds, gros, succulent. Feuilles longues d'environ 2 pieds, larges de 5 pouces, très-
serrées, étalées, glabres, très-acérées, piquantes, tranchantes au
bord. Panicule ample, pyramidale, haute de 2 à 5 pieds, composée de grappes 4-à 7-flores. Fleurs grandes, blanches. Sépales
elliptiques-oblongs, ciliolés : les extérieurs pointus ; les intérieurs
acuminés. Ovaire incomplétement 5-loculaire. Capsule oblongue.
— Cette espèce croît dans les provinces méridionales des États-
Unis.

YUCCA SUPERBE. — *Yucca superba* Haw. Suppl. — Bot. Reg.
tab. 1690. — *Yucca gloriosa* Andr. Bot Rep. tab. 475. (Fide
Haworth.) — Feuilles lancéolées, amples, un peu plissées, à peine
mucronées. Périanthe oblong-campanulé, point évasé. Sépales
recourbés au sommet. — Tronc atteignant 10 pieds de haut.
Feuilles grandes, larges de 2 à 5 pouces. Fleurs blanches, lavées
de pourpre. (*Haworth, l. c.*) — Patrie inconnue.

Yucca a feuilles marginées. — *Yucca rufocincta* Haw. Suppl. — Subacaule. Feuilles presque étalées, longues de 1 ¹/₂ pied, larges de 2 pouces, lancéolées-linéaires, un peu flasques, très-lisses, d'un vert un peu glauque, à bords roux, tranchants. Panicule ample, dense. Fleurs comme dans les espèces voisines. (*Haworth, l. c.*)

Yucca acuminé. — *Yucca acuminata* Sweet, Brit. Flow. Gard. tab. 195. — Tige suffrutescente. Feuilles lancéolées, marginées, glabres, roides, concaves en dessus. Bractées linéaires-lancéolées, acuminées, plus longues que les pédicelles. Sépales lancéolés-elliptiques, acuminés, blancs, lavés de vert et de pourpre en dessous. (*Sweet, l. c.*) — Patrie inconnue.

Yucca oblique. — *Yucca obliqua* Haw. Syn. — Tronc haut de 3 à 4 pieds. Feuilles lancéolées-linéaires, glauques, obliquement fléchies. (*Haworth, l. c.*) — Patrie inconnue.

Yucca glauque. — *Yucca glauca* Sims, Bot. Mag. tab. 2662. — Acaule. Feuilles lancéolées, flasques, glauques. Sépales ovés, très-étalés, jaunâtres. (*Sims, l. c.*) — Indigène de la Caroline.

Genre PHORMIUM. — *Phormium* Forst.

Périanthe 6-sépale, pétaloïde, marcescent, subringent, un peu courbé, mellifère au fond; sépales cohérents par la base, connivents en forme de tube : les extérieurs oblongs-lancéolés, carénés au dos; les intérieurs plus longs et plus minces, étalés au sommet. Étamines 6, un peu saillantes, légèrement arquées, ascendantes, insérées à la base des sépales : les 3 intérieures un peu plus longues. Anthères oblongues-linéaires, obtuses, bilobées à la base, fovéolées dans l'échancrure; filet inséré dans la fossette. Ovaire allongé, trigone, 3-loculaire, 1-style; loges multi-ovulées; ovules anatropes, renversés. Style terminal, fili-forme, trigone, un peu arqué, tronqué au sommet. Stig-mate inapparent. Capsule coriace, oblongue, acuminée aux 2 bouts, trigone, 3-loculaire, loculicide-trivalve; loges polyspermes. Graines bisériées, imbriquées, oblongues, comprimées, à bord membraneux ; tégument spongieux. — Herbe acaule; à rhizome gros, charnu, rampant. Feuilles radicales, touffues, distiques, coriaces, très-longues, linéaires-lancéolées, pointues, finement striées, carénées en dessous, rétrécies et équitantes à la base. Hampe multiflore, paniculée dans sa partie supérieure ; rameaux épars, accompagnés chacun d'une bractée ; ramules 2-ou 5-flores. Fleurs pédicellées, dressées, d'un jaune orangé, articulées au pédicelle. — L'espèce suivante constitue à elle seule le genre.

PHORMIUM TENACE.—*Phormium tenax* Lion. Suppl.—Cook, It. 2, p. 96, Ic. — Faujas de Saint-Fond, in Ann. du Mus. d'Hist. Nat. vol. 19, tab. 20.—Thouin, in Ann. du Mus, vol. 2, tab. 19. — Redout. Lil. tab. 448 et 449.—Hook. in Bot. Mag. tab. 5199. — Rhizome produisant de nombreuses touffes de feuilles longues de 4 à 8 pieds, larges de 2 à 4 pouces, dressées, d'un vert gai en dessus, d'un vert glauque en dessous ; bords et côte d'un rouge tirant sur l'orange. Hampe formant une panicule pyramidale, haute d'environ 12 pieds. Pédicelles ascendants, unilatéraux, souvent rougeâtres, accompagnés de bractées engaînantes. Fleurs longues de plus de 2 pouces. Sépales lancéolés, concaves : les extérieurs d'un orange tirant sur le brun ; les intérieurs d'un jaune de citron. Filets jaunes dans leur partie inférieure, pourpres vers le sommet. Anthères jaunes. Style un peu plus long que les étamines, persistant. Capsule longue d'environ 5 pouces, transversalement rugueuse, brunâtre. Graines luisantes, noirâtres. — Suivant Banks, il existe une variété à fleurs plus petites, d'un rouge vif.

Cette plante, nommée vulgairement *Lin de la Nouvelle-Zélande*, est commune dans la partie septentrionale de la Nouvelle-Zélande, dans les localités inondées par la marée haute ; on la retrouve aussi à l'île Norfolk ; ses feuilles sont d'une grande utilité pour les habitants de ces contrées : ils en retirent une filasse très-forte dont ils font des étoffes et des cordes. La marine an-

glaise préfère cette filasse au chanvre, pour la fabrication de
toutes sortes de cordages, les câbles exceptés. Le *Phormium*
prospère dans le midi de la France comme dans son climat natal,
et sa culture n'y rencontre aucune difficulté ; mais jusqu'aujour-
d'hui l'acquisition de cette plante est restée sans utilité réelle :
car le procédé d'ailleurs très-simple qu'emploient les sauvages
pour séparer les fibres du parenchyme de la feuille est imprati-
cable ailleurs, à cause du prix de la main-d'œuvre ; et le rouis-
sage ou autres expédients dont on a essayé, tant en Europe qu'en
Australie, pour obvier à cette difficulté, n'ont pu donner qu'une
filasse très-inférieure à celle que le commerce exporte de la Nouvelle-Zélande.

Genre MÉTHONICA. — *Methonica* Herm.

Périanthe 6-sépale, pétaloïde, marcescent, régulier ; sépales subonguiculés, lancéolés, ondulés au bord, non-
glanduleux, égaux, réfléchis. Étamines 6, insérées à la base
des sépales, étalées. Filets allongés, filiformes, droits. Anthères linéaires, subapiculées, profondément échancrées
à la base, versatiles. Ovaire oblong, trigone, triloculaire ;
loges multi-ovulées ; ovules horizontaux, bisériés, anatropes. Style terminal, décliné, rectiligne, terminé par un
stigmate à 5 lanières filiformes, allongées, canaliculées,
recourbées. Capsule turbinée subglobuleuse, coriace, triloculaire, septicide-tripartible ; valves séminifères au bord ;
loges polyspermes. Graines bisériées, globuleuses, acuminées à l'extrémité ombilicale, écarlates ; tégument spongieux. — Herbes grimpantes, rameuses. Racine grosse,
tubéreuse. Feuilles éparses, ou opposées, ou verticillées,
sessiles, terminées en vrille. Pédoncules suboppositifoliés
et terminaux, allongés, 1-flores. Fleurs grandes, élégantes. — Les deux espèces suivantes se cultivent comme
plantes d'ornement de serre.

MÉTHONICA SUPERBE. — *Methonica superba* Lamk. Encycl.
(exclus. var.) — Redout. Lil. tab. 229. — Delaun. Herb. de

l'Amat. vol. *4.*—*Gloriosa superba* Linn.—Andr. Bot. Rep. tab.
129.—Bot. Reg. tab. 77.—*Mendoni* Hort. Malab. 7, tab. 57.—
Methonica malabarorum Herm. Lugd. tab. 689.—Racine jaune,
amère, bifurquée. Tige haute de 6 à 10 pieds, faible, glabre,
sarmenteuse, cylindrique. Feuilles minces, oblongues-lancéolées,
finement striées, longues de 6 à 8 pouces, larges de 2 pouces ;
vrille contournée. Fleurs inclinées. Sépales ondulés dans toute
leur longueur, jaunes vers la base, d'un rouge aurore dans leur
partie supérieure. Filets rouges. Capsule trisulquée, longue d'environ 2 pouces. — Cette espèce, nommée vulgairement *Superbe
du Malabar*, ou *Glorieuse du Malabar*, est indigène de l'Inde.

MÉTHONICA VERDATRE —*Methonica virescens* Kunth, Enum.
-- *Gloriosa virescens* Lindl. in Bot. Mag. tab. 2559. —
Fleurs plus petites que dans l'espèce précédente. Sépales d'un
jaune verdâtre, subovés, ondulés seulement au sommet. — Cette
espèce est originaire de la Sénégambie.

IIᵉ TRIBU. ASPHODELÉES. — *ASPHODELEÆ* Kunth.

*Étamines hypogynes ou périgynes; anthères attachées
vers le milieu du dos.*

SECTION I. HYACINTHÉES. — *Hyacintheæ* Kunth.

Herbes bulbeuses, acaules. Fleurs disposées en épi, ou
en grappe, ou en corymbe. Pédicelles inarticulés,

Genre VELTHEIMIA. — *Veltheimia* Gleditsch.

Périanthe pétaloïde, régulier, caduc, tubuleux, subclaviforme, 6-fide : segments courts, 1-nervés, égaux, presque dressés. Étamines 6, insérées au tube du périanthe,
ascendantes, irrégulièrement anisomètres, les plus longues à peine saillantes. Filets subulés. Anthères oblongues, bilobées aux 2 bouts. Ovaire non-stipité, oblong,

trisulqué, 5-loculaire ; loges 2-ou 5-ovulées ; ovules collatéraux, anatropes, renversés, attachés vers le milieu de
l'angle interne. Style filiforme, saillant, 5-sulqué, décliné,
ascendant. Stigmate 5-lobé : lobes courts, obtus, papilleux en dessus. Capsule membranacée, obovée, trièdre,
loculicide-trivalve au sommet ; angles ailés. Graines subsolitaires dans chaque loge, subglobuleuses, rugueuses,
noires, opaques, turbinées à la base et munies d'une ca-
roncule blanchâtre bifide ; tégument membraneux. —
Feuilles lancéolées-oblongues, ondulées, striées, un peu
nerveuses. Hampe multiflore. Fleurs courtement pédicellées, pendantes, disposées en grappe dense ; pédicelles
épars, 2-bractéolés à la base. — Ce genre, propre au Cap
de Bonne-Espérance, ne renferme que les deux espèces
suivantes, qu'on cultive comme plantes d'ornement.

VELTHEIMIA A FEUILLES VERTES. — *Veltheimia viridifolia*
Jacq. Hort. Schœnbr. 1, tab. 78. — Delaun. Herb. de l'Amat.
tab. 96. — Lodd. Bot. Cab. tab. 1245. — *Aletris capensis*
Linn. — Bot. Mag. tab. 501. — *Veltheimia capensis* Red.
Lil. tab. 195. — Bulbe jaunâtre ou brunâtre, ovoïde. Feuilles
touffues, étalées, oblongues-lancéolées, ondulées, d'un vert foncé
en dessus. Hampe longue d'environ 1 pied, panachée de brun et
de vert. Fleurs panachées de rose et de pourpre, longues d'environ 1 ½ pouce, d'une odeur désagréable. Anthères d'un jaune
verdâtre.

VELTHEIMIA GLAUQUE. — *Veltheimia glauca* Jacq. Hort.
Schœnbr. 1, tab. 77.— Wendl. Coll. 5, tab. 78.— Bot. Mag.
tab. 1094. — Redout. Lil. tab. 440. — Bulbe subconique.
Feuilles presque dressées, lancéolées, ondulées, glauques. Grappe
grêle. Fleurs d'une odeur désagréable, longues d'environ 1 pouce,
panachées de rose et de pourpre ; lobes externes du périanthe recourbés. Anthères d'un jaune verdâtre.

Genre LACHÉNALE. — *Lachenalia* Jacq.

Périanthe campanulé ou tubuleux, persistant, profon-

dément 6-fide, pétaloïde ; tube court ou presque nul ;
limbe irrégulier ; segments connivents en forme de cloche :
les 3 externes gibbeux en dessous vers le sommet ; les
3 internes dissimilaires, plus longs, plus ou moins inégaux, rétrécis vers la base, recourbés au sommet. Étamines 6, insérées à la gorge du périanthe, ascendantes, souvent saillantes : les 3 internes parfois plus longues. Filets
filiformes. Anthères oblongues-linéaires, bilobées aux 2
bouts. Ovaire non-stipité, 3-loculaire ; loges 6-ou pluri-
ovulées ; ovules 2-ou pluri-sériés, horizontaux, anatropes, à funicule allongé. Style filiforme, dressé. Stigmate
obtus ou capitellé, entier, papilleux. Capsule membranacée, trièdre, 3-loculaire, loculicide-trivalve ; loges oligospermes ou polyspermes. Graines turbinées-globuleuses,
lisses, noires, luisantes ; tégument mince, membraneux.
—Hampe multiflore. Feuilles un peu charnues, striées.
Fleurs horizontales, ou inclinées, ou pendantes, pédicellées, disposées en grappe ; pédicelles épars, 1-bractéolés
à la base. — Genre propre à l'Afrique australe. Les espèces suivantes se cultivent comme plantes d'ornement.

A. *Périanthe campanulé.*

a) *Fleurs subsessiles.*

Lachénale glauque. — *Lachenalia glaucina* Jacq. Ic. Rar.
2, tab. 591. — Bot. Mag. tab. 5552. — Hampe et feuilles souvent maculées. Feuilles linéaires-lancéolées, géminées, glabres.
Hampe cylindrique. Périanthe lilas ou d'un bleu pâle ; segments
internes étalés, obtus. Style plus long que les étamines.

Lachénale pale. — *Lachenalia pallida* R. Br. in Hort.
Kew. ed. 2. — Bot. Reg. tab. 1550 et 1945. (Non Redout.
Lil.) — Feuilles linéaires-oblongues, plus longues que la hampe.
Fleurs horizontales, d'un bleu pâle.

Lachénale a fleurs d'Orchis. — *Lachenalia orchioides*
Hort. Kew. — Jacq. Ic. Rar. 2, tab. 590. — Bot. Mag. tab.
854 et 1269. — *Phormium hyacinthoides* Linn. Suppl. —

Feuilles oblongues-lancéolées, à crénelures cartilagineuses. Hampe plus longue que les feuilles. Fleurs odorantes, d'un jaune pâle, ou bleuâtres, ou d'un pourpre verdâtre. Segments internes du périanthe étalés, obtus. Style de la longueur des étamines.

LACHÉNALE CHANGEANTE. — *Lachenalia mutabilis* Sweet, Brit. Flow. Gard. ser. 2, tab. 129. — Lodd. Bot. Cab. tab. 1076. — Feuilles oblongues-lancéolées, pointues, glabres, ondulées au bord, engaînantes à la base, souvent maculées de pourpre en dessous, en général au nombre de 2 et à peu près aussi longues que la hampe. Hampe haute de $^1/_2$ pied à 1 pied. Fleurs horizontales. Périanthe fendu presque jusqu'à la base, urcéolé-campanulé; segments-externes oblongs, obtus, verdâtres, du tiers plus courts que les segments-internes ; segments-internes spathulés, étalés vers le sommet, jaunes avec une tache brune. Les fleurs supérieures de même que la hampe sont d'un beau bleu avant l'épanouissement.

b) *Fleurs pedicellées.*

LACHÉNALE A FEUILLES ÉTROITES. — *Lachenalia angustifolia* Jacq. Ic. Rar. 2, tab. 581. — Bot. Mag. tab. 735. — Redout. Lil. tab. 162. — Feuilles nombreuses, subulées, semi-cylindriques, planes en dessus, immaculées, plus longues que la hampe. Hampe maculée. Grappe dense. Périanthe blanc ; segments obtus, marqués de 2 taches vertes ou d'un pourpre brun.

LACHÉNALE ROSE. — *Lachenalia rosea* Andr. Bot. Rep. 5, tab. 296. — Feuilles géminées, linéaires-lancéolées, subobtuses, immaculées de même que la hampe. Hampe grêle. Fleurs immaculées, roses, horizontales. Périanthe à segments-internes presque dressés, échancrés.

LACHÉNALE A DEUX FEUILLES. — *Lachenalia bifolia* Gawl. in Bot. Mag. tab. 1611. — Lodd. Bot. Cab. tab. 920. — Feuilles géminées, nerveuses, cartilagineuses au bord : l'externe cuculliforme, plus longue que la hampe ; l'interne concave, beaucoup plus petite. Fleurs distancées, bilabiées, blanches, roses vers le sommet. Étamines aussi longues que les sépales-internes.

LACHÉNALE ODORANTE. — *Lachenalia fragrans* Jacq. Hort.
Schœnbr. 1, tab. 82. — Loddig. Bot. Cab. tab. 1140. — Bot.
Mag. tab. 1575. — Feuilles géminées, inégales, linéaires-lancéolées, planes, maculées, glabres, 2 fois plus courtes que la
hampe. Fleurs horizontales, blanches, ordinairement maculées de
pourpre au sommet. Étamines saillantes.

LACHÉNALE LUISANTE. — *Lachenalia lucida* Gawl. in Bot.
Mag. tab. 1572. — Feuilles géminées, inégales, luisantes en
dessus, plus courtes que la hampe : l'une elliptique-oblongue,
presque 2 fois plus longue que l'autre. Grappe cylindracée, assez
dense. Fleurs horizontales, un peu recourbées, courtement tubu-
leuses-campanulées, blanchâtres, maculées de rose au sommet.
Sépales presque égaux. Étamines un peu saillantes.

LACHÉNALE INTERMÉDIAIRE. — *Lachenalia mediana* Jacq. Ic.
Rar. 2, tab. 592.—Feuilles géminées, oblongues-linéaires, lisses
au bord, immaculées de même que la hampe. Hampe cylindrique.
Fleurs horizontales, subcylindracées, blanchâtres.

LACHÉNALE ÉTALÉE. — *Lachenalia patula* Jacq. Ic. Rar. 2,
tab. 584. — Feuilles géminées, linéaires-lancéolées, canaliculées,
charnues, réfléchies dans leur partie supérieure, plus courtes que
la hampe. Pédicelles presque dressés. Fleurs blanches. Sépales
étalés : les intérieurs cunéiformes, obtus.

LACHÉNALE POURPRE-BLEUE. — *Lachenalia purpureo-cærulea*
Jacq. Ic. Rar. 2, tab. 588. — Andr. Bot. Rep. tab. 251. —
Bot. Mag. tab. 745. — Feuilles géminées, oblongues-linéaires,
pustulées, en général un peu plus longues que la hampe. Hampe
dressée, cylindrique, anguleuse vers le sommet. Fleurs odorantes,
d'un bleu pâle à la base, d'un pourpre violet dans la partie supérieure. Limbe étalé, un peu plus court que les étamines.

LACHÉNALE NERVEUSE. — *Lachenalia nervosa* Gawl. in Bot.
Mag. tab. 1497. — Feuilles subgéminées, nerveuses, ovées-
oblongues, étalées, 2 fois plus courtes que la hampe, bordées de
dentelures cartilagineuses très-fines. Fleurs d'un pourpre bru-

nâtre, verdâtres au sommet. Sépales-intérieurs recourbés. Étamines longuement saillantes.

LACHÉNALE UNICOLORE.—*Lachenalia unicolor* Jacq. Ic. Rar. 2, tab. 589. — Bot. Mag. tab. 1575. — Feuilles géminées, linéaires-lancéolées, un peu pustuleuses en dessus, 2 fois plus courtes que la hampe. Hampe dressée, cylindrique. Périanthe subcylindracé, blanc; rose au sommet ; sépales-intérieurs étalés au sommet. Étamines saillantes.

LACHÉNALE POURPRE. — *Lachenalia purpurea* Jacq. Ic. Rar. 2, tab. 593. — Feuilles géminées, linéaires-lancéolées, immaculées, bordées de crénelures cartilagineuses très-fines. Fleurs horizontales, subcylindracées. Sépales-externes blancs, à sommet vert. Sépales-internes d'un pourpre noirâtre, dressés, obtus, presque 2 fois plus courts que les étamines.

LACHÉNALE VIOLETTE. — *Lachenalia violacea* Jacq. Ic. Rar. 2, tab. 594. — Feuilles géminées, oblongues, maculées, plus courtes que la hampe. Hampe cylindrique, ascendante. Pédoncules horizontaux, aussi longs que les fleurs. Fleurs pendantes, campanulées, planes à la base ; sépales-extérieurs verts ; sépales-intérieurs violets. Étamines saillantes.

LACHÉNALE BICOLORE. — *Lachenalia bicolor* Loddig. Bot. Cab. tab. 1129. — Feuilles défléchies, d'un vert foncé, maculées. Hampe cylindrique. Pédicelles presque aussi longs que les fleurs. Grappe lâche. Fleurs nutantes, campanulées, d'un violet bleuâtre ; sépales-extérieurs ovés, pointus ; sépales-intérieurs presque réfléchis. Étamines longuement saillantes.

LACHÉNALE UNIFOLIÉE. — *Lachenalia unifolia* Jacq. Hort. Schœnbr. 1, tab. 85. — Bot. Mag. tab. 766. — Feuille solitaire, canaliculée, linéaire-lancéolée. Grappe lâche. Pédoncules presque dressés, à peu près aussi longs que les fleurs. Fleurs cylindracées ; sépales-extérieurs blancs, à base bleue, et à sommet ponctué de pourpre ; sépales-intérieurs blancs, inégaux, cunéiformes, obtus.

B. *Fleurs tubuleuses.*

LACHÉNALE JAUNATRE. — *Lachenalia luteola* Jacq. Ic. Rar. 2,
tab. 595. — Redout. Lil. tab. 297. — *Lachenalia quadricolor
lutea* Sims, Bot. Mag. tab. 1704. — *Lachenalia flava* Andr.
Bot. Rep. tab. 456. — Feuilles géminées, lancéolées, inégales,
en général immaculées. Hampe dressée. Fleurs pendantes, cylindracées, jaunes; sépales-extérieurs oblongs, obtus, verdâtres au
sommet; sépales-intérieurs presque 5 fois plus longs, spathulés,
obtus, d'un jaune verdâtre, presque égaux, étalés dans leur partie supérieure.

LACHÉNALE TRICOLORE. — *Lachenalia tricolor* Thunb. Prodr.
— Bot. Mag. tab. 82. — Herb. de l'Amat. vol. 1. — Feuilles
oblongues-lancéolées, réclinées, ponctuées de pourpre vers leur
sommet, en général géminées. Hampe longue d'environ 1 pied,
maculée de rouge. Fleurs nutantes, allongées, cylindracées, 5 à
4 fois plus longues que le pédicelle. Sépales-extérieurs jaunes, à
bord vert. Sépales-intérieurs de moitié plus longs que les extérieurs, verdâtres, à bord pourpre.

LACHÉNALE QUADRICOLORE. — *Lachenalia quadricolor* Jacq.
Ic. Rar. 2, tab. 596. — Andr. Bot. Rep. tab. 148. — Bot.
Mag. tab. 588, et tab. 1097. — Feuilles géminées, linéaires-
lancéolées, maculées, presque aussi longues que la hampe. Hampe
dressée. Grappe lâche. Fleurs pendantes, cylindracées. Sépales-
extérieurs panachés de rouge et de jaune, bordés de vert. Sépales-intérieurs beaucoup plus longs que les extérieurs, étalés
dans le haut, rougeâtres à la base, d'un pourpre noirâtre au sommet, verdâtres dans le reste.

LACHÉNALE ROUGEATRE. — *Lachenalia rubida* Jacq. Ic. Rar.
2, tab. 598. — Bot. Mag. tab. 995. — Feuilles géminées, allongées, sublancéolées, pointues, maculées en dessus. Hampe
dressée, maculée dans sa partie inférieure. Fleurs pendantes,
ponctuées, cylindracées, un peu courbées. Sépales-extérieurs
roses, à sommet verdâtre. Sépales-intérieurs roses, à sommet blanchâtre.

LACHÉNALE PONCTUÉE. — *Lachenalia punctata* Jacq. Ic. Rar.
2, tab. 597.— Feuilles dressées, géminées, linéaires-lancéolées,
maculées aux 2 faces. Hampe dressée, maculée, pauciflore. Fleurs
cylindriques, pendantes, un peu courbées. Sépales-extérieurs d'un
rose incarnat, ponctués de pourpre. Sépales-intérieurs blanchâtres, ponctués de rouge, jaunâtres au sommet.

LACHÉNALE TIGRÉE. — *Lachenalia tigrina* Jacq. Ic. Rar. 2,
tab. 599.— Feuilles subgéminées, convolutées et embrassantes
jusqu'au milieu, lancéolées et étalées dans leur partie supérieure, pointues, maculées. Hampe dressée, maculée dans toute
sa longueur. Fleurs inodores, pendantes, cylindracées, ponctuées
de rouge. Sépales rouges dans leur partie inférieure, blanchâtres
dans le haut.

LACHÉNALE PENDANTE. — *Lachenalia pendula* Andr. Bot.
Rep. tab. 62. — Bot. Mag. tab. 590. — Jacq. Ic. Rar. 2, tab.
400. — Redout. Lil. tab. 52. — Delaun. Herb. de l'Amat.
vol. 1.— Feuilles géminées, ovées-lancéolées, dressées. Grappe
dense. Fleurs courtement pédonculées, inclinées, cylindracées,
jaunes. Sépales-extérieurs verdâtres au sommet, presque aussi
longs que les intérieurs ; ceux-ci pourpres au sommet.

Genre PÉRIBÉA. — *Peribœa* Kunth.

Périanthe pétaloïde, caduc, régulier, subinfondibuliforme, 6-fide jusqu'au milieu ; tube muni en dedans, au-dessus
de la base, de 6 plis transverses, semi-lunés ; segments
subspathulés-oblongs, obtus, 1-nervés, presque égaux,
recourbés : les extérieurs subcarénés. Étamines 6, insérées à la gorge du périanthe ; les 5 internes plus longues
et insérées plus haut ; toutes plus courtes que le limbe.
Filets filiformes. Anthères oblongues, bilobées aux 2 bouts.
Ovaire non stipité, ovoïde, 5-loculaire ; loges 6-ovulées ;
ovules anatropes ; funicules allongés. Style filiforme, aussi
long que les étamines. Stigmate obtus, entier. Capsule
membranacée, trigastre, loculicide-trivalve au sommet ;

loges 1-ou 2-spermes. Graines obliquement elliptiques,
roussâtres, opaques, finement ponctuées; tégument membraneux. — Herbes bulbeuses, acaules. Hampe pauciflore. Feuilles radicales (au nombre de 2 à 4) linéaires,
un peu charnues. Fleurs pédicellées, d'un rose pourpre,
disposées en grappe ou en corymbe; pédicelles 1-brac-
téolés à la base. — Genre propre à l'Afrique australe; on
n'en connaît que les 2 espèces suivantes; on les cultive
comme plantes d'ornement.

Péribéa a corymbe. — *Peribœa corymbosa* Kunth, Enum.
4, p. 295. — *Hyacinthus corymbosus* Linn. — Andr. Rep.
tab. 545. — *Scilla corymbosa* Gawl. in Bot Mag. tab. 1885.
—*Massonia corymbosa* Bot. Mag. tab. 991.—Fleurs dressées,
disposées en corymbe. Périanthe infondib. liforme. Trois des étamines 2 fois plus courtes que les autres. Feuilles étroites, linéaires, réfléchies, plus longues que la hampe. Bractées minimes.

Péribéa de Gawler. — *Peribœa Gawleri* Kunth, l. c. —
Scilla brevifolia Gawl. in Bot. Mag. t.b. 1468. — Fleurs en
grappe nutante, subunilatérale. Périanthe 6-parti, subrotacé-
campanulé. Feuilles semi-cylindriques, plus courtes que la hampe.
Bractées oblitérées.

Genre POLYXÈNE. — *Polyxena* Kunth.

Périanthe pétaloïde, régulier, caduc, infondibuliforme,
courtement 6-fide; segments subspathulés-oblongs, presque égaux, 1-nervés : les extérieurs subcarénés, un peu
recourbés au sommet. Étamines 6, insérées à la gorge du
périanthe, plus courtes que le limbe; les internes insérées
plus haut et un peu plus longues que les externes. Filets
filiformes. Anthères oblongues, bilobées aux 2 bouts.
Ovaire non-stipité, 5-loculaire; loges 6-ovulées; ovules
anatropes; funicules allongés. Style long, filiforme, dressé.
Stigmate entier, obtus. Capsule membranacée, subglobuleuse, trigastre, loculicide-trivalve au sommet; loges 1-ou

2-spermes. Graines obliquement elliptiques, finement ponctuées, roussâtres; tégument membraneux. — Herbe bulbeuse, acaule. Hampe 2-à 5-flore. Feuilles étroites, linéaires, un peu charnues. Fleurs pourpres, dressées, disposées en grappe; pédicelles 1-bractéolés à la base. — L'espèce suivante constitue à elle seule le genre.

Polyxène naine. — *Poyxena pygmœa* Kunth, Enum, 4, p. 292. — *Polyanthes pygmœa* Jacq. Ic. Rar. 2, tab. 580. — *Agapanthus ensifolius* Willd. Spéc. — *Massonia violacea* Andr. Rot. Rep. tab. 46. — Redout. Lil. tab. 586. — *Massonia ensifolia* Bot. Mag. tab. 554. — Indigène du Cap de Bonne-Espérance. Cultivé comme plante d'ornement.

Genre MASSONIA. — *Massonia* Thunb.

Périanthe pétaloïde, hypocratériforme, persistant; tube cylindracé, rectiligne; limbe 6-parti : segments plus courts que le tube, étalés, ou réfléchis, 1-nervés, égaux. Étamines 6, insérées à la gorge du périanthe, dressées, isomètres. Filets filiformes, monadelphes à la base. Anthères oblongues-linéaires, échancrées, bifides à la base. Ovaire non-stipité, 3-loculaire; loges en général multi-ovulées; ovules 2-ou 5-sériés, horizontaux, anatropes; funicules allongés. Style long, filiforme. Stigmate entier ou légèrement trilobé. Capsule trièdre ou triptère, membranacée, 3-loculaire, loculicide-trivalve au sommet; loges en général polyspermes. Graines subglobuleuses, lisses, luisantes, noires; tégument mince. — Herbes bulbeuses, acaules, diphylles. Hampe multiflore, en général très-courte. Feuilles radicales étalées, épaisses, charnues, striées, en général larges. Fleurs en grappe plus ou moins raccourcie, capituliforme; pédicelles 1-bractéolés à la base; les bractées des pédicelles inférieurs beaucoup plus larges et simulant un involucre.—Genre propre à l'Afrique australe; les espèces suivantes se cultivent comme plantes d'ornement.

MASSONIA PAUCIFLORE. — *Massonia pauciflora* Hort. Kew. ed. 2. — Feuilles lancéolées ou elliptiques, tuberculeuses; tubercules glabres. Segments du périanthe ovés.

MASSONIA SPINELLEUX. — *Massonia echinata* Linn. — Feuilles ovées ou lancéolées, tuberculeufes; tubercules poilus. Segments du périanthe filiformes. (*Hort. Kew.* ed. 2, vol. 2, p. 210.)

MASSONIA VELU. — *Massonia hirsuta* Link et Otto, Ic. 1, tab. 1. — Feuilles arrondies, légèrement tuberculeuses, velues. Fleurs (blanches) en ombelle. Périanthe à segments réfléchis.

MASSONIA PUSTULEUX. — *Massonia pustulata* Jacq. Hort. Schœnbr. 4, tab. 454. — Redout. Lil. tab. 185. — Bot. Mag. tab. 642. — Feuilles orbiculaires, pointues, sillonnées, couvertes de tubercules pyramidaux. Fleurs blanches, en grappe thyrsoïde.

MASSONIA MURIQUÉ. — *Massonia muricata* Gawl., in Bot. Mag. tab. 559. — Feuilles arrondies, muriquées vers le sommet, glabres. Corymbe dense. Fleurs d'un blanc jaunâtre, à gorge d'un blanc verdâtre.

MASSONIA A LARGES FEUILLES. — *Massonia latifolia* Linn. — Jacq. Hort. Schœnbr. 4, tab 455. — Feuilles arrondies, glabres, lisses, parfois maculées de rouge en dessus. Fleurs blanches, subsessiles, en ombelle serrée. Segments du périanthe étalés, aussi longs que le tube. Style et filets rouges.

MASSONIA COURONNÉ. — *Massonia coronata* Jacq. Hort. Schœnbr. 4, tab. 460. — Feuilles ovées-arrondies, obtuses, glabres, presque innervées. Périanthe blanc; segments très-étalés, presque 2 fois plus courts que le tube. Filets et style pourpres. Ovaire couronné de squamules.

MASSONIA POURPRE. — *Massonia sanguinea* Jacq. Hort. Schœnbr. 4, tab. 461. — *Massonia latifolia* Gawl. in Bot. Mag. tab. 848. (exclus. syn.) — Feuilles cordiformes-orbi-

culaires, pointues, striées, glabres. Périanthe blanc ; segments
étalés, 2 fois plus courts que le tube. Filets et style pourpres.

MASSONIA A FEUILLES CORDIFORMES. — *Massonia cordata*
Jacq. Hort. Schœnbr. 4, tab. 459. — Feuilles cordiformes-arrondies, pointues, glabres, un peu striées. Périanthe blanc ; segments plus courts que le tube. Filets jaunâtres, rouges vers la
base.

MASSONIA A GRANDES FLEURS. — *Massonia grandiflora*
Lindl. in Bot. Reg. tab. 958. — Feuilles flasques, elliptiques,
obtuses, charnues, nerveuses, très-glabres. Périanthe verdâtre ;
segments presque réfléchis, obtus, un peu plus courts que les
étamines.

MASSONIA A LONGUES FEUILLES. — *Massonia longifolia* Jacq.
Hort. Schœnbr. 4, tab. 457. — Bot. Reg. tab. 694.— Feuilles
lancéolées-oblongues, acuminées, striées, glabres. Bractées aussi
longues que le tube du périanthe. Fleurs blanches, très-odorantes. Segments du périanthe réfléchis, un peu plus courts que le
tube. Filets jaunâtres.

MASSONIA A FEUILLES OBOVÉES. — *Massonia obovata* Jacq.
Hort. Schœnbr. 4, tab. 428. — Feuilles obovées, acuminulées,
striées, glabres, longuement rétrécies à la base. Bractées aussi
longues que le tube du périanthe. Périanthe blanc ; segments
réfléchis, aussi longs que le tube. Filets d'un jaune verdâtre.

MASSONIA A FEUILLES LANCÉOLÉES. — *Massonia lanceæfolia*
Jacq. Hort. Schœnbr. 4, tab. 456. — Feuilles lancéolées, acuminées, striées, glabres. Bractées aussi longues que les fleurs.
Périanthe d'un blanc sale ; segments réfléchis, aussi longs que le
tube. Filets pourpres.

Genre ASTEMMA. — *Astemma* Endl.

Périanthe et fruit comme dans les *Massonia*. Étamines à
filets libres.—Herbes bulbeuses, acaules, 2-phylles. Hampe

plus ou moins allongée. Fleurs en grappe sans involucre.
— Genre ou sous-genre propre à l'Afrique australe ; l'espèce suivante se cultive comme plante d'ornement.

ASTEMMA A FEUILLES ÉTROITES. — *Astemma angustifolia*
Endl. — *Massonia angustifolia* Linn. — Bot. Mag. tab. 756.
— Redout. Lil. tab. 592. — Feuilles lancéolées-oblongues, planes, glabres, un peu plus longues que la hampe, dressées, recourbées dans le haut. Fleurs blanches, longuement pédicellées,
en grappe dense, thyrsoïde. Segments du périanthe ovés-oblongs,
réfléchis, plus courts que le tube ; gorge close. Anthères bleuâtres.

Genre DAUBÉNYA. — *Daubenya* Lindl.

Périanthe pétaloïde, tubuleux, à limbe obliquement bilabié : lèvres très-inégales ; l'inférieure allongée, trifide
à lobes presque égaux , divergents ; la supérieure 5-par-
tie, à segment du milieu plus petit. Étamines 6, courtes,
anisomètres, insérées à la base des segments du périanthe. Filets filiformes. Anthères oblongues, bilobées aux
2 bouts. Ovaire non-stipité, conique, trigone, 5-loculaire;
loges 6-10-ovulées; ovules bisériés. Style subulé, saillant.
Stigmate subcapitellé, entier. (Fruit inconnu.) — Herbes
bulbeuses, acaules, semblables aux *Massonia* par le port.
Feuilles radicales, larges, striées. Hampe très-courte. Fleurs
en épi court. — Genre propre à l'Afrique australe ; on n'en
connaît que les 2 espèces suivantes.

DAUBÉNYA ROUGE. — *Daubenya fulva* Lindl. in Bot. Reg.
1859, tab. 55. — Feuilles pétiolées, ovales, presque dressées,
convolutées à la base. Hampe haute de 4 à 5 pouces. Épi sub-
verticillé, dense, capituliforme, multiflore, involucré. Bractées
oblongues, plus courtes que le tube du périanthe. Périanthe
d'un rouge orange; tube long de 2 lignes; limbe long de 1 ½
pouce. Étamines presque dressées. — Cultivé comme plante
d'ornement.

DAUBÉNYA JAUNE. — *Daubenya aurea* Lindl. in Bot. Reg. tab.

1815. — Feuilles oblongues, charnues, sillonnées, sessiles, étalées sur le sol. Hampe très-courte. Épi ombelliforme, radiant. Fleurs jaunes, grandes. Étamines déclinées. — Cultivé comme plante d'ornement.

Genre EUCOMIS. — *Eucomis* L'hérit.

Périanthe pétaloïde, 6-parti, régulier ; tube court, garni en dedans, vers le milieu , d'un anneau glandulaire ; segments oblongs, 1-nervés, étalés, infléchis au sommet. Étamines 6, insérées à la gorge du périanthe, plus courtes que le limbe, presque isomètres. Filets monadelphes à la base. Anthères oblongues, bifides aux 2 bouts. Ovaire non-stipité, 3-loculaire ; loges pluri-ovulées ; ovules anatropes ; funicules courts. Style filiforme , droit. Stigmate petit, entier, subdisciforme. Capsule coriace, trièdre (angles ailés), triloculaire, loculicide-trivalve ; loges oligospermes. Graines à tégument noir, crustacé. — Herbes bulbeuses, acaules. Feuilles larges, striées, un peu charnues. Hampe multiflore, couronnée d'une touffe de feuilles. Fleurs courtement pédicellées, verdâtres, disposées en grappe dense ; pédicelles 1-bractéolés à la base. — Genre propre à l'Afrique australe ; les espèces suivantes se cultivent comme plantes d'ornement.

Eucomis ponctué. — *Eucomis punctata* L'hérit. Sert. 18 (ined.). — Bot. Mag. tab. 913 et tab. 1539. — Redout. Lil. tab. 208. — Hampe cylindrique, haute d'environ 1 pied. Feuilles-radicales oblongues-lancéolées, étalées, canaliculées, maculées ou striées de pourpre. Feuilles de la couronne courtes. Grappe longue. — Vulgairement *Basilée ponctuée*.

Eucomis ondulé. — *Eucomis undulata* Hort. Kew. — Bot. Mag. tab. 1085. — *Eucomis regia* L'hérit. Sert. — Redout. Lil. tab. 175. — *Ornithogalum undulatum* Thunb. Prodr.— *Basilea coronata* Lamk. — Hampe cylindrique, haute d'environ 1 pied. Feuilles-radicales ovées-oblongues, ondulées, étalées. — Feuilles de la couronne presque aussi longues que la grappe.

Eucomis royal. — *Eucomis regia* Hort. Kew. — Hampe cylindrique. Feuilles-radicales liguliformes, obtuses, étalées.

Eucomis nain. — *Eucomis nana* Hort. Kew. — Jacq. Hort. Schœnbr. 1, tab. 92. — Bot. Mag. tab. 1495. — *Fritillaria regia* Linn. — *Ornithogalum nanum* Thunb. Prodr.—Hampe claviforme. Feuilles-radicales larges, lancéolées, pointues, dif-fuses.

Eucomis a tige pourpre. — *Eucomis purpureo-caulis* Andr. Bot. Rep. tab. 569. — Hampe claviforme, d'un pourpre livide. — Feuilles-radicales spathulées-orbiculaires , étalées. Feuilles de la couronne minces, petites, peu nombreuses. Grappe pauciflore.

Genre JACINTHE. — *Hyacinthus* Linn.

Périanthe infondibuliforme ou subcampanulé, péta-loïde, régulier, 6-fide, caduc, ventru à la base ; segments liguliformes ou oblongs, 1-nervés, presque égaux, étalés, un peu recourbés. Étamines 6, insérées au tube du pé-rianthe, égales, incluses. Filets courts, libres. Anthères li-néaires-oblongues, obtuses, bilobées à la base. Ovaire non-stipité, subglobuleux, 6-sulqué, 3-loculaire ; loges pauci-ovulées ; ovules bisériés, horizontaux, anatropes. Style court, droit, trisulqué. Stigmate petit, tronqué. Capsule spongieuse, subglobuleuse, trigastre, trisulquée, triloculaire, loculicide-trivalve ; loges 2-à 3-spermes. Grai-nes subglobuleuses, chagrinées, noires, opaques, à funi-cule gros, charnu, persistant ; tégument crustacé, mince. — Herbes bulbeuses, acaules. Bulbe tuniqué. Feuilles li--néaires, striées, uh peu charnues. Hampe simple, pluri-flore. Fleurs inclinées, disposées en grappe ; pédicelles solitaires, 1-bractéolés à la base.

Jacinthe d'Orient. — *Hyacinthus orientalis* Linn. — Bot. Mag. tab. 957. — Bot. Reg. tab. 995. — Delaun. Herb. de l'Amat. tab. 566, 567 et 568. — Redout. Lil. tab. 465. —

Feuilles glabres, canaliculées, luisantes, d'un vert foncé, longues d'environ $\frac{1}{2}$ pied. Hampe droite, cylindrique, haute de $\frac{1}{2}$ pied à 1 pied, 6-15-flore. Pédicelles plus courts que la fleur. Bractées petites, membraneuses. Fleurs très-odorantes, bleues dans le type de l'espèce ; bleues, ou blanches, ou roses, ou jaunâtres dans les variétés de culture. Périanthe infondibuliforme, à segments oblongs ou lancéolés-oblongs, à peu près aussi longs que le tube. — Cette espèce, si fréquemment cultivée comme plante d'agrément, croît spontanément dans l'Europe méridionale et en Orient.

JACINTHE AMÉTHYSTE. — *Hyacinthus amethystinus* Linn. Redout. Lil. tab. 14. — Bot. Reg. tab. 598. — Bot. Mag. tab. 2425. — Sweet, Brit. Flow. Gard. tab. 155. — Feuilles étroites, glabres, longues. Hampe grêle, haute de 4 à 6 pouces, inclinée au sommet. Fleurs d'un bleu de ciel. Bractées à peu près aussi longues que les pédicelles. Périanthe campanulé ; segments ovés, obtus, 2 à 3 fois plus courts que le tube. — Indigène de l'Europe australe ; cultivé comme plante d'ornement.

Genre BELLÉVALIA. — *Bellevalia* Lapeyr.

Périanthe campanulé ou tubuleux, hexagone, 6-fide, pétaloïde, régulier, caduc ; segments étalés ou presque dressés, 1-nervés, presque égaux. Étamines 6, insérées à la gorge du périanthe, incluses, ou saillantes. Filets libres, membranacés, dilatés dans leur partie inférieure, subulés au sommet. Anthères oblongues, échancrées, cordiformes à la base. Ovaire substipité, obscurément trigone, triloculaire ; loges 2-à 6-ovulées ; ovules bisériés, horizontaux, anatropes. Style droit, filiforme. Stigmate petit, tronqué, triangulaire. Capsule membranacée, trièdre, trisulquée, triloculaire, loculicide-trivalve ; loges oligospermes, ou 1-spermes. Graines globuleuses, noires, opaques ; tégument mince, crustacé.—Herbes bulbeuses, acaules. Bulbe tuniqué. Hampe simple. Feuilles étroites, striées, un peu

charnues. Fleurs en grappe ; pédicelles solitaires, 1-brac-
téolés à la base.

BELLÉVALIA CHEVELU. — *Bellevalia comosa* Kunth, Enum.
4, p. 506. — *Hyacinthus comosus* Linn. — Jacq. Flor. Austr.
tab. 126. — Bot. Mag. tab. 155. — *Muscari comosum* Mill.
Dict. — Redout. Lil. tab. 251. — Feuilles dressées, longues,
linéaires, canaliculées. Hampe longue de 1 pied à 2 pieds, multiflore, bleue vers le sommet. Grappe longue, lâche. Fleurs terminales stériles, bleues, dressées, plus longuement pédicellées,
rapprochées en touffe. Pédicelles des fleurs fertiles horizontaux.
Périanthe des fleurs fertiles obové, urcéolé au sommet, brunâtre,
verdâtre aux 2 bouts ; segments ovés, obtus, 4 fois plus courts
que le tube. — Cette plante, nommée vulgairement *Jacinthe à
toupet* ou *Vaciet*, croît dans les prés secs et dans les champs,
dans une grande partie de l'Europe. On en cultive, dans les
jardins, une variété (*Hyacinthus monstruosus* Linn.) connue
sous les noms de *Muscari monstrueux*, *Lilas de terre*, *Jacinthe de Sienne*, *Jacinthe monstrueuse*, dont toutes les fleurs
sont stériles et déformées en longs filets déliés et diversement
ramifiés, de couleur bleue, ou blanchâtre, ou lilas.

Genre BOTRYANTHE. — *Botryanthus* Kunth.

Périanthe campanulé, ventru, urcéolé au sommet,
6-denté, caduc, pétaloïde, régulier ; lobes ovés, 1-nervés,
un peu recourbés. Étamines 6, insérées au tube du périanthe, incluses. Filets libres, subulés. Anthères elliptiques, bilobées aux 2 bouts. Ovaire non-stipité, trigone,
3-loculaire ; loges 2-ovulées ; ovules anatropes. Style
court, droit. Stigmate 3-lobé. Capsule membranacée,
subglobuleuse, trièdre, 3-loculaire, loculicide-trivalve ;
loges 2-spermes. Graines superposées, subglobuleuses,
finement rugueuses, noires ; funicule gros, charnu ; tégument mince, crustacé. — Herbes bulbeuses, acaules. Bulbe
tuniqué. Feuilles étroites, linéaires, striées, un peu charnues. Hampe simple, multiflore. Fleurs en grappe dense :

les terminales en général stériles ; pédicelles plus ou moins
allongés, solitaires, 1-bractéolés à la base.

BOTRYANTHE COMMUN. — *Botryanthus vulgaris* Kunth, Enum.
4, p. 511. — *Hyacinthus botryoides* Linn. — Bot. Mag. tab. 157.
— *Muscari botryoides* Mill. Dict. — Redout. Lil. tab. 561. —
Sweet, Brit. Flow. Gard. tab. 15. — Feuilles linéaires-lancéolées,
canaliculées, rétrécies vers la base, roides, dressées, plus courtes
que la hampe, larges de 3 à 4 lignes. Hampe haute de 5 à
6 pouces, grêle, droite, cylindrique. Grappe 15-à 20-flore,
courte, serrée. Fleurs nutantes, inodores, d'un beau bleu ; les terminales dressées, stériles. Périanthe petit, ovoïde. — Indigène de
France et des contrées plus méridionales d'Europe ; cultivé
comme plante d'agrément ; varie à fleurs blanches ou roses.

BOTRYANTHE ODORANT. — *Botryanthus odorus* Kunth, l. c.
— *Hyacinthus racemosus* Linn. — Jacq. Flor. Austr. tab. 187.
— Bot. Mag. tab. 122. — Engl. Bot. tab. 1931. — *Muscari
racemosum* Mill. Dict. — Feuilles linéaires, canaliculées, flasques,
recourbées, plus courtes que la hampe, larges de 1 à 1 $\frac{1}{2}$ ligne,
d'un vert glauque en dessus, d'un vert gai en dessous. Hampe
haute de 5 à 6 pouces, cylindrique, grêle, bleuâtre au sommet.
Grappe courte, serrée, 50-à 40-flore. Fleurs odorantes, nutantes,
bleues ; les terminales dressées, stériles. Périanthe ovoïde ; lobes
courts, obtus. — Cette plante, appelée vulgairement *Ail à chien*,
croît en France et dans les contrées plus méridionales de l'Europe.
On la cultive dans les parterres.

Genre MUSCARI. — *Muscari* Tourn.

Périanthe pétaloïde, régulier, caduc, ovoïde, ventru,
6-denté, urcéolé au-dessous du sommet ; dents ovées,
1-nervées, recourbées, gibbeuses à l'extérieur à la base ;
les 3 intérieures de moitié plus étroites. Étamines 6, insérées au tube du périanthe, incluses. Filets libres, filiformes. Anthères elliptiques, bilobées aux 2 bouts. Ovaire
non-stipité, ovoïde, trigone ; loges 2-ovulées ; ovules su-

perposés, anatropes. Style court, subclaviforme, terminé
en 5 stigmates arrondis, bilobés, connivents. Capsule
membranacée, subglobuleuse, trièdre, 5-loculaire, loculicide-trivalve. (Graines inconnùes.) — Herbe bulbeuse,
acaule. Bulbe tuniqué. Feuilles striées, linéaires, un peu
charnues. Hampe simple, multiflore. Fleurs subhorizon-
tales, odorantes, disposées en grappe dense : pédicelles
très-courts, bibractéolés à la base. — L'espèce suivante
constitue à elle seule le genre.

MUSCARI ODORANT. — *Muscari moschatum* Willd. Enum.
— Bot. Mag. tab. 734.— *Hyacinthus Muscari* Linn. — *Muscari ambrosiacum* Mœnch, Meth. — Redout. Lil. tab. 152.—
Muscari suaveolens Desfont. Hort. Par.—Feuilles longues de 8
à 10 pouces, étalées, presque planes. Hampe cylindrique, un peu
plus courte que les feuilles. Grappe longue de 2 à 3 pouces,
subglobuleuse. Fleurs d'un jaune tirant sur le violet, ou brunâtres.
— Originaire d'Orient. Fréquemment cultivé dans les jardins, à
cause de l'odeur musquée de ses fleurs.

Genre AGRAPHIS. — *Agraphis* Link.

Périanthe 6-sépale, pétaloïde, régulier, caduc ; sépales
connivents en forme de cloche, recourbés au sommet,
connés à la base. Étamines insérées vers le milieu des sépales. Filets libres, filiformes, décurrents. Anthères oblongues, échancrées aux 2 bouts. Ovaire ovoïde, trigone,
triloculaire ; loges pluri-ovulées ; ovules bisériés, anatropes, horizontaux. Style droit, filiforme. Stigmate petit,
disciforme, légèrement trilobé. Capsule membranacée,
trigone, triloculaire, loculicide-trivalve ; loges oligospermes. Graines subglobuleuses, noires; tégument mince,
crustacé. — Herbes bulbeuses, acaules. Bulbe tuniqué.
Hampe simple, pluriflore. Feuilles linéaires, striées, un
peu charnues. Fleurs bleues, inclinées, disposées en
grappe ; pédicelles plus ou moins allongés, bibractéolés à

la base. — Les espèces suivantes se cultivent comme plantes d'ornement.

a) *Étamines alternativement plus longues et plus courtes.*

AGRAPHIS PENCHÉ. —*Agraphis nutans* Reichenb. Flor. Germ. Excurs. — *Hyacinthus nonscriptus* Linn. — *Scilla nutans* Smith, Engl. Bot. tab. 577.—*Scilla nonscripta* Hoffm. et Link. — Redout. Lil. tab. 224.—*Scilla festalis* Salisb.— *Endymion nutans* Dumort. — Feuilles larges de 5 à 4 lignes, pointues, canaliculées, carénées en dessus, dressées jusque vers le milieu, recourbées dans le haut, plus courtes que la hampe. Hampe haute d'environ 1 pied, cylindrique. Grappe unilatérale, inclinée au sommet. Pédicelles à peu près aussi longs que la fleur. Bractées bleues, linéaires, pointues, de la longueur du pédicelle. Périanthe subcylindracé, long de 6 à 8 lignes ; sépales linéaires-lancéolés. — Commun dans les bois ; fleurit au printemps.

AGRAPHIS INCLINÉ.—*Agraphis cernua* Reichenb. Flor. Germ. Excurs. — *Hyacinthus cernuus* Linn. — *Scilla nonscripta* β, Bot. Mag. tab. 1461. — D'après les auteurs, cette espèce ne diffère de la précédente que par des feuilles plus larges, et par des fleurs rougeâtres plus lâches.

b) *Étamines isométres.*

AGRAPHIS ÉTALÉ. — *Agraphis patula* Reichenb. Flor. Germ. Excurs. — *Scilla patula* Redout. Lil. tab. 225. — *Scilla campanulata* Bot. Mag. tab. 1102. —Feuilles lancéolées, décombantes. Grappe droite, oblongue. Fleurs grandes, d'un bleu violet. — Indigène de l'Europe méridionale.

AGRAPHIS CAMPANULÉ. — *Agraphis campanulata* Reichenb. Flor. Germ. Excurs. — *Scilla campanulata* Hort. Kew. — Bot. Mag. tab. 127. — Redout. Lil. tab. 455. — *Scilla hyacinthoides* Jacq. Ic. Rar. 1, tab. 65. —Feuilles lancéolées. Grappe multiflore, subpyramidale, droite. Bractées plus longues que les pédicelles. Fleurs d'un bleu clair. — Indigène de l'Europe méridionale.

Genre SCILLE. — *Scilla* Linn.

Périanthe 6–sépale, pétaloïde, régulier, caduc ; sépales connés à la base, étalés. Étamines 6 , insérées à la base des sépales. Filets libres, subulés. Anthères oblongues, bilobées aux 2 bouts. Ovaire ovoïde, non-stipité, trigone, triloculaire ; loges 2-ou pluri-ovulées (par exception 1-ovulées) ; ovules anatropes, bisériés. Style filiforme. Stigmate petit, tronqué. Capsule ovoïde ou subglobuleuse, membranacée, trigone, triloculaire, loculicide-trivalve ; loges 1-spermes ou oligospermes. Graines subglobuleuses, noires, ou roussâtres ; tégument mince, crustacé. — Herbes bulbeuses, acaules. Bulbe tuniqué. Hampe pauciflore ou multiflore, simple. Feuilles striées, un peu charnues, en général linéaires. Fleurs bleues, ou violettes, ou pourpres, ou roses, ou blanches, dressées, disposées en grappe ; pédicelles solitaires, 1-bractéolés à la base (par exception ébractéolés ou 2-bractéolés. — Les espèces suivantes se cultivent comme plantes d'agrément.

A. *Bractées très-petites ou nulles.*

a) *Ovaire à loges 1-ovulées.*

SCILLE A PETITES FLEURS. — *Scilla parviflora* Desfont. Atl. tab. 87. — Feuilles linéaires-lancéolées, pointues, glabres, plus courtes que la hampe. Fleurs violettes, en grappe dense très-courte. Bractées très-petites. Sépales oblongs, obtus. — Indigène de l'Afrique septentrionale.

b) *Ovaire à loges 2-ovulées ; ovules collatéraux.*

SCILLE D'AUTOMNE. — *Scilla autumnalis* Linn. — Engl. Bot. tab. 78. — Redout. Lil. tab. 517. — Bot. Mag. tab. 919. — Feuilles étroites, linéaires, nombreuses, plus tardives que les fleurs. Hampe droite, haute de $^1/_2$ pied à 1 pied. Grappe courte, dense, multiflore ; pédicelles ascendants, ébractéolés, aussi longs que les fleurs. Fleurs petites, d'un bleu violet. Sépales oblongs, obtus. — Indigène de France ; fleurit en août et en septembre.

Scille a feuilles obtuses. — *Scilla obtusifolia* Desfont. Atl. tab. 86. — Redout. Lil. tab. 190. — Hampe courte, latérale. Feuilles liguliformes, obtuses, ondulées, p'us tardives que les fleurs. Grappe courte, dense, multiflore, ébractéolée. Fleurs petites, bleues. — Indigène des contrées voisines de la Méditerranée.

Scille Fausse-Jacinthe. — *Scilla hyacinthoides* Linn. — Bot. Mag. tab. 1140. — Bulbe gros. Feuilles nombreuses, oblongues, presque planes. Grappe multiflore, très-longue; pédoncules étalés, subverticillés. Bractées minimes. Fleurs bleues. Sépales oblongs, obtus. — Indigène de l'Europe méridionale.

c) Ovaire à loges 6-à 10-ovulées.

Scille a deux feuilles. — *Scilla bifolia* Linn. — Jacq. Flor. Austr. tab. 117. — Bot. Mag. tab. 746. — Engl. Bot. tab. 24. — Redout. Lil. tab. 254. — Bulbe diphylle. Feuilles étalées ou recourbées, lancéolées-linéaires, canaliculées, convolutées au sommet. Hampe haute de 5 à 6 pouces, faible, cylindrique, 4-10-flore. Pédicelles dressés, ébractéolés. Grappe courte, un peu lâche. Fleurs inodores, d'un bleu plus ou moins vif, par variation blanches ou roses. — Cette espèce n'est pas rare dans les bois; elle fleurit dès le commencement du printemps.

Scille précoce. — *Scilla præcox* Willd. Spec. — Sweet, Brit. Flow. Gard. ser. 2, tab. 141. — Paraît ne différer du *Scilla bifolia*, que par la hampe qui est anguleuse. — Patrie inconnue.

Scille agréable. — *Scilla amœna* Linn. — Jacq. Flor. Austr. tab. 218. — Bot. Mag. tab. 541. — Redout. Lil. tab. 298. — Lodd. Bot. Cab. tab. 1015. — Feuilles linéaires-lancéolées, planes, à peu près aussi longues que la hampe, en général dressées. Hampe grêle, faible, anguleuse, décombante après la floraison. Grappe 5-10-flore, lâche; pédicelles dressés, à peu près aussi longs que le périanthe. Bractées très-petites. Périanthe d'un bleu vif. — Indigène de l'Europe méridionale; fleurit au printemps.

Scille azurée. — *Scilla azurea* Goldb, in Act. Mosq. 5, p.
125. — *Scilla sibirica* Andr. Bot. Rep. tab. 565.—Lodd. Bot.
Cab. tab. 151.—*Scilla amœna* Redout. Lil. tab. 150.—*Scilla
amœna sibirica* Bot. Mag. tab. 2408. — Feuilles dressées,
linéaires, presque planes, pointues, cuculliformes au sommet.
Hampe grêle, anguleuse, 1-5-flore, décombante après la floraison. Bractées courtes. Fleurs subcampanulées, d'un bleu vif. —
Indigène du Caucase et de la Russie méridionale.

B. *Bractées allongées.*

a) *Bractées solitaires.*

Scille hémisphérique.—*Scilla hemisphærica* Boiss. Voyage
Bot. — *Scilla peruviana* Linn. — Redout. Lil. tab. 167. —
Bot. Mag. tab. 749.—Feuilles larges, planes, linéaires, décombantes, rosclées, plus longues que la hampe, en général ciliolées.
Hampe haute de 6 à 8 pouces. Grappe dense, multiflore, corymbiforme au commencement de la floraison. Fleurs dressées, d'un
bleu vif (par variation blanches). Bractées un peu plus longues
que les pédicelles. — Indigène des contrées voisines de la Méditerranée. (Cultivée sous le nom vulgaire de *Scille du Pérou.*)

Scille printanière. — *Scilla verna* Huds. Angl. — Engl.
Bot. tab. 23. — *Scilla bifolia* Lightf. (non Linn.) — Flor. Dan.
tab. 568. — *Scilla alliifolia* Lapeyr. — *Scilla umbellata* Ramond. — Redout. Lil. tab. 166. — Delaun. Herb. de l'Amat.
tab. 155. — Feuilles (en général au nombre de 4) longues de 7
à 8 pouces, dressées, linéaires, canaliculées, cuculliformes au
sommet. Hampe à peu près aussi longue que les feuilles. Grappe
dense, convexe, corymbiforme, 10-25-flore. Pédicelles dressés.
Bractées aussi longues que les pédicelles, lancéolées, acuminées.
Fleurs d'un jaune vif. Sépales oblongs, pointus.—Indigène d'une
grande partie de l'Europe.

Scille naine. — *Scilla pumila* Brot. Flor. Lusit. — Hook.
in Bot. Mag. tab. 5025. — *Scilla monophylla* Link. — Bulbe
en général 1-phylle. Feuille lancéolée, engaînante à la base,

longue d'environ 5 pouces, large de 4 lignes, calleuse au sommet. Hampe un peu plus courte que la feuille. Grappe corymbiforme, en général pauciflore. Bractées ovées, acuminées-subulées, 4 à 5 fois plus courtes que les pédicelles. Fleurs d'un bleu vif, un peu plus petites que celles du *Scilla bifolia.* Sépales oblongs, infléchis au sommet. — Indigène du Portugal.

b) *Bractées géminées.*

SCILLE D'ITALIE. — *Scilla italica* Linn. — Bot. Mag. tab. 665. — Redout. Lil. tab. 504. — Delaun. Herb. de l'Amat. tab. 103. — Lodd. Bot. Cab. tab. 1485. — Feuilles (au nombre de 4 à 7, longues d'environ 1 pied, sur 4 lignes de large) linéaires-lancéolées, canaliculées, étalées, pointues. Hampe cylindrique, haute de 4 à 8 pouces. Grappe conique, pluriflore, assez dense. Pédicelles allongés. Bractées linéaires-subulées, bleuâtres, à peu près aussi longues que les pédicelles. Fleurs d'un bleu clair ou d'un bleu cendré, petites. Sépales lancéolés. — Indigène de l'Europe australe.

SCILLE A FEUILLES LIGULIFORMES. — *Scilla lingulata* Desfont. Atl. tab. 85, fig. 1. — Redout. Lil. tab. 521. — Feuilles plus courtes que la hampe (longues d'environ 2 pouces), lancéolées-linéaires, planes, pointues. Hampe 1 fois plus longue que les feuilles. Grappe courte, dense, conique, pluriflore. Bractées linéaires-subulées, à peu près aussi longues que les pédicelles. Fleurs bleues, de la grandeur de celles du *Scilla italica.* Pédicelles dressés, allongés. — Indigène de l'Afrique septentrionale.

Genre URGINIA. — *Urginia* Steinheil.

Ce genre ne diffère essentiellement des *Scilla* que par les graines, qui sont oblongues, comprimées, et ailées au bord.

URGINIA SQUILLE. — *Urginia Scilla* Steinheil, in Annales des Sciences Nat. 1854, 1, p. 521. — *Scilla maritima* Linn. —

Redout. Lil. tab. 116. — Blackw. Herb. tab. 591. — *Ornitho-galum Squilla* Bot. Mag. tab. 918. — *Stellaris Scilla* Mœnch, Meth. — Bulbe rougeâtre ou blanchâtre, très-gros, composé de tuniques charnues très-épaisses. Feuilles (plus tardives que les fleurs) toutes radicales, grandes, charnues, d'un vert foncé, lancéolées, pointues, canaliculées. Hampe droite, cylindrique, haute de 2 à 5 pieds. Grappe longue, droite, multiflore, assez dense. Pédicelles épars, longs d'environ 6 lignes, grêles, 1-bractéolés à la base. Bractées lancéolées-linéaires. Fleurs blanches, de grandeur médiocre. Sépales oblongs, subobtus, étalés. Étamines à peu près du tiers plus courtes que les sépales. Anthères d'un jaune verdâtre. Capsule chartacée, elliptique, trigastre, ombiliquée au sommet, brunâtre, polysperme. Graines d'un brun noirâtre, finement réticulées, luisantes, imbriquées de bas en haut.

Cette plante, connue sous les noms vulgaires de *Squille, Squille rouge, Squille marine, Scipoule, Ognon marin,* croît sur les côtes sablonneuses de la Méditerranée et de l'Océan ; elle fleurit en août et septembre. Son bulbe a une saveur fortement âcre et amère ; pris à forte dose, il agit comme émétique ; à petite dose, c'est un remède fréquemment employé en thérapeutique à titre de diurétique, d'expectorant, et d'apéritif ; il constitue la base de plusieurs préparations pharmaceutiques, telles que le vin de Scille, le vinaigre de Scille, le sirop de Scille, etc. — Cette espèce se cultive aussi comme plante d'agrément.

Genre PUSCHKINIA. — *Puschkinia* Adams.

Périanthe subcampanulé, 6-fide, régulier, caduc, pétaloïde ; tube court, muni à sa base de 6 bosses alternes avec les segments du limbe, et à sa gorge d'une couronne tubuleuse, 6-fide ; segments du limbe oblongs, égaux, 1-nervés, étalés, 4 fois plus longs que le tube ; lanières de la couronne alternes avec les segments du limbe, bi-ou trilobées au sommet. Étamines 6, insérées à la couronne du périanthe. Filets courts, libres. Anthères oblongues-linéaires, bilobées aux 2 bouts. Ovaire non-stipité, elliptique, triloculaire; loges 6-ovulées; ovules bisériés, anatropes. Style filiforme, droit. Stigmate entier, obtus. (Fruit inconnu.) — Herbe bulbeuse, acaule. Bulbe tuniqué. Hampe simple, 4-10 flore. Feuilles linéaires-lancéolées, striées, un peu charnues. Fleurs bleuâtres, disposées en grappe; pédicelles 1-bractéolés à la base. — L'espèce suivante constitue à elle seule le genre.

Puschkinia Fausse-Scille. — *Puschkinia scilloides* Adams, in Act. Nov. Petrop. 14, p. 164. — Bieberst. Plant. Ross. 2, tab. 91. — Bot. Mag. tab. 2244. — Lindl. Coll. tab. 24. — *Adamsia scilloides* Willd. Enum. — Plante semblable au *Scilla amœna*. Bulbe en général d'phylle. Grappe 2-à 10-flore, lâche. Pédicelles dressés, à peu près aussi longs que la fleur. Périanthe d'un bleu clair. — Indigène du Caucase et des montagnes de l'Arménie; cultivé comme plante d'agrément.

Genre DRIMIA. — *Drimia* Jacq.

Périanthe pétaloïde, régulier, 6-sépale, persistant; sépales 1-nervés, connés et connivents à la base, réfléchis dans le haut, cuculliformes au sommet. Étamines 6, insérées à la base des sépales, isomètres, ou alternativement plus longues et plus courtes. Filets filiformes, libres. Anthères linéaires-oblongues, bilobées aux 2 bouts. Ovaire substipité, ovoïde, trigastre, triloculaire; loges 2-ovulées; ovules collatéraux, anatropes, attachés au fond des loges. Style filiforme, droit. Stigmate entier, obtus. Capsule membranacée, trigastre, trièdre, 5-loculaire, loculicide-trivalve au sommet; loges 1 ou 2-spermes. Graines subglobuleuses, roussâtres; tégument membranacé. — Herbes bulbeuses, acaules. Hampe simple, multiflore. Feuilles un peu charnues, striées, souvent plus tardives que les fleurs. Fleurs en grappe; pédicelles allongés, solitaires, 1-bractéolés à la base. — Genre propre à l'Afrique australe; les espèces suivantes se cultivent comme plantes d'ornement.

DRIMIA A FEUILLES LANCÉOLÉES. — *Drimia lanceæfolia* Gawl. in Bot. Mag. — *Lachenalia lanceæfolia* Jacq. Ic. Rar. 2, tab. 402. — Redout. Lil. tab. 59. — Bot. Mag. tab. 643. — *Scilla maculata* Schrank, Hort. Monac. tab. 100. — Feuilles lancéolées, acuminées, innervées, maculées en dessus, à peu près aussi longues que la hampe. Grappe multiflore, allongée. Pédicelles recourbés, 2 fois plus longs que les fleurs. Fleurs d'un blanc verdâtre, ponctuées de pourpre.

DRIMIA DE GAWLER. — *Drimia Gawleri* Schrad. — *Drimia lanceæfolia* : β, Bot. Mag. tab. 1580. — *Hyacinthus revolutus* Hort. Kew. — Feuilles elliptiques-oblongues, nerveuses, immaculées, 2 fois plus courtes que la hampe. Grappe multiflore. Pédicelles recourbés, 5 fois plus longs que la fleur. Fleurs vertes, striées de pourpre.

DRIMIA ONDULÉ. — *Drimia undulata* Jacq. Ic. Rar. 2, tab. 576. — Feuilles linéaires-lancéolées, glabres, ondulées, plus courtes que la hampe. Pédicelles étalés. Fleurs panachées de blanc, de rouge et de vert.

Genre IDOTHÉA. — *Idothea* Kunth.

Périanthe subcampanulé, 6-fide, pétaloïde, régulier, caduc; tube court; segments égaux, 1-nervés, réfléchis. Étamines 6, insérées à la gorge du périanthe, dressées, à peu près aussi longues que les segments. Filets libres, filiformes, un peu élargis à la base. Anthères elliptiques, échancrées au sommet, bilobées à la base. Ovaire non-stipité, conique, 5-loculaire; loges pluri-ovulées; ovules anatropes, bisériés. Style filiforme, allongé, caduc. Stigmate . . . . . . Capsule chartacée ou membranacée, triloculaire, loculicide-trivalve, polysperme. Graines imbriquées de bas en haut, aplaties, luisantes, noirâtres, ailées au bord; tégument membranacé. — Herbes bulbeuses, acaules. Bulbe écailleux ou tuniqué. Hampe simple, multiflore. Feuilles étroites, en général plus tardives que les fleurs.

Fleurs en grappe; pédicelles longs, 1-bractéolés à la base.
— Genre propre à l'Afrique australe. Les espèces suivantes se cultivent comme plantes d'agrément.

A. *Bulbe tuniqué. Feuilles plus précoces que les fleurs.*

IDOTHÉA INTERMÉDIAIRE. — *Idothea media* Kunth, Enum. 4,
p. 542. — *Drimia media* Jacq. Ic. Rar. 2, tab. 575. —
Feuilles linéaires-subulées, semi-cylindriques, canaliculées en
dessus, glabres, longues d'environ 1 pied. Hampe droite, cylindrique, haute de 2 pieds. Grappe multiflore. Pédicelles étalés,
plus longs que le périanthe. Fleurs nutantes, inodores, blanchâtres en dessus, rouges en dessous. Bractées lancéolées, scarieuses. Sépales spathulés, concaves.

IDOTHÉA POURPRE.—*Idothea purpurascens* Kunth, Enum. 4,
p. 542. — *Drimia purpurascens* Jacq. Fil. Eclog. tab. 50. —
Feuilles linéaires-oblongues, glabres, carénées, ondulées, créne-
lées, 2 fois plus courtes que la hampe (longues d'environ $^1/_2$ pied,
larges de 2 lignes), glauques, pointues, luisantes. Grappe multiflore. Pédicelles étalés, rouges, aussi longs que le périanthe. Bractées linéaires-lancéolées, de moitié plus courtes que les pédicelles.
Sépales linéaires-oblongs, canaliculés, rougeâtres, obtus.

B. *Bulbe écailleux. Inflorescence plus précoce que les
feuilles.*

IDOTHÉA A FEUILLES CILIÉES. — *Idothea ciliaris* Kunth,
Enum. 4, p. 545.— *Drimia ciliaris* Jacq. Ic. Rar. 2, tab. 577.
— Bot. Mag. tab. 1444. — Feuilles longues de $^1/_2$ pied, larges
de 5 lignes, linéaires, subcarénées, pointues, ciliées, 5 fois plus
courtes que la hampe. Hampe droite. Grappe lâche. Pédicelles
étalés, plus courts que le périanthe (longs d'environ 6 lignes),
plus longs que les bractées. Fleurs inodores, d'un blanc verdâtre,
ponctuées de pourpre. Sépales linéaires, concaves en dessus.

IDOTHÉA VELU. — *Idothea villosa* Kunth, Enum. 4, p. 545.
—*Drimia villosa* Lindl. in Bot. Reg. tab. 1546. — Feuilles oblon-

gues, ondulées, glauques, velues, dressées. Grappe cylindracée.
Bractées ovées, beaucoup plus courtes que les pédicelles. Périanthe
verdâtre ; limbe oblique : segments linéaires, ondulés.

IDOTHÉA ÉLANCÉ. — *Idothea elata* Kunth, Enum. 4, p. 545.
— *Drimia elata* Jacq. Ic. Rar. 2, p. 573. — Redout. Lil. tab.
450.—Bot. Mag. tab. 822.—Feuilles linéaires-lancéolées, glabres,
glauques, pointues, presque dressées, plus courtes que la hampe
(longues d'environ 1 pied). Hampe cylindrique, droite, glauque,
haute de 2 pieds. Pédicelles étalés. Fleurs nutantes, verdâtres en
dessous, blanches en dessus. Bractées courtes, lancéolées. Sépales
oblongs. Filets rouges.

IDOTHÉA NAIN. — *Idothea pusilla* Kunth, Enum. 4, p. 544.
— *Drimia pusilla* Jacq. Ic. Rar. 2, tab. 574. — Feuilles lancéolées-linéaires, pointues, luisantes, glabres, dressées, glauques,
longues d'environ 4 pouces. Hampe de la longueur des feuilles,
dressée, d'un pourpre verdâtre. Pédicelles courts, horizontaux.
Fleurs dressées, verdâtres.

Genre CAMASSIA. — *Camassia* Lindl.

Périanthe 6-sépale, pétaloïde, subirrégulier, marcescent; sépales presque égaux, 5-nervés, connés à la base :
les 5 supérieurs ascendants; l'inférieur défléchi. Étamines
6, insérées à la base des sépales, plus courtes que ceux-
ci, isomètres. Filets libres, filiformes, ascendants. Anthères
oblongues, bilobées aux 2 bouts. Ovaire non-stipité, subglobuleux, 5-loculaire; loges sub-7-ovulées; ovules anatropes, bisériés. Style filiforme, décliné. Stigmate court,
trifide. Capsule chartacée, subglobuleuse, trièdre, 5-locu-
laire, loculicide-trivalve, polysperme. Graines subglobuleuses, noires, luisantes. — Herbe bulbeuse, acaule. Bulbe
tuniqué. Hampe simple, multiflore. Feuilles linéaires, canaliculées, striées. Fleurs en grappe; pédicelles solitaires, ascendants, 1-bractéolés à la base.—L'espèce suivante
constitue à elle seule ce genre.

CAMASSIA COMESTIBLE. — *Camassia esculenta* Lindl. in Bot. Reg. tab. 1486. — *Scilla esculenta* Hook. in Bot. Mag. tab. 2774. (non Gawl.) — *Phalangium Quamash* Pursh, Flor. — *Phalangium esculentum* Nutt. Gen. — Bractées scarieuses. Fleurs blanches ou bleues. — Cette plante croît dans le nord-ouest de l'Amérique ; les naturels du pays en mangent les bulbes.

Genre MYOGALE. — *Myogalum* Link.

Périanthe 6-sépale, pétaloïde, régulier, marcescent ; sépales presque égaux, striés, connivents en forme de cloche, étalés au sommet. Étamines 6, insérées à la base des sépales, alternativement plus longues et plus courtes. Filets larges, pétaloïdes, connivents, imbriqués, bilobés au sommet, anthérifères entre les deux lobes. Anthères oblongues, échancrées aux 2 bouts. Ovaire non-stipité, obscurément trigone, 5-loculaire ; loges multi-ovulées ; ovules horizontaux, anatropes, bisériés ; funicules très-courts. Style columnaire, aussi long que les étamines. Stigmate capitellé, subtrilobé. Capsule subglobuleuse, légèrement charnue, légèrement trisulquée, ombiliquée au sommet, 5-loculaire, loculicide-trivalve ; loges oligospermes. Graines subglobuleuses, noires, finement réticulées. — Herbes bulbeuses, acaules. Bulbe tuniqué. Hampe simple, multiflore. Feuilles étroites, striées, un peu charnues. Fleurs grandes, blanches, nutantes, disposées en grappe ; pédicelles alternes, 1-bractéolés à la base.

MYOGALE PENCHÉ. — *Myogalum nutans* Link, Handb. — *Ornithogalum nutans* Linn. Spec. — Jacq. Flor. Austr. tab. 501. — Flor. Dan. tab. 192. — Bot. Mag. tab. 269. — Redout Lil. tab. 255. — Engl. Bot. tab. 1997. — Hook. Flor. Lond. tab. 44. — *Albucea nutans* Reichb. Flor. Germ. Excurs. — Bulbe blanc, ovoïde, 5-à 8-phylle. Feuilles linéaires, glabres, d'un vert glauque en dessous, plus courtes que la hampe Hampe

baute de $^1/_2$ pied à 1 pied, droite, cylindrique. Grappe lâche,
unilatérale. Bractées oblongues-lancéolées, brunâtres membraneuses, plus longues que les pédicelles. Pédicelles longs de 3 à 4
lignes. Sépales longs d'environ 6 lignes, oblongs-lancéolés,
pointus, verts en dessous, d'un blanc verdâtre en dessus.—Cette
plante croît dans presque toute l'Europe ; se cultive dans les parterres ; fleurit en avril et mai.

Genre ORNITHOGALE. — *Ornithogalum* Linn.

Périanthe 6-sépale, pétaloïde, régulier, marcescent ; sépales étalés, presque égaux, 5-à 7-nervés. Étamines 6, hypogynes, plus courtes que le périanthe. Filets libres, subulés, alternativement un peu plus longs et plus courts. Anthères oblongues, subcordiformes à la base. Ovaire 5-ou
6-èdre, oblong, non-stipité, triloculaire ; loges multi-ovulées ; ovules bisériés, horizontaux, anatropes. Style droit,
columnaire, trièdre. Stigmate triangulaire ou trilobé. Capsule membranacée, trigastre, ombiliquée au sommet, 3-lo-
culaire, loculicide-trivalve au sommet, en général polysperme. Graines subglobuleuses ou irrégulièrement anguleuses, noires, finement réticulées. — Herbes bulbeuses,
acaules. Bulbe tuniqué. Hampe simple, multiflore, ou
moins souvent pauciflore. Feuilles étroites, striées, un
peu charnues. Fleurs (en général blanches ou verdâtres)
dressées, disposées en grappe ou en corymbe ; pédicelles
épars, accompagnés d'une bractée membraneuse. — Les
espèces suivantes se cultivent comme plantes d'ornement.

A. *Fleurs en grappe.*

ORNITHOGALE JAUNE. — *Ornithogalum aureum* Curt. Bot.
Mag. tab. 190. — Redout. Lil. tab. 459. — Lodd. Bot. Cab.
tab. 1185. — Delaun. Herb. de l'Amat. tab. 191. — *Ornitho-*
galum flavissimum Jacq. Ic. Rar. 2, tab. 456. — Andr. Bot.
Rep. tab. 505. —Feuilles lancéolées, bordées de cils roides.
Grappe lâche, subcorymbiforme. Bractées ovées, acuminées, plus

courtes que les pédicelles. Sépales ovés, pointus, d'un jaune citron ou orangé. Étamines toutes dilatées à la base ; les plus larges échancrées au sommet. — Indigène du Cap de Bonne-Espérance.

ORNITHOGALE ROUGE. — *Ornithogalum miniatum* Jacq. Ic. Rar. 2, tab. 458.—Feuilles lancéolées, presque sans cils. Grappe subcorymbiforme, lâche. Bractées ovées, acuminées, plus courtes que les pédicelles. Sépales ovés, pointus, d'un rouge orange. Trois des filets à peine dilatés à la base ; les trois autres beaucoup plus larges, échancrés au sommet.— Indigène du Cap de Bonne-Espérance.

ORNITHOGALE A THYRSE. — *Ornithogalum thyrsoides* Jacq. Hort. Vindob. 3, tab. 28. — Bot. Reg. tab. 516. — Bot. Mag. tab. 1164. — Redout. Lil. tab. 555. — Feuilles longues, lancéolées. Grappe dense, thyrsoïde. Bractées ovées-lancéolées, acuminées. Sépales ovés, obtus, blancs. Trois des filets subulés ; les 5 autres dilatés à la base, subtricuspidés au sommet. Fleurs odorantes. Hampe haute d'environ 1 pied. — Variété à fleurs jaunâtres : *Ornithogalum flavescens* Bot. Reg. tab. 505. — Jacq. Ic. Rar. 2, tab. 457.—*Ornithogalum arabicum* Redout. Lil. tab. 65. — Indigène du Cap de Bonne-Espérance.

ORNITHOGALE RÉVOLUTÉ. — *Ornithogalum revolutum* Jacq. Hort. Schœnbr. 1, tab. 89. — Bot. Mag. tab. 653. — Bot. Reg. tab. 515. — Feuilles sublinéaires, presque planes, glabres, marginées. Grappe pauciflore ou multiflore. Sépales linéaires-oblongs, échancrés, obliquement fléchis, blancs. Filets lancéolés-subulés. — Indigène du Cap de Bonne-Espérance.

ORNITHOGALE LACTÉ.—*Ornithogalum lacteum* Jacq. Ic. Rar. 2, tab. 454. — Andr. Bot. Rep. tab. 274. — Bot. Mag. tab. 1154. — Redout. Lil. tab. 418. — Feuilles lancéolées, planes, pointues, ciliolées. Grappe longue, dense, subpyramidale. Bractées ovées, 2 fois plus courtes que les pédicelles. Fleurs inodores, d'un blanc de lait. Filets subulés.— Indigène du Cap de Bonne-Espérance.

ORNITHOGALE CONIQUE. — *Ornithogalum conicum* Jacq. Ic. Rar. 2, tab. 428. — Hook. in Bot. Mag. tab. 5558. — Feuilles lancéolées, planes, ciliolées, à bord membraneux. Bractées membraneuses, aussi longues que les pédicelles. Grappe conique. Fleurs d'un blanc pur. Filets subulés. — Indigène du Cap de Bonne-Espérance.

ORNITHOGALE A LARGES FEUILLES.—*Ornithogalum latifolium* Linn. — Jacq. Ic. Rar. 2, tab. 424. — Bot. Mag. tab. 876. — Bot. Reg. tab. 1978. — Feuilles lancéolées. Grappe très-longue. Pédoncules étalés, beaucoup plus longs que le périanthe. Fleurs d'un blanc de lait. Filets subulés. — Indigène d'Égypte et d'Arabie.

ORNITHOGALE DE NARBONNE. — *Ornithogalum narbonense* Linn. — Bot. Mag. tab. 2510. — Feuilles larges, linéaires, plus longues que la hampe. Grappe très-longue. Bractées lancéolées, acuminées, beaucoup plus courtes que les pédicelles. Pédicelles étalés. Fleurs blanches. Sépales linéaires-lancéolés, obtus. — Indigène de l'Europe méridionale.

ORNITHOGALE DES PYRÉNÉES. — *Ornithogalum pyrenaicum* Linn. — Engl. Bot. tab. 44. — Jacq. Flor. Austr. tab. 103.— Redout. Lil. tab. 254. — Feuilles longues, linéaires. Grappe très-longue. Pédoncules étalés lors de la floraison. Fleurs d'un blanc verdâtre. Sépales linéaires-oblongs, obtus. Filets tous dilatés. Hampe haute de 2 à 3 pieds. — Indigène de France et des contrées plus méridionales d'Europe.

ORNITHOGALE CUSPIDÉ. — *Ornithogalum caudatum* Hort. Kew. — Jacq. Ic. Rar. 2, tab. 423. — Bot. Mag. tab. 805. — Feuilles lancéolées-linéaires, canaliculées, acuminées-cuspidées. Grappe très-longue. Bractées à peu près aussi longues que les pédicelles. Fleurs blanches, striées de vert. Filets tous dilatés. — Indigène du Cap de Bonne-Espérance.

ORNITHOGALE A LONGUES BRACTÉES. — *Ornithogalum longebracteatum* Jacq. Hort. Vindob. 3, tab. 29. — Redout. Lil.

tab. 120.—Feuilles lancéolées-ensiformes, acuminées-cuspidées. Grappe très-longue. Bractées presque 2 fois plus longues que les pédicelles. Fleurs blanches, striées de vert. Filets subulés, dilatés à la base.—Indigène du Cap de Bonne-Espérance.

ORNITHOGALE ÉLANCÉ. — *Ornithogalum altissimum* Linn.— Bot. Mag. tab. 1074. — *Ornithogalum giganteum* Jacq. Hort. Schœnbr. 1, tab. 87. — Feuilles lancéolées-oblongues, convolutées et cuspidées au sommet. Grappe très-longue. Pédoncules 2 fois plus longs que le périanthe. Bractées réfléchies. Fleurs blanchâtres. Filets subulés.— Indigène du Cap de Bonne-Espérance.

ORNITHOGALE PYRAMIDAL.—*Ornithogalum pyramidale* Linn. — Jacq. Ic. Rar. 2, tab. 425.—Redout. Lil. tab. 422.—Feuilles longues, molles, linéaires. Hampe longue d'environ 1 ½ pied. Grappe pyramidale, assez dense. Pédicelles ascendants. Sépales elliptiques-oblongs, plans, blancs, avec une strie dorsale verte. Filets lancéolés, égaux. Style très-court. — Indigène de l'Europe méridionale; fréquemment cultivé comme plante de parterre. (Vulgairement *Épi de lait*, *Épi de la Vierge*.)

B. *Fleurs en corymbe.*

ORNITHOGALE A OMBELLE.—*Ornithogalum umbellatum* Linn. — Jacq. Flor. Austr. tab. 343. — Engl. Bot. tab. 130. — Redout. Lil. tab. 145. — Hook. Flor. Lond. tab. 45. — Bulbe prolifère. Feuilles étroites, linéaires, canaliculées, longues de 7 à 8 pouces, glabres, d'un vert gai, avec une strie blanche au milieu de la face supérieure. Hampe haute de 5 à 8 pouces, 5-à 20-flore. Corymbe lâche. Pédicelles étalés, très-longs. Fleurs érigées. Bractées lancéolées, acuminées, striées de blanc et de vert, en général plus courtes que les pédicelles. Sépales lancéolés-oblongs, obtus, verts en dessous, d'un blanc pur en dessus, longs de 6 à 9 lignes. Filets lancéolés. — Cette espèce, connue sous les noms vulgaires de *Dame d'onze heures*, ou *Belle d'onze heures*, croît dans presque toute l'Europe; elle fleurit au printemps; ses fleurs s'épanouissent à peu près une heure avant midi, et elles se referment vers les trois heures de l'après-midi.

Genre ALBUCA. — *Albuca* Linn.

Périanthe 6-sépale, pétaloïde, régulier, persistant; sépales soit tous soit seulement les extérieurs cuculliformes au sommet : les extérieurs 7-à 17-nervés, plans, très-étalés ; les intérieurs un peu plus courts, mais plus larges, plus minces, 5-ou 7-nervés au milieu, dressés, connivents. Étamines 6, insérées à la base des sépales, plus courtes que ceux-ci : les 5 extérieures plus petites, stériles dans certaines espèces. Anthères linéaires-oblongues, échancrées au sommet, bilobées à la base. Ovaire non-stipité, 5-loculaire; loges multi-ovulées; ovules horizontaux, anatropes, sans funicule. Style gros, droit, trisulqué, ou trièdre. Stigmates 5, globuleux, ou coniques, papilleux. Capsule chartacée, elliptique, trigone, 5-loculaire, loculicide-trivalve au sommet, polysperme. Graines noires, luisantes, aplaties, ailées au bord. — Herbes bulbeuses, acaules. Feuilles étroites, striées, un peu charnues. Hampe simple, pluriflore. Fleurs blanches, ou vertes, ou jaunes, en général penchées, disposées en grappe lâche; pédicelles alternes, accompagnés chacun d'une longue bractée membraneuse. — Genre propre à l'Afrique australe ; les espèces suivantes se cultivent comme plantes d'agrément.

A. *Étamines alternativement fertiles et stériles.*

ALBUCA ÉLANCÉ. — *Albuca altissima* Dryand. in Act. Holm. — Jacq. Ic. Rar. 1, tab. 65. — Feuilles subulées, convolutées, flasques. Fleurs inodores, penchées. Pédoncules recourbés. Sépales-externes jaunes en dessous, verts en dessus. Sépales-internes blanchâtres (avec une bande verte au milieu), infléchis et glanduleux au sommet. Style tricorne au sommet, aussi long que l'ovaire.

ALBUCA CORNU. — *Albuca cornuta* Redout. Lil. tab. 70. —

Feuilles convolutées. Pédoncules presque dressés. Sépales blancs, à bande médiane verte ; les 5 intérieurs glanduleux et infléchis au sommet. Style gros, tricorne au sommet.

ALBUCA MAJEUR. — *Albuca major* Linn. — Jacq. Ic. Rar. 2, tab. 445. — Redout. Lil. tab. 69. — Bot. Mag. tab. 804. — Feuilles linéaires-lancéolées, presque planes, réfléchies. Pédoncules horizontaux. Fleurs inodores, penchées. Sépales-extérieurs verts, à bord jaune. Sépales-intérieurs glanduleux au sommet, infléchis, verts, à bord blanc. Style gros, trilobé, muriqué.

ALBUCA MINEUR.—*Albuca minor* Linn.—Bot. Mag. tab. 720. — Redout. Lil. tab. 21. — Feuilles linéaires-subulées, canaliculées. Fleurs d'un jaune verdâtre, penchées. Sépales-internes glanduleux au sommet, infléchis. Style obpyramidal, aussi long que l'ovaire, glanduleux.

ALBUCA VERT.—*Albuca viridiflora* Jacq. Ic. Rar. 2, tab. 446. — Bot. Mag. tab. 1656. — Feuilles linéaires-subulées, canaliculées, pubescentes en dessous. Fleurs penchées. Sépales verts ; les intérieurs glanduleux et jaunâtres au sommet, infléchis. Style obconique, trilobé, très-gros.

B. *Étamines toutes fertiles.*

ALBUCA FASTIGIÉ.—*Albuca fastigiata* Dryand. in Act. Holm. — Andr. Bot. Rep. tab. 450. — Redout. Lil. tab. 474. — Bot. Reg. tab. 277. — Feuilles linéaires-lancéolées, presque planes, ciliolées, flasques. Hampe plus courte que les feuilles. Pédicelles très-longs, étalés, disposés en corymbe. — Sépales blancs ; les intérieurs cuculliformes au sommet. Style prismatique, muriqué.

ALBUCA A BULBE HISPIDE. — *Albuca setosa* Jacq. Ic. Rar. 2, tab. 440.—Bot. Mag. tab. 1481.—Feuilles lancéolées-linéaires, presque planes, flasques, à peu près aussi longues que la hampe. Bulbe à écailles hispides au sommet. Fleurs inodores, dressées. Pédoncules horizontaux. Sépales jaunes, à bord vert ou blanchâtre ; les intérieurs glanduleux au sommet, infléchis. Style obconique, finement muriqué.

ALBUCA JAUNE D'OR. — *Albuca aurea* Jacq. Ic. Rar. 2, tab.
441. — Feuilles linéaires-lancéolées, planes. Pédoncules très-
longs, presque dressés. Fleurs dressées. Sépales d'un beau jaune,
à bord vert ; les intérieurs glanduleux au sommet, infléchis.

ALBUCA ODORANT. — *Albuca fragrans* Jacq. Hort. Schœnbr.
1, tab. 84. — Feuilles lancéolées-linéaires, canaliculées. Pédoncules horizontaux, aussi longs que les sépales. Bractées très-
courtes. Fleurs très-odorantes, penchées. Sépales jaunâtres, à
large bord vert ; les intérieurs cuculliformes au sommet. Style
columnaire, aussi long que les étamines.

ALBUCA VISQUEUX. — *Albuca viscosa* Linn. — Jacq. Ic. Rar.
2, tab. 445. — Feuilles linéaires-subulées, canaliculées, pubescentes, visqueuses. Pédoncules étalés, deux fois plus longs que les
sépales. Fleurs penchées. Sépales blancs, à bord vert ; les intérieurs cuculliformes au sommet. Style obconique, gros, muriqué.

ALBUCA A FEUILLES SPIRALÉES. — *Albuca spiralis* Linn. — Jacq.
Ic. Rar. 2, tab. 459. — Feuilles linéaires-subulées, convolutées,
tordues en spirale au sommet, plus longues que la hampe,
scabres, pubérules. Fleurs inodores. Sépales verts, à large bord
jaunâtre ; les intérieurs cuculliformes au sommet. Style columnaire, trièdre, papilleux.

Genre UROPÉTALE. — *Uropetalum* Gawl.

Périanthe subinfondibuliforme, profondément 6-fide,
pétaloïde, régulier, non-persistant ; segments sub-5-ner-
vés : les 5 extérieurs étalés ; les 5 intérieurs connivents,
plus courts, plus larges, connés à la base. Étamines 6, insérées à la gorge du périanthe, plus courtes que le limbe.
Filets libres, filiformes. Anthères oblongues-linéaires, subcordiformes à la base. Ovaire oblong, non-stipité, trigone,
trisulqué, 5-loculaire ; loges multi-ovulées ; ovules horizontaux, anatropes. Style droit, court, subtrigone. Stigmate
obtus. Capsule chartacée, subglobuleuse, déprimée, trigastre, 5-loculaire, loculicide-trivalve au sommet, poly-

sperme. Graines aplaties, suborbiculaires, noires, marginées, finement ponctuées; tégument lâche, spongieux. —
Herbes bulbeuses, acaules. Bulbe tuniqué. Hampe simple,
pluriflore. Feuilles linéaires, striées, un peu charnues.
Fleurs penchées, disposées en grappe lâche; pédicelles
1-bractéolés à la base. Bractée plus longue que le pédicelle. — Les 2 espèces suivantes se cultivent comme plantes d'agrément.

UROPÉTALE TARDIF. — *Uropetalum serotinum* Gawl. — *Hyacinthus serotinus* Linn. — Redout. Lil. tab. 102. — *Lachenalia serotina* Willd. — *Scilla serotina* Bot. Mag. tab. 859. —
Hyacinthus lividus Pers. Ench. — Feuilles linéaires, glauques,
canaliculées. Hampe droite, cylindrique, haute de $1/2$ pied à 1
pied. Grappe unilatérale. Périanthe d'un brun verdâtre à l'extérieur, blanchâtre à l'intérieur; segments-externes oblongs, obtus,
réfléchis; segments-internes ovés-lancéolés, pointus. — Variété à
fleurs d'un jaune roussâtre : Bot. Mag. tab. 1185. — Indigène
des contrées voisines de la Méditerranée; fleurit en été.

UROPÉTALE A FLEURS VERTES. — *Uropetalum viride* Gawl. in
Bot. Reg. fol. 156. — *Hyacinthus viridis* Linn. — Jacq. Ic.
Rar. 1, tab. 66. — Redout. Lil. tab. 205. — *Lachenalia viridis, Zuccagnia viridis, et Phormium viride* Thunb. — *Dip-
cadi viride* Mœnch, Meth. — Feuilles linéaires, canaliculées,
plus longues que la hampe. Périanthe d'un vert foncé; sépales-
extérieurs très-longs, filiformes, recourbés. — Indigène du Cap
de Bonne-Espérance.

SECTION II. **AILLÉES.** — *Alliceæ* Kunth.

Herbes acaules, bulbeuses. Fleurs en ombelle simple
ou en capitule. Pédicelles inarticulés.

Genre AIL. — *Allium* Linn.

Périanthe 6-sépale, pétaloïde, régulier, persistant; sépales étalés, ou connivents en forme de cloche, connés à
la base, ou disjoints, 1-nervés, similaires, ou dissimi-

laires ; les intérieurs souvent plus grands. Étamines 6, insérées à la base des sépales, plus courtes que ceux-ci, ou plus longues. Filets soit tous subulés et inappendiculés, soit alternativement inappendiculés et tricuspidés ou tridentés au sommet (la lanière du milieu portant l'anthère), en général monadelphes à la base ; les extérieurs toujours inappendiculés, en général plus courts et plus étroits. Anthères elliptiques ou oblongues, bilobées à la base. Ovaire trisulqué, non-stipité, triloculaire (par exception 1-loculaire), souvent profondément trilobé ; loges bi-ovulées (par exception 1-ovulées, ou 5-à 6-ovulées) ; ovules campylotropes, collatéraux, attachés à la base de l'angle central. Style droit, filiforme, subgynobasique, persistant. Stigmate tronqué, ou capitellé, ou 5-denté. Capsule trilobée ou trigastre, déprimée au sommet, chartacée, triloculaire, loculicide-trivalve, à axe central filiforme, continu avec le style ; loges 1-ou 2-spermes. Graines subglobuleuses, ou subhémisphériques, ou irrégulièrement comprimées et anguleuses, noires, finement ponctuées ; tégument mince. Embryon excentrique, subfalciforme. — Herbes acaules ou caulescentes, bulbeuses, fortement odorantes. Bulbe tuniqué. Tige ou hampe pleine ou fistuleuse, simple, cylindrique, ou anguleuse. Feuilles p'anes, ou canaliculées, ou semi-cylindriques, ou cylindriques. Fleurs en ombelle lâche ou capituliforme, accompagnée d'une spathe 1-ou 2-phylle, membraneuse. Pédicelles en général dressés. — Ce genre comprend près de 200 espèces, dont la plupart appartiennent aux régions extra-tropicales de l'ancien continent.

Sous-genre PORRUM Tourn.

Étamines extérieures à filet tricuspidé au sommet, ou tridenté.

A. *Ombelle bulbillifère entre les pédicelles. Feuilles planes ou pliées en carène.*

AIL CULTIVÉ. — *Allium sativum* Linn. — Tige cylindrique, feuillée jusqu'au milieu, roulée en crosse vers le sommet avant la floraison. Feuilles larges, linéaires-lancéolées, lisses ou scabres au bord, un peu pliées en carène. Spathe 1-phylle, longuement rostrée, caduque. Étamines saillantes. Filets externes 1-dentés de chaque côté au-dessus de la base. Bulbe composé d'un grand nombre de bulbilles ovés-oblongs. — Tige dressée, haute de 2 à 5 pieds. Feuilles larges de 5 à 6 lignes. Spathe à pointe beaucoup plus longue que l'ombelle. Bulbilles de l'ombelle serrés. Fleurs blanchâtres, longuement pédicellées. — Indigène de l'Europe australe. Fréquemment cultivé comme plante condimentaire. C'est l'espèce qu'on désigne vulgairement par le nom d'*Ail,* sans épithète spéciale.

AIL ROCAMBOLE. — *Allium Ophioscorodon* Don. (non Link.) — *Allium Scorodoprasum :* β Linn. — *Allium Scorodoprasum* Lamk. Enc. — *Porrum Scorodoprasum* Reichb. Flor. Germ. Excurs. —Tige cylindrique, feuillée jusqu'au milieu, roulée en crosse, vers le sommet, avant la floraison. Feuilles larges, linéaires-lancéolées, planes. Spathe 1-phylle, longuement rostrée, caduque. Fleurs en général abortives. Bulbe composé d'un grand nombre de bulbilles subglobuleux. — Variété de l'espèce précédente ; se cultive sous le nom de *Rocambole,* ou *Ail d'Espagne.*

B. *Ombelle sans bulbilles. Feuilles planes.*

AIL POIREAU.— *Allium Porrum* Linn. — *Porrum sativum* Mill. Dict. — Blackw. Herb. tab. 421. — *Porrum commune* Reichenb. Flor. Germ. Excurs. — Tige cylindrique, feuillée jusque vers le milieu, naissant du centre du bulbe. Ombelle subglobuleuse, dense, multiflore. Feuilles glauques, linéaires-lancéolées, carénées en dessous. Sépales oblongs, pointus, à carène scabre. Étamines un peu plus longues que le périanthe. Filets extérieurs tricuspidés au sommet : lanières latérales 1 fois plus courtes que la partie indivisée du filet. — Bulbe subglobuleux, simple, prolifère latéralement, composé de tuniques charnues. Tige droite, glauque, haute de 2 à 5 pieds. Feuilles larges de 1/2 pouce à 1 pouce, accrées. Spathe courte, 1-phylle. Pédicelles dressés, longs de 1 pouce à 2 pouces. Fleurs blanchâtres ou roses,

à carène rouge ou verte. — Indigène de l'Europe méridionale ;
cultivé comme plante potagère.(Vulgairement *Poireau,Porreau.*)

C. *Ombelle bulbillifère entre les pédicelles. Feuilles fistuleuses.*

Ail Échalote. — *Allium ascalonicum* Linn. — Tige cylindrique, feuillée à la base. Feuilles subulées. Spathe mutique, 1-
phylle, plus courte que l'ombelle. Ombelle multiflore, subglobuleuse. Étamines un peu plus longues que le périanthe ; filets extérieurs 3-dentés au sommet. — Bulbe composé de plusieurs bulbilles violets, recouvert de quelques tuniques sèches. Tige presque nue, haute d'environ ¹/₂ pied. Fleurs (en général abortives
dans la plante cultivée) lilas. — Indigène d'Orient. Fréquemment
cultivé comme plante condimentaire. (Vulgairement *Échalote,
Échalot.*)

D. *Ombelle sans bulbilles. Feuilles fistuleuses, cylindriques.*

Ail Ognon.—*Allium Cepa* Linn.—*Porrum Cepa* Reichenb.
Flor. Germ. Excurs. — Tige nue, fistuleuse, ventrue au-dessous
du milieu. Feuilles ventrues, plus courtes que la hampe. Ombelle
globuleuse, multiflore. Spathe 2-phylle, mutique, plus courte que
l'ombelle. Étamines saillantes ; filets externes 1-dentés de chaque
côté au-dessous de la base. — Bulbe simple, globuleux, déprimé,
composé de tuniques charnues, blanchâtres, recouvert de plusieurs tuniques sèches, minces, roussâtres, ou jaunâtres, ou violettes. Tige assez grosse, haute de 1 ¹/₂ pied à 5 pieds, dressée,
glauque de même que les feuilles. Pédicelles dressés, beaucoup
plus longs que les fleurs. Fleurs blanches. Sépales ovés-lancéolés,
pointus, connivents. — Patrie incertaine. Cultivé comme plante
condimentaire. (Vulgairement *Ognon, Oignon.*) On en possède
beaucoup de variétés. L'*Ognon d'Égypte,* ou *Ognon bulbifère,*
produit un capitule de bulbilles en place de fleurs.

Sous-genre ALLIUM Tourn.

Filets des étamines tous inappendiculés.

A. *Feuilles fistuleuses, cylindriques.*

Ail Ciboule. — *Allium fistulosum* Linn. — Bot. Mag. tab.

1250. — *Allium altaicum* et *Allium sapidissimum* Pallas. — *Allium ceratophyllum* Besser. — *Cepa ventricosa* Mœnch, Meth. — Tige fistuleuse, cylindrique, feuillée à la base, ventrue vers le milieu. Feuilles ventrues, plus courtes que la tige. Ombelle globuleuse, multiflore, sans bulbilles. Spathe 2-phylle, non-cuspidée, plus courte que l'ombelle. Sépales oblongs-lancéolés, acuminés, subulés au sommet, presque de moitié plus courts que les étamines.—Plante touffue, glauque, glabre, haute de 1 pied à 2 pieds. Bulbes blanchâtres, ou rougeâtres, coniques, ou oblongs, simples, composés de tuniques charnues. Spathe marcescente. Inflorescence centrifuge. Sépales blancs, à carène verte; les 5 extérieurs naviculaires, un peu plus courts. Filets linéaires-lancéolés, blanchâtres. Anthères jaunes. Pédicelles dressés, à peu près aussi longs que les fleurs. — Indigène de l'Altaï. Cultivé comme plante condimentaire. (Vulgairement *Ciboule, Ciboule vivace*.)

AIL CIVETTE. — *Allium Schœnoprasum* Linn. — Flor. Dan. tab. 974. — Engl. Bot. tab. 2441. — *Cepa Schœnoprasum* Mœnch, Meth. — Tige cylindrique, fistuleuse, presque nue. Feuilles filiformes-subulées, non-ventrues, à peu près aussi longues que la tige. Ombelle hémisphérique, multiflore, sans bulbilles. Spathe 2-phylle, non-cuspidée, un peu plus courte que l'ombelle. Sépales lancéolés, acuminés, un peu plus longs que les étamines. — Plante touffue, glabre, d'un vert glauque, haute de 5 à 6 pouces. Bulbes blanchâtres, oblongs, simples, à tuniques intérieures charnues. Tiges grêles, effilées au sommet. Spathe marcescente. Pédicelles à peu près aussi longs que les fleurs, dressés. Inflorescence centrifuge. Sépales roses, à carène violette, recourbés au sommet. Filets égaux, linéaires-lancéolés. — Indigène d'Europe. Cultivé comme plante condimentaire. (Vulgairement *Civette, Ciboulette, Appétit, Fausse-Échalote*.)

B. *Feuilles planes, non-fistuleuses.*

AIL MOLY. — *Allium Moly* Linn. — Bot. Mag. tab. 499. — Redout. Lil. tab. 97. — *Allium aureum* Lamk. Enc. — *Cepa Moly* Mœnch, Meth. — Tige nue, cylindrique. Feuilles flasques, lancéolées, carénées en dessous. Ombelle lâche, fastigiée, sans bulbilles. Spathe 2-phylle, courte. Sépales oblongs, plus longs que les étamines, étalés. — Bulbe simple. Tige haute de 1 à 1 ½ pied. Fleurs grandes, jaunes, longuement pédicellées. Pédicelles penchés avant la floraison, puis dressés. Inflorescence centripète. Étamines à peu près de moitié plus courtes que le périanthe. — Indigène de l'Europe méridionale. Cultivé comme plante d'ornement.

AIL NOIR. — *Allium nigrum* Linn. — Redout. Lil. tab. 102. — *Allium magicum* Bot. Mag. tab. 1148. — *Allium multibulbosum* Jacq. Flor. Austr. 1, tab. 10. — *Moly speciosum* Mœnch, Meth. — Tige nue, cylindrique. Feuilles sessiles, larges, lancéolées, acuminées. Spathe 2-ou 3-lobée, 1-phylle, persistante, plus courte que l'ombelle. Ombelle dense, hémisphérique, multiflore, en général sans bulbilles ; par variation réduite à un capitule de bulbilles. Sépales oblongs, étalés, plus longs que les étamines. — Bulbe gros, globuleux, déprimé, simple. Feuilles longues d'environ 1 pied, larges de 1 ½ pouce à 3 pouces, glauques, glabres, amplexatiles, scabres au bord dans leur jeunesse. Hampe ferme, droite, haute d'environ 2 pieds. Pédicelles longs de 1 pouce. Fleurs blanches, odorantes. Ovaire d'un vert noirâtre ; loges 6-ovulées. — Indigène de l'Europe méridionale ; cultivé comme plante d'ornement.

Genre NOTHOSCORDE. — *Nothoscordum* Kunth.

Périanthe 6-sépale, régulier, pétaloïde, persistant; sépales 1-nervés, presque égaux, étalés, connés à la base. Étamines 6, insérées à la base des sépales, plus courtes que ceux-ci, en général isomètres. Filets membraneux, inappendiculés, plus ou moins dilatés, subulés au sommet, monadelphes à la base. Anthères oblongues. Ovaire nonstipité ou substipité, 3-loculaire ; loges 5-à 12-ovulées ; ovules bisériés, horizontaux, presque atropes. Style columnaire, trigone, terminal. Stigmate entier ou 3-lobé, pelté, disciforme. Capsule chartacée, trigastre, 3-loculaire, loculicide-trivalve, polysperme. Graines anguleuses, noires, luisantes, finement ponctuées. — Herbes bulbeuses, acaules. Hampe simple, multiflore. Feuilles radicales, linéaires, striées, planes, un peu charnues. Fleurs en ombelle simple, accompagnée d'une spathe tubuleuse bivalve ; pédicelles dressés, inarticulés sous la fleur. — Les 2 espèces suivantes se cultivent comme plantes d'ornement.

NOTHOSCORDE ODORANT. — *Nothoscordum fragrans* Kunth, Enum. 4, p. 461. — *Allium fragrans* Vent. Hort. Cels. tab. 26. — *Allium inodorum* Bot. Mag. tab. 1129. — Hampe un peu comprimée, plus longue que les feuilles. Spathe à valves ovées, acuminées. Ombelle pluriflore. Sépales elliptiques, obtus, presque égaux. Filets plans, lancéolés, acuminés, isomètres. Ovaire oblong-claviforme, courtement stipité ; loges 12-ovulées. Style aussi long que l'ovaire. (*Kunth, l. c.*) — Hampe droite, haute d'environ 2 pieds. Feuilles assez larges, subobtuses. Fleurs blanches, odorantes. Inflorescence centripète. Pédicelles allongés, plus ou moins inclinés avant la floraison. Anthères jaunes. — Indigène de l'Amérique septentrionale. Les fleurs ont une odeur de Vanille.

NOTHOSCORDE STRIÉ. — *Nothoscordum striatum* Kunth, Enum. 4, p. 459. — *Allium striatum* Jacq. Ic. Rar. 2, tab. 566. — Bot. Mag. tab. 1055. — Redout. Lil. tab. 50. — Hampe obscurément trièdre, plus courte que les feuilles. Ombelle 8-à 12-flore. Spathe à valves ovées, acuminées. Sépales oblongs, obtus, égaux. Filets filiformes, isomètres, dilatés à la base, alternativement plus larges et plus étroits. Ovaire presque obcordiforme ; loges 4-7-ovulées. Style 1 fois plus long que l'ovaire. (*Kunth, l. c.*) — Fleurs d'un jaune pâle. — Indigène de l'Amérique septentrionale.

Genre AGAPANTHE. — *Agapanthus* L'hérit.

Périanthe pétaloïde, régulier, infondibuliforme, profondément 6-fide : tube court ; segments 1-nervés, subspathulés : les 3 intérieurs un peu plus courts.

Étamines 6, insérées au tube du périanthe, ascendantes vers leur sommet. Filets filiformes. Anthères linéaires, bilobées aux 2 bouts. Ovaire non-stipité, prismatique-trigone, 3-loculaire ; loges multi-ovulées ; ovules 2-sériés, anatropes, verticaux, appendiculés au sommet. Style filiforme, courbé au sommet. Stigmate obtus, entier. Capsule chartacée, prismatique, trièdre, subacuminée, loculicide-trivalve, triloculaire, polysperme, sans axe central. Graines aplaties, bisériées, imbriquées de bas en haut, demi-elliptiques, noires, luisantes, ailées au sommet ; tégument mince. — Herbes acaules. Racine tubéreuse. Hampe simple, multiflore. Feuilles radicales, linéaires, assez larges, un peu charnues. Fleurs en ombelle simple, accompagnée d'une spathe 2-phylle ; pédicelles articulés au périanthe.

AGAPANTHE A OMBELLE. — *Agapanthus umbellatus* L'hérit. Sert. Angl. 18. — Bot. Mag. tab. 500. — Redout. Lil. tab. 6. — *Crinum africanum* Linn. — Delaun. Herb. de l'Amat. vol. 6. — *Mauhlia linearis* Thunb. Prodr. — Hampe haute de 2 à 3 pieds, lisse, verte, droite, un peu comprimée. Feuilles nombreuses, décombantes, longues, larges d'environ 1 pouce, d'un vert gai. Ombelle 30-à 40-flore. Pédicelles de la longueur du périanthe. Fleurs grandes, inodores, bleues, ou par variation blanches. — Variétés plus petites : *Agapanthus minor* Desfont. Cat. Hort. Par. — Redout. Lil. tab. 403. — Lodd. Bot. Cab. tab. 42. — *Agapanthus umbellatus minimus* Bot. Reg. tab. 699. — Indigène du Cap de Bonne-Espérance. Cultivé comme plante d'ornement. (Vulgairement *Tubéreuse bleue*.)

SECTION III. **ANTHÉRICÉES**. — *Anthericeœ* Kunth.

Sous-arbrisseaux, ou herbes caulescentes. Racine fasciculée ou tubéreuse. Tige simple ou rameuse, parfois réduite à une courte souche. Fleurs en grappe ; pédicelles articulés au sommet ou au-dessous du sommet.

Genre ALOÈS. — *Aloe* Tourn.

Périanthe régulier ou irrégulier, pétaloïde, caduc, tubuleux, plus ou moins profondément 6-fide ; tube rectiligne ou courbé, souvent gibbeux à la base ; segments
isomètres, ou les intérieurs un peu plus longs, connivents
inférieurement ou dans toute leur longueur : les extérieurs
gibbeux à la base, les intérieurs plus minces. Étamines 6,
hypogynes, ascendantes, ou déclinées, isomètres, ou alternativement plus longues et plus courtes, incluses, ou
saillantes. Filets libres, filiformes. Anthères bilobées aux
2 bouts. Ovaire non-stipité, 5-loculaire ; loges multi-ovulées ; ovules horizontaux, 2-sériés, anatropes. Style terminal, grêle, trisulqué, quelquefois très-court. Stigmate
simple ou trilobé, papilleux. Capsule 5-loculaire, polysperme, loculicide-trivalve, sans axe central. Graines comprimées ou irrégulièrement trigones, noires, recouvertes
d'un arille mince, charnu, aliforme aux bords ; tégument
subcrustacé. — Arbustes acaules ou caulescents. Racine
fasciculée. Tige simple ou par exception rameuse, réduite
à une courte souche dans beaucoup d'espèces, rarement
arborescente. Feuilles 5-ou 5-ou pluri-sériées, ou distiques, très-rapprochées, amplexicaules, charnues, très-
entières, ou spinelleuses au bord, souvent rugueuses, ou
couvertes de tubercules, ou armées d'aiguillons. Pédoncules axillaires et terminaux, simples, ou rameux. Fleurs
dressées ou pendantes, disposées en grappe ; pédicelles
solitaires, 1-bractéolés à la base, articulés au sommet. —
Ce genre, entièrement exotique, comprend environ 170
espèces, dont la plupart habitent l'Afrique australe : la
plupart se cultivent dans les collections de plantes grasses. Le médicament tonique et purgatif connu sous le nom
d'*Aloès*, est un suc-propre résineux fourni par plusieurs
espèces de ce genre.

Sous-genre APICRA Haworth. (*Catevala* Medic.)

Périanthe régulier, cylindracé ; lobes courts, similaires,

arrondis au sommet, étalés.—Sous-arbrisseaux, indigènes du Cap de Bonne-Espérance. Feuilles dures, très-rapprochées, acérées, souvent tordues en spirale. Fleurs
dressées.

A. *Tige plus ou moins allongée, feuillue. Feuilles disposées
sur 5 rangs spiralés, dressées, lancéolées, acuminées,
droites, très-entières, souvent bicarénées en dessous et maculées de blanc. Pédoncules nus, rameux.* (Salm-Dyck,
Monogr.)

ALOÈS IMBRIQUÉ. — *Aloe imbricata* Haworth. — Salm-Dyck,
Monogr. 1, fig. 1.— *Aloe spiralis* Linn.—Dill. Elth. tab. 15,
fig. 14. — De Cand. Plantes grasses, tab. 56. — Bot. Mag. tab.
1455. — *Haworthia imbricata* Haw. — *Apicra imbricata*
Willd. — Feuilles ovées, pointues, glabres, immaculées, d'un
vert glauque, obliquement carénées au sommet. Périanthe crénelé
aux angles. (*Salm-Dyck, l. c.*) — Périanthe verdâtre, à lobes
jaunâtres ; angles garnis de verrues blanches.

ALOÈS SPIRELLE. — *Aloe Spirella* Salm-Dyck, Monogr. 1,
fig. 5. —Feuilles presque étalées, lancéolées, acuminées, d'un
vert gai, ponctuées de blanc en dessous, obliquement bicarénées
au sommet. Périanthe subtoruleux aux angles. (*Salm-Dyck,
l. c.*) — Périanthe verdâtre ; angles et lobes blanchâtres.

ALOÈS PENTAGONE.—*Aloe pentagona* Haworth.—Bot. Mag.
tab. 1338.—Salm-Dyck, Monogr. 1, fig. 4.—*Haworthia pentagona* Haworth. — *Apicra pentagona* Willd. —Feuilles presque étalées, lancéolées, acuminées, vertes, maculées de blanc en
dessous, obliquement trièdres au sommet. Périanthe à angles
lisses. (*Salm-Dyck, l. c.*)—Périanthe d'un vert gai ; lobes d'un
blanc verdâtre.

ALOÈS SPIRALÉ.—*Aloe spiralis* Haw.—Salm-Dyck, Monogr.
1, fig. 5. — *Haworthia spiralis* Haw. — *Apicra spiralis*
Willd. — Feuilles presque étalées, lancéolées, acuminées, vertes,
ponctuées de blanc en dessous, inégalement trièdres au sommet.

Périanthe lisse aux angles. (*Salm-Dyck, l. c.*) — Périanthe verdâtre ; lobes d'un blanc verdâtre.

B. *Tige plus ou moins allongée, feuillue. Feuilles disposées
sur 5 rangs, très-étalées, orbiculaires-ovées, mucronulées,
roides, en dessous lisses ou garnies de gros tubercules. Pédoncule nu, simple.* (Salm-Dyck, Monogr.)

ALOÈS FEUILLU.—*Aloe foliolosa* Haw.—Bot. Mag. tab. 1552.
—Salm-Dyck, Monogr. 2, fig. 4.—*Haworthia foliolosa* Haw.
— *Apicra foliosa* Willd. — Feuilles 5-sériées, orbiculées-ovées,
pointues, lisses, luisantes, planes en dessus, un peu convexes en
dessous, obliquement carénées au sommet, cartilagineuses et crénelées au bord et sur la carène. (*Salm-Dyck, l. c.*) — Périanthe
verdâtre, à lobes très-courts, blanchâtres.

ALOÈS RUDE. — *Aloe aspera* Haw. — Salm-Dyck, Monogr.
5, fig. 5. — *Haworthia aspera* Haw. — *Apicra aspera* Willd.
—Feuilles orbiculaires-ovées, pointues, roides, planes en dessus,
hémisphériques en dessous, carénées et tuberculeuses au sommet,
tuberculeuses au bord. (*Salm-Dyck, l. c.*) — Périanthe à tube
rougeâtre ; lobes d'un blanc rose, avec une bande médiane plus
foncée.

Sous-genre HAWORTHIA Duval.

Périanthe à tube droit; limbe bilabié, révoluté. — Arbuscules (du Cap de Bonne-Espérance) à tige en général
très-courte. Fleurs dressées.

A. *Tige feuillue. Feuilles disposées sur 5 rangs, presque étalées, roides, concaves en dessus, trigones et carénées en
dessous, un peu rugueuses. Pédoncule nu, simple, filiforme.*
(Salm-Dyck, Monogr.)

ALOÈS A FEUILLES CORDIFORMES. — *Aloe cordifolia* Rœm. et
Schult. — Salm-Dyck, Monogr. 5, fig. 1. — *Haworthia cordifolia* Haw. — Caulescent; prismatique. Feuilles larges, ovées,
très-épaisses, d'un vert foncé, presque planes en dessus, convexes

en dessous, rugueuses aux 2 faces, cartilagineuses au bord, carénées au sommet. (*Salm-Dyck, l. c.*) — Périanthe à tube d'un vert pâle, strié de lignes plus foncées ; lobes d'un blanc rose.

ALOÈS VISQUEUX. — *Aloe viscosa* Linn. — Dill. Hort. Elth. tab. 15, fig. 15. — De Cand. Plantes grasses, tab. 16. — Bot. Mag. tab. 814.—Salm-Dyck, Monogr. 3, fig. 3.—*Aloe triangularis* Lamk. Enc.—*Haworthia viscosa* Haw.—*Apicra viscosa* Willd. — Caulescent ; prismatique. Feuilles imbriquées, un peu recourbées, ovées, d'un vert brunâtre foncé, concaves en dessus, fortement comprimées en carène en dessous, légèrement rugueuses aux 2 faces et au bord. (*Salm-Dyck, l. c.*) — Périanthe blanc, strié de vert.

ALOÈS CHARMANT. — *Aloe concinna* Rœm. et Schult.—Salm-Dyck, Monogr. 3, fig. 4.—*Haworthia concinna* Haw. — Caulescent ; prismatique. Feuilles imbriquées, très-serrées, un peu recourbées, ovées, pointues, d'un vert foncé brunâtre, canaliculées en dessus, fortement comprimées en carène en dessous, à peine rugueuses, lisses au bord. (*Salm-Dyck, l. c.*)—Périanthe à tube rose, strié de vert ; lobes d'un rose blanchâtre, avec une ligne brune.

ALOÈS SUBTORTUEUX. — *Aloe subtortuosa* Rœm. et Schult. — Salm-Dyck, Monogr. 3, fig. 5. — *Apicra tortuosa* Willd. — *Haworthia pseudo-tortuosa* Haw. — Caulescent. Feuilles imbriquées, un peu recourbées, ovées, pointues, d'un vert foncé brunâtre, concaves en dessus, fortement comprimées en carène en dessous, un peu rugueuses aux 2 faces, lisses au bord. (*Salm-Dyck, l. c.*)— Périanthe blanchâtre, à tube strié de vert ; lobes blanchâtres, verts à la base.

B. *Tige feuillue. Feuilles disposées sur 3 ou 5 rangs spiralés, plus ou moins étalées, lancéolées, acuminées, presque planes en dessus, convexes en dessous, rugueuses ou tuberculeuses. Pédoncule nu, en général simple.* (Salm-Dyck, Monogr.)

ALOÈS TORTUEUX. — *Aloe tortuosa* Haw. — Salm-Dyck, Monogr. 4, fig. 2.— *Aloe rigida* Bot. Mag. tab. 1557.— *Hawor-thia tortuosa, Haworthia curta*, et *Haworthia tortella* Haw. — Caulescent. Feuilles subimbriquées, presque étalées, ovées-lancéolées, pointues, légèrement concaves et lisses en dessus, convexes en dessous, comprimées en carène et tuberculeuses au sommet. (*Salm-Dyck, l. c.*) — Périanthe à tube verdâtre ; lobes blanchâtres avec une bande médiane rouge.

Aloès ROIDE. — *Aloe rigida* De Cand. Plantes grasses, tab. 62. — Salm-Dyck, Monogr. 4, fig. 5. — *Aloe expansa* Haw. — Lodd. Bot. Cab. tab. 1450. — *Haworthia rigida* Haw. — *Apicra rigida* et *Apicra expansa* Willd. — Subcaulescent. Feuilles un peu recourbées, ovées-lancéolées, pointues, très-vertes, légèrement concaves en dessus, convexes en dessous, obliquement carénées au sommet, rugueuses aux 2 faces, créne-lées au bord et sur la carène. (*Salm-Dyck, l. c*) — Périanthe blanchâtre ; tube strié de vert ; lobes à bande médiane d'un brun verdâtre.

Aloès HYBRIDE. — *Aloe hybrida* Salm-Dyck, Monogr. 4, fig. 4. — *Haworthia hybrida* Haw. — Subcaulescent. Feuilles étalées, ovées-lancéolées, acuminées, vertes, presque planes et ru-gueuses en dessus, convexes en dessous, un peu carénées au som-met et garnies de tubercules verts. (*Salm-Dyck, l. c.*) — Pé-rianthe strié de rose et de vert.

C. *Acaules ou subacaules. Feuilles pluri-seriées, étalées, ovées, acuminées, roides, recouvertes d'une mince croûte cartila-gineuse, lisses ou parsemées de tubercules blanchâtres peu nombreux, très-entières ou subtuberculeuses au bord et sur la carène. Hampe nue, rameuse.* (Salm-Dyck, Monogr.)

Aloès BLANCHATRE.— *Aloe albicans* Haw. — Bot. Mag. tab. 1452. — *Aloe marginata* Lamk. Enc. — *Haworthia albicans* Haw. — *Apicra albicans* Willd. — *Aloe lævigata* Ræm. et Schult. — Feuilles lisses, mucronées, blanchâtres, cartilagi-neuses au bord et sur la carène. Fleurs blanches, à bandes vertes.

D. *Acaules ou subacaules. Feuilles pluri-sériées, ovées, cuspidées, terminées en soie, parsemées de tubercules blanchâtres plus ou moins abondants. Hampe grêle ou grosse,
nue, rameuse. (Salm-Dyck, Monogr.)*

a) *Hampe grosse. Feuilles pointues. Périanthe à lobes courts, peu
recourbés.*

Aloès semi-glabre. — *Aloe semiglabrata* Rœm. et Schult.
Syst. — Salm-Dyck, Monogr. 6, fig. 2. — *Haworthia semiglabrata* Haw. — Acaule. Feuilles presque étalées, oblongues,
subulées et trièdres au sommet, garnies de tubercules et d'aréoles
transverses lisses. (*Salm-Dyck, l. c.*)—Périanthe à tube d'un
vert pâle, avec des stries plus foncées. Lobes blanchâtres, à bande
médiane d'un brun verdâtre.

Aloès semi-margaritifère. — *Aloe semimargaritifera* Salm-
Dyck, Cat. — *Haworthia semimargaritifera* Haw. — Subcaulescent. Feuilles presque étalées, ovées-oblongues, pointues,
carénées au sommet, très-roides, épaisses, convexes et lisses ou
tuberculeuses en dessus; tubercules renflés, anguleux, disjoints
au bord, subconfluents sur la carène. (*Salm-Dyck, l. c.*)

Aloès papilleux.—*Aloe papillosa* Salm-Dyck, Monogr. 6,
fig. 4. — *Haworthia granulosa* Haw. — Caulescent. Feuilles
dressées, ovées-oblongues, cuspidées, roides, planes en dessus,
tuberculeuses aux 2 faces : tubercules distancés, renflés, très-
larges, souvent anguleux et déprimés au centre. (*Salm-Dyck,
l. c.*) — Périanthe à tube vert; lobes blanchâtres, avec une
bande médiane verte.

Aloès margaritifère. — *Aole margaritifera* Hort. Kew.—
Bot. Mag. tab. 1560. — Salm-Dyck, Monogr. 6, fig. 5. —
Haworthia margaritifera Haw.— *Apicra margaritifera major*
Willd. — Subacaule. Feuilles dressées, légèrement infléchies,
ovées, acuminées, presque planes en dessus, convexes en dessous,
obscurément trièdres dans leur partie supérieure, tuberculeuses
aux 2 faces . tubercules distancés, gros, plus clair-semés vers le

sommet. Pédicelles plus longs que les bractées. (*Salm-Dyck l. c.*)—Périanthe à tube verdâtre, avec des stries plus foncées; lobes blanchâtres, avec une bande médiane verte.

Aloès granuleux. — *Aloe granata* Rœm. et Schult. Syst.— Salm-Dyck, Monogr. 6, fig. 6. — *Apicra granata* Willd. — *Haworthia granata* Haw. Suppl. — *Haworthia minima* Haw. Syn. —*Aloe margaritifera* De Cand. Plantes grasses, tab. 57.— Acaule; sobolifère. Feuilles étalées, ovées, pointues, obscurément trièdres au sommet, tuberculeuses aux 2 faces; tubercules petits, nombreux, souvent confluents. Bractées larges, membraneuses à la base, ondulées. (*Salm-Dyck, l. c.*) — Périanthe blanchâtre; tube strié de vert; lobes avec une bande médiane verte.

Aloès dressé. — *Aloe erecta* Rœm. et Schult. — Salm-Dyck, Monogr. 6, fig. 7. — *Haworthia erecta* Haw. Revis. — Subacaule. Feuilles presque étalées, oblongues, acuminées, un peu convexes en dessus, convexes en dessous, obscurément trièdres au sommet, tuberculeuses aux 2 faces; tubercules petits, rapprochés. Bractées à peu près aussi longues que les pédicelles. (*Salm-Dyck, l. c.*) — Périanthe à tube verdâtre, avec des stries plus foncées; lobes blancs, roses au sommet, avec une bande médiane verte.

b) *Feuilles rétrécies à partir de leur base, cuspidées. Hampe ou pédoncule filiforme. Lobes du périanthe allongés, révolutés.*

Aloès Radule. — *Aloe Radula* Jacq. Hort. Schœnbr. 4, tab. 422. — Salm-Dyck, Monogr. 6, fig. 8. — *Apicra Radula* Willd.— *Haworthia Radula* Haw. Syn.— Acaule; sobolifère. Feuilles peu nombreuses, étalées, recourbées, longuement cuspidées (pointe trièdre), plano-concaves en dessus, tuberculeuses aux 2 faces; tubercules très-petits, très-nombreux. (*Salm-Dyck, l. c.*) — Périanthe blanchâtre, strié de vert; lobes à bande médiane verte.

Aloès rugueux. — *Aloe rugosa* Salm-Dyck, Monogr. 6, fig. 6. — Subcaulescent, à stolons dichotomes. Feuilles nombreuses, presque étalées, 8-sériées, longuement cuspidées (pointe trièdre), convexes en dessus, tuberculeuses aux 2 faces ; tubercules égaux, petits, nombreux, scabres, épars. (*Salm-Dyck, l. c.*)

ALOÈS SUBULÉ. — *Aloe subulata* Salm-Dyck, Monogr, 6, fig. 10. — *Aloe Radula lævior* Haw. Revis. — Subcaulescent, à stolons dichotomes. Feuilles presque étalées, longuement cuspidées (pointe trièdre), presque planes en dessus, rugueuses, vertes, tuberculeuses en dessous et au bord ; tubercules blancs, très petits, épars. (*Salm-Dyck, l. c.*) — Périanthe blanchâtre, strié de vert pâle.

ALOÈS SUBATTÉNUÉ. — *Aloe subattenuata* Salm-Dyck, Monogr. 6, fig. 11. — Acaule ou subcaule. Feuilles presque étalées, cuspidées, vertes aux 2 faces, à peu près lisses en dessus, tuberculeuses en dessous ; tubercules disjoints, gros, disposés presque en séries. (*Salm-Dyck, l. c.*) — Périanthe d'un rose pâle, strié de vert ; lobes blanchâtres, à bande médiane verte à la base, rouge dans le haut.

ALOÈS ATTÉNUÉ. — *Aloe attenuata* Haw. — Salm-Dyck, Monogr. 6, fig. 12. — *Aloe Radula* Gawl. (Non Jacq.) in Bot. Mag. tab. 1545. — *Haworthia attenuata* Haw. Syn. — *Apicra attenuata* Willd. — Acaule ; sobolifère. Feuilles étalées, recourbées, cuspidées, légèrement convexes, tuberculeuses aux 2 faces ; tubercules blancs, ceux de la face supérieure petits, ceux de la face inférieure gros, confluents en bandes transverses. Périanthe d'un rose pâle. (*Salm-Dyck, l. c.*)

ALOÈS RAYÉ. — *Aloe subfasciata* Salm-Dyck, Monogr. 6, fig. 14. — Subcaulescent. Feuilles presque étalées, droites, longuement cuspidées (pointe trièdre), d'un vert gai, légèrement convexes en dessus et lisses, tuberculeuses en dessous et aux bords ; tubercules très-petits, confluents en bandes transversales. (*Salm-Dyck, l. c.*) — Périanthe à tube verdâtre, strié de rose ; lobes blanchâtres, à bande médiane verte à la base, rose dans le haut.

ALOÈS A BANDES. — *Aloe fasciata* Salm-Dyck, Monogr. 6, fig. 15. (*Apicra* Willd. *Haworthia* Haw.) — Subacaule.

Feuilles nombreuses, dressées, légèrement infléchies, pointues, très-vertes, plano-convexes et lisses en dessus, convexes et tuberculeuses en dessous, striées; tubercules gros, confluents en bandes transverses. (*Salm-Dyck, l. c.*) — Périanthe à tube d'un rose pâle, à stries plus foncées; lobes blanchâtres, avec une bande médiane rouge.

ALOÈS DE REINWARDT. — *Aloe Reinwardtii* Salm-Dyck, Monogr. 6, fig. 16. (*Haworthia* Haw. Rev.) — Caulescent. Feuilles dressées, légèrement infléchies, serrées, pointues en dessus, un peu convexes, lisses et luisantes, en dessous convexes, striées et tuberculeuses : tubercules disjoints, très-petits, disposés par séries transversales. (*Salm-Dyck, l. c.*) — Périanthe d'un rose pâle, strié de vert; lobes d'un blanc verdâtre, striés de rose.

E. *Acaules ou subacaules. Feuilles subtrisériées, d'un vert livide, rugueuses ou tuberculeuses en dessous et aux bords. Hampe nue, filiforme, simple.* (Salm-Dyck, Monogr.)

ALOÈS SCABRE. — *Aloe scabra* Rœm. et Schult. (*Haworthia* Haw. — Salm-Dyck, Monogr. 7, fig. 4. — Acaule. Feuilles trisériées, presque étalées, très-roides, planes en dessus, convexes et très-scabres en dessous, concolores aux 2 faces, à sommet épaissi, infléchi, obliquement caréné. (*Salm-Dyck, l. c.*) — Périanthe à tube blanchâtre, strié de rouge; lobes blanchâtres, avec une bande médiane rouge.

ALOÈS RECOURBÉ. — *Aloe recurva* Haw. (*Haworthia* Haw. *Apicra* Willd.) — Bot. Mag. tab. 1555 (exclus. syn.) — Salm-Dyck, Monogr. 7, fig. 5. — Subacaule. Feuilles subtrisériées, étalées, recourbées, subulées au sommet, en dessus presque planes et lisses, finement striées, en dessous scabres, tuberculeuses, obliquement carénées au sommet, denticulées. (*Salm-Dyck, l. c.*) — Périanthe à tube blanchâtre, strié de rouge et de vert; lobes blancs.

F. *Acaules ou subacaules. Feuilles subtrisériées, étalées, recourbées, semi-cylindriques, renflées, lisses aux 2 faces,* ciliolées-denticulées, *marquées en dessus de veines noi-râtres disposées en damier. Hampe nue, filiforme, simple.*

ALOÈS DAMIER.—*Aloe tessellata* Rœm. et Schult. (*Haworthia* Haw.) — Salm-Dyck, Monogr. 8, fig. 1. — Subacaule. Feuilles subtrisériées, d'un vert olive, oblongues, pointues, plano-convexes et subdéprimées en dessus, convexes et un peu scabres en dessous, carénées au sommet, bordées de dentelures distancées. (*Salm-Dyck, l. c.*)—Périanthe blanchâtre, strié de rouge et de vert.

ALOÈS NAIN.—*Aloe parva* Rœm. et Schult. (*Haworthia* Haw.) — Salm-Dyck, Monogr. 8, fig. 2. — Subacaule. Feuilles subtrisériées, d'un vert livide, presque dressées, recourbées, orbiculaires, pointues, subdéprimées en dessus, convexes et scabres en dessous, carénées au sommet, bordées de dentelures distancées. (*Salm-Dyck, l. c.*) — Périanthe blanchâtre, strié de rouge et de vert.

G. *Acaules. Feuilles 5-sériées, dressées, infléchies, deltoïdes-rétuses ou renflées au sommet, très-entières ou ciliées, roides, striées de lignes transparentes. Hampe simple, bractéolée.* (Salm -Dyck, Monogr.)

ALOÈS ADMIRABLE. — *Aloe mirabilis* Haw. — Bot. Mag. tab. 1554. — Salm-Dyck, Monogr. 9, fig. 1. — (*Haworthia* Haw. *Apicra* Willd.)—Feuilles horizontalement tronquées au sommet, un peu recourbées, cuspidées, d'un vert gai et lisses en dessus, tuberculeuses et rouges en dessous, convexes à la base, carénées vers le sommet, ciliées au bord et sur la carène; cils roides. (*Salm-Dyck, l. c.*) — Périanthe d'un blanc rosé, strié de vert; lobes verdâtres à la base, avec une bande médiane rouge.

ALOÈS RÉTUS. — *Aloe retusa* Linn. (*Haworthia* Haw. *Apicra* Willd. *Catevala* Medic. — Bot. Mag. tab. 455. — De Cand. Plantes grasses, tab. 45. — Salm-Dyck, Monogr. 9, fig. 5. — Acaule. Feuilles dressées, horizontalement tronquées au sommet, un peu recourbées, trièdres, aristées-cuspidées, d'un vert gai, lisses aux 2 faces, très-entières. (*Salm-Dyck, l. c.*) — Périanthe d'un blanc verdâtre.

ALOÈS TURGIDE. — *Aloe turgida* Rœm. et Schult. (*Hawor-thia* Haw.) — Salm-Dyck, Monogr. 9, fig. 5. — Acaule ou subacaule. Feuilles multi-sériées, roselées, étalées, oblongues, pointues, trièdres, convexes et gibbeuses en dessus, lisses aux 2 faces, très-entières. (*Salm-Dyck, l. c.*) — Périanthe à tube d'un rose verdâtre ; lobes verdâtres à la base, d'un rose pâle dans le haut.

H. *Acaules ou subacaules. Feuilles pluri-sériées, roselées, étalées, lancéolées, réticulées (de lignes diaphanes), à bord denté ou cilié. Hampe bractéolée, simple.* (Salm-Dyck, Monogr.)

ALOÈS RÉTICULÉ. — *Aloe reticulata* Haw. (*Haworthia* Haw. Syn. — *Apicra* Willd.) — Lodd. Bot. Cab. tab. 1554. — Salm-Dyck, Mon. 10, fig. 1. — *Aloe arachnoides reticulata* Bot. Mag. tab. 1514. — *Aloe Pumilio* Jacq. Hort. Schœnbr. 4, tab. 421. — Acaule ou subacaule. Feuilles oblongues, trièdres, d'un vert pâle, fortement réticulées, légèrement dentées au bord et sur la carène. (*Salm-Dyck, l. c.*) — Périanthe à tube rose ; lobes verdâtres à la base, d'un rose très-pâle au sommet.

ALOÈS VERT-NOIRATRE. — *Aloe atrovirens* De Cand. Plantes grasses, tab. 51. — Salm-Dyck, Mon. 10, fig. 2. — *Hawor-thia atrovirens* et *Haworthia pumila* Haw. — *Aloe arach-noides pumila* Bot. Mag. tab. 1561. — Acaule ou subacaule. Feuilles oblongues, pointues, trièdres, sétifères au sommet, convexes en dessus, d'un vert noirâtre, tuberculeuses, dentées au bord et sur la carène; dents courtes, subulées, herbacées. (*Salm-Dyck, l. c.*) — Périanthe à tube d'un blanc verdâtre ; lobes extérieurs blanchâtres ; lobes intérieurs verdâtres.

ALOÈS VERT-GAI. — *Aloe lœtevirens* Link, Enum. (*Ha-worthia* Haw.) — Salm-Dyck, Mon. 10, fig. 3. — Acaule ou subacaule. Feuilles presque étalées, pointues, oblongues, trièdres, d'un vert gai, convexes et réticulées en dessus, sétifères au sommet, subtuberculeuses, dentées au bord et sur la carène; dents courtes, herbacées. (*Salm-Dyck, l. c.*) — Périanthe à tube d'un blanc verdâtre; lobes verdâtres à la base, d'un rose pâle dans le haut.

I. *Acaules ou subacaules. Feuilles pluri-sériées, roselées, étalées, larges, lancéolées (souvent aristées), molles, herbacées, lisses, transparentes vers le sommet, très-entières, ou très-finement denticulées au bord. Hampe simple, bractéolée.* (Salm-Dyck, Mon.)

ALOÈS A FEUILLES EN NACELLE. — *Aloe cymbæfolia* Schrad. (*Apicra* Willd.) — Salm-Dyck, Mon. 11, fig. 1. — *Aloe cymbiformis* Haw. (*Haworthia* Haw. Syn.) — Bot. Mag. tab. 802. — Subcaulescent. Feuilles un peu recourbées, ovées, pointues, très-entières, molles, d'un vert glauque, concaves en dessus, convexes en dessous, carénées au sommet (carène obtuse). (*Salm-Dyck, l. c.*) — Périanthe à tube d'un rose pâle, strié de vert; lobes d'un blanc rosé, avec une bande médiane verte à la base, rose dans le haut.

ALOÈS A FEUILLES PLANES. — *Aloe planifolia* Rœm. et Schult. (*Haworthia* Haw.). — Feuilles ovées, acuminées, d'un vert pâle, planes en dessus; les adultes réfléchies. (*Haworth.*)

K. *Acaules. Feuilles pluri-sériées, roselées, étalées, lancéolées, subtransparentes vers le sommet, ciliées au bord et sur la carène; cils sétiformes. Hampe bractéolée, simple.* (Salm-Dyck, Mon.)

ALOÈS TRANSPARENT. — *Aloe translucens* Hort. Kew. (*Haworthia* Haw. *Apicra* Willd.) — Salm-Dyck, Mon. 12, fig. 1. — *Aloe arachnoides translucens* Bot. Mag. tab. 1417. — Acaule. Feuilles infléchies, lancéolées, semi-cylindracées, pointues, terminées en soie denticulée, d'un vert très-pâle, ciliolées au bord et sur la carène. (*Salm-Dyck, l. c.*) — Périanthe blanchâtre, strié de vert pâle.

ALOÈS ARANÉEUX. — *Aloe arachnoides* Mill. Dict. (*Hawor-thia* Haw. *Apicra* Willd.) — De Cand. Plantes grasses, tab. 50. — Bot. Mag. tab. 756. — Salm-Dyck, Mon. 12, fig. 2. — Acaule. Feuilles infléchies, lancéolées, acuminées, presque planes, d'un vert glauque, carénées au sommet, terminées en soie denticulée, sétifères au bord et sur la carène : soies longues, subulées, cartilagineuses. (*Salm-Dyck, l. c.*) — Périanthe à tube rose, avec des stries plus foncées ; lobes d'un rose pâle, avec une bande médiane plus foncée.

ALOÈS SÉTIFÈRE. — *Aloe setosa* Rœm. et Schu't. — Salm-Dyck, Mon. 12, fig. 5. — *Haworthia setata* Haw. — Acaule. Feuilles assez roides, d'un vert foncé, opaques, presque étalées, lancéolées, cuspidées, presque planes et lisses en dessus, convexes et carénées en dessous, terminées en arête membraneuse, sétifères au bord et sur la carène : soies cartilagineuses, blanches, assez épaisses. (*Salm-Dyck, l. c.*) — Périanthe d'un rose très-pâle, strié de vert.

ALOÈS VEINEUX. — *Aloe venosa* Lamk. Enc. (*Haworthia* Haw.) — *Apicra tricolor* Willd. — Acaule. Feuilles réfléchies, ovées-oblongues, pointues, glabres, trigones au sommet, denticulées au bord, linéolées en dessus. (*Willd.*) — Fleurs panachées de blanc et de rouge.

L. *Acaules. Feuilles pluri-sériées, presque dressées, recourbées, loriformes-subulées, finement denticulées au bord et sur la carène. Hampe simple, bractéolée.* (Salm-Dyck, Mon.)

ALOÈS A AIGUILLONS VERTS. — *Aloe chloracantha* Rœm. et Schult. (*Haworthia* Haw.) — Salm-Dyck, Mon. 13, fig. 1. — Acaule. Feuilles assez roides, d'un vert noirâtre, lisses, cuspidées, presque planes en dessus, carénées en dessous ; denticules spinescentes, contiguës. (*Salm-Dyck, l. c.*) — Périanthe d'un rose pâle, strié de vert.

ALOÈS A FEUILLES ÉTROITES. — *Aloe stenophylla* Rœm. et

Schult. — Salm-Dyck, Mon. 13, fig. 2. — *Haworthia angustifolia* Haw. — Acaule. Feuilles molles, d'un vert gai, arquées,
étalées, rugueuses, linéaires-subulées, planes en dessus, légèrement et inéquilatéralement carénées en dessous, finement ciliolées au bord et sur la carène. (*Salm-Dyck, l. c.*) — Périanthe
blanchâtre, à peine strié ; lobes à bande médiane verte, rose au
sommet.

Sous-genre BOWIEA Haworth.

**Limbe du périanthe subringent, bilabié, étalé. Style et
étamines déclinés, ascendants.**

*Plantes herbacées, acaules (indigènes du Cap de Bonne-Es-
pérance). Feuilles pluri-sériées, presque étalées, loriformes-linéaires, canaliculées en dessus, convexes et tuberculeuses en dessous; tubercules ponctiformes. Hampe bractéolée, simple. (Salm-Dyck, Mon.)*

Aloès Bowiéa. — *Aloe Bowica* Rœm. et Schult. — Salm-
Dyck, Mon. 14, fig. 1. — *Bowiea africana* Haw. — Feuilles
flexibles, d'un vert glauque, recourbées, un peu élargies à la base,
acuminées, denticulées au bord; denticules distancées, spinescentes. (*Salm-Dyck, l. c.*) — Fleurs d'un jaune verdâtre.

Aloès myriacanthe. — *Aloe myriacantha* Rœm. et Schult.
(*Bowiea* Haw.) — Feuilles arquées, recourbées, acuminées, sub-
mucronulées, d'un vert glauque, canaliculées et lisses en dessus,
tuberculeuses en dessous, denticulées au bord ; denticules blanches, très-nombreuses. Fleurs en ombelle. (*Schult. fil.*) —
Fleurs panachées de rose et de vert.

Sous-genre ALOE Haworth.

**Tube du périanthe long, cylindracé, droit; limbe régulier.
Étamines droites, de la longueur du tube. Filets adnés
dans leur partie inférieure au périanthe. — Herbes ou
arbustes; la plupart indigènes du Cap de Bonne-Espérance. Fleurs panachées.**

A. *Acaules ou subacaules. Feuilles pluri-sériées, loriformes-lancéolées, un peu molles, tuberculeuses-spinelleuses, ou ponctuées, soit aux 2 faces, soit seulement en dessous, aculéolées au bord et sur la carène : aiguillons blancs ou verdâtres, inermes. Hampe ou pédoncule simple, bractéolé ou nu. (Salm-Dyck, Mon.)*

a) *Pédoncules bractéolés.*

ALOÈS HUMBLE. — *Aloe humilis* Lamk. Enc. — De Cand. Plantes grasses, tab. 59 (exclus. syn.).— Salm-Dyck, Mon. 15, fig. 1. — Acaule. Feuilles subherbacées, étalées, lancéolées-subulées, droites au sommet, d'un vert gai, linéolées, très-entières vers la base, aculéolées au bord et sur la ligne médiane dans le haut. Hampe garnie de bractées lancéolées, étroites, distancées. Périanthe cylindracé. Style plus court que les étamines. (*Salm-Dyck, l. c.*)—Lobes du périanthe rouges, à sommet blanchâtre, et à ligne médiane verte.

ALOÈS SPINELLEUX. — *Aloe echinata* Willd. Enum. — Salm-Dyck, Mon. 15, fig. 2. — *Aloe humilis* Jacq. Hort. Schœnbr. 4, tab. 420. — Acaule. Feuilles subherbacées, étalées, oblongues, atténuées, cuspidées, semi-cylindriques, flexueuses au sommet, substriées, glauques, spinelleuses en dessous. Feuilles garnies de bractées larges, lancéolées, très-rapprochées. Périanthe un peu incourbé. Étamines et style saillants. (*Salm-Dyck, l. c.*) — Lobes du périanthe rouges, avec une bande médiane plus foncée, verts au sommet.

ALOÈS INCOURBÉ. — *Aloe incurva* Haw. — Salm-Dyck, Mon. 15, fig. 5. — *Aloe humilis incurva* Sims, in Bot. Mag. tab. 828. — Acaule. Feuilles subherbacées, étalées, oblongues-subulées, incourbées au sommet, striées, d'un glauque bleuâtre, spinelleuses aux 2 faces (tubercules serrés). Hampe garnie de bractées lancéolées très-rapprochées. Périanthe subcylindracé. Style aussi long que les étamines. (*Salm-Dyck, l. c.*) — Lobes du périanthe d'un rouge vif, blanchâtres au sommet, avec une bande médiane verte.

Aloès acuminé. — *Aloe acuminata* Haw. Syn. — *Aloe humilis* Bot. Mag. tab. 757. — Feuilles (longues d'environ 4 pouces) acuminées, glauques, planes et lisses en dessus, épineuses au sommet, fortement tuberculeuses en dessous. Segments du périanthe obtus. (*Haworth.*) — Périanthe écarlate avant l'épanouissement, puis jaune, à sommet orange et strié de vert.

b) *Pédoncules presque nus.*

Aloès a longues arêtes. — *Aloe longiaristata* Rœm. et Schult. — Salm-Dyck, Mon. 15, fig. 7. — Subacaule. Feuilles très-nombreuses, roselées, un peu charnues, tuberculeuses-spinelleuses, lancéolées, étroites, atténuées, terminées en longue arête; tubercules blancs. Hampe nue à la base. Fleurs très longuement pédicellées; pédicelles étalés. (*Salm-Dyck, l. c.*) — Lobes intérieurs du périanthe rouges; lobes extérieurs jaunâtres.

Aloès verdatre. — *Aloe virens* Haw. — Bot. Mag. tab. 1355. — Salm-Dyck, Mon. 15, fig. 8. — Subcaulescent. Feuilles divariquées, lancéolées-oblongues, acuminées, lisses, vertes, maculées de blanc, aculéolées au bord; aiguillons rares, subinermes. Hampe nue à la base. (*Salm-Dyck, l. c.*) — Lobes du périanthe rouges, verdâtres au sommet.

B. *Subcaulescents; prolifères. Feuilles pluri-sériées, serrées, étalées, lancéolées, assez roides, parfois tuberculeuses en dessous, aculéolées au bord et au sommet de la carène; aiguillons cartilagineux, blancs. Pédoncule simple, bractéolé.* (Salm-Dyck, Mon.)

Aloès prolifère. — *Aloe prolifera* Haw. — *Aloe brevifolia* Haw. Syn. — De Cand. Plantes grasses, tab. 91. — Bot. Reg. tab. 996. — Subacaule. Feuilles lancéolées, pointues, glauques, subtuberculeuses en dessous. (*Haworth.*) — Fleurs d'un rouge orange, verdâtres au sommet.

Aloès Scie. — *Aloe Serra* De Cand. Plantes grasses, tab. 80. — Caulescent. Feuilles touffues, étalées, aculéolées au bord : aiguillons inférieurs rapprochés, connés; aiguillons supérieurs distancés, spinelleux au milieu. Bractées serrées. (*De Candolle, l. c.*) — Fleurs rougeâtres, à sommet verdâtre.

ALOÈS DÉPRIMÉ. — *Aloe depressa* Haw. — Bot. Mag. tab. 1552 (exclus. syn.) — *Aloe Serra* Willd. Enum. — Feuilles oblongues-ovées, pointues, glauques, tuberculeuses en dessous, cartilagineuses et dentelées au bord et au sommet de la carène; dentelures blanches. (*Haworth*). — Fleurs d'un écarlate vif, avec des stries jaunes.

C. *Caulescents ou subcaulescents. Feuilles contiguës ou un peu distancées, pluri-sériées, loriformes-lancéolées, assez roides, non-ponctuées, d'un vert glauque, aculéolées au bord et au sommet de la carène; aiguillons assez roides, rougeâtres. Pédoncule simple, bractéolé.* (Salm-Dyck, l. c.)

ALOÈS GLAUQUE. — *Aloe glauca* Mill. Dict. — *Aloe rhodacantha* Bot. Mag. tab. 1278. — De Cand. Plantes grasses, tab. 44. — Feuilles oblongues-ensiformes, très-glauques; aiguillons marginaux rougeâtres. (*Haworth.*) — Fleurs rougeâtres, à sommet verdâtre.

D. *Subcaulescents. Feuilles peu nombreuses, loriformes-lancéolées, atténuées, épaisses, lisses, glauques, maculées de blanc, sinuolées et aculéolées au bord. Pédoncule nu, rameux. Fleurs jaunes.* (Salm-Dyck, Mon.)

ALOÈS DE LA BARBADE. — *Aloe barbadensis* Mill. Dict. — *Aloe vulgaris* Lamk. Enc. — *Aloe perfoliata barbadensis* Hort. Kew. — Tige frutescente, sobolifère à la base. Feuilles ensiformes, sinuées-dentelées. Fleurs jaunes. — Indigène des Antilles; naturalisé dans l'Europe australe et dans le nord de l'Afrique; c'est une des espèces dont on extrait l'*aloès* de la matière médicale.

ALOÈS ROUGEATRE. — *Aloe rubescens* De Cand. Plantes grasses, tab. 15. — *Aloe vera* Lamk. Enc. — Feuilles amplexicaules, étalées, épineuses au bord. Pédoncule comprimé, rameux. (*De Candolle, l. c.*) — Indigène de l'Inde.

E. *Subcaulescents. Feuilles peu nombreuses, assez distancées, réfléchies, oblongues-lancéolées, planes, épaissies vers le sommet, striées, glauques, maculées de blanc, cartilagineuses au bord, très-entières, ou peu denticulées. Pédoncule nu, paniculé.* (Salm-Dyck, Mon.)

ALOÈS PANICULÉ. — *Aloe paniculata* Jacq. Fragm. tab. 68.— *Aloe striata* Haw. — Acaule. Feuilles subdenticulées. Panicule divariquée. Périanthe subclaviforme.

F. *Subcaulescents. Feuilles contiguës ou plus ou moins distancées, trisériées, trigones, ou trièdres seulement au sommet, maculées de blanc aux 2 faces (taches confluentes, disposées par séries), crénelées-denticulées au bord et sur la carène. Pédoncule gros, nu, simple.* (Salm-Dyck, Mon.)

ALOÈS DENTELÉ. — *Aloe serrulata* Haw. — Bot. Mag. tab. 1415.—Salm-Dyck, Mon. 20, fig. 1.—Caulescent. Feuilles sur trois rangs spiralés, étalées, ovées-lancéolées, pointues, d'un vert gai, très-lisses, luisantes, plano-convexes en dessus, convexes en dessous, carénées au sommet, à dentelures cartilagineuses. (*Salm-Dyck, l. c.*) — Lobes du périanthe rouges, à sommet jaunâtre.

ALOÈS PANACHÉ. — *Aloe variegata* Linn. — Bot. Mag. tab. 513. — De Cand. Plantes grasses, tab. 21. — Salm-Dyck, Mon. 20, fig. 2. — Subcaulescent. Feuilles imbriquées sur 5 rangs subspiralés, dressées, lancéolées, pointues, très-vertes, très-lisses, luisantes, concaves en dessus, trièdres en dessous, à crénelures cartilagineuses. (*Salm-Dyck, l. c.*) — Lobes du périanthe rouges, à sommet rose.

G. *Subcaulescents. Feuilles jonciformes, très-étroites, très-longues, canaliculées, dressées, maculées de blanc en dessous, finement aculéolées au bord. Pédoncule simple, sub-bractéolé.* (Salm-Dyck, Mon.)

ALOÈS A PETITS AIGUILLONS. — *Aloe micracantha* Haw. — Bot. Mag. tab. 2272, — Link et Otto, Ic. 7, tab. 40. — Salm-Dyck, Mon. 21, fig. 1. — Subcaulescent. Feuilles linéaires,

canaliculées, minces, à taches subtuberculiformes, allongées,
éparses; aiguillons-marginaux petits, rectilignes, blancs. Fleurs
en grappe raccourcie. (*Salm-Dyck, l. c.*) — Périanthe à lobes
rouges, avec 5 ou 4 stries plus foncées; sommet verdâtre.

H. *Caulescents; tige dichotome. Feuilles très-rapprochées,
loriformes-lancéolées, dressées, incourbées, vertes, maculées
de blanc en dessous, aculéolées au bord; aiguillons cartilagineux, nombreux, roides, blancs. Pédoncule simple,
bractéolé.* (Salm-Dyck, Mon.)

Aloès Soccotrin.— *Aloe soccotrina* Lamk. Enc. — De Cand.
Plantes grasses, tab. 85.—Salm-Dyck, Mon. 22, fig. 1.—*Aloe
soccotrina minor* Bot. Mag. tab. 472.—*Aloe vera* Mill. Dict.
—Feuilles ensiformes-atténuées, très-longues, d'un vert glauque,
sinuées-dentelées. Grappe simple, à bractées roses, érosées-dentées. (*Salm-Dyck, l. c.*) — Lobes du périanthe rouges, à sommet jaunâtre, avec une bande médiane verte. — Cette espèce,
indigène de l'île de Soccotara, se cultive aux Antilles; elle fournit
le médicament connu sous le nom d'*Aloès soccotrin.*

Aloès pourpré. — *Aloe purpurascens* Haw. — *Aloe soccotrina purpurascens* Bot. Mag. tab. 1474. — *Aloe sinuata*
Thunb. — Feuilles ensiformes-atténuées, allongées, sinuées-dentelées, d'un vert glauque. Grappe simple, à bractées très-entières.
(*Salm-Dyck, Monogr.* 22, fig. 2.) — Lobes du périanthe
rouges, à sommet jaune, avec une bande médiane verte. — Indigène du Cap.

I. *Caulescents ou subcaulescents. Feuilles plus ou moins
oblongues-lancéolées, maculées de blanc aux 2 faces, fortement dentées ou sinuées-aculéolées au bord. Pédoncule
presque nu, souvent rameux; ramules en ombelle. Racine
stolonifère.* (Salm-Dyck, l. c.)

Aloès d'Arabie. — *Aloe arabica* Lam. Enc. — Tige suffrutescente. Feuilles longuement lancéolées, acuminées, roides, glabres :
les jeunes étalées, les adultes réfléchies, apprimées, recourbées au

sommet, presque planes en dessus, convexes en dessous, à taches disposées presque par bandes ; aiguillons-marginaux roides, roussâtres, suboncinés : les inférieurs recourbés, les supérieurs incourbés. (*Salm-Dyck, l. c.*)

ALOÈS A GRANDES DENTS. — *Aloe grandidentata* Salm-Dyck. — Subacaule. Feuilles oblongues-lancéolées, étalées : les adultes révolutées, défléchies, d'un vert gai, sinuées-dentées, à taches très-nombreuses, oblongues, confluentes par séries ; aiguillons-marginaux grands, larges. Pédoncule rameux ; fleurs en épi. — Feuilles fragiles, longues de 2 pieds, larges de 5 pouces. Fleurs roses. Style et étamines plus longs que le périanthe. (*Salm-Dyck, l. c.*)

ALOÈS SAPONAIRE.— *Aloe Saponaria* Haw. Syn.—*Aloe Saponaria minor* Bot. Mag. tab. 1460. — *Aloe umbellata* De Cand. Plantes grasses, tab. 98. — *Aloe disticha* Mill. Dict. — Feuilles oblongues-lancéolées, d'un vert sale, subglaucescentes ; taches assez grandes, oblongues, blanchâtres, disposées par bandes transversales ; aiguillons roussâtres. Fleurs en thyrse dense. (*Haworth.*)

ALOÈS A LARGES FEUILLES. — *Aloe latifolia* Haw. Syn. — — *Aloe Saponaria latifolia* Bot. Mag. tab. 1546. — *Aloe umbellata major* De Cand. Plantes grasses, tab. 98. — Feuilles ovées-lancéolées, d'un vert pâle ; taches oblongues, peu apparentes, éparses, et par bandes ; aiguillons roussâtres. Fleurs en thyrse dense. (*Haworth.*)

ALOÈS OBSCUR. — *Aloe obscura* Mill. Dict. — *Aloe picta* Thunb. — De Cand. Plantes grasses, tab. 97. — Bot. Mag. tab. 1525.—Feuilles elliptiques-lancéolées, d'un vert gai, glaucescentes ; taches courtes ou arrondies, petites, éparses ; aiguillons très-rouges. Fleurs en thyrse. (*Haworth.*) — Fleurs écarlates à l'extérieur, verdâtres à l'intérieur et au sommet.

K. *Caulescents. Tige faible. Feuilles distancées, ou agrégées en touffe couronnante, ovées-lancéolées, roides, maculées*

*ou tuberculeuses-spinelleuses en dessous, aculéolées au bord
et au sommet de la carène; aiguillons cartilagineux, forts,
roides. Pédoncule nu à la base, simple ou rameux au sommet.* (Salm-Dyck, Mon.)

ALOÈS A ÉPINES JAUNES.— *Aloe flavispina* Haw. Syn.—Tige
frutescente, à stolons radicaux. Feuilles oblongues, acuminées,
glauques, étalées; aiguillons distancés, très-larges, roussâtres.
(*Haworth.*)

ALOÈS A ÉPINES BLANCHES. — *Aloe albispina* Haw. Syn. —
Caulescent. Feuilles atténuées de la base jusqu'au sommet, droites,
roides : les jeunes dressées; les adultes horizontales, rapprochées, d'un vert sale, rugueuses; aiguillons subulés, très-longs:
les jeunes blancs, les vieux noirs. (*Salm-Dyck, Hort.*)

ALOÈS DE COMMELYN.— *Aloe Commelyni* Willd.— *Aloe mitræformis* Haw. Syn. — Bot. Mag. tab. 1270. — Caulescent.
Feuilles ovées-oblongues, atténuées, étalées, glaucescentes, lisses
en dessus; aiguillons blanchâtres. (*Willd.*)—Fleurs écarlates.

ALOÈS A SPINELLES. — *Aloe spinulosa* Salm-Dyck, Mon. 24,
fig. 6. — Caulescent. Feuilles ovées-oblongues, glaucescentes,
presque étalées, un peu recourbées au sommet, lisses en dessus,
spinelleuses en dessous; aiguillons marginaux et carénaux plus
longs, blancs. (*Salm-Dyck, l. c.*) — Lobes du périanthe rouges,
à sommet vert.

ALOÈS DISTANT.—*Aloe distans* Haw. Syn.— *Aloe brevifolia*
Salm-Dyck, Cat. — *Aloe mitræformis brevifolia* Bot. Mag.
tab. 1562. — Tige frutescente, à stolons radicaux. Feuilles distancées, presque étalées, ovées, pointues. (*Salm-Dyck, l. c.*) —
Fleurs d'un rouge jaunâtre.

L. *Caulescents. Tige grêle. Feuilles éparses, très-distancées,
engaînantes, lancéolées ou loriformes-linéaires, peu ou
point charnues, denticulées ou ciliolées au bord.* (Salm-
Dyck, Mon.)

ALOÈS CILIÉ. — *Aloe ciliaris* Haw. — Salm-Dyck, Mon. 25,

fig. 4. — Tige grêle, élancée. Feuilles lancéolées, légèrement concaves, minces; gaîne presque aussi longue que l'entrenœud, ciliée à son orifice. Pédoncule latéral. (*Salm-Dyck, l. c.*) — Lobes du périanthe rouges, à sommet jaune.

M. *Caulescents.* (*Arbrisseaux plus ou moins hauts.*) *Feuilles loriformes-lancéolées, très-allongées, recourbées, étalées, sinuolées-aculéolées au bord. Pédoncule bractéolé.* (Salm-Dyck, Mon.)

ALOÈS ARBORESCENT. — *Aloe arborescens* Mill. Dict. — De Cand. Plantes grasses, tab. 58.—Andr. Bot. Rep. tab. 468.— Bot. Mag. tab. 1506. — *Aloe fruticosa* Lam. Enc. — Feuilles agrégées, ensiformes, glaucescentes, réfléchies au sommet; dents· marginales verdâtres. (*Haworth.*) — Fleurs écarlates, à sommet verdâtre; lobes intérieurs jaunes, à ligne médiane verte.

ALOÈS A ÉPIS.— *Aloe spicata* Linn. Suppl.—Feuilles planes, ensiformes, dentées. Fleurs horizontales, disposées en épi. Périanthe campanulé. — Cette espèce passe pour fournir une des meilleures sortes du médicament dit *aloès*.

Sous-genre PACHYDENDRON Haw.

Périanthe à tube légèrement courbé; limbe ascendant de même que les étamines. Étamines et style longuement saillants. Filets adnés dans leur partie inférieure au périanthe. — Arbuscules (du Cap de Bonne-Espérance). Feuilles en touffe terminale. Fleurs penchées, disposées en épi terminal.

Tige arborescente, simple. Feuilles lancéolées ou loriformes, roides, plus ou moins touffues, étalées, recourbées au sommet, garnies soit aux 2 faces et au bord, soit seulement en dessous, de forts aiguillons d'un pourpre noirâtre. Pédoncule bractéolé, rameux. (Salm-Dyck, Mon.)

ALOÈS D'AFRIQUE. — *Aloe africana* Mill. Dict.—Bot. Mag. tab. 2517. — Feuilles larges, ensiformes, roides; les adultes recourbées au-dessus du milieu; aiguillons d'un rouge de feu au sommet. Épi très-long. Fleurs pendantes, imbriquées. (*Schultes fil. Enum.*)

ALOÈS FÉROCE. — *Aloe ferox* Mill. Dict.— De Cand. Plantes grasses, tab. 52. — Bot. Mag. tab. 1975. — Salm-Dyck, Mon. 25, fig. 7. — *Pachydendron ferox* Haw. Rev. — Feuilles ovées-oblongues, pointues, épaisses, d'un vert glauque, modérément spinuleuses en dessus, fortement spinuleuses en dessous et au bord. Étamines et style longuement saillants. (*Salm-Dyck, l. c.*) — Lobes du périanthe d'un rose jaunâtre, striés de bandes verdâtres au sommet, rougeâtres dans le bas.

Sous-genre RHIPIDODENDRON Willd.

Tube du périanthe droit, non-gibbeux à la base; limbe à lobes oblongs, subconformes, dressés. Étamines libres. —Arbrisseaux (du Cap de Bonne-Espérance). Tige dichotome.

*Feuilles en touffe terminale, distiques, ou pluri-sériées, lisses, glauques, dressées, incourbées, lancéolées, ou linguiformes. Pédoncule simple ou rameux, bractéolé. (*Salm-Dyck, Mon.*)*

ALOÈS PLICATILE. — *Aloe plicatilis* Mill. Dict. — Bot. Mag. tab. 457. — De Cand. Plantes grasses, tab. 75. — *Kumara disticha* Medic. — *Rhipidodendrum plicatile* Haw. Revis. — Feuilles exactement distiques, linguiformes, obtuses, presque entières, très-lisses et molles aux 2 faces. Tige gibbeuse à la base. (*Haworth, l. c.*) — Fleurs rouges, à sommet d'un jaune verdâtre.

ALOÈS DICHOTOME. — *Aloe dichotoma* Linn. — Feuilles ensiformes, dentelées, glauques, à sommet dressé. Tige non-gibbeuse. (*Haworth.*)

Sous-genre GASTERIA Duval.

Tube du périanthe courbé, ventru à la base. Filets adnés dans leur partie inférieure au périanthe.—Arbus-

cules (du Cap de Bonne-Espérance) subacaules. Pédoncule garni de bractées spathacées, distancées. Fleurs pendantes.

*Feuilles linguiformes, planes, distiques, ou pluri-sériées.
Pédoncule simple ou rameux.*

A. *Fleurs courtes.*

ALOÈS NOIRATRE. — *Aloe nigricans* Haw. (*Gasteria* Haw. Syn.) — Salm-Dyck, Mon. 29, fig. 7. — *Aloe obliqua* Jacq. Hort. Schœnbr. tab. 418.—*Aloe Lingua crassifolia* Bot. Mag. tab. 858. — Subacaule. Feuilles distiques, dressées, larges, très-épaisses, convexes aux 2 faces, subobtuses, mucronées, d'un vert noirâtre, très-glabres, luisantes, obtuses au bord à la base, cultriformes au sommet, cartilagineuses, très-entières, maculées : taches blanches, disposées presque par séries. (*Salm-Dyck, l. c.*) — Périanthe rouge à la base ; lobes blancs au bord, à bande médiane verte.

ALOÈS ÉLÉGANT. — *Aloe pulchra* Jacq. Hort. Schœnbr. 4, tab. 419. — Salm-Dyck, Mon. 29, fig. 2. — *Aloe maculata* Bot. Mag. tab. 765. — Caulescent. Feuilles distiques (en spirale), étroites, ensiformes, atténuées, pointues, très-lisses, luisantes, tronquées d'un côté, concaves en dessus, carénées inéquilatéralement en dessous, maculées aux 2 faces ; taches blanches, confluentes par bandes. (*Salm-Dyck, l. c.*) — Périanthe rouge à la base ; lobes verts, à bord rouge.

ALOÈS MACULÉ. — *Aloe maculata* Thunb. — Salm-Dyck, Monogr. 29, tab. 1. — *Gasteria maculata* Haw. — *Aloe Lingua* Bot. Mag. tab. 979. — Caulescent. Feuilles distiques (en spirale), étroites, linguiformes, obliquement fléchies, très-lisses, luisantes, plus épaisses d'un côté, obtuses, mucronées, convexes et maculées aux 2 faces ; taches blanches, confluentes en bandes. (*Salm-Dyck, l. c.*) — Périanthe à tube rose ; lobes à bord d'un rose pâle, et à 5 lignes vertes confluentes.

B. *Fleurs allongées.*

a). *Feuilles pluri-sériées, glabres.*

ALOÈS SABRE. — *Aloe acinacifolia* Jacq. fil. Eclog. tab. 31.
— Bot. Mag. tab. 2569.—Acaule. Feuilles distiques (en spirale),
tronquées d'un côté, acinaciformes, légèrement concaves en
dessus, atténuées au sommet, pointues, luisantes, d'un vert gai,
à angles cartilagineux, denticulés ; taches disjointes, disposées
presque en bandes. (*Salm-Dyck, l. c.*) — Fleurs rouges, à sommet verdâtre.

ALOÈS ALLONGÉ. — *Aloe elongata* Salm-Dyck, Monogr. 29,
fig. 15.—*Gasteria triloba* Haw.—Acaule. Feuilles pluri-sériées
(en spirale) : les jeunes dressées ; les adultes étalées, trigones,
concaves en dessus, inéquilatéralement carénées en dessous, allongées, pointues, vertes, maculées aux 2 faces, lisses, tuberculeuses-
denticulées au bord et sur la carène ; taches disposées par bandes.
(*Salm-Dyck, l. c.*) — Périanthe à tube rouge ; lobes obtus, un
peu recourbés, d'un vert pâle avec une bande médiane plus
foncée.   •

ALOÈS TROMPEUR. — *Aloe decipiens* Rœm. et Schult.—Salm-
Dyck, Mon. 29, fig. 16. — Acaule. Feuilles pluri-sériées (en
spirale) : les jeunes dressées ; les adultes très-étalées, trigones,
concaves en dessus, inéquilatéralement carénées en dessous, larges
à la base, pointues, d'un vert noirâtre, très-lisses, luisantes, très-
entières, subondulées. Pédoncule rameux. (*Salm-Dyck, l. c.*)
— Tube du périanthe rouge ; lobes jaunâtres, avec une ligne
verte.

ALOÈS LUISANT. — *Aloe nitida* Salm-Dyck, Mon. 29, tab. 17.
— Bot. Mag. tab. 2504. — Acaule. Feuilles pluri-sériées (en
spirale) : les jeunes dressées ; les adultes étalées, trigones, concaves en dessus, subéquilatéralement carénées en dessous, acuminées, vertes, maculées, très-lisses, luisantes, très-entières, cartilagineuses au bord et sur la carène ; taches peu nombreuses,
blanches, disposées par bandes. (*Salm-Dyck, l. c.*) — Tube du
périanthe rouge ; lobes d'un rose jaunâtre avec une ligne verte.

ALOÈS TRIGONE.—*Aloe trigona* Salm-Dyck, Mon. 29, fig. 18.
— *Gasteria trigona* Haw.—*Aloe obtusa* Rœm. et Schult. Syst.
—Acaule. Feuilles pluri-sériées (en spirale) : les jeunes dressées ;
les adultes étalées, trigones, concaves en-dessus, inéquilatéralement carénées en dessous, subobtuses, mucronées, vertes, luisantes, maculées aux 2 faces, lisses, tuberculeuses-denticulées au
bord et sur la carène. (*Salm-Dyck, l. c.*) — Tube du périanthe
rouge ; lobes verts.

ALOÈS GLABRE. — *Aloe glabra* Salm-Dyck. (*Gasteria* Haw.)
— Feuilles pluri-sériées (en spirale), étalées, recourbées, subéquilatéralement trigones, concaves en dessus, fortement carénées
en dessous, pointues, très-vertes, trièdres au sommet, tuberculeuses aux angles, maculées ; taches blanches. (*Salm-Dyck, l. c.*)
— Fleurs rougeâtres, à sommet vert.

b) *Feuilles pluri-sériées, scabres.*

ALOÈS SUBCARÉNÉ. — *Aloe subcarinata* Salm-Dyck, Obs.
(*Gasteria* Haw.) — Acaule. Feuilles pluri-sériées (en spirale),
étalées, étroites, linguiformes, fortement tronquées d'un côté,
presque planes en dessus, convexes en dessous, obliquement fléchies au sommet, obtuses, mucronées, d'un vert gai, subtuberculeuses (tubercules blanchâtres), cartilagineuses-dentelées au bord.
(*Salm-Dyck, l. c.*) — Fleurs rougeâtres, à sommet vert.

ALOÈS CARÉNÉ. — *Aloe carinata* Mill. Dict. — Bot. Mag.
tab. 1551. — Acaule. Feuilles pluri-sériées (en spirale), inéquilatéralement trigones, concaves en dessus, carénées en dessous,
atténuées, vertes, aplaties au sommet, tuberculeuses (tubercules
blancs), très-scabres au bord. (*Salm-Dyck.*) — Fleurs rouges à
la base, blanches vers le milieu, vertes au sommet.

c) *Feuilles distiques, verruqueuses.*

ALOÈS INTERMÉDIAIRE.—*Aloe intermedia* Haw. — Salm-Dyck,
Mon. 29, fig. 24. — *Aloe linguiformis verrucosa* De Cand.
Plantes grasses, tab. 63. — *Aloe Lingua* : α, Bot. Mag. tab.
1322.—Acaule. Feuilles étalées, étroites, linguiformes, atténuées,

subobtuses, mucronées, droites, concaves en dessus, d'un vert gai, luisantes, subtronquées au bord, couvertes de tubercules presque plans et blancs. (*Salm-Dyck, l. c.*)—Tube du périanthe rouge ; lobes d'un vert pâle, avec une ligne plus foncée.

ALOÈS. TRÈS-SCABRE. — *Aloe scaberrima* Salm-Dyck, Mon. 29, fig. 26. — Acaule. Feuilles presque étalées, linguiformes, subatténuées, obtuses, mucronées, souvent subfalciformes, très-vertes, presque planes en dessus, subtronquées et très-scabres au bord, couvertes de tubercules d'un vert pâle, gros, cartilagineux, subtransparents, luisants. (*Salm-Dyck, l. c.*)— Tube du périanthe rose ; lobes verts.

ALOÈS VERRUQUEUX. — *Aloe verrucosa* Mill. Dict. — Bot. Mag. tab. 857. — Salm-Dyck, Mon. 29, fig. 25. — Acaule. Feuilles très-étalées, très-étroites, linguiformes, atténuées, pointues, mucronées, d'un vert noirâtre, diversement fléchies, concaves en dessus, subtronquées et scabres au bord, garnies de tubercules très-petits, très-nombreux, crétacés, blancs. (*Salm-Dyck, l. c.*) — Périanthe blanchâtre, à base rose ; lobes d'un vert pâle, avec une ligne plus foncée.

ALOÈS SUBVERRUQUEUX.— *Aloe subverrucosa* Salm-Dyck, Obs. (*Gasteria* Haw.) — Acaule. Feuilles étalées, linguiformes, presque planes en dessus, obtuses, mucronées, très-vertes, tuberculeuses, dentelées ; tubercules blancs, disposés par séries (*Salm-Dyck, l. c.*) — Périanthe rougeâtre, à tube vert.

d) *Feuilles distiques, presque lisses.*

ALOÈS A FEUILLES ÉTROITES. — *Aloe angustifolia* Salm-Dyck, Obs. (*Gasteria* Haw.) — Acaule. Feuilles étalées, incourbées, linguiformes, convexes et longitudinalement déprimées aux 2 faces, obtuses, mucronées, d'un vert noirâtre, marbrées de blanc, subglabres, cartilagineuses et tuberculeuses-dentées au bord. (*Salm-Dyck, l. c.*) — Périanthe à tube vert, rouge à la base.

ALOÈS CREUSÉ. — *Aloe excavata* Willd. (*Gasteria* Haw.)— Acaule. Feuilles subspiralées, étalées, presque planes, lingui-

formes, tronquées d'un côté, concaves en dessus : les jeunes
obtuses et mucronées; les adultes pointues, d'un vert gai, marbrées de blanc, glabres, cartilagineuses et dentelées au bord.
(*Salm-Dyck.*)—Fleurs rougeâtres à la base, blanches au milieu,
d'un vert gai au sommet.

ALOÈS SILLONNÉ. — *Aloe sulcata* Salm-Dyck, Obs. (*Gasteria*
Haw.) — *Aloe linguiformis :* B, De Cand., Plantes grasses, tab.
68. — Feuilles étalées, larges, linguiformes, fortement tronquées
des deux côtés, longitudinalement sillonnées en dessus, rétuses,
mucronées, d'un vert gai, maculées de blanc, presque glabres,
cartilagineuses aux angles; les supérieures souvent infléchies,
tuberculeuses-dentelées. (*Salm-Dyck.*)

ALOÈS ANGULEUX. — *Aloe angulata* Willd (*Gasteria* Haw.)
— Acaule. Feuilles étalées, larges, linguiformes, presque planes,
sillonnées en dessus, tronquées des deux côtés, subobtuses, mucronées, d'un vert gai, maculées de blanc (par bandes), glabres à la
base, tuberculeuses vers le sommet, bordées de verrues cartilagineuses. (*Salm-Dyck.*) — Périanthe rougeâtre, à tube vert.

ALOÈS MARBRÉ. — *Aloe conspurcata* Salm-Dyck, Obs. (*Gasteria* Haw.) — Acaule. Feuilles étalées, recourbées, larges, linguiformes, légèrement convexes, parfois sillonnées à la base,
souvent tronquées des deux côtés, obtuses, mucronées, très-vertes,
copieusement marbrées de blanc, glabres; bordées de verrues cartilagineuses. (*Salm-Dyck.*)

ALOÈS DISTIQUE. — *Aloe disticha* Rœm. et Schult. Syst.
(*Gasteria* Haw.) — Acaule. Feuilles recourbées, étalées, larges,
linguiformes, légèrement convexes, obtuses, mucronées, d'un vert
noirâtre, maculées de blanc, glabres, bordées de verrues cartilagineuses. (*Salm-Dyck.*) — Périanthe rougeâtre, à tube vert.

ALOÈS A FEUILLES OBTUSES. — *Aloe obtusifolia* Salm-Dyck,
Obs. (*Gasteria* Haw.) — Acaule. Feuilles presque étalées,
larges, linguiformes, très-obtuses, rétuses, mucronulées, presque
planes en dessus, convexes en dessous, lisses, très-vertes, macu-

lées de blanc (taches confluentes en bandes), bordées de crénelures cartilagineuses. (*Salm-Dyck.*) — Périanthe rouge à la base; lobes verts, avec une ligne plus foncée.

ALOÈS MOU. — *Aloe mollis* Rœm. et Schult. Syst. — Salm-Dyck, Mon. 29, fig. 58. (*Gasteria*, Haw.) — Acaule. Feuilles très-étalées, recourbées, linguiformes, subatténuées au sommet, subobtuses, mucronées, convexes aux 2 faces, molles, opaques, d'un vert sale, maculées (taches foncées), arrondies au bord dans leur partie inférieure, tranchantes au bord dans le haut, souvent transversalement plissées, bordées de dentelures cartilagineuses. (*Salm-Dyck.*)

Genre LOMATOPHYLLE. — *Lomatophyllum* Willd.

Périanthe pétaloïde, régulier, rectiligne, campanulé, 6-sépale, non-nectarifère au fond; sépales 5-nervés : les 3 intérieurs disjoints, parfois plus grands; les 3 extérieurs connés jusqu'au milieu au dos des sépales internes. Étamines 6, insérées à la base des sépales, incluses, dressées; les 3 intérieures un peu plus longues que les extérieures. Filets filiformes, libres. Anthères oblongues, échancrées au sommet, bilobées à la base. Ovaire non-stipité, 3-loculaire; loges 9-11-ovulées; ovules bisériés; funicule charnu, cupulaire. Style allongé, filiforme, débordant les étamines. Stigmate entier. Capsule charnue, 3-sulquée, 3-loculaire, polysperme. Graines horizontales; tégument crustacé, noir, luisant. — Tige simple, ligneuse. Feuilles en touffe terminale, amplexicaules, imbriquées par la base, loriformes-lancéolées, étroites, coriaces, un peu charnues, bordées de dentelures cartilagineuses piquantes. Pédoncules axillaires, paniculés; panicules composées de grappes multiflores; pédicelles 1-bractéolés à la base, articulés au sommet. — On ne connaît que les 5 espèces suivantes; elles se cultivent dans les collections de serre.

LOMATOPHYLLE DE BOURBON. — *Lomatophyllum borbonicum* Willd. — *Dracæna marginata* Hort. Kew. — *Aloe purpurea*

Lam. Enc. — *Aloe marginalis* De Cand. Plantes grasses, tab.
51. — *Aloe marginata* Willd. Enum. — *Phylloma aloiflo-
rum* Gawl. in Bot. Mag. tab. 1585. — *Phylloma borbonicum*
Haw. Syn. — Feuilles linéaires-lancéolées, nutantes, à bord
rouge. (*Willdenow.*) — Fleurs d'un jaune verdâtre. — Indigène
de l'île Bourbon.

LOMATOPHYLLE MAIGRE. — *Lomatophyllum macrum* Salm-
Dyck, in Rœm. et Schult. Syst. — *Aloe macra* Hew. — Feuilles
ensiformes, canaliculées, étalées, recourbées, vertes. Fleurs d'un
jaune tirant sur le rouge. (*Haworth.*) — Indigène de l'île de
France.

LOMATOPHYLLE MARGINÉ DE ROUGE. — *Lomatophyllum rufo-
cinctum* Salm-Dyck, in Rœm. et Schult. Syst. — *Aloe rufocincta* Haw. — Feuilles lancéolées, acuminées, vertes, canaliculées, à bord rose ; dentelures blanches, nombreuses. (*Haworth.*)
— Indigène de l'Inde.

Genre KNIPHOFIA. — *Kniphofia* Mœnch.

Périanthe pétaloïde, marcescent, tubuleux, subclaviforme, cylindrique, régulier, un peu courbé, courtement
6-lobé, nectarifère au fond ; lobes ovés, presque dressés : les 5 extérieurs un peu plus courts. Étamines 6, insérées au fond du périanthe, déclinées, en général saillantes, alternativement plus longues et plus courtes. Filets
filiformes, libres, légèrement courbés (ascendants) au sommet. Anthères elliptiques, échancrées au sommet, bilobées
à la base. Ovaire ové-oblong, non-stipité, trigone, 5-locu-
laire ; loges 5-à 15-ovulées ; ovules horizontaux, bisériés,
anatropes ; funicule cupulaire. Style filiforme, allongé, décliné. Stigmate tronqué, papilleux. Capsule chartacée,
ovoïde, subtrigone, triloculaire, 5-valve (septicide suivant
M. Endlicher ; loculicide suivant M. Kunth), polysperme.
Graines bisériées, trièdres, noirâtres, finement chagrinées, opaques, recouvertes d'un arille membraneux ; té-

gument mince. — Herbes acaules. Racine fasciculée.
Feuilles linéaires, roides, très-entières, ou finement denticulées au bord et sur la carène-dorsale. Hampe simple,
multiflore. Fleurs subsessiles, en grappe dense, pendantes
après la floraison ; pédicelles 1-bractéolés à la base, articulés au sommet. — Genre propre à l'Afrique australe ;
les espèces suivantes se cultivent comme plantes d'ornement.

KNIPHOFIA FAUX-ALOÈS. — *Kniphofia aloides* Mœnch, Meth.
— *Tritoma Uvaria* Gawl. in Bot. Mag. tab. 758. — Redout.
Lil. tab. 291.— *Aletris Uvaria* et *Aloe Uvaria* Linn.— *Veltheimia Uvaria* Willd. — Feuilles planes, denticulées-spinu-
leuses au bord et sur la carène. Grappe ovale-cylindracée, dense.
Étamines saillantes. Loges de l'ovaire 15-15-ovulées. (*Kunth,
Enum.*)— Feuilles touffues, roselées, très-longues. Hampe droite,
haute d'environ 5 pieds. Fleurs grandes, fétides, d'un rouge
écarlate avant l'épanouissement, puis jaunâtres.

KNIPHOFIA NAIN. — *Kniphofia pumila* Kunth, Enum. 4,
p. 552. — *Veltheimia pumila* Willd.— *Veltheimia abyssinica*
Redout. Lil. tab. 186. — *Aletris pumila* Hort. Kew. — *Tritoma pumila* Gawl. in Bot. Mag. tab. 764. — *Tritomanthe
pumila* Link. — Feuilles distiques, très-finement denticulées au
bord et sur la carène. Hampe courte. Grappe oblongue, dense. Périanthe cyathiforme-campanulé. (*Gawler, l. c.*)—Hampe droite,
marbrée, haute d'environ 1 pied. Fleurs d'un rouge orange.

KNIPHOFIA SARMENTEUX. — *Kniphofia sarmentosa* Kunth,
l. c. — *Tritoma media* Gawl. in Bot. Mag. tab. 744. — Redout. Lil. tab. 161. — Delaun. Herb. de l'Amat. vol. 2. —
Aletris sarmentosa Andr. Bot. Rep. tab. 54. — *Veltheimia
sarmentosa* Willd. Enum.—*Tritomanthe media* Link, Enum. —
Feuilles planes, très-entières, glauques. Grappe allongée. Bractées
ovées, acuminées, subulées. Étamines saillantes. Ovaire à loges
11-ovulées. (*Kunth, l. c.*)—Feuilles étroites, longues de 1 1/2 pied.
Hampe d'environ 1 pied. Bractées membraneuses. Périanthe à
tube d'un jaune orange ; lobes jaunes, bordés de vert.

Genre ÉRÉMURE. — *Eremurus* Bieberst.

Périanthe pétaloïde, régulier, 6-sépale ; sépales disjoints, presque égaux, étalés, 5-nervés à la base, finalement involutés. Étamines 6, hypogynes, plus longues que le périanthe. Filets filiformes, imberbes, repliés en préfloraison. Anthères oblongues, bifides à la base. Ovaire non-stipité, subglobuleux, 5-loculaire ; loges 2-ou 5-ovulées ; ovules verticaux, renversés, adnés longitudinalement. Style filiforme, aussi long que les étamines, décliné après l'anthèse, finalement ascendant. Stigmate petit, tronqué. Capsule chartacée, subglobuleuse, 6-sulquée, 5-loculaire, loculicide-trivalve ; loges 2-à 4-spermes. Graines trièdres, noires, recouvertes d'un arille membraneux, très-mince, roussâtre, débordant les angles ; tégument mince, coriace. — Herbe vivace. Racine fasciculée. Feuilles radicales, linéaires, carénées, très-étroites. Tige simple, dressée, nue, multiflore. Fleurs longuement pédicellées, penchées, disposées en grappe ; pédicelles 1-bractéolés à la base, articulés au-dessous du sommet. — On ne connaît que l'espèce suivante.

ÉRÉMURE ÉLÉGANT.—*Eremurus spectabilis* Bieberst. Plant. Ross. 2, tab. 61. — Sweet, Brit. Flow. Gard. tab. 188. — *Asphodelus altaicus* Pallas, in Act. Petrop. 1179, tab. 10.— *Eremurus altaicus* Steven, in Mém. de la Soc. des Nat. de Moscou, 5, p. 93, tab. 8.—Tige droite, ferme, effilée, cylindrique, blanchâtre, haute de 2 à 5 pieds. Feuilles longues, étroites, fermes, glabres, d'un vert glauque, tantôt lisses, tantôt scabres au bord. Grappe longue, dense, effilée. Fleurs grandes. Sépales jaunes, à carène verte. Anthères rouges. — Indigène du Caucase et de l'Altaï. Cultivé comme plante d'ornement.

Genre ASPHODÈLE. — *Asphodelus* Linn.

Périanthe pétaloïde, régulier, 6-sépale, caduc ; sépales connés à la base, presque égaux, 1-nervés, étalés. Étami-

nes 6, hypogynes : les 5 intérieures un peu plus longues.
Filets libres, linéaires, déclinés dans le bas, ascendants
dans le haut, dilatés et concaves à la base. Anthères oblongues, bilobées à la base. Ovaire recouvert par la partie dilatée des filets, non-stipité, subglobuleux, 5-loculaire ; loges 2-ovulées ; ovules collatéraux, verticaux, renversés,
adnés du côté intérieur. Style filiforme ou subclaviforme.
Stigmate capitellé, subtrilobé. Capsule coriace, subglobuleuse, 5-loculaire, loculicide-trivalve ; loges 2-spermes ou
par avortement 1-spermes. Graines semi-obovées, trièdres,
transversalement rugueuses, noirâtres, opaques, finement
chagrinées ; tégument crustacé. — Herbes vivaces. Racine fasciculée, tubéreuse. Feuilles linéaires ou subulées,
engaînantes, toutes radicales. Tige nue, dressée, en général paniculée dans le haut. Fleurs pédicellées, dressées,
blanches, disposées en grappes ; pédicelles épars, 1-brac-
téolés à la base, articulés vers le milieu. Bractées en général petites, membraneuses. — Les deux espèces suivantes se cultivent comme plantes d'ornement.

Asphodèle blanc.— *Asphodelus albus* Mill. Dict.— *Asphodelus ramosus* Murr. in Comm. Nov. Gœtting. 1776, p. 57,
tab. 71. — Redout. Lil. tab. 514. — *Asphodelus verus albus*
Blackw. Herb. tab. 258. — Feuilles planes, larges, linéaires.
Tige simple. Grappe dense. Base des filets oblongue-lancéolée.
Capsule ovée, trigone. (*Koch, Syn.*) — Racine vivace. Tige
haute de $\frac{1}{2}$ pied à 5 pieds. Feuilles fermes, lisses, luisantes,
touffues, longues, d'un beau vert. Sépales blancs, à carène verte.
— Indigène de l'Europe méridionale.

Asphodèle rameux. — *Asphodelus ramosus* Linn. — Bot.
Mag. tab. 799. — Redout. Lil. tab. 178. — Feuilles planes,
larges, linéaires. Tige rameuse. Grappes denses. Base des filets
obovée, brusquement rétrécie en pointe. Capsule globuleuse.
(*Koch, Syn.*)—Racine vivace. Tige haute de 2 à 4 pieds, cylindrique. Feuilles nombreuses, longues de près de 2 pieds,
larges de 5 à 6 lignes, acérées, un peu rétrécies vers la base,

fermes, lisses, luisantes, d'un beau vert. Grappes plus ou moins allongées, droites. Bractées ovées, acuminées, plus courtes que les pédicelles. Fleurs grandes. Sépales blancs, à carène rouge. Anthères d'un jaune orange. — Indigène de France et des contrées plus méridionales de l'Europe. (Vulgairement *Bâton royal*. Fleurit en mai et juin.) Sa racine, qui se compose de grosses fibres tubéreuses, est âcre et vénéneuse à l'état frais.

Genre ASPHODÉLINE. — *Asphodeline* Reichenb.

Périanthe pétaloïde, régulier, caduc, rotacé, 6-parti ; segments 1-nervés, presque égaux, étalés : les intérieurs un peu plus larges. Étamines 6, insérées au fond du périanthe, déclinées dans le bas, ascendantes dans le haut : les 5 intérieures beaucoup plus longues. Filets linéaires-filiformes, dilatés à la base. Anthères oblongues, bilobées à la base : celles des 5 étamines extérieures plus petites. Ovaire recouvert par la partie dilatée des filets, non-stipité, oblong, ou subglobuleux, 5-loculaire; loges 2-ou pluri-ovulées ; ovules verticaux, bisériés, adnés par le côté interne. Style filiforme, décliné. Stigmate trilobé. Capsule subcoriace, subglobuleuse, 5-loculaire, loculicide-trivalve; loges en général 2-spermes. Graines cunéiformes, trièdres, finement chagrinées, opaques, noires ; tégument mince. — Herbes vivaces. Racine composée de tubercules allongés, fasciculés. Tige simple, ou paniculée dans le haut, dressée, feuillue ; rameaux simples. Feuilles très-étroites, trièdres, engaînantes à la base ; gaîne membraneuse, scarieuse. Fleurs géminées ou ternées à l'aisselle de chaque bractée, jaunes, ou blanches, disposées en grappes; pédicelles 1-bractéolés à la base, articulés vers le milieu. Bractées grandes, membraneuses, scarieuses. — Les espèces suivantes se cultivent comme plantes d'ornement.

ASPHODÉLINE JAUNE. — *Asphodeline lutea* Reichenb. Flor. Germ. Excurs.—*Asphodelus luteus* Linn.—Jacq. Hort. Vindob. tab. 77. — Bot. Mag. tab. 775. — Redout. Lil. tab. 223. —

Blackw. Herb. tab. 252. — Feuilles subulées, trièdres, striées, lisses. Tige très-simple, feuillue jusqu'au sommet. Grappe dense. Bractées aussi longues que les fleurs. (*Koch, Syn.*)—Tige droite, lisse, cylindrique, haute de 2 à 5 pieds. Feuilles nombreuses, longues, menues, glauques, imbriquées par la base. Grappe longue, spiciforme, effilée, droite. Fleurs grandes, jaunes, odorantes. Bractées blanchâtres. Etamines plus courtes que le périanthe. — Indigène de l'Europe méridionale. (Vulgairement *Verge de Jacob*, *Bâton de Jacob*, *Asphodèle jaune*. Fleurit en mai et juin.)

ASPHODÉLINE DE CRIMÉE. — *Asphodeline taurica* Kunth, Enum. — *Asphodelus tauricus* Bieberst. Flor. — Redout. Lil. tab. 470.—Lodd. Bot. Cab. tab. 1102.—Tige feuillue. Feuilles subulées, trièdres, striées, scabres au bord. Bractées lancéolées, les supérieures plus longues que les fleurs. Fleurs blanches. Sépales oblongs, obtus, à carène verte. Anthères d'un jaune orange. — Indigène de Crimée et du Caucase.

ASPHODÉLINE DE CANDIE. — *Asphodeline cretica* Visiani, Flora Dalm. — *Asphodelus creticus* Lam. Enc. — Lodd. Bot. Cab. tab. 915. — *Asphodelus liburnicus* Scopol. Carn. 1, tab. 12. — *Asphodeline liburnica* Reichenb. Flor. Germ. Excurs.— *Asphodelus tenuior* Fischer, Cat. Gor.—Bot. Mag. tab. 2626. — *Asphodelus capillaris* Redout. Lil. tab. 580.—Tige haute de 2 à 5 pieds, droite, nue vers le sommet. Feuilles filiformes-subulées, trièdres, denticulées-scabres au bord, fermes, glauques; les inférieures longues d'environ 1 pied. Grappe un peu lâche. Bractées plus courtes que les fleurs. Fleurs d'un jaune vif. Sépales sublinéaires. — Indigène de l'Europe méridionale et de l'Orient.

Genre BULBINE. — *Bulbine* Linn.

Périanthe pétaloïde, régulier, marcescent, 6 sépale; sépales disjoints, égaux, étalés, 1-nervés. Etamines 6, insérées à la base des sépales, souvent déclinées. Filets filiformes, libres, barbus dans le haut. Anthères elliptiques, échancrées aux 2 bouts. Ovaire non-stipité, subglobuleux, trigone, 3-loculaire ; loges pauci-ovulées ; ovules bisériés, horizontaux ; funicule cupulaire. Style dressé ou décliné, un peu épaissi au sommet. Stigmate tronqué, papilleux. Capsule subglobuleuse, trigastre, coriace, 3-loculaire, loculicide trivalve ; loges sub-6-spermes. Graines pyramidales-trièdres, noirâtres, finement ponctuées ; tégument mince. Embryon rectiligne ou courbé, transverse, antitrope. — Herbes caulescentes ou acaules. Tige simple. Racine fasciculée. Feuilles cylindriques, ou semi-cylindriques, ou planes, ou trièdres, touffues, charnues. Pédoncules axillaires ou radicaux, simples, multiflores. Fleurs jaunes, dressées, disposées en grappe ; pédicelles solitaires, 1-bractéolés à la base, articulés au sommet. — M. Kunth énumère 25 espèces de ce genre ; la plupart habitent le Cap de Bonne-Espérance ; les suivantes se cultivent comme plantes d'ornement de serre.

A. *Feuilles cylindriques, ou semi-cylindriques, ou subtrièdres.*

BULBINE FRUTESCENTE. — *Bulbine frutescens* Willd. Enum. —*Anthericum frutescens* Linn. — Dill. Elth. tab. 251, fig. 298. — Bot. Mag. tab. 816. — D. C. Plantes grasses, tab. 14. — Redout. Lil. tab. 284. — Tige frutescente, dressée, rameuse. Feuilles charnues, cylindriques. — Indigène du Cap.

BULBINE ROSTRÉE. — *Bulbine rostrata* Willd. Enum. — *Anthericum rostratum* Jacq. Ic. Rar. 2, tab. 403. — Tige frutescente, très-courte, radicante. Feuilles charnues, cylindriques, glauques. (*Willd.*)

BULBINE A LONGUE HAMPE. — *Bulbine longiscapa* Willd. Enum. — *Anthericum longiscapum* Jacq. Ic. Rar. 2, tab. 404. —Redout. Lil. tab. 425.—Bot. Mag. tab. 1559.—*Anthericum altissimum* Mill. Ic. tab. 59. — Tige courte, frutescente. Feuilles charnues, subulées, semi-cylindriques, flexueuses, glauques, 5 fois plus longues que la hampe. (*Willd.*) — Indigène du Cap.

Bulbine Faux-Asphodèle. —*Bulbine asphodeloides* Rœm. et Schult.—*Anthericum asphodeloides* Linn. —Jacq. Hort. Vindob. 2, tab. 181. — Herbe vivace. Feuilles charnues, linéaires-subulées, semi-cylindriques, striées, scabres au bord, glauques. Grappe allongée. Pédoncules étalés. — Indigène du Cap.

Bulbine pugioniforme. — *Bulbine pugioniformis* Link. Enum. — *Anthericum pugioniforme* Jacq. Ic. Rar. 2, tab. 405. — Andr. Bot. Rep. tab. 586. — Bot. Mag. tab. 1454. — Herbe vivace, acaule. Feuilles charnues, subulées, sillonnées antérieurement, cylindriques au sommet, acuminées, glabres, pulpeuses, dressées. Hampe à peine 1 fois plus longue que les feuilles. (*Schult. fil.*) — Indigène du Cap.

Bulbine de Fraser. — *Bulbine Fraseri* Kunth. Enum. 4, p. 565. —Hook. in Bot. Mag. tab. 5017 (exclus. syn.) — Bulbe ovoïde-arrondi. Feuilles linéaires, atténuées, semi-cylindriques, profondément canaliculées en dessus, glabres, accompagnées à la base d'écailles lancéolées. Hampe cylindrique, nue, glabre, multiflore. Sépales ovés, obtus, concaves. Étamines divergentes ; filets barbus de même que les anthères. Style décliné. (*Kunth, Enum.*) —Indigène de la Nouvelle-Hollande.

Bulbine de Hooker. — *Bulbine Hookeri* Kunth, Enum. 4, p. 566. — *Anthericum semibarbatum* Lodd'g. Bot. Cab. tab. 550. — Hook. in Bot. Mag. tab. 5129.—*Bulbine semibarbata* Schult. fil. (exclus.syn.)—Herbe vivace, acaule. Racine fibreuse. Feuilles subulées, canaliculées en dessus, convexes en dessous, d'un vert glauque. Hampe nue, cylindrique. Sépales étalés, ovés, obtūs. Étamines déclinées. Filets tous barbus. Style décliné, ascendant. (*Kunth, l. c.*) — Indigène de la Nouvelle-Hollande.

B. *Feuilles planes ou subhémisphériques.*

Bulbine a larges feuilles. — *Bulbine latifolia* Rœm. et Schult. — *Anthericum latifolium* Linn. — Jacq. Ic. Rar. 2, tab. 408.—Feuilles charnues, oblongues-lancéolées, acuminées, nerveuses, droites, 4 fois plus courtes que la hampe. (*Willd.*) — Indigène du Cap.

. BULBINE PENCHÉE. — *Bulbine nutans* Rœm. et Schult. — *Anthericum nutans* Jacq. Ic. Rar. 2, tab. 407. — Acaule. Racine vivace, longue, rameuse. Feuilles subensiformes, planes, pulpeuses, étalées, réfléchies au sommet, plus courtes que la hampe, striées en dessous. Grappe nutante au sommet. (*Schult. fil.*) — Indigène du Cap.

BULBINE FAUX-ALOÈS. — *Bulbine aloides* Willd. Enum. — *Anthericum aloides* Linn. — Dill. Hort. Elth. tab. 252, fig. 500. — D. C. Plantes grasses, tab. 26. — Redout. Lil. tab. 285. — Bot. Mag. tab. 1517. — Lodd. Bot. Cab. tab. 996. — Feuilles charnues, linguiformes-lancéolées, presque planes aux 2 faces, plus courtes que la hampe. Racine vivace. (*Schult. fil.*) — Indigène du Cap.

BULBINE A FEUILLES DE NARCISSE. — *Bulbine narcissifolia* Salm-Dyck, Hort. — Herbe acaule, vivace. Feuilles dressées, loriformes-linéaires, mucronées, légèrement charnues, glaucescentes, planes aux 2 faces, obliquement fléchies au sommet. Hampe cylindrique. Fleurs odorantes (*Salm-Dyck.*) — Patrie inconnue.

BULBINE A GRANDES FEUILLES. — *Bulbine macrophylla* Salm-Dyck, Hort. — Herbe vivace, caulescente. Feuilles oblongues, pointues, touffues, légèrement charnues, d'un vert gai, luisantes : les jeunes presque étalées ; les adultes recourbées. Pédoncule très-long. (*Salm-Dyck.*) — Patrie inconnue.

Genre TRACHYANDRA. — *Trachyandra* Kunth.

Périanthe pétaloïde, régulier, marcescent, 6-sépale ; sépales connés à la base, étalés (par exception révolutés), égaux, 5-nervés au dos : nervures très-rapprochées, presque confluentes. Étamines 6, insérées à la base des sépales, alternativement plus longues et plus courtes, toutes plus courtes que les sépales. Filets filiformes, plans, libres, garnis de papilles roides, rétrorses. Anthères oblongues, échancrées au sommet, bilobées à la base. Ovaire non-stipité, 5-loculaire ; loges 2-à 10-ovulées ; ovules bisériés ; funicule cupulaire. Style filiforme, allongé. Stigmate simple. Capsule trigastre, 5-loculaire, loculicide-trivalve. (Graines inconnues.) — Racine fasciculée. Feuilles planes, charnues, toutes radicales. Tige simple, ou rameuse dans le haut, multiflore : rameaux disposés en corymbe. Fleurs en grappes ; pédicelles longs, 1-bractéolés à la base, articulés au sommet. — Genre propre au Cap de Bonne-Espérance ; les espèces suivantes se cultivent comme plantes d'ornement de serre.

TRACHYANDRA HISPIDE.—*Trachyandra hispida* Kunth, Enum. — *Anthericum hispidum* Linn. — Jacq. Ic. Rar. 2, tab. 409. — Feuilles charnues, linéaires, comprimées, canaliculées, beaucoup plus longues que la tige, hispides de même que la tige. Grappe dense, subfastigiée. (*Schult. fil.*)

TRACHYANDRA CANALICULÉ. — *Trachyandra canaliculata* Kunth, Enum. — *Anthericum canaliculatum* Hort. Kew. — Bot. Reg. tab. 877. — Bot. Mag. tab. 1124. — Tige simple, cylindrique, poilue. Feuilles un peu charnues, poilues, ensiformes, trièdres, canaliculées au côté le plus étroit. Bractées lancéolées, acuminées, glabres. Sépales blancs.

TRACHYANDRA DE JACQUIN.—*Trachyandra Jacquinii* Kunth, Enum. — *Anthericum flexifolium* Jacq. Ic. Rar. 2, tab. 412. — Racine tubéreuse, fusiforme, souvent bifide. Tige rameuse. Feuilles subulées, flexueuses, modérément poilues. (*Schult. fil.*) — Fleurs blanches, très-odorantes.

TRACHYANDRA RÉVOLUTÉ. — *Trachyandra revoluta* Kunth, Enum. — *Anthericum revolutum* Linn.—Bot. Mag. tab 1044. — *Phalangium revolutum* Pers. — Racine vivace, fasciculée. Tige flexueuse, cylindrique, peu ou point rameuse, glabre, haute de 1 à 2 pieds. Feuilles linéaires, scabres, plus longues que la tige, dressées. Grappe subfastigiée. Sépales lancéolés, obtus, blancs. (*Kunth.*)

TRACHYANDRA DIVARIQUÉ.—*Trachyandra divaricata* Kunth, Enum. — *Anthericum divaricatum* Jacq. Hort. Schœnbr. 4, tab. 414. — Racine vivace, fasciculée. Tige paniculée, glabre; rameaux divariqués. Feuilles nombreuses, décombantes, linéaires, glabres, pointues, luisantes, plus longues que la tige (longues de 2 à 5 pieds). Sépales lancéolés, plans, révolutés. (*Kunth.*)

Genre HÉMÉROCALLE. — *Hemerocallis* Linn.

Périanthe infondibuliforme, pétaloïde, régulier, marcescent, profondément 6-fide; lobes presque étalés, oblongs, nerveux, presque égaux : les intérieurs un peu plus larges. Étamines 6, insérées à la gorge du périanthe. Filets libres, filiformes, imberbes, déclinés, ascendants. Anthères oblongues, bilobées aux 2 bouts. Ovaire non-stipité, oblong, trigone, 3-loculaire ; loges pluri-ovulées; ovules bisériés, horizontaux, anatropes. Style filiforme, ascendant, débordant les étamines. Stigmate petit, tronqué, papilleux. Capsule subcoriace, trigone, 3-loculaire, loculicide-trivalve; loges oligospermes. Graines subglobuleuses, anguleuses, lisses, luisantes, noires; tégument mince, crustacé. — Herbes vivaces. Racine composée de tubercules cylindracés ou fusiformes, fasciculés. Tige dressée, feuillée, paniculée dans le haut (subdichotome). Feuilles éparses, linéaires, carénées, striées, engaînantes. Fleurs jaunes ou rousses, grandes, odorantes, en grappes lâches ; pédicelles solitaires, 1-bractéolés à la base ; articulés au sommet. — On ne connaît que les 4 espèces suivantes, fréquemment cultivées comme plantes d'ornement.

A. *Fleurs d'un jaune de citron.*

HÉMÉROCALLE JAUNE. — *Hemerocallis flava* Linn.— Jacq. Hort. Vindob. tab. 159. — Bot. Mag. tab. 19. — Redout. Lil, tab. 15. — *Hemerocallis Lilic-Asphodelus* Linn. —Tige haute de 1 pied à 2 pieds, cylindrique, nue, médiocrement rameuse dans le haut, garnie à chaque ramification d'une bractée linéaire-lancéolée. Feuilles plus courtes que la hampe (longues d'environ 2 pieds), étroites, nombreuses, glabres, pointues, ensiformes vers la base, planes dans le haut, d'un vert gai. Fleurs dressées, lorgues de 2 pouces, semblables de forme à celles du Lis blanc. Tube du périanthe légèrement ventru à la base; lobes lancéolés-oblongs, pointus, plans, à nervures non-anastomosées. — Indigène de l'Europe méridionale. (Vulgairement : *Lis jaune, Lis-Asphodèle.* Fleurit en mai et juin.)

HÉMÉROCALLE GRAMINIFORME. — *Hemerocallis graminea* Andr. Bot. Rep. tab. 244. — Bot. Mag. tab. 873. — *Hemerocallis minor* Mill. Dict. — Tige nue, cylindrique, haute de ½ à 1 ½ pied. Feuilles plus courtes que la tige, très-étroites, pliées en carène dans toute leur longueur, pointues, glabres, d'un vert gai. Fleurs moins grandes que celles de l'espèce précédente. Bractées courtes, scarieuses. Périanthe subringent ; tube ventru à la base; lobes intérieurs elliptiques-obovés, ondulés au bord ; nervures non-anastomosées. — Indigène de Sibérie. Fleurit en mai et juin.

B. *Fleurs d'un brun roux.*

HÉMÉROCALLE DISTIQUE. — *Hemerocallis disticha* Donn. Cat. Hort. Cantab. — Sweet, Brit. Flow. Gard. tab. 28. — *Hemerocallis fulva* Thunb. Jap. (non Linn.) — Feuilles linéaires, carénées, distiques. Lobes du périanthe lancéolés, ondulés, pointus, étalés, réfléchis : les 5 intérieurs plus larges ; nervures anastomosées. (*Sweet.*)—Tige nue, haute de 1 pied à 1 ½ pied. Fleurs penchées, subringentes, moins grandes que celles de l'*Hémérocalle fauve*. — Indigène de Chine et du Japon. Fleurit en août et septembre.

HÉMÉROCALLE FAUVE. — *Hemerocallis fulva* Linn. — Bot. Mag. tab. 64. — Redout. Lil. tab. 16. — *Hemerocallis crocea* Lamk. Flore Franç. — Tige haute de 2 à 4 pieds, nue, cylindrique, glabre comme toute la plante. Feuilles nombreuses, touffues, plus courtes que la tige, d'un vert gai, carénées. Fleurs longues de près de 5 pouces, dressées. Périanthe à nervures anastomosées; lobes intérieurs obtus, ondulés. —Indigène de l'Europe orientale. Fleurit en août.

Genre BLANDFORDIA. — *Blandfordia* R. Br.

Périanthe pétaloïde, régulier, persistant, 6-fide ; lobes nerveux, ovés, pointus, égaux. Étamines 6, insérées à la gorge du périanthe, isomètres, à peine saillantes. Filets libres, filiformes, imberbes. Anthères oblongues, obtuses, bifides à la base. Ovaire longuement stipité, oblong, trigone, 5-loculaire; loges multi-ovulées; ovules horizontaux, bisériés, anatropes. Style filiforme-subulé, trisulqué. Stigmate petit, obtus, entier. Capsule longuement stipitée, coriace, lancéolée, prismatique-trigone, triloculaire, polysperme, surmontée du style, se séparant en 5 coques déhiscentes par la suture ventrale ; axe central nul. Graines bisériées dans chaque coque, horizontales, subcylindracées, légèrement flexueuses, acuminées, obtuses à la base, papilleuses de haut en bas ; tégument membraneux, roussâtre, peu adhérent.—Herbes vivaces. Racine fibreuse. Feuilles-radicales linéaires, allongées, striées, roides, demi-engaînantes. Feuilles-caulinaires courtes, distancées, peu nombreuses. Tige simple, cylindrique, subscapiforme, multiflore. Fleurs écarlates ou d'un rouge orange, disposées en grappe ; pédicelles solitaires, 2-bractéolés à la base, recourbés pendant la floraison, puis redressés. Bractées inégales : l'intérieure plus grande. — Genre propre à la Nouvelle-Hollande ; on n'en connaît que 2 espèces : elles se cultivent comme plantes d'ornement de serre.

BLANDFORDIA NOBLE. — *Blandfordia nobilis* Smith, Exot. Bot. 1, tab. 4. — Andr. Bot. Rep. tab. 266. — Bot. Mag. tab. 2005.—Bot. Reg. tab. 286. —Feuilles étroites, Bractées 1 fois plus courtes que les pédicelles. (*R. Brown.*) — Fleurs rouges, à sommet jaune.

BLANDFORDIA A GRANDES FLEURS. — *Blandfordia grandiflora* R. Brown, Prodr. — Bot. Reg. tab. 924. — Bractées à peu près aussi longues que les pédicelles ; l'extérieure 5 fois plus longue que l'intérieure. (*R. Brown.*) — Fleurs d'un rouge orange.

Genre TUBÉREUSE. — *Polyanthes* Linn.

Périanthe pétaloïde, régulier, infondibuliforme, 6-fide ; tube allongé, incourbé ; lobes égaux, étalés. Étamines 6, insérées à la gorge du périanthe. Filets libres, gros, très-courts, dressés. Ovaire 5-loculaire ; loges multi-ovulées ; ovules anatropes, verticaux, renversés. Style filiforme. Stigmate 5-lobé, épaissi. Capsule 3-loculaire, loculicide-trivalve, polysperme. Graines planes. — Herbe vivace, à bulbe charnu. Tige simple, presque nue, multiflore. Feuil-les-radicales longues, linéaires, sessiles, très-entières, ca-naliculées en dessous. Feuilles caulinaires la plupart courtes, squamiformes. Fleurs en épi. Bractées 1-flores, spathacées. — L'espèce suivante constitue à elle seule le genre.

TUBÉREUSE DES JARDINS. — *Polyanthes tuberosa* Linn. — Redout. Lil. tab. 147. — Bot. Reg. tab. 63. — Link et Otto, tab. 24. — Delaun. Herb. de l'Amat. vol. 7. — *Amica noc-turna* Rumph. Amb. 6, tab. 98. — Bulbe brun, allongé, ou subglobuleux, garni en dessous d'une touffe de radicelles char-nues. Tige droite, cylindrique, haute de 2 à 4 pieds. Feuilles inférieures longues, étroites, subamplexatiles, sessiles, acérées, presque ensiformes. Épi plus ou moins allongé. Fleurs blanches ou carnées, très-odorantes, dressées, grandes, alternes, sessiles. Périanthe à lobes ovales, obtus, plus longs que les étamines. — Originaire de l'Inde. Fréquemment cultivé comme plante d'a-grément.

Genre FUNKIA. — *Funkia* Spreng.

Périanthe pétaloïde, caduc, infondibuliforme, 6-fide;
lobes presque égaux, nerveux. Étamines 6, hypogynes,
saillantes, arquées (ascendantes) vers le sommet. Filets libres, filiformes, imberbes. Anthères oblongues, échancrées au sommet, bifides à la base. Ovaire non-stipité, oblong, trigone, 6-sulqué, 5-loculaire; loges multi ovulées;
ovules verticaux, bisériés, anatropes, renversés. Style filiforme, trigone, arqué (ascendant) dans le haut. Stigmate
trilobé, papilleux : lobes obovés, tronqués. Capsule chartacée, allongée, prismatique-trigone (à angles canaliculés), 5-loculaire, loculicide-trivalve, polysperme, sans axe
central. Graines bisériées, aplaties, oblongues, longuement ailées au sommet, imbriquées de bas en haut, noirâtres, luisantes, très-finement chagrinées; tégument membraneux. — Herbes vivaces, acaules. Racine fasciculée.
Feuilles radicales, longuement pétiolées, larges, acuminées, veineuses, subréticulées, minces, nombreuses; pétiole engaînant par la base. Hampe simple, multiflore.
Fleurs grandes, plus ou moins penchées, disposées en
grappe. Périanthe blanc, ou bleu, ou lilas. Pédicelles
1-bractéolés à la base, solitaires, articulés au sommet. —
Ce genre ne comprend que les 6 espèces suivantes : on les
cultive comme plantes d'ornement.

FUNKIA SUBCORDIFORME. — *Funkia subcordata* Spreng. Syst.
— *Hemerocallis japonica* Thunb. — Redout. Lil. tab. 5. —
Bot. Mag. tab. 1455. — *Hemerocallis plantaginea* Lamk.
Enc. — *Hemerocallis cordata* Cavan. — *Hemerocallis alba*
Andr. Bot. Rep. tab. 194. — *Niobe cordifolia* Salisb. —
Hosta japonica Tratt. Tabul. tab. 89. — Feuilles cordiformes-
ovées, acuminées. Grappe pauciflore. Fleurs subnutantes, longue-
ment tubuleuses. Bractées foliacées, ovées, deux à trois fois plus
longues que les pédicelles; la première très-grande, sans fleur.
(*Kunth, Enum.*) — Feuilles d'un vert gai. Hampe dressée, cy-

lindrique, haute d'environ 1 pied. Fleurs très-odorantes, courtement pédicellées, d'un blanc pur. — Indigène de Chine et du Japon. Fleurit en juillet et août. (Vulgairement : *Hémérocalle du Japon.*)

FUNKIA BLEU. — *Funkia ovata* Spreng. Syst. — *Hemerocallis cœrulea* Andr. Bot. Rep. tab. 6. — Bot. Mag. tab. 894. — Vent. Malm. tab. 18. — Redout. Lil. tab. 106. — *Hosta cœrulea* Tratt. Tabul. tab. 189. — *Bryocles ventricosa* Salisb. — Feuilles subcordiformes-ovées, acuminées. Grappe multiflore. Bractées ovées, acuminées, 1 fois plus longues que les pédicelles, les inférieures à peine plus grandes que les autres. Fleurs infondibuliformes, d'abord horizontales, puis penchées. (*Kunth, Enum.*) — Feuilles moins grandes que celles de l'espèce précédente. Hampe haute d'environ 1 ½ pied, grêle, glabre. Bractées membraneuses, scarieuses. Fleurs d'un bleu violet. — Indigène du Japon. Fleurit en juillet et août. (Vulgairement : *Hémérocalle bleue.*)

FUNKIA LANCÉOLÉ. — *Funkia lancifolia* Spreng. Syst. — *Hemerocallis lancifolia* Thunb. — *Funkia ovata* : β, Kunth, Enum. — Diffère de l'espèce précédente (dont c'est peut-être une variété) par des feuilles lancéolées, et par des fleurs blanches. — Indigène du Japon.

FUNKIA ONDULÉ. — *Funkia undulata* Otto et Dietrich. — *Hemerocallis undulata* Siebold. — Feuilles oblongues, acuminées, ondulées, décurrentes sur le pétiole. Grappe multiflore. Fleurs déclinées. Bractées oblongues, 1 fois plus longues que les pédicelles ; la première beaucoup plus grande, foliacée, sans fleur. Périanthe lilas. (*Kunth, Enum.*) — Indigène du Japon.

FUNKIA DE SIEBOLD. — *Funkia Sieboldiana* Hook. in Bot. Mag. tab. 5665. — Lindl. in Bot. Reg. ser. nov. 1859, tab. 50, — *Hemerocallis Sieboldiana* Lodd. Bot. Cab. tab. 1869. — Feuilles ovées, acuminées, décurrentes sur le pétiole, de moitié plus courtes que la hampe. Fleurs nutantes, infondibuliformes, distancées. Bractées lancéolées : les inférieures plus longues que les fleurs ; les supérieures graduellement plus petites. (*Hooker.*) — Feuilles glauques en dessous. Hampe courte. Grappe dense, multiflore, unilatérale. Fleurs blanchâtres ou d'un lilas très-pâle. — Indigène du Japon.

FUNKIA MARGINÉ. — *Funkia albomarginata* Hook. in Bot. Mag. tab. 5657. — Feuilles longuement pétiolées, ovées-lancéolées, marginées de blanc, plus courtes que la hampe. Fleurs déclinées, infondibuliformes, distancées. Bractées toutes égales, ovées, à peu près 1 fois plus longues que les pédicelles. (*Hooker.*) — Périanthe lilas, strié de blanc et de pourpre. — Indigène du Japon.

Genre CZACKIA. — *Czackia* Andrz.

Périanthe pétaloïde, subrégulier, marcescent, 6-sépale ; sépales disjoints, lancéolés, 5-nervés, presque égaux, connivents en cloche : les extérieurs pointus ; les intérieurs plus obtus, ondulés au bord. Étamines 6, hypogynes, déclinées, ascendantes. Filets filiformes, imberbes. Anthères oblongues-linéaires. Ovaire non-stipité, oblong, trigone, trisulqué, 5-loculaire ; loges pluri-ovulées ; ovules subbisériés, anatropes. Style filiforme, décliné, ascendant. Stigmate subclaviforme, trigone, légèrement 5-lobé, papilleux. Capsule hexagone, membranacée, 5-loculaire, loculicide-trivalve, polysperme. Graines noires, anguleuses. — Herbe vivace, acaule. Racine fasciculée. Feuilles radicales, étroites, linéaires, striées, planes, engaînantes par la base. Hampe simple, nue, pluriflore. Fleurs blanches, odorantes, en grappe unilatérale ; pédicelles solitaires, 1-bractéolés à la base, articulés au-dessous du milieu. — On ne connaît que l'espèce suivante.

CZACKIA LIS DE SAINT-BRUNO. — *Czackia Liliastrum* Andrz. Diss. cum Ic. — *Anthericum Liliastrum* Linn. — Bot. Mag. tab. 518. — *Hemerocallis Liliastrum* Linn. Hort. Cliff. — *Pha-*

langium Liliastrum Pers. — Redout. Lil. tab. 255. — Delaun. Herb. de l'Amat. tab. 442. — *Ornithogalum liliforme* Lam. Flore Franç. — *Liliastrum album* Link, Handb. — Radicelles charnues. Hampe haute de 1 à 1 ½ pied, droite, cylindrique. Feuilles au nombre de 6 à 8, à peine canaliculées, presque aussi longues que la hampe. Fleurs longues de 1 ½ pouce, dressées. — Indigène des Alpes. Cultivé comme plante d'ornement. Fleurit en juin. (Vulgairement : *Lis de Saint-Bruno.*)

Genre PHALANGÈRE. — *Phalangium* Juss.

Périanthe pétaloïde, régulier, marcescent, 6-sépale ; sépales 5-ou pluri-nervés, disjoints, étalés : les intérieurs en général plus larges. Étamines 6, hypogynes, un peu déclinées. Filets libres, filiformes, imberbes. Anthères linéaires ou oblongues, échancrées aux 2 bouts. Ovaire nonstipité, ovoïde, 5-sulqué, 5-loculaire; loges multi-ovulées ; ovules bisériés, horizontaux, anatropes. Style filiforme, en général décliné, ascendant, plus long que les étamines. Stigmate petit, subcapitellé, obtus, papilleux. Capsule chartacée, ovoïde, trigastre, 5-loculaire, loculicide-trivalve, polysperme. Graines noires, luisantes, obovées, anguleuses, finement ponctuées; tégument mince, crustacé. — Herbes vivaces. Racine fasciculée. Tige simple, ou rameuse dans le haut, dressée, feuillée, multiflore. Feuilles étroites, planes, minces, engaînantes par la base. Fleurs blanches, en grappe lâche. Pédicelles solitaires, ou géminés, ou fasciculés, bractéolés à la base, articulés audessus de la base. — Les espèces suivantes se cultivent comme plantes d'ornement.

Phalangère rameuse. — *Phalangium ramosum* Lam. Enc. — Bot. Mag. tab. 1055. — Redout. Lil. tab. 287. — *Anthericum ramosum* Linn. — Jacq. Flor. Austr. tab. 161. — Flor. Dan. tab. 1157. — Feuilles. linéaires, canaliculées, dressées, plus courtes que la tige. Tige rameuse. Style dressé. (*Koch, Deutschl. Flor.*) — Tige haute de 2 à 5 pieds, paniculée dans le haut. Feuilles étroites. Bractées plus courtes que les pédicelles. Sépales oblongs, à peine plus longs que les étamines. — Cette espèce, nommée vulgairement *Herbe à l'araignée*, croît dans presque toute l'Europe. Fleurit en juin et juillet.

PHALANGÈRE A FLEURS DE LIS.—*Phalangium Liliago* Schreb. —Redout. Lil. tab. 269.—*Anthericum Liliago* Linn. — Jacq. Hort. Vindob. tab. 85. — Flor. Dan. tab. 616. — Bot. Mag. tab. 318. — *Ornithogalum gramineum* Lamk. Flore Franç. — Feuilles linéaires, canaliculées, dressées, plus courtes que la tige. Tige très-simple. Style décliné. (*Koch, l. c.*) — Tige haute de 1 ½ pied à 2 pieds, cylindrique. Feuilles d'un vert glauque, larges de 2 à 5 lignes. Grappe longue, effilée, droite. Bractées subulées, à base élargie, membraneuse; les inférieures plus longues que les pédicelles. Fleurs dressées, larges de 1 pouce. Sépales lancéolés-oblongs, obtus, un peu plus longs que les étamines.·— Croît dans les bois de presque toute l'Europe. Fleurit en juin.

Genre THYSANOTE. — *Thysanotus* R. Br.

Périanthe 6-sépale, pétaloïde, régulier, marcescent; sépales disjoints, étalés : les 5 intérieurs plus larges, à bord fimbrié. Étamines 5 ou 6, hypogynes, ou insérées à la base des sépales, déclinées. Filets libres, imberbes, étroits, linéaires. Anthères linéaires, innées : les 5 intérieures en général allongées et réclinées. Ovaire non-stipité, 5-loculaire ; loges 2-ovulées ; ovules anatropes, superposés : l'inférieur renversé ; le supérieur suspendu. Style filiforme, décliné. Stigmate petit, simple. Capsule oblongue, 5-loculaire, loculicide-trivalve ; loges 2-spermes. Graines ovoïdes, légèrement comprimées, noires ; tégument crustacé. — Herbes vivaces. Racine fibreuse ou composée de tubercules fasciculés. Feuilles linéaires ou filiformes, le plus souvent canaliculées. Fleurs éparses, ou en ombelle terminale. Pédicelles articulés vers le milieu. Sépales verts en dessous, bleus en dessus. Anthères pourpres. —

Genre propre à la Nouvelle-Hollande. On cultive comme plantes d'ornement les espèces suivantes.

A. *Fleurs hexandres.*

THYSANOTE A ANTHÈRES ÉGALES. — *Thysanotus isantherus* R. Br. Prodr. — Bot. Reg. tab. 655. — Racine tuberculeuse. Feuilles-radicales canaliculées, presque aussi longues que la tige. Tige lisse, cylindrique, presque simple. Ombelle 4-ou 5-flore. Anthères isomètres. (*R. Br.*)

THYSANOTE A FEUILLES JONCIFORMES. — *Thysanotus junceus* R. Br. Prodr. — Bot. Reg. tab. 656. — Bot. Mag. tab. 2551. —Racine fibreuse. Tiges rameuses, diffuses, cylindriques, striées; ramules subanguleux. Feuilles rectilignes, presque dressées : les radicales courtes. Ombelles pauciflores. Anthères anisomètres. (*R. Br.*)

THYSANOTE GRÊLE. — *Thysanotus tenuis* Lindl. in Bot. Reg. 1858, tab. 50. — Hampe courte, rameuse. Feuilles dressées, jonciformes, glabres, aussi longues que la hampe. Ombelles terminales, subquadriflores. Bractées ovées, mucronées, membraneuses au bord, aussi longues que l'article inférieur des pédicelles. Étamines anisomètres, dressées. Stigmate papilleux. (*Lindley.*) — Sépales-intérieurs violets. Anthères jaunes.

THYSANOTE INTRIQUÉ.—*Thysanotus intricatus* Lindl. in Bot. Reg. 1840, tab. 4. — Tiges cylindriques, glabres, sillonnées; rameaux divariqués : les supérieurs bifurqués. Feuilles squamiformes. Pédoncules roides, ancipités, biflores. Étamines et style déclinés. — Fleurs violettes. Sépales-extérieurs linéaires-lancéolés, acuminés, 5-nervés. (*Lindley.*)

B. *Fleurs triandres.*

THYSANOTE TRIANDRE.—*Thysanotus triandrus* R. Br. Prodr. — *Ornithogalum triandrum* Labill. Nov.-Holl. 1, tab. 110. — Racine fibreuse. Feuilles linéaires, ciliées, aussi longues que la hampe. Hampe lisse, très-simple. Ombelle multiflore. Article inférieur des pédicelles un peu plus long que les bractées. (*R. Brown*.)

Thysanote prolifère: — *Thysanotus proliferus* Lindl. in Bot. Reg. 1858, tab. 8. — Feuilles linéaires, très-longues, canaliculées, glabres. Hampe prolifère. Ombelles multiflores. Article inférieur des pédicelles plus long que les bractées. Étamines et style déclinés. Sépales-intérieurs violets, avec une ligne médiane bleue. (*Lindley*.)

Genre SIMÉTHIS. — *Simethis* Kunth.

Périanthe 6-sépale, pétaloïde, régulier, caduc; sépales connés par la base, 5-nervés, presque égaux, étalés. Étamines 6, isomètres, insérées à la base des sépales, plus courtes que ceux-ci. Filets barbus dans le haut. Anthères oblongues, échancrées au sommet, bilobées à la base. Ovaire non-stipité, 5-sulqué, 5-loculaire; loges 2-ovulées; ovules superposés, verticaux, renversés. (Fruit incomplétement connu.) — Herbe vivace. Racine fasciculée. Tige dressée, presque nue, multiflore, rameuse au sommet : rameaux en corymbe. Feuilles-radicales linéaires, étroites, striées, presque planes, subcarénées. Feuilles-caulinaires squamiformes. Fleurs dressées, disposées en grappe. Pédicelles longs, 1-bractéolés à la base, articulés au sommet. — On ne connaît que l'espèce suivante.

Siméthis bicolore. — *Simethis bicolor* Kunth, Enum. 4, p. 618. — *Anthericum planifolium* Vandelli. — *Anthericum bicolor* Desfont. Flora Atl. — *Phalangium planifolium* Pers. — *Phalangium bicolor* D. C. Flore Franç.— Redout. Lil. tab. 215. — Radicelles épaisses, charnues. Tige haute d'environ 1 pied, glabre. Fleurs petites, d'un rose violet à l'extérieur, blanches en dedans. Grappes courtes, disposées en panicule lâche. Bractées lancéolées, membraneuses. — Indigène de l'ouest de la France, du Portugal et du nord de l'Afrique. Cultivé comme plante d'ornement. Fleurit en mai.

Genre ARTHROPODE. — *Arthropodium* R. Br.

Périanthe 6-sépale, pétaloïde, régulier, persistant ; sé-, pales étalés ou réfléchis, connés par la base, 5-nervés ; les intérieurs plus larges, ondulés au bord. Étamines 6, insé- rées à la base des sépales, presque isomètres. Filets li- bres, barbus dans le haut. Anthères oblongues, échan- crées au sommet, bilobées à la base. Ovaire non-stipité, 5-loculaire ; loges 4- à 18-ovulées ; ovules bisériés, ana- tropes. Style filiforme. Stigmate tronqué, entier, légère- ment barbu. Capsule membranacée, subglobuleuse, 5- loculaire, loculicide - trivalve, sans axe central ; loges oligospermes. Graines noires, anguleuses, poncticulées. — Herbes glabres. Racine fasciculée. Tige simple, ou ra- meuse dans le haut, dressée. Feuilles étroites, linéaires, striées, engaînantes par la base. Fleurs rouges ou blan- châtres, pendantes, disposées en grappes. Pédicelles fas- ciculés ou solitaires, articulés au-dessus du milieu.—Genre propre à l'Australasie ; les espèces suivantes se cultivent comme plantes d'ornement.

ARTHROPODE PANICULÉ. — *Arthropodium paniculatum* R. Br. Prodr. — Bot. Mag. tab. 1421. — *Anthericum paniculatum* Andr. Bot. Rep. tab. 595.—*Anthericum milleflorum* Redout. Lil. tab. 58. — Radicelles tuberculeuses. Grappe paniculée. Pé- dicelles fasciculés. Sépales-intérieurs crénelés. Capsules pendantes. (*R. Br.*) — Tige haute d'environ 5 pieds, presque nue, pani- culée dans le haut ; rameaux simples, penchés. Feuilles radicales très-longues, condupliquées, pointues, glabres, d'un vert foncé. Fleurs unilatérales, de la grandeur de celles du *Phalangium ra- mosum*. Sépales-extérieurs violets, réfléchis, oblongs. Sépales- intérieurs étalés, ovales, blancs, à nervure médiane lilas. Filets blancs. Anthères violettes.—Indigène de la Nouvelle-Hollande australe.

ARTHROPODE PENDANT. — *Arthropodium pendulum* De Cand. Cat. Monsp. — *Phalangium pendulum* Redout. Lil. tab. 560.

— Feuilles linéaires, planes, glabres. Hampe effilée. Pédicelles
ternés, articulés au milieu. Grappe lâche. Sépales égaux, entiers.
(*D.C. in Red.*) — Radicelles grosses, fusiformes, blanchâtres.
Tiges au nombre de 5 ou 4, grêles, glabres, rameuses dans le
haut, hautes de 4 pied à 2 pieds. Sépales ovales, pointus, légèrement concaves, violets, à bord blanc. Filets jaunes, velus dans
presque toute leur longueur. Anthères jaunes. — Indigène de la
Nouvelle-Hollande australe.

ARTHROPODE DE LINDLEY. — *Arthropodium Lindleyi* Kunth,
Enum. 4, p. 624. — *Arthropodium minus* Lindl. in Bot. Reg.
tab. 866. (Exclus. syn.) — Tige scapiforme, subflexueuse, ra-
meuse. Feuilles linéaires-lancéolées, subcanaliculées, beaucoup
plus courtes que la tige. Pédicelles géminés ou ternés, penchés.
Sépales réfléchis : les intérieurs 4 fois plus larges, crépus au bord.
Filets barbus dans le haut. Style décliné. — Plante vivace, très-
glabre, glauque, haute d'environ 4 ¹/₂ pied. Grappes multiflores.
Fleurs blanches. Filets jaunes. Anthères violettes. (*Kunth.*)—
Indigène du Port-Jackson.

ARTHROPODE A LARGES FEUILLES. — *Arthropodium cirrhatum*
R. Br. in Bot. Mag. tab. 2550. — Bot. Reg. tab. 709. —
Feuilles lancéolées-ensiformes. Grappe rameuse. Bractées foliacées. Pédicelles fasciculés. Sépales intérieurs très-entiers. Filets
biappendiculés au-dessous de la barbe. — Tige nue, cylindrique,
glabre, haute d'environ 2 pieds. Feuilles acuminées, glabres,
longues d'environ 45 pouces. Fleurs blanches, longuement
pédicellées. Sépales oblongs, acuminés. Filets barbus à partir du
milieu. Anthères jaunes. (*R. Br.*) — Indigène de la Nouvelle-
Zélande.

Genre ÉCHÉANDIA. — *Echeandia* Ortega.

Périanthe 6-sépale, pétaloïde, régulier, marcescent; sépales étalés ou réfléchis, 5 nervés, disjoints : les 5 intérieurs plus larges. Étamines 6, insérées à la base des sépales. Filets libres, étroits, linéaires, papilleux (papilles
scabres, rétrorses), claviformes à la base. Anthères linéai-

res-lancéolées, allongées, obtuses, syngénèses, formant un
tube conique. Ovaire non-stipité, oblong, 5-sulqué ; loges
multi-ovulées ; ovules bisériés, anatropes. Style filiforme,
dressé, plus long que les étamines, médiocrement épaissi
dans le haut. Stigmate papilleux ou légèrement barbu,
subcapitellé, entier. Capsule membranacée, subglobuleuse,
3-loculaire, loculicide-trivalve, polysperme. Graines orbiculaires, comprimées, noires ; tégument membranacé. —
Herbes vivaces. Racine fasciculée. Tige simple, ou paniculée aü sommet, dressée, scapiforme ; rameaux épars, simples. Feuilles-radicales linéaires-ensiformes, planes, ou
canaliculées, striées, un peu charnues, engaînantes par la
base. Fleurs jaunes ou blanches, en grappes lâches. Pédicelles subfasciculés à l'aisselle de chaque bractée, articulés vers le milieu. — Genre propre au Mexique. L'espèce suivante se cultive comme plante d'ornement.

Écuéandia a fleurs ternées.—*Echeandia terniflora* Ortega,
Decad. — Redout. Lil. tab. 515. — *Conanthera Echeandia*
Pers. — Link et Otto, Ic. 5, tab. 5. — *Anthericum reflexum*
Cavan. Ic. 5, tab. 241. — Radicelles charnues, cylindracées.
Tige haute de 1 ¹/₂ à 2 ¹/₂ pieds, rameuse ; rameaux étalés, accompagnés chacun d'une bractée ovée-lancéolée, acuminée subulée,
engaînante. Feuilles longues de 16 à 18 pouces, larges de 6 à 7
lignes, lancéolées, finement denticulées-ciliolées, planes, glabres.
Pédicelles fasciculés au nombre de 5 à 6, articulés au milieu ;
chaque fascicule accompagné d'une bractée ovée, acuminée-subu-
lée, scarieuse au bord. Fleurs penchées. Sépales oblongs, d'un
jaune vif : les extérieurs pointus ; les intérieurs plus larges,
obtus.

Genre CUMINGIA. — *Cumingia* D. Don.

Périanthe subinfondibuliforme, pétaloïde, régulier, profondément 6-fide, adhérent dans sa partie inférieure à l'o-
vaire ; partie supère caduque ; segments étalés, elliptiques,
presque isomètres, 5-à 7-nervés : les extérieurs pointus,

glabres ; les intérieurs obtus, ciliolés. Étamines 6, insérées
au tube, peu saillantes. Filets très-courts, imberbes, dilatés
et monadelphes à la base. Anthères linéaires, échancrées à
la base, courtement appendiculées au sommet (appendice
biapiculé), conniventes en cône. Ovaire semi-infère, 5-sul-
qué, 5-loculaire ; loges multi-ovulées ; ovules bisériés.
Style filiforme, dressé, débordant les étamines. Stigmate
ponctiforme. Capsule membranacée, 5-loculaire, loculicide-
trivalve ; loges oligospermes. Graines convexes d'un côté,
planes de l'autre, d'un brun noirâtre ; tégument celluleux, membraneux ; hile linéaire, allongé, ventral. — Herbes vivaces, à bulbe charnu, couvert de tuniques réticu-
laires. Tige dressée, aphylle, paniculée, garnie à chaque
ramification d'une bractée squamacée. Feuilles radicales,
étroites, linéaires, striées, canaliculées, minces, engaînantes par la base. Fleurs bleues ou violettes, penchées, disposées en grappes lâches ; pédicelles solitaires, 1-bractéo-
lés à la base, articulés et épaissis au sommet. — Genre
du Chili ; les 2 espèces suivantes se cultivent comme plantes d'ornement.

CUMINGIA CAMPANULÉ. — *Cumingia campanulata* Don, in
Sweet, Brit. Flow. Gard. tab. 257.—*Conanthera campanulata*
Lindl. in Hort. Trans. 6, p. 285.—Hook. Exot. Flor. tab. 214.
— Bot. Reg. tab. 1195. — *Conanthera bifolia* Sims, Bot. Mag.
tab. 2496. — Tige haute d'environ 1 pied, multiflore. Feuilles
subulées au sommet. Bractées ovées-lancéolées, acuminées, nerveuses, scarieuses. Périanthe d'un bleu violet, à gorge maculée
de violet noirâtre. Étamines incluses. Anthères violettes.

CUMINGIA TRIMACULÉ. — *Cumingia trimaculata* D. Don, in
Sweet, Brit. Flow. Gard. ser. 2, tab. 88. — Tige multiflore,
haute d'environ 1 pied. Feuilles presque dressées, recourbées dans
le haut, subobtuses, d'un vert gai, à peu près aussi longues que
la hampe, larges de 2 lignes. Bractées ovées-lancéolées, membraneuses, d'un bleu verdâtre. Pédicelles grêles, allongés. Fleurs
très-élégantes, larges d'environ 6 lignes. Périanthe d'un bleu

clair, avec une tache d'un bleu noirâtre à la base des segments externes ; segments oblongs. Anthères jaunes, à peine saillantes.

Genre CYANELLE. — *Cyanella* Linn.

Périanthe rotacé, profondément 6-fide, subirrégulier, pétaloïde, adhérent dans le bas à l'ovaire ; partie supère caduque ; segments étalés ou réfléchis, 5-à 9-nervés, plus ou moins inégaux. Étamines 6, insérées au fond du périanthe : une (opposée au segment externe impair) plus grande, déclinée ; ou bien 5 ascendantes, et 5 déclinées. Filets courts, glabres, monadelphes à la base. Anthères linéaires ou oblongues, échancrées à la base, déhiscentes par un pore terminal. Ovaire semi-infère. 5-loculaire, 5-sulqué ; loges 9-à 12-ovulées ; ovules subbisériés, anatropes, verticaux. Style filiforme, défléchi, ascendant. Stigmates 5, subulés. Capsule membranacée, subglobuleuse, trigone, 5-loculaire, loculicide-trivalve, polysperme. Graines anguleuses.— Herbes vivaces. Racine tubéreuse. Tige dressée, scapiforme, en général paniculée ; rameaux alternes, simples, accompagnés chacun d'une bractée. Feuilles radicales, striées, engaînantes par la base. Fleurs roses, ou violettes, ou jaunes, ou blanches, penchées, disposées en grappes ; pédicelles solitaires, 1-bractéolés vers le milieu. — Genre propre à l'Afrique australe. Les espèces suivantes se cultivent comme plantes d'agrément.

CYANELLE DU CAP. — *Cyanella capensis* Linn. — Bot. Mag. tab. 568. — Andr. Bot. Rep. tab. 141.—Jacq. Hort. Vindob. 5, tab. 55. — Redout. Lil. tab. 573. — Tige flexueuse et paniculée dans le haut. Feuilles étroites, lancéolées, ondulées, scabres en dessous et au bord. Périanthe violet. Étamine inférieure plus grande, défléchie. (*Kunth, Enum.*)

CYANELLE ODORANTE. — *Cyanella odoratissima* Lindl. in Bot. Reg. tab. 1414. —Feuilles ensiformes. Panicule multiflore. Segments du périanthe étalés également en tout sens. (*Lindley.*) — Périanthe rose.

Cyanelle orchidiforme. — *Cyanella orchidiformis* Jacq. Ic. Rar. 2, tab. 447. — Tige paniculée dans le haut. Feuilles lancéolées ou oblongues, allongées, glauques, très-finement denticulées ; dentelures cartilagineuses. Segments du périanthe d'un pourpre violet. Étamines presque isomètres : 5 ascendantes, 5 déclinées. (*Kunth, Enum.*)

Cyanelle jaune. — *Cyanella lutea* Linn. — Bot. Mag. tab. 1252. — Feuilles linéaires-lancéolées, planes. Tige nue, médiocrement rameuse. Grappes dressées. (*Willd.*) — Périanthe jaune, régulier.

Genre ÉRIOSPERME. — *Eriospermum* Jacq.

Périanthe 6-sépale, pétaloïde, urcéolé-campanulé, régulier, marcescent ; sépales 1-nervés, connés par la base : les intérieurs plus courts mais plus larges. Étamines 6, insérées à la base du périanthe, plus courtes que les sépales. Filets libres, larges, membranacés, persistants. Anthères elliptiques-oblongues, échancrées au sommet, bilobées à la base. Ovaire non-stipité, subglobuleux, trisulqué, 5-loculaire ; loges 6-8-ovulées ; ovules verticaux, bisériés, anatropes. Style filiforme, droit, trièdre. Stigmate entier, ou subtrilobé, obtus. Capsule obovée-oblongue, trigastre, membranacée, 5-loculaire, loculicide-trivalve, sans axe central ; loges oligospermes. Graines pyriformes, laineuses : poils roussâtres, spiralés, rétrorses ; tégument membraneux. — Herbes acaules. Racine tubéreuse. Feuilles pétiolées, nerveuses, coriaces. Hampes simples, nues, en général multiflores. Fleurs en grappe ou en corymbe ; pédicelles inarticulés, 1-bractéolés à la base. — Genre propre à l'Afrique australe ; les espèces suivantes se cultivent dans les collections de serre.

Ériosperme a petites feuilles.—*Eriospermum parvifolium* Jacq. Ic. Rar. 2, tab. 422. — Feuilles elliptiques, obtuses, planes, ciliolées : cils cartilagineux. Hampe haute de 8 à 12 pouces, grêle, dressée, verdâtre. Fleurs petites, dressées, en grappe lâche. Pédicelles étalés. Sépales blanchâtres, avec une bande dorsale verte, oblongs, égaux, obtus, concaves : les extérieurs très-entiers, les intérieurs crénelés. (*Jacq. l. c.*)

ÉRIOSPERME A FEUILLES LANCÉOLÉES.—*Eriospermum lanceæfolium* Jacq. Ic. Rar. 2, tab. 421. — Redout. Lil. tab. 594. — Tubercule irrégulièrement globuleux, roussâtre. Feuilles solitaires, ou au nombre de 2, pointues, ou obtuses, lancéolées, ou ovées-lancéolées, très-entières, glauques, dressées, longues d'environ ¹/₂ pied, sur 1 à 2 pouces de large. Hampe haute de 1 pied ou plus, grêle, cylindrique, multiflore. Grappe lâche. Pédicelles allongés, étalés. Sépales d'un blanc jaunâtre, avec une bande médiane d'un pourpre verdâtre : les 3 extérieurs ovés, pointus, presque étalés ; les 3 intérieurs obovés, pointus, crénelés, un peu plus courts. (*Jacq. l. c.*)

ÉRIOSPERME A LARGES FEUILLES. — *Eriospermum latifolium* Jacq. Ic. Rar. 2, tab. 420. — *Eriospermum latifolium* : α, Gawl. in Bot. Mag. tab. 1582. —*Ornithogalum capense* Linn. — Bulbe subglobuleux, brun en dehors, pourpre en dedans. Feuilles peu nombreuses, ovées, glabres, dressées, longues d'environ 5 pouces. — Hampe haute de 1 ¹/₂ pied ou plus, cylindrique, grêle, multiflore. Grappe lâche. Pédicelles ascendants ou étalés, longs de 2 à 5 pouces. Sépales blanchâtres, avec une bande médiane pourpre : les extérieurs ovés, pointus, recourbés au sommet ; les intérieurs un peu plus courts, obovés, échancrés, ondulés. (*Jacq. l. c.*)

ÉRIOSPERME LAINEUX. — *Eriospermum lanuginosum* Jacq. Hort. Schœnbr. 5, tab. 265. — Tubercule difforme, grisâtre à l'extérieur, pourpre en dedans. Feuille solitaire, dressée, cordiforme, pointue, laineuse aux 2 faces, cuculliforme à la base, révolutée au bord, longue d'environ 5 pouces. Hampe cylindrique, dressée, haute de 1 ¹/₂ pied, flexueuse, velue dans le bas, multiflore. Grappe lâche, allongée, accompagnée d'une spathe velue. Pédicelles longs, étalés. Sépales d'un jaune pâle, avec une bande médiane d'un pourpre verdâtre, lancéolés, pointus : les extérieurs étalés ; les intérieurs dressés. (*Jacq. l. c.*)

ÉRIOSPERME PUBESCENT. — *Eriospermum pubescens* Jacq. Hort. Schœnbr. 3, tab. 264. — Bot. Reg. tab. 578. — Tubercule irrégulièrement globuleux, roussâtre à l'extérieur, rouge en dedans. Feuille solitaire, subcordiforme, pointue, pubescente, dressée, cuculliforme à la base, longue de 2 à 5 pouces. Hampe haute de 1 pied, dressée, cylindrique, glabre, nue. Grappe lâche. Pédicelles grêles, étalés, longs de 1 pouce. Fleurs dressées, blanchâtres. (*Jacq. l. c.*)

ÉRIOSPERME FOLIOLIFÈRE. — *Eriospermum folioliferum* Andr. Bot. Rep. tab. 521. — Bot. Reg. tab. 578 et tab. 795. — Tubercule irrégulièrement globuleux, déprimé, roussâtre. Feuille solitaire, petite, obcordiforme, glabre, légèrement recourbée, couverte antérieurement d'un grand nombre d'excroissances filiformes, cylindriques, assez grosses, 2 à 5 fois plus longues que la feuille même. Hampe nue, multiflore. Grappe lâche. Pédicelles longs, étalés. Fleurs dressées. Sépales d'un blanc verdâtre, à carène verte : les intérieurs connivents, dentelés au sommet. (*Kunth, Enum.*)

Genre PONTÉDÉRIA. — *Pontederia* Linn.

Périanthe pétaloïde, infondibuliforme ; tube courbé, hexagone, percé de 4 fentes longitudinales ; limbe bilabié, 6-fide, persistant : segments inégaux : les 3 intérieurs plus larges, l'impair (supérieur) plus grand, maculé au milieu de jaune ou de vert. Étamines 6, insérées à hauteurs inégales au tube du périanthe : les 3 inférieures opposées aux segments de la lèvre inférieure, plus grandes, saillantes, presque isomètres ; les 3 supérieures opposées aux segments de la lèvre supérieure, incluses, la médiane plus petite. Filets libres, filiformes. Anthères oblongues, obtuses, subapiculées, bilobées à la base, basifixes, dressées, introrses : celles des 3 étamines supérieures plus petites ;

bourses contiguës. Ovaire inadhérent, 3-loculaire ; deux des loges plus petites, sans ovules ; la troisième 1-ovulée ; ovule suspendu, anatrope. Style filiforme, allongé, épaissi et légèrement courbé au sommet. Stigmate à 6 lobes pointus, connivents. Fruit membranacé, indéhiscent, 1-sperme. Graine lisse. — Herbes vivaces, aquatiques, à rhizome rampant. Tiges très-simples, scapiformes, 1-phylles vers le milieu. Feuilles-radicales longuement pétiolées, en général cordiformes. Feuille-caulinaire semblable aux feuilles-radicales, mais moins longuement pétiolée ; pétiole engaînant par la base. Fleurs ébractéolées, sessiles, glomérulées, disposées en épi terminal et accompagné d'une spathe. Périanthe bleu, garni d'une pubescence glanduleuse. (*Kunth*, *Enum*. 4, p. 125.) — Genre propre à l'Amérique ; l'espèce suivante se cultive comme plante d'ornement.

PONTÉDÉRIA CORDIFORME. — *Pontederia cordata* Linn. — Trew, Ehret. tab. 85. — Bot. Mag. tab. 1156. — Redout. Lil. tab. 72. — *Unisema obtusifolia* Rafin. — Plante touffue. Tiges hautes de 2 à 3 pieds, dressées, glabres de même que les feuilles. Feuilles cordiformes-oblongues, obtuses, très-entières, minces, d'un beau vert. Pétioles des feuilles-radicales longs d'environ 2 pieds (plus courts que les tiges), dressés, succulents, cylindriques. Épi solitaire, dressé, cylindracé, dense, multiflore, long de 3 à 4 pouces. Fleurs glomérulées au nombre de 5 à 6. Périanthe velu à l'extérieur ; lèvres presque égales : la supérieure 5-partie, à segments obtus, les latéraux lancéolés-oblongs, un peu plus courts que l'intermédiaire ; celui-ci oblong ; lèvre inférieure 3-partie, à segments oblongs, obtus, l'intermédiaire plus petit. Filets filiformes, glanduleux. Anthères petites, bleuâtres. — Croît dans les marais aux États-Unis ; fleurit pendant tout l'été.

Genre EICHHORNIA. — *Eichhornia* Kunth.

Périanthe pétaloïde, infondibuliforme ; tube un peu courbé, cylindrique, percé de 4 fentes longitudinales ; limbe subbilabié, 6-fide, persistant ; segments inégaux :

les trois intérieurs plus larges, l'impair (supérieur) plus
grand, jaune au milieu. Étamines 6, insérées à hauteurs
inégales au tube du périanthe : les 3 inférieures plus grandes, subsaillantes, anisomètres ; les 3 supérieures plus petites, incluses. Filets libres, filiformes. Anthères oblongues, obtuses, bilobées à la base, basifixes, dressées :
celles des 3 étamines supérieures plus petites ; bourses
contiguës. Ovaire inadhérent, oblong, 3-loculaire ; loges
multi-ovulées ; ovules anatropes ; placentaires axiles, bilobés. Style allongé. Stigmate capitellé, 6-lobé. Capsule
3-loculaire, loculicide-trivalve, polysperme. — Plantes
semblables aux *Pontederia* par les feuilles et l'inflorescence. (*Kunth, Enum.* 4, p. 129.) — Genre propre à l'A-
mérique.

EICHHORNIA ÉLÉGANT.—*Eichhornia speciosa* Kunth, Enum. 4,
p. 131.—*Pontederia crassipes* Martius et Zuccar. Brasil. tab. 4.
— *Pontederia azurea* Hook. (non Swartz.) in Bot. Mag. tab.
5952. — Herbe vivace. Racine fibreuse, très-longue. Rhizome
court, charnu, stolonifère. Feuilles-radicales dressées ou flottantes, rhombiformes-orbiculaires, subacuminées, très-entières,
glabres, un peu charnues, longues d'environ 1 pouce ; pétiole
fongueux, fortement renflé au milieu, long de 2 pouces. Tiges cylindriques, glabres, écailleuses vers la base ; écailles membranacées. Feuille-caulinaire petite, d'ailleurs semblable aux feuilles-
radicales. Spathe ovée-lancéolée, acuminée. Épi 3-à 12-flore.
Fleurs bleues , alternes. Périanthe à segments ovés-lancéolés,
pointus, étalés. (*Kunth, l. c.*) — Indigène du Brésil. Cultivé
comme plante d'ornement de serre.

LES ENSIFÈRES.

ENSATÆ Bartl. (*Lirioidearum* pars et *Bromelioi-deæ* Ad. Brongn. Enum. Gen. Hort. Par.)

CARACTÈRES.

Plantes la plupart herbacées, à racine bulbeuse, ou tubéreuse, ou fibreuse, ou rampante.

Tige le plus souvent nulle, ou feuillée seulement à la base.

Feuilles alternes (rarement éparses), simples, entiè-res, nerveuses, planes, ou cylindriques, souvent ensi-formes, équitantes, engaînantes à la base.

Fleurs hermaphrodites, terminales, accompagnées en général de bractées scarieuses ou de spathes.

Périanthe supère, régulier, ou irrégulier, pétaloïde (du moins partiellement), 6-sépale, ou 6-fide; sépales ou segments bisériés: 3 extérieurs, et 3 intérieurs (ceux-ci abortifs ou très-petits chez certaines espèces).

Étamines 6 ou 3, épigynes, ou insérées au périan-the, libres, ou monadelphes, antépositives. Anthères 2-thèques; bourses déhiscentes par une fente longitu-dinale (par exception déhiscentes par une fente trans-versale). Pollen pulvérulent.

Pistil : Ovaire infère (rarement semi-supère), 1-style, ou 3-style, en général 3-loculaire, à placentaires axiles.

Péricarpe soit capsulaire (loculicide-trivalve), soit baccien; rarement utriculaire.

Graines à périsperme charnu, ou cartilagineux, ou corné. Embryon cylindracé, intraire, en général axile.

Cette classe se compose des *Broméliacées*, des *Amaryllidées*, des *Iridées*, des *Hémodoracées*, des *Hypoxidées*, et des *Burmanniacées*. De même que les Liliacées, la plupart de ces végétaux se font remarquer par l'éclat de leurs fleurs.

LES BROMÉLIACÉES. — *BROMELIACEÆ.*

Bromeliarum genn. Juss. Gen. — *Bromeliaceæ* Juss. in Dict. des Sciences Nat. 5, p. 347. — Bartl. Ord. Nat. p. 46. — Lindl. Nat. Syst. ed. 2, p. 334. — Endl. Gen. p. 181. — Reichenb. Consp. p. 62 (exclusis Pandaneis). —*Bromeliaceæ* et (ex parte) *Agavineæ* Dumort. Fam. — *Narcissineæ-Bromelieæ* Reichenb. Syst. Nat. p. 151. — *Bromelioideæ-Bromeliaceæ* et *Bromelioideæ-Vello-zieæ* Ad. Brongn. Enum. Gen. Hort. Par. p. XV, et 23.

Cette famille appartient entièrement au Nouveau Continent ; la plupart des espèces habitent la zone équatoriale, où elles vivent en parasites sur les arbres. Ces végétaux ont un port fort caractéristique, et souvent une inflorescence très-brillante.

CARACTÈRES DE LA FAMILLE.

Herbes acaules ou subacaules, vivaces, la plupart parasites. Racine fibreuse

Feuilles simples, indivisées, dentelées (rarement très-entières ; dentelures cartilagineuses, spinescentes), roides, canaliculées, engaînantes à la base, souvent couvertes d'une pubescence squamelleuse, en général agrégées en touffe radicale.

Fleurs régulières ou subirrégulières, hermaphrodites, disposées en épi ou en grappe ou en panicule, accompagnées chacune d'une bractée scarieuse.

Périanthe inadhérent, ou semi-adhérent, ou supère, 6-parti ; segments 2-sériés : les 3 extérieurs (dressés et valvaires ou moins souvent imbriqués en préfloraison) herbacés, en général plus ou moins connés ; les 3 intérieurs pétaloïdes, d'ordinaire contournés en préfloraison, disjoints ou connés inférieurement, marcescents.

Étamines 6, antépositives, épigynes, ou périgynes, ou hypogynes. Filets libres, ou monadelphes à la base. Anthères basifixes ou submédifixes, dressées, ou incombantes, introrses, à 2 bourses parallèles, opposées, déhiscentes chacune par une fente longitudinale.

Pistil : Ovaire inadhérent, ou semi-infère, ou infère, 1-style, 3-loculaire ; ovules en nombre défini ou en nombre indéfini, axiles, anatropes. Style terminé en 3 stigmates indivisés ou bifides, parfois pétaloïdes.

Péricarpe baccien ou capsulaire, 3-loculaire, en général polysperme.

Graines en général acuminées (à l'extrémité chalazéaire), ou ailées, ou couronnées d'une houppe de poils ; tégument coriace, en général roussâtre. Périsperme copieux, farineux. Embryon rectiligne ou onciné, petit, intraire ; extrémité-radiculaire épaissie, contiguë au hile.

Cette famille renferme les genres suivants :

Ire TRIBU. **TILLANDSIÉES.** — *TILLANDSIEÆ* Reichenb.

Ovaire inadhérent.

Puya Molin. (Pourretia Ruiz et Pav. Renealmia Feuill.) — *Encholirium* Martius. — *Tillandsia* Linn. (Renealmia Plum. Strepsia Nutt.) — *Caraguata* Plum. — *Bonapartea* Ruiz et Pav. (Acanthospora Spreng. Misandra Dietrich.) — *Navia* Martius. — *Cottendorfia* Schult. fil. — *Dyckia* Schult. fil. — *Guzmannia* Ruiz et Pav. — *Roulinia* Ad. Brongn. — *Hechtia* Klotz. (Dasylirion Zuccar.)

IIe TRIBU. **BROMÉLIÉES.** — *BROMELIEÆ* Reichb.

Ovaire infère ou semi-infère.

Neumannia Ad. Brongn. — *Pitcairnia* L'hérit. (Hepetis Swartz.) — *Brocchinia* Schult. fil. — *Cryptan-thus* Klotz. — *Hohenbergia* Schult. fil. — *Billbergia* Thunb. — *Araecoccus* Ad. Brongn.— *Æchmea* Ruiz et Pav. (*Œchmea* Juss.) — *Bromelia* Linn. (Karatas Plum. Ananas Gærtn.) — *Acanthostachys* Link, Klotz. et Otto. — *Ananassa* Lindl. (Ananas Tourn. non Gærtn.)

· GENRES VOISINS DES BROMÉLIACÉES.

Agave Linn. (Littæa Tagliabue. Bonapartea Willd. non Ruiz et Pav. Chloropsis Herbert.) — *Furcroya* Vent. (1). — *Barbacenia* Vandelli. (Visnea Steud.) — *Vellozia* Vandelli. (Xerophyta Commers. Campderia et Radia A. Rich.) (2).

Genre ANANAS. — *Ananassa* Lindl.

Périanthe supère, 6-parti ; segments-externes dressés, herbacés ; segments-internes pétaloïdes, dressés, liguliformes, garnis antérieurement, près de la base, de deux squamules tubuleuses. Étamines 6, épigynes, opposées aux segments internes du périanthe. Anthères linéaires, dressées. Ovaire 5-loculaire ; placentaires axiles, palmatifides, pluri-ovulés ; ovules suspendus. Style filiforme, à 5 stigmates dressés, charnus, fimbriés. Fruit : syncarpe tuberculeux (formé par la soudure de tous les ovaires et bractées de l'épi), pulpeux, multiloculaire ; loges en général 1-spermes par

(1) Les genres *Agave* et *Furcroya* sont classés par plusieurs auteurs dans les Amaryllidées; M. Endlicher les réunit en un petit groupe qu'il nomme *Agavées*, et qu'il place entre les Amaryllidées et les Broméliacées.

(2) Les genres *Vellozia* et *Barbacenia* sont classés par M. de Martius dans les Hémodoracées ; M. D. Don en fait sa famille des *Velloziées*.

avortement. Graines ovales, un peu comprimées, striées, aptères, non-rostrées. — Herbes vivaces, acaules. Feuilles radicales, nombreuses, touffues, linéaires, canaliculées, très-entières ou denticulées : dentelures spinescentes. Hampe droite, nue, cylindrique, multiflore. Fleurs en épi serré, couronné d'une touffe de bractées semblables aux feuilles mais plus petites.

Ananas cultivé. — *Ananassa sativa* Lindl. in Bot. Reg. tab. 1081. — *Ananas sativus* Mill. — *Bromelia Ananas* Linn. —Bot. Mag. tab. 1554.—Blackw. Herb. tab. 567.—De Cand. in Mém. de la Soc. de Phys. et d'Hist. Nat. de Genève, vol. 7, tab. 1 et 2. (Anal. du fruit.) — Racine composée de radicelles cylindriques, allongées, fasciculées. Feuilles presque dressées, d'un vert glauque, roides, spinelleuses au bord, acérées, longues de 2 à 5 pieds, larges de 2 à 5 pouces. Hampe haute de 1 à 2 pieds. Épi dense, ovoïde. Fleurs violâtres. Syncarpe variant de forme, de volume, et de couleur. — Présumé originaire des Antilles, ou de l'Amérique méridionale, ou de l'Inde. Fréquemment cultivé pour son fruit.

Genre AGAVÉ. — *Agave* Linn.

Périanthe pétaloïde, supère, persistant, infondibuliforme; limbe 6-parti : segments presque égaux. Étamines 6, insérées au tube du périanthe. Filets filiformes, infléchis en préfloraison, saillants. Anthères linéaires, versatiles. Ovaire 3-loculaire, 1-style; loges multi-ovulées; ovules bisériés, horizontaux, anatropes. Style filiforme, saillant, creux, perforé au sommet. Stigmate capitellé, trigone. Capsule coriace, trigone, 3-loculaire, loculicide-trivalve, polysperme. Graines aplaties, marginées; tégument chartacé; périsperme charnu; embryon cylindracé, axile, de la longueur du périsperme. — Plante à souche courte, frutescente, vivace. Feuilles radicales ou subradicales, touffues, charnues, épaisses, grandes, spinelleuses au bord. Hampe élancée, paniculée, multiflore, garnie de bractées.—Genre propre à l'Amérique équatoriale ; on en connaît aujourd'hui près de 50 espèces ; ces végétaux sont remarquables par l'élégance de leur port, et par les dimensions gigantesques de leur hampe ; la plupart ne fleurissent qu'à un âge plus ou moins considérable, et meurent après avoir fructifié.

AGAVÉ COMMUN. — *Agave americana* Linn. — Andr. Bot. Rep. tab. 458.— Souche courte ou presque nulle. Feuilles nombreuses, très-épaisses, légèrement concaves en dessus, d'un vert glauque, cuspidées au sommet ; pointe spinescente. Hampe haute de 10 à 20 pieds, droite, terminée en panicule pyramidale. Fleurs très-nombreuses, agrégées aux extrémités des ramules de la panicule, d'un jaune verdâtre. Segments du périanthe dressés. Étamines plus longues que les segments du périanthe. Style débordant les étamines. — Indigène des Antilles et de l'Amérique méridionale. Naturalisé dans les contrées voisines de la Méditerranée, où on le plante communément en haies. Les filets de ses feuilles constituent une filasse qu'on utilise à la confection de cordes et de tissus grossiers.

Genre FOURCROYA. — *Furcroya* Vent.

Périanthe supère, pétaloïde, caduc, infondibuliforme : limbe 6-parti ; segments égaux, étalés. Étamines 6, épigynes, plus courtes que le périanthe. Filets dilatés en forme de coin à la base, dressés en préfloraison. Anthères ovées, médifixes, versatiles. Ovaire 3-loculaire, 1-style ; loges multi-ovulées ; ovules bisériés, horizontaux. Style trièdre, creux, subsaillant, épaissi à la base, perforé au sommet. Stigmate obtus, fimbrié. Capsule coriace, trigone, 3-loculaire, loculicide-trivalve, polysperme. Graines aplaties. — Tronc subarborescent ou réduit à une courte souche, ligneux, cylindrique. Feuilles subradicales ou couronnantes, nombreuses, touffues, très-longues, sublinéaires, charnues, spinelleuses au bord, engaînantes à la base. Hampe terminale, multiflore, paniculée au sommet, en général très-élancée. — Genre propre à l'Amérique équatoriale; on en connaît 5 espèces; ces végétaux, de même que les *Agavé*, sont remarquables par l'élégance de leur port, ainsi que par leurs usages.

FOURCROYA GIGANTESQUE. — *Furcroya gigantea* Vent. in Uster. Annal. 19, p. 54. — De Cand. Plantes grasses, tab. 126. — Tussac, Flore des Antilles, 2, tab. 25 et 26. — *Agave fœtida* Linn. — *Fourcrœa fœtida* Haw. — Racine tubéreuse. Tronc court. Feuilles longues de 5 à 4 pieds, larges de 5 à 4 pouces, un peu charnues, roides, linéaires-ensiformes, carénées en dessous, bordées d'aiguillons crochus. Hampe haute de 20 pieds et plus, garnie çà et là de quelques bractéoles. Panicule très-ample. Fleurs d'un blanc verdâtre. — Indigène des Antilles et abondant surtout à Saint-Domingue, où on le connaît sous le nom de *Pitte*. C'est un végétal fort important pour ces contrées, parce que ses feuilles fournissent une filasse très-tenace, dont on fait des cordages, des filets, et une foule d'autres objets de première nécessité (1). Cette filasse s'exporte pour l'Europe, où l'on en confectionne toutes sortes d'ouvrages de sparterie.

---

(1) « Pour extraire la filasse de *Furcrœa*, dit M. de Tussac, on porte « les feuilles fraiches de la plante sous des hangars, où sont disposés « plusieurs établis, les uns horizontalement, les autres inclinés de la « même manière que ceux dont se servent les tanneurs pour racler « les peaux; sur les premiers on écrase les feuilles avec de gros mail- « lets de bois dur; sur les seconds on les racle fortement avec des « couteaux de bois, à l'effet d'en enlever l'épiderme, et de les dé- « barrasser d'une grande partie du suc gommo-résineux dont elles « sont pleines. Par ces deux opérations la partie filamenteuse reste « presque à nu. Il n'est plus besoin que de la laver à grande eau et de « la faire sécher au soleil : alors elle peut être mise dans le com- « merce. »

LES AMARYLLIDÉES. — *AMARYLLIDEÆ.*

Narcissorum sectio II, Juss. Gen. — *Narcissearum* sectio II, Juss.
in Dict. des Sciences Nat. vol. 54, p. 180. — *Narcisseæ* Agardh,
Aphor. — Reichenb. Consp. p. 60 (ex parte). — *Amaryllideæ* R.
Br. Prodr. p. 296. — Bartl. Ord. Nat. p. 45. — Endl. Gen. p. 174.
— *Amaryllidaceæ* (excl. Hypoxideis et Agaveis) Lindl. Nat. Syst.
ed. 2, p. 328. — *Alstrœmeriaceæ, Campynemaceæ, Narcissineæ,
Leucoideæ,* et *Agavineæ-Doryantheæ* Dumort. Anal. des Fam. —
Narcisseæ-Amaryllideæ Reichenb. Syst. Nat. p. 151. — *Lirioideæ-
Amaryllideæ* Ad. Brongn. Enum. Gen. Hort. Par. p. XV et 21.

Famille très-riche en espèces et répandue sur tout le
globe; toutefois c'est dans la zone équatoriale que se
trouvent la plupart de ces végétaux, tandis qu'au contraire ils deviennent très-rares dans le Nord. Presque
toutes les Amaryllidées sont parées de très-belles fleurs.
Les bulbes, en général à la fois âcres et amers, ont des
propriétés émétiques très-prononcées; à forte dose ils
agissent comme drastiques; il en est même de très-vénéneux.

Caractères de la famille.

Herbes vivaces, bulbeuses, acaules (un petit nombre
d'espèces sont caulescentes, à racine fibreuse ou rhizo-
mateuse).

Hampe cylindrique ou anguleuse, nue.

Feuilles simples, très-entières, striées, linéaires, radicales, amplexatiles, engaînantes à la base.

Fleurs régulières ou irrégulières, hermaphrodites,
terminales, solitaires, ou en ombelle simple, accompa-

gnées chacune ou plusieurs ensemble d'une spathe membraneuse.

Périanthe pétaloïde, supère, non-persistant, ou marcescent, 6-sépale, ou tubuleux à limbe 6-parti (gorge souvent couronnée soit d'un godet pétaloïde, soit d'appendices pétaloïdes disjoints); segments ou sépales bisériés: les 3 extérieurs imbriqués en préfloraison; les 3 intérieurs (souvent dissemblables aux extérieurs) recouverts en préfloraison par les extérieurs.

Étamines 6 (par exception plus de 6), antépositives, épigynes, ou insérées soit au tube, soit à la gorge du périanthe. Filets monadelphes vers leur base, ou libres. Anthères linéaires ou oblongues, basifixes, ou submédifixes, dressées, ou incombantes, introrses, 2-thèques; bourses juxtaposées, parallèles, déhiscentes chacune par une fente longitudinale (quelquefois subapicilaire et très-courte); connectif en général nul ou très-étroit.

Pistil : Ovaire infère, 1-style, 3-loculaire (par exception 1-loculaire); loges multi-ovulées (ou rarement pauci-ovulées); ovules axiles (pariétaux chez les espèces à ovaire 1-loculaire), bisériés, anatropes. Style terminal, à stigmate entier ou trilobé.

Péricarpe capsulaire (loculicide-trivalve) ou baccien, 3-loculaire (par exception 1-loculaire), polysperme, ou oligosperme (par exception 1-sperme).

Graines globuleuses, ou anguleuses, ou comprimées, souvent ailées; tégument membraneux ou coriace; raphé souvent charnu. Périsperme charnu, copieux. Embryon axile, subrectiligne, en général beaucoup plus court que le périsperme; extrémité-radiculaire contiguë au hile.

La famille des *Amaryllidées* comprend les genres suivants :

I^o TRIBU. **AMARYLLÉES**. — *AMARYLLEÆ* Endl.

Plantes acaules, bulbeuses. Périanthe inappendiculé.

Galanthus Linn. (Erangelia Rénéalm.) — *Leucojum* Linn. (Nivaria Mœnch. Acis Salisb. Erinosma Herbert.) — *Lapiedra* Lag. — *Strumaria* Jacq. (Hessea Herbert.) — *Carpolyza* Salisb. (Hessea Berg.) — *Chlidanthus* Lindl. (Clinanthus et Clidanthes Herbert.) — *Haylockia* Herbert. — *Cooperia* Herbert. (Sceptranthus Graham.) — *Sternbergia* Waldst. et Kit. (Oporanthus et Sternebergia Herbert.) — *Hœmanthus* Tourn. — *Clivia* Lindl. (Imatophyllum Hook. Himantophyllum Spreng.) — *Sphærotele* Presl. — *Amaryllis* Linn. (Lilio-Narcissus Tourn. Zephyranthes, Pyrolirion, Habranthus, Hippeastrum, Coburgia, Leopoldia, Vallota, Sprekelia, et Lycoris Herbert. Belladonna Sweet. Calliroe Link.) — *Brunsvigia* Ker. (Nerine, Ammocharis, Buphane, Imhofia, et Coburgia Herbert.) — *Crinum* Linn. — *Collania* Schult. fil. (Urceolaria et Pentlandia Herbert. Urceolina Reichenb.) — *Cyrtanthus* Hort. Kew. (Timmia Gmel. Monella et Gastronema Herb) — *Bravoa* Lallave et Lex. (Cœtocapnia Link.) — *Griffinia* Ker.

IIe TRIBU. **NARCISSÉES**. — *NARCISSEÆ* Endl.

Plantes bulbeuses, acaules. Gorge du périanthe couronnée d'un godet pétaloïde, ou d'appendices pétaloïdes disjoints.

Eustephia Cavan. (Phycella Lindl.) — *Eucrosia* Ker. — *Calostemma* R. Br. — *Eurycles* Salisb. (Proiphis Herbert.) — *Vagaria* Herb. — *Placea* Miers. — *Chrysiphiala* Ker. (Carpodetes, Leperiza, et Stenomessoa Herbert.) — *Coburgia* Sweet. (non Herbert.) — *Pan-*

eratium Linn. (Hymenocallis, Ismene, et Callithauma Herbert.) — *Liriopsis* Reichenb. (Liriope, Erisema, et? Choretis Herbert.) — *Narcissus* Linn. (Corbularia, Ajax, Queltia, Diomedes, Hermione, Schisanthes, Chloraster, Helena, Ganymedes, Philogyne, et Narcissus Haw. Jonquilla et Tazetta D. C.)—*Gethyllis* Linn. (Abapus Adans. Papyria Thunb.)

AMARYLLIDÉES ANOMALES Endl.

Herbes caulescentes. Racine fibreuse, ou bulbeuse, ou tubéreuse.

Ixiolirion Fisch. — *Campynema* Labill. (Campylonema Poir.) — *Alstrœmeria* Linn. — *Bomarea* Mirb. —*Doryanthes* Correa.

Genre GALANTHE. — *Galanthus* Linn.

Périanthe 6-sépale, régulier, subcampaniforme, caduc; sépales dissimilaires, inappendiculés : les 5 extérieurs plus ou moins ouverts, plus grands, minces, lancéolés-oblongs; les 5 intérieurs plus courts, dressés, un peu charnus, subcunéiformes, échancrés. Étamines 6, dressées, courtes, insérées sur un disque épigyne. Filets libres, très-courts. Anthères conniventes, supra-basifixes, oblongues, acuminées, subcordiformes à la base, déhiscentes par deux courtes fentes apicilaires; connectif linéaire, très-étroit, inapparent antérieurement. Ovaire 5-loculaire; loges multiovulées; ovules horizontaux, bisériés. Style rectiligne, filiforme, pointu, sans stigmate apparent. Capsule polysperme, charnue, finalement 5-valve. Graines ovoïdes, trigones, appendiculées à la chalaze; tégument membranacé; raphé charnu. Embryon minime.—Bulbe tuniqué. Hampe 1-ou 2-flore, décombante après la floraison; spathe

1-phylle, fendue latéralement, bicarénée. Fleur pendante, vernale, blanche.

Galanthe Perce-neige. — *Galanthus nivalis* Linn. —Engl. Bot. tab. 19. — Redout. Lil. tab. 200. — Herb. de l'Amat. vol. 1. — Jacq. Flor. Austr. tab. 515. — Hook. Flor. Lond. tab. 14. — Bulbe petit, ovoïde, blanc, composé de 2 ou 5 tuniques charnues, en général 2-phylle. Feuilles dressées, linéaires, obtuses, glauques, carénées en dessous, canaliculées en dessus, larges de 5 à 4 lignes, plus courtes que la hampe. Hampe haute de 5 à 6 pouces, ancipitée, glauque, fistuleuse, en général 1-flore. Pédoncule filiforme, dressé, incliné au sommet. Spathe blanchâtre, plus longue que le pédoncule. Sépales-externes d'un blanc pur. Sépales-internes de moitié plus courts que les externes, à fond blanc, striés antérieurement de jaune verdâtre, marqués extérieurement d'une grande tache verte en forme de croissant. Étamines plus courtes que les sépales-internes. Ovaire ovale, vert, luisant. Style un peu plus long que les étamines. Capsule petite, subglobuleuse. Graines lisses, subopaques, d'abord d'un jaune pâle, finalement brunâtres.—Indigène ; croît dans les bois ; fleurit en février ou mars ; cultivé comme plante d'agrément. (Vulgairement : *Perce-neige, Nivéole, Galanthine.*)

Genre NIVÉOLE. — *Leucojum* Linn.

Périanthe 6-sépale, régulier, campaniforme, caduc, inappendiculé ; sépales similaires, presque égaux, un peu épaissis au sommet, elliptiques, ou oblongs. Étamines 6, plus courtes que le périanthe, insérées sur un disque épigyne. Filets courts, filiformes, libres. Anthères oblongues, subtétragones, échancrées aux 2 bouts, basifixes, latéralement déhiscentes ; connectif nul. Ovaire trigone, 5-loculaire ; loges multi-ovulées ; ovules horizontaux , bisériés. Style claviforme ou filiforme, pointu, rectiligne, sans stigmate apparent. Capsule charnue, 5-loculaire, polysperme, finalement trivalve. Graines subglobuleuses, inappendiculées ; tégument noir, simple, crustacé, lâche ; raphé inap-

parent. Embryon subclaviforme, plus court que le périsperme. — Bulbe tuniqué, oligophylle. Feuilles linéaires
ou filiformes. Hampe 1-flore, ou 2-flore, ou pluriflore, solide ou fistuleuse, décombante après la floraison; spathe
monophylle, oblongue, fendue latéralement. Fleurs blanches, pendantes.

a) *Hampe 1-à 3-flore. Floraison vernale.*

NIVÉOLÉ VERNALE. — *Leucojum vernum* Linn. — Bot. Mag.
tab. 46.— Jacq. Flor. Austr. tab. 512. — Bot. Mag. tab. 1943
(*var. biflora*). — *Leucojum carpathicum* Sweet. — Hampe 1-
flore (accidentellement 2-flore). Style claviforme. Feuilles linéaires.—Bulbe ovoïde, blanchâtre, composé d'un grand nombre
de tuniques minces, 4-à 6-phylle. Feuilles dressées, obtuses, plus
courtes que la hampe, d'un vert gai. Hampe haute de ¹/₃ à 1 pied,
ancipitée, trigone, d'un vert gai. Spathe verdâtre, plus longue que
le pédoncule. Pédoncule grêle, incliné. Sépales ovales, acuminulés, obtus, d'un blanc pur, avec une tache verdâtre au-dessous
de leur sommet. Étamines 1 fois plus courtes que le périanthe.
Anthères jaunes. Style un peu plus long que les étamines. —
Croît dans les bois des montagnes; fleurit en février et mars.
Cultivé comme plante d'agrément. (Vulgairement : *Nivéole,
Perce-neige.*)

b) *Hampe 4-à 7-flore. Floraison estivale.*

NIVÉOLE D'ÉTÉ. — *Leucojum æstivum* Linn. — Engl. Bot.
tab. 621.—Jacq. Flor. Austr. tab. 205.—Flor. Dan. tab. 1265.
— Bot. Mag. tab. 1210. — Redout. Lil. tab. 125. — *Nivaria
æstivalis* Mœnch. — Hampe 4-à 7-flore. Style grêle, subfusiforme. Feuilles linéaires. — Hampe haute de 1 à 2 pieds,
droite, fistuleuse, ancipitée, d'un vert gai de même que les
feuilles. Feuilles en général presque aussi longues que la hampe.
Pédoncules longs, grêles, inclinés, inégaux. Spathe verdâtre,
oblongue, comprimée, bicarénée, à peu près aussi longue que les
pédoncules. Fleurs semblables à celles de l'espèce précédente.
Capsule obovée, transversalement rugueuse. Graines grosses,

luisantes.— Indigène ; croît dans les bois des montagnes ; fleurit
en mai. Cultivé comme plante d'agrément.

Genre STRUMARIA. — *Strumaria* Jacq.

Périanthe rotacé, 6-parti, ou 6-sépale, étalé, inappendiculé, régulier. Disque épigyne ou adné à la base du périanthe. Étamines 6, insérées au disque. Filets monadelphes à la base, ou libres, subulés. Ovaire 5-loculaire; loges
multi-ovulées. Style rectiligne, fortement renflé au-dessous
du milieu, 5-sulqué, ou trièdre. Stigmates 5, pointus, recourbés. Capsule membranacée, 5-loculaire, 5-valve; loges
oligospermes. Graines subglobuleuses ou un peu comprimées. — Hampe subcylindrique. Fleurs en ombelle simple.
Spathe courte, foliacée, 2-valve.—Genre propre à l'Afrique
australe ; les espèces suivantes se cultivent comme plantes
d'ornement de serre.

STRUMARIA A FEUILLES TRONQUÉES. — *Strumaria truncata*
Jacq. Ic. Rar. 2, tab. 557. — Feuilles linéaires-ensiformes,
arrondies au sommet, planes. Hampe comprimée. Étamines plus
longues que le périanthe. (*Willd.*) — Fleurs blanches.

STRUMARIA ROUGEATRE. — *Strumaria rubella* Jacq. Ic. Rar.
2, tab. 558. —Feuilles linéaires, obliquement fléchies. Sépales
plans. (*Willd.*) — Fleurs lilas.

STRUMARIA A FEUILLES ÉTROITES. — *Strumaria angustifolia*
Jacq. Ic. Rar. 2, tab. 559. — Feuilles linéaires, planes. Ovaire
triglanduleux. (*Willd.*) — Fleurs d'un lilas pâle.

STRUMARIA A FEUILLES FILIFORMES.—*Strumaria filifolia* Jacq.
— Bot. Reg. tab. 440.—*Crinum tenellum* Linn. fil.—*Imhofia
filifolia* Herbert. — *Leucojum strumosum* Ait. — Jacq. Ic.
Rar. 2, tab. 561.—Feuilles filiformes. Sépales pointus. (*Willd.*)
— Fleurs blanches.

STRUMARIA CRÉPU. —*Strumaria crispa* Ker, in Bot. Reg. tab.
1565. — *Amaryllis crispa* Jacq. Hort. Schœnbr. 1, tab. 72. —

Imhofia crispa Herbert. — Feuilles linéaires-filiformes. Spathe pauciflore. Sépales très-étalés, oblongs, obtus, ondulés. Étamines divariquées, plus courtes que le périanthe. Style rectiligne. (*Willd.*) — Fleurs d'un rose vif.

STRUMARIA ÉTOILÉ. — *Strumaria stellaris* Ker. — *Amaryllis stellaris* Jacq. Hort. Schœnbr. 1, tab. 71. — *Hessea stellaris* Herbert. — Spathe multiflore. Feuilles linéaires, dressées. Sépales étalés, plans. Étamines inégales, plus courtes que le périanthe. Style rectiligne. (*Willd.*) — Fleurs d'un rose vif.

Genre CARPOLYZE. — *Carpolyza* Salisb.

Périanthe inappendiculé, infondibuliforme-campanulé, profondément 6-fide, régulier ; segments externes subulés, mucronés, plus étroits que les sépales internes. Étamines 6, insérées au tube du périanthe. Filets subulés, très-courts. Anthères sagittiformes-ovées, dressées. Style filiforme, rectiligne, trièdre. Stigmates 3, rectilignes, filiformes, recourbés. Capsule membranacée, 5-loculaire, 3-valve ; loges 2-à 6-spermes. Graines subglobuleuses, anguleuses. — Hampe basse, contournée en spirale à la base. Spathe bivalve, pluriflore. Fleurs blanches, penchées. Feuilles linéaires, recourbées. — On ne connaît d'autre espèce que la suivante.

CARPOLYZE SPIRALÉE. — *Carpolyza spiralis* Salisb. Parad. tab. 63. — *Hessea spiralis* Berg. — *Amaryllis spiralis* L'hérit. — *Crinum spirale* Andr. Bot. Rep. tab. 92. — *Hæmanthus spiralis* Willd. — *Strumaria spiralis* Ker, in Bot. Mag. tab. 1585. — Feuilles filiformes. Fleurs roses. — Indigène du Cap. Cultivé comme plante d'ornement.

Genre STERNBERGIA. — *Sternbergia* Waldst. et Kit.

Périanthe régulier, infondibuliforme, inappendiculé ; limbe 6-parti : segments similaires, dressés, presque égaux, ou les externes plus courts ; tube plus ou moins allongé.

Étamines 6, insérées à la gorge du périanthe, alternativement plus longues et plus courtes, toutes plus courtes que
le limbe. Filets libres, dressés, rectilignes, filiformes. Anthères subcordiformes-oblongues, submédifixes, versatiles,
échancrées au sommet, déhiscentes dans toute leur longueur; connectif nul. Ovaire 5-loculaire; loges multi-ovulées; ovules horizontaux, bisériés. Style filiforme, droit.
Stigmate capitellé, subtrilobé. Péricarpe oblong, trigone,
légèrement chârnu, indéhiscent, 5-loculaire, polysperme.
Graines subglobuleuses, noires; raphé formant une crête
charnue presque circulaire. Embryon court, rectiligne.—
Bulbe tuniqué. Feuilles linéaires ou filiformes. Hampe
dressée, 1-flore, courte. Spathe tubuleuse, fendue au sommet. Fleur grande, jaune, dressée.—Genre propre à l'Europe méridionale, à l'Orient, et au nord de l'Afrique; on
en connait 7 espèces; les 2 suivantes se cultivent comme
plantes d'agrément.

STERNBERGIA JAUNE. — *Sternbergia lutea* Ker. — *Amaryllis
lutea* Linn. — Bot. Mag. tab. 290. — Redout. Lil. tab. 148.
— Hampe épigée, à peu près aussi longue que les feuilles. Feuilles
linéaires, canaliculées, obtuses. Fleur paraissant avec les feuilles.
Périanthe à tube très-court; segments lancéolés-oblongs, obtus,
apiculés. — Bulbe ovale, 5-à 7-phylle. Feuilles dressées, d'un
vert gai, plus ou moins étroites. Hampe dressée, haute de 5 à 6
pouces. Pédoncule très-court. Périanthe long de 2 pouces, d'un
jaune vif. Spathe scarieuse, acuminée, plus courte que le
périanthe. — Indigène de l'Europe méridionale; fleurit en septembre et octobre. (Vulgairement : *Lis-Narcisse, Narcisse d'automne, Amaryllis jaune.*)

STERNBERGIA A FLEUR DE COLCHIQUE. — *Sternbergia colchici-
flora* Waldst. et Kit. Hung. tab. 159. — Hampe hypogée,
très-courte. Fleur paraissant avant les feuilles. Feuilles linéaires,
obtuses, obliques. Périanthe à tube au moins de moitié plus
court que les segments. — Bulbe petit, ovoïde, aphylle à l'époque
de la floraison. Feuilles (paraissant au printemps, en même temps

que le fruit de la plante) courtes, étroites. Périanthe d'un jaune pâle ; segments lancéolés-oblongs, étroits. — Indigène de l'Europe orientale ; fleurit en septembre et octobre.

Genre HÉMANTHE. — *Hœmanthus* Tourn.

Périanthe inappendiculé, régulier, 6-fide ; tube court ; segments dressés ou étalés, égaux. Étamines 6, dressées, saillantes, insérées au sommet du tube du périanthe. Filets filiformes. Anthères ovées-oblongues, supra-basifixes. Ovaire 5-loculaire ; loges pauci-ovulées ; ovules suspendus ou ascendants. Style filiforme, rectiligne. Stigmate entier ou obscurément 5-lobé. Baie par avortement 1-ou 2-loculaire ; loges 1-spermes, remplies par la graine. Graines à tégument membraneux. Embryon minime. — Herbes glabres ou pubescentes. Bulbe tuniqué, oligophylle (en général 2-phylle), souvent recouvert d'écailles distiques. Feuilles épaisses, coriaces, en général larges et planes. Hampe courte, pluriflore, souvent accompagnée de 2 bractées radicales. Spathe 2-phylle ou polyphylle, colorée, en général plus longue que les pédoncules. Fleurs en ombelle simple. — Genre propre à l'Afrique australe. On en connaît aujourd'hui une trentaine d'espèces. Ces plantes sont très-vénéneuses. Les suivantes se cultivent comme plantes d'ornement de serre.

HÉMANTHE ÉCARLATE.—*Hœmanthus coccineus* Linn.—Redout. Lil. tab. 59.—Bot. Mag. tab. 1075.—Herb. de l'Amat. vol. 1.— Feuilles linguiformes, planes, lisses, distiques, étalées sur terre. Ombelle dense, fastigiée, plus courte que la spathe. Périanthe à segments étalés. (*Willd.*) — Bulbe gros. Feuilles larges, charnues, plus tardives que l'inflorescence. Hampe haute de 6 à 7 pouces, marbrée de rouge. Spathe de 6 grandes bractées ovées, d'un rouge écarlate. Ombelle 20-50-flore. Périanthe d'un rouge terne.

HÉMANTHE SERRÉ. — *Hœmanthus coarctatus* Jacq. Hort.

Schœnbr. 1, tab. 57. — Bot. Reg. tab. 181.—Feuilles dressées, linguiformes-oblongues, planes, lisses, calleuses au sommet. Ombelle serrée, fastigiée, plus courte que l'involucre. Segments du périanthe dressés. (*Willd.*) — Fleurs écarlates.

HÉMANTHE POURPRE. — *Hœmanthus puniceus* Linn. — Bot. Mag. tab. 1515.—Trew, Ic. Sel. tab. 44.—Feuilles elliptiques-oblongues, pointues, rétuses, ondulées. Ombelle serrée, fastigiée. Segments du périanthe dressés de même que les étamines. (*Willd*) — Hampe haute de 5 à 6 pouces, maculée de pourpre, paraissant en même temps que les feuilles. Ombelle grosse, multiflore. Bractées de l'involucre rougeâtres. Périanthe pourpre.

HÉMANTHE MULTIFLORE. — *Hœmanthus multiflorus* Willd. — Redout. Lil. tab. 204. — Bot. Mag. tab. 961 et 1995. — Andr. Bot. Rep. tab. 548. — Feuilles lancéolées-elliptiques, pointues, concaves, dressées. Ombelle multiflore, plus longue que l'involucre. Pédoncules articulés. Périanthe à segments étalés. Étamines ascendantes. (*Willd.*) — Feuilles vertes en dessus, violettes en dessous. Hampe maculée de pourpre. Fleurs d'un pourpre foncé. (Indigène de Sierra-Léone.)

HÉMANTHE TIGRÉ. — *Hœmanthus tigrinus* Jacq. Hort. Schœnbr. 1, tab. 56. — Bot. Mag. tab. 1705. — Feuilles décombantes, planes, glabres, ciliolées, linguiformes. Ombelle serrée. Segments du périanthe dressés de même que les étamines. (*Willd.*) — Périanthe écarlate.

HÉMANTHE QUADRIVALVE. — *Hœmanthus quadrivalvis* Jacq. Hort. Schœnbr. 1, tab. 58. — Bot. Mag. tab. 1525. — Feuilles étalées, planes, oblongues, rétrécies à la base, ciliées au bord, velues en dessus. Involucre 4-phylle, plus long que l'ombelle. Ombelle serrée. Segments du périanthe dressés de même que les étamines. (*Willd.*) — Périanthe rouge.

HÉMANTHE PUBESCENT. — *Hœmanthus pubescens* Willd. — Bot. Reg. tab. 582. — Feuilles oblongues-lancéolées, velues aux 2 faces. Ombelle fastigiée, arrondie. Segments du périanthe dressés de même que les étamines. (*Willd.*) — Périanthe blanc.

HÉMANTHE A FLEURS BLANCHES. — *Hœmanthus albiflos* Jacq.
Hort. Schœnbr. 1, tab. 59. — Redout. Lil. tab. 598. — Bot.
Reg. tab. 984. — Bot. Mag. tab. 1239. — Feuilles elliptiques,
subpointues, planes, glabres, ciliées. Involucre 4-phylle, plus
court que l'ombelle. Périanthe à segments étalés. (*Willd.*) —
Feuilles longues de 2 à 5 pouces, pointues. Hampe courte, velue,
penchée. Fleurs petites, blanches.

HÉMANTHE A FEUILLES LANCÉOLÉES. — *Hœmanthus lanceœfo-
lius* Jacq. Hort. Schœnbr. 1, tab. 60. — Feuilles décombantes,
lancéolées-elliptiques, planes, rétrécies à la base, glabres, ciliées.
Pédoncules plus longs que la spathe et le périanthe. Segments du
périanthe étalés. (*Willd.*) — Fleurs rouges.

HÉMANTHE NAIN. — *Hœmanthus Pumilio* Jacq. Hort. Schœnbr.
1, tab. 61. — Feuilles dressées, linéaires-lancéolées, glabres.
Pédoncules de la longueur des spathes et du périanthe. Segments
du périanthe étalés. (*Willd.*) — Fleurs rouges.

Genre AMARYLLIS. — *Amaryllis* Linn.

Périanthe 6-parti, subringent; tube court ou nul, inappendiculé; segments presque égaux, recourbés. Étamines 6, insérées à la gorge ou à la base des segments du
périanthe. Filets déclinés ou dressés, égaux, ou alternativement plus longs et plus courts. Anthères versatiles.
Ovaire 3-loculaire; loges multi-ovulées; ovules horizontaux, bisériés. Style filiforme, de même direction que les
étamines. Stigmate béant, ou à 5 lobes étalés. Capsule
membranacée, 5-valve, 3-loculaire, polysperme, ou par
avortement oligosperme. Graines subglobuleuses ou comprimées, marginées, ou ailées; tégument membraneux ou
charnu. Embryon court. — Bulbe tuniqué. Hampe 1-ou pluriflore. Spathe 1-ou 2-phylle. Pédicelles nus ou bractéolés
à la base. — Genre très-riche en espèces, la plupart de l'A-
mérique méridionale. On en cultive un grand nombre

dans les collections de serre; les plus notables sont les suivantes :

Sous-genre ZEPHYRANTHES Herbert.

Périanthe infondibuliforme; segments égaux, staminifè-res à la base. Stigmate 3-fide. Capsule profondément 3-sulquée. Graines bisériées dans chaque loge, un peu comprimées, imbriquées; tégument noir, crustacé. — Plantes d'Amérique. Fleurs plus précoces que les feuilles. Hampe 1-ou 2-flore, fistuleuse; spathe cylindrique ou bifide.

Amaryllis de Virginie. — *Amaryllis Atamasco* Linn.— Redout. Lil. tab. 51. — Bot. Mag. tab. 239. — *Zephyranthes Atamasco* Herbert. — Spathe bifide, pointue, 1-flore. Fleur pédicellée. Périanthe campanulé, subrégulier, dressé, courtement tubuleux à la base. Étamines déclinées, égales. (*Willd.*) — Feuilles longues, linéaires, étroites. Hampe haute de 8 à 9 pouces. Fleur grande, d'un blanc tirant sur le rose. — Indigène des provinces méridionales des États-Unis.

Sous-genre HABRANTHUS Herbert.

Périanthe campanulé, profondément 6-fide; gorge ventrue, squamelleuse; limbe régulier. Étamines très-inégales, insérées à la gorge du périanthe. Style décliné, arqué. Stigmate 3-fide. Capsule trisulquée. Graines bisériées dans chaque loge, comprimées, horizontales. — Plantes de l'Amérique méridionale. Feuilles étroites, distiques, flasques. Hampe fistuleuse, en général multiflore; spathe bifide au sommet.

Amaryllis élégant. — *Amaryllis advena* Ker, in Bot. Mag. tab. 1125. — Bot. Reg. tab. 849. — *Habranthus advenus* Herbert. — Hampe pauciflore. Pédicelles dressés, aussi longs que la spathe. Tube du périanthe court, horizontal; limbe subringent; gorge poilue. Feuilles linéaires, canaliculées. (*Hort. Kew.*)

AMARYLLIS ROBUSTE. — *Amaryllis (Habranthus) robusta* Herbert, in Sweet, Brit. Flow. Gard. ser. 2, tab. 14. — Hampe 1-flore, longue de 5 à 9 pouces. Spathe marcescente, longue de 1 1/2 pouce, bifide au sommet. Pédoncule vert, long de 2 1/2 pouces. Ovaire vert. Périanthe long de 5 1/2 pouces, panaché de rose et de blanc, vert à la base ; tube presque nul, fimbrié. Style et stigmate blancs, de 1 pouce plus courts que le périanthe, plus longs que les étamines. Feuilles glauques, larges d'environ 4 lignes. Bulbe ové. (*Herbert.*) — Indigène de Buénos-Ayres.

AMARYLLIS D'ANDERSON. — *Amaryllis (Habranthus) Andersoni* Herbert, in Bot. Reg. tab. 1545. — Sweet, Brit. Flow. Gard. ser. 2, tab. 70. — Hampe 1-flore, longue de 4 à 6 pouces. Fleur dressée. Spathe tubuleuse, bifide au sommet, 1 fois plus courte que le pédoncule. Ovaire d'un brun verdâtre. Périanthe étalé (large de 2 pouces, d'un jaune doré ou cuivré) ; segments obovés, acuminulés ; les intérieurs 1 fois plus étroits. Feuilles linéaires, glauques, subobtuses. Bulbe subglobuleux, un peu déprimé. (*Sweet.*) — Indigène de Buénos-Ayres.

Sous-genre HIPPEASTRUM Endl. (*Hippeastrum, Coburgia* et *Leopoldia* Herbert. *Amaryllis* Sweet, Hort. Brit.)

Périanthe subinfondibuliforme ; gorge lisse, ou fimbriée, ou gibbeuse, contractée ; segments du limbe inégaux. Étamines déclinées, ascendantes, anisomètres, insérées à la gorge du périanthe. Style ayant la même direction que les étamines. Stigmate 5-fide ou 5-lobé. Capsule 5-sulquée. Graines 1-sériées dans chaque loge, imbriquées, souvent marginées ; tégument noir. (*Endl.*) — Plantes d'Amérique. Feuilles distiques. Hampe 2-ou pluri-flore ; spathe bifide.

AMARYLLIS RÉTICULÉ. — *Amaryllis reticulata* L'hérit. — Bot. Mag. tab. 657. — Redout. Lil. tab. 424. — Andr. Bot. Rep. tab. 179. — Feuilles oblongues, rétrécies à la base. Hampe comprimée, subbiflore. Fleurs penchées. Périanthe tubuleux à la base ; gorge glabre. (*Willd.*) — Fleurs d'un écarlate vif en dedans.

— Variété : *Amaryllis striatifolia* Sweet. (*Amaryllis reticulata major* Bot. Reg. tab. 552. — Bot. Mag. tab. 2115.) — Indigène du Brésil.

AMARYLLIS ROYAL. — *Amaryllis reginæ* L'hérit. Sert. — Redout. Lil. tab. 9. — Bot. Mag. tab. 453. — Mill. Ic. tab. 24. — Feuilles lancéolées, étalées. Hampe subbiflore. Pédicelles divariqués. Fleurs nutantes. Périanthe campanulé, courtement tubuleux; gorge velue. (*Willd.*) — Bulbe verdâtre. Hampe haute d'environ 2 pieds, 2-à 4-flore. Fleurs grandes, à limbe écarlate; tube verdâtre. — Indigène du Brésil. — Variété : *Amaryllis brasiliensis* Redout. Lil. tab. 469. (*Amaryllis spectabilis* Lodd. Bot. Cab. tab. 159.)

AMARYLLIS RUBANNÉ. — *Amaryllis vittata* L'hérit. Sert. tab. 15. — Redout. Lil. tab. 10. — Schneevogt, Ic. tab. 14. — Bot. Mag. tab. 129. — Hampe cylindrique. Fleurs pédicellées. Périanthe infondibuliforme; segments-extérieurs adnés par la côte médiane au bord des segments-intérieurs. Stigmates canaliculés. (*Willd.*) — Hampe haute de 2 pieds, 4-ou 5-flore. Feuilles longues, étroites, lavées de rouge. Fleurs grandes, horizontales, exhalant une odeur de cassis. Périanthe à tube long, d'un rouge verdâtre; segments d'un blanc pur, marqués en dessus de 3 bandes pourpres. — Indigène du Cap.

AMARYLLIS ÉQUESTRE. — *Amaryllis equestris* Hort. Kew. — Redout. Lil. tab. 52. — Delaun. Herb. de l'Amat. vol. 2. — Bot. Mag. tab. 305. — Bot. Reg. tab. 234. — Andr. Bot. Rep. tab. 558. — Hampe subbiflore. Pédicelles dressés, plus courts que la spathe. Périanthe à tube filiforme, horizontal; gorge poilue; limbe obliquement étalé, recourbé. (*Willd.*) — Bulbe rouge, globuleux. Tige haute de 12 à 15 pouces. Spathe bifide. Fleurs grandes; tube blanchâtre; limbe écarlate, strié. — Indigène des Antilles.

Sous-genre SPREKELIA Herbert.

Périanthe ringent; tube très-court; segments inégaux : le supérieur dressé; les 5 autres déclinés, embrassant les étamines. Étamines déclinées, arquées en dehors, monadelphes à la base, insérées à la gorge du périanthe. Style suivant la même direction que les étamines. Stigmate trifide. Feuilles liguliformes, canaliculées, paraissant plus tard que les fleurs. Hampe 1-ou 2-flore, fistuleuse ; spathe 2-valve : l'une des folioles linéaire, incluse ; l'autre folliculaire, bifide au sommet.

AMARYLLIS CROIX DE SAINT-JACQUES. — *Amaryllis formosissima* Linn. — Redout. Lil. tab. 5. — Bot. Mag. tab. 47. — Delaun. Herb. de l'Amat. vol. 1.— Trew, Ic. Sel. tab. 24.— *Sprekelia formosissima* Herbert. — Sweet, Brit. Flow. Gard. ser. 2, tab. 144. — Bulbe subglobuleux, déprimé. Feuilles longues de ½ pied à 1 pied, larges de 5 à 5 lignes, linéaires, pointues, dressées , glabres, d'un vert foncé. Hampe haute d'environ 1 pied, dressée, fistuleuse, subcylindrique, striée, 1-flore (rarement 2-flore). Fleur grande, pédonculée, penchée, d'un pourpre foncé et comme velouté. Pédoncule long d'environ 2 pouces. Spathe bifide au sommet, plus longue que le pédoncule. Ovaire vert. Segments du périanthe lancéolés, fortement striés. Étamines un peu plus longues que le périanthe. Style un peu plus long que les filets, pourpre de même que ceux-ci. Anthères grandes, médifixes, d'un pourpre violet avant l'anthèse. — Indigène de l'Amérique méridionale. (Vulgairement : *Lis de Saint-Jacques, Croix de Saint-Jacques.*)

Sous-genre VALLOTA Herbert.

Périanthe infondibuliforme ; gorge évasée ; segments inégaux. Étamines conniventes , insérées (alternativement plus haut et plus bas) à la gorge du périanthe. Style décliné. Stigmate trigone, entier. Capsule trièdre. Graines bisériées dans chaque loge, aplaties, noires, bordées d'une aile mince.—Feuilles distiques, perennes. Hampe fistuleuse. Fleurs en ombelle simple. Spathe bifide.

AMARYLLIS POURPRE. — *Amaryllis purpurea* Willd. — *Amaryllis elata* Jacq. Hort. Schœnbr. 4, tab. 62. — Feuilles li-

néaires-lancéolées. Hampe subbiflore. Fleurs presque dressées.
Périanthe tubuleux à la base; gorge glabre. (*Willd.*) — Indigène du Cap.

Sous-genre CALLIROE Link. (*Belladonna* Sweet.— *Amaryllis*
Herbert.)

Périanthe infondibuliforme ; segments étalés, ondulés,
alternativement plus longs et plus courts. Étamines
droites ou ascendantes, insérées à la gorge du périanthe. Style décliné. Stigmate trilobé, fimbrié. Capsule
trisulquée, irrégulièrement ruptile. Graines grosses,
globuleuses, à tégument charnu. — Hampe pleine, multiflore ; spathe 2-phylle.

AMARYLLIS BELLADONNE. — *Amaryllis Belladonna* Linn. —
Redout. Lil. tab. 180. — Bot. Mag. tab. 755. — Feuilles canaliculées, carénées, très-glabres ; carène obtuse. Hampe comprimée. Fleurs presque dressées. Périanthe 6-parti : segments
plans. (*Willd.*) — Bulbe gros, allongé. Feuilles loriformes,
plus courtes que la hampe. Hampe haute de 1 ½ pied à 2
pieds, 8-à 12-flore, beaucoup plus précoce que les feuilles. Fleurs
grandes, roses, légèrement penchées. — Variétés : *Amaryllis
blanda* Bot. Mag. tab. 1450. — *Amaryllis pallida* Bot. Reg.
tab. 714. — Indigène du Cap.

Sous-genre LYCORIS Herbert.

Périanthe infondibuliforme; tube trigone ; gorge évasée;
segments ondulés, arqués, alternativement plus longs
et plus courts. Étamines insérées à la gorge du périanthe, alternativement plus longues et plus courtes, ascendantes et arquées de même que le style. Stigmate
indivisé, fimbrié. — Feuilles distiques. Hampe pleine,
multiflore.

AMARYLLIS DORÉ. — *Amaryllis aurea* L'hérit. Sert. tab. 15,
bis. — Redout. Lil. tab. 61. — Bot. Reg. tab. 611. — Delaun.
Herb. de l'Amat. vol. 1. — Bot. Mag. tab. 409. — Feuilles ares-

sées, linéaires, canaliculées, à bord réfléchi, glabres. Fleurs pédicellées, presque dressées. Périanthe subclaviforme, 6-parti : segments linéaires-lancéolés. (*Willd.*) — Bulbe subglobuleux. Feuilles longues. Ombelle 6-10-flore. Hampe d'environ 2 pieds. Fleurs grandes, d'un jaune doré. — Indigène de Chine.

AMARYLLIS RAYONNANT. — *Amaryllis radiata* L'hérit. Sert. — Andr. Bot. Rep. tab. 95. — Bot. Reg. tab. 596. — Sépales lancéolés. Étamines et style réfléchis, divergents, 1 fois plus longs que le périanthe. Stigmate inapparent. (*Willd.*) — Fleurs d'un rose vif. — Indigène de Chine.

Sous-genre NERINE. (*Nerine* et *Galathea* Herbert.)

Périanthe 6-parti, régulier. Étamines subisomètres, insérées à la base des sépales ; filets dilatés et gibbeux à la base. Stigmate 3-fide, fimbrié. Capsule trisulquée. Graines anguleuses. — Feuilles distiques. Hampe pleine, multiflore.

AMARYLLIS A FEUILLES COURBES. — *Amaryllis curvifolia* Jacq. Hort. Schœnbr. 1, tab. 64. — Redout. Lil. tab. 274. — Bot. Mag. tab. 725. — *Amaryllis Fothergillia* Andr. Bot. Rep. tab. 165. — Feuilles linéaires-ensiformes, canaliculées, roides. Sépales oblongs, ondulés, révolutés. Étamines et style presque droits, plus longs que le périanthe. (*Willd.*) — Bulbe conique-pyramidal. Feuilles subfalciformes, d'un vert glauque. Hampe de 3 pieds, subtétragone, 8-12-flore. Fleurs grandes, inodores, d'un écarlate brillant. — Indigène du Cap.

AMARYLLIS LIS DE GUERNESEY. — *Amaryllis sarniensis* Linn. — Redout. Lil. tab. 55. — Jacq. Hort. Schœnbr. 1, tab. 66. — Bot. Mag. tab. 294. — Delaun. Herb. de l'Amat. vol. 5. — *Amaryllis venusta* Bot. Mag. tab. 1090. — Sépales linéaires, plans. Étamines et style presque droits, plus longs que le périanthe. Stigmates révolutés. (*Willd.*) — Bulbe gros. Feuilles longues, planes. Hampe haute de 1 pied, 8-à 10-flore. Fleurs écarlates ou d'un rose vif. — Indigène du Japon.

AMARYLLIS FLEXUEUX. — *Amaryllis flexuosa* Jacq. Hort. Schœnbr. 1, tab. 67.— Bot. Reg. tab. 172.— Feuilles linéaires, subobtuses, concaves, comme chagrinées. Périanthe subringent ; sépales lancéolés, étalés, réfléchis et ondulés au sommet : l'inférieur divariqué. Étamines et style ascendants, plus courts que le périanthe. — Fleurs pourpres. — Indigène du Cap.

AMARYLLIS BAS. — *Amaryllis humilis* Jacq. Hort. Schœnbr. 1, tab. 69. — Bot. Mag. tab. 726 et 1089. — Delaun. Herb. de l'Amat. vol. 1. — Feuilles linéaires, obtuses, glabres, lisses, planes. Hampe 3-ou 4-flore. Périanthe subringent ; sépales lancéolés, étalés, réfléchis et ondulés au sommet : l'inférieur divariqué. Étamines et style ascendants, plus courts que le périanthe. (*Willd.*) — Fleurs rouges. — Indigène du Cap.

Genre BRUNSWIGIA. — *Brunswigia* Ker.

Périanthe subcampanulé, ou infondibuliforme, profondément 6-fide, inappendiculé, régulier ou irrégulier. Étamines 6, insérées à la base du périanthe. Filets dressés ou déclinés, libres, ou alternativement libres et adnés au tube. Anthères versatiles. Style filiforme, arqué au sommet. Stigmate 3-lobé ou trigone. Capsule membraneuse, 3-sulquée ; loges oligospermes. Graines oblongues, noires. — Bulbe globuleux, tuniqué. Feuilles spathulées ou liguliformes, en général plus tardives que les fleurs. Hampe multiflore, comprimée ; spathe 2-phylle ; pédicelles en général bractéolés à la base. — Genre propre à l'Afrique australe. Les espèces suivantes se cultivent comme plantes d'ornement de serre.

Sous-genre IMHOFIA Herbert.

Tube du périanthe très-court, droit ; segments réfléchis, subondulés. Filets et style dressés. Stigmate obtus, trigone.

BRUNSWIGIA MARGINÉ. — *Brunswigia* (*Imhofia* Herbt.) *marginata* Hort. Kew. —*Amaryllis marginata* Jacq. Hort. Schœnbr.

1, tab. 65. — Feuilles liguliformes, décombantes, à bord cartilagineux. Fleurs pourpres.

Sous-genre COBURGIA Herbert. (Non Sweet.)

Périanthe à tube subinfondibuliforme; segments non-ondulés, courbés, alternativement plus longs et plus courts. Filets arqués en arrière, alternativement libres et adnés au tube du périanthe. Style ascendant au sommet. Stigmate obtus, trigone. Capsule trisulquée.

BRUNSWIGIA MULTIFLORE. — *Brunswigia multiflora* Hort. Kew. — Bot. Mag. tab. 1619. — *Amaryllis orientalis* Jacq. Hort. Schœnbr. 1, tab. 74. — *Amaryllis Josephinœ* Red. Lil. tab. 571 et 572. — Bot. Reg. tab. 191 et 192. — Bulbe très-gros. Feuilles grandes, linguiformes, glabres, décombantes, d'un vert pâle. Hampe grosse, comprimée, haute de 2 pieds. Ombelle très-ample, d'environ 60 fleurs; pédicelles divergents. Fleurs longues d'environ 5 pouces, pourpres, ou roses.—Vulgairement : *Amaryllis Joséphine, Amarillys Girandole.*

BRUNSWIGIA RADULE. — *Brunswigia Radula* Hort. Kew.— *Amaryllis Radula* Jacq. Hort. Schœnbr. 1, tab. 68. —Feuilles décombantes, elliptiques, chagrinées, scabres. (*Hort. Kew.*) — Fleurs pourpres.

BRUNSWIGIA STRIÉ. — *Brunswigia striata* Hort. Kew. — *Amaryllis striata* Jacq. Hort. Schœnbr. 1, tab. 70. — Feuilles elliptiques-ovées, dressées, marginées. (*Willd.*) Fleurs pourpres.

Sous-genre BUPHANE Herbert.

Périanthe à tube subinfondibuliforme, subtrigone; segments non-ondulés, réfléchis au sommet, alternativement plus longs et plus courts. Étamines étalées. Style droit. Stigmate obscurément 5-lobé.

BRUNSWIGIA VÉNÉNEUX. —*Brunswigia (Buphane) toxicaria* Herbert. — *Hœmanthus toxicarius* Hort. Kew. — Bot. Mag. tab. 1217.—Bot. Reg. tab. 567.—*Amaryllis disticha* Linn.—

Feuilles distiques, oblongues, presque planes, glabres. Pédoncules plus longs que la spathe et le périanthe (*Willd.*) — Fleurs lilas. — Le bulbe est très-délétère ; on assure que les peuplades sauvages de l'Afrique australe s'en servent pour empoisonner les flèches.

BRUNSWIGIA CILIÉ. — *Brunswigia ciliaris* Bot. Reg. tab. 1155. — *Amaryllis ciliaris* Linn. — *Hœmanthus ciliaris* Hort. Kew. — Feuilles lancéolées, glabres, ciliées. Spathe large, plus courte que l'ombelle. Ombelle arrondie. Périanthe à limbe réflé-chi. (*Willd.*) — Fleurs roses.

Sous-genre AMMOCHARIS Herbert.

Périanthe à tube subinfondibuliforme, subtrigone ; segments non-ondulés, presque étalés, réfléchis au sommet, alternativement plus longs et plus courts. Filets et style déclinés, arqués en arrière au sommet. Stigmate très-courtement 5-lobé.

BRUNSWIGIA A FEUILLES FALCIFORMES. — *Brunswigia falcata* Ker, Bot. Mag. tab. 1443. — *Crinum falcatum* Jacq. Hort. Vind. 5, tab. 60. — *Amaryllis falcata* L'hérit. — Feuilles planes, décombantes, falciformes, crénelées ; crénelures blanches, cartilagineuses. Hampe comprimée, aussi longue que l'ombelle. Périanthe dressé. (*Willd.*) — Fleurs pourpres.

Genre CRINOLE. — *Crinum* Linn.

Périanthe à tube grêle, allongé, non-évasé à la gorge ; limbe 6-parti : segments dressés, ou étalés, ou réfléchis. Étamines 6, insérées au sommet du tube du périanthe. Filets étalés ou déclinés, filiformes. Anthères linéaires, versatiles. Ovaire 5-loculaire ; loges multi-ovulées ; ovules horizontaux, bisériés. Style filiforme, incliné. Stigmate obtus ou obscurément 5-lobé. Capsule membraneuse, subglobuleuse, déprimée, irrégulièrement ruptile, 5-loculaire, ou par avortement 1-ou 2-loculaire ; loges 1-ou oligo-spermes. Graines subglobuleuses, souvent dégénérées en bulbilles. — Bulbe columnaire ou sphérique. Hampe pleine, multiflore; spathe 2-phylle. Feuilles très-longues, multisériées. Fleurs en ombelle simple; pédicelles accompagnés de petites bractéoles. — On connaît aujourd'hui une cinquantaine d'espèces de ce genre, et un grand nombre de variétés ou hybrides; la plupart se parent de fleurs magnifiques et odorantes. Les suivantes se cultivent le plus fréquemment dans les collections de serre.

A. *Fleurs sessiles ou subsessiles.*

CRINOLE D'AMÉRIQUE. — *Crinum americanum* Linn. — Redout. Lil. tab. 552. — Bot. Mag. tab. 1054. — Feuilles lancéolées, longues de 2 pieds, larges de 4 pouces, la plupart redressées, touffues. Hampe plus courte que les feuilles, un peu comprimée, sublatérale. Fleurs grandes, blanches. Segments du périanthe réfléchis, plus longs que le tube, étroits. Étamines et style pourpres. — Indigène de l'Amérique méridionale.

CRINOLE ROUGEATRE. — *Crinum erubescens* Willd. — Bot. Mag. tab. 1252. — Redout. Lil. tab. 27. — Delaun. Herb. de l'Amat. vol. 7. — Bulbe très-gros, ovale. Feuilles longues d'environ 5 pieds, larges de 2 pouces, touffues, épaisses, planes, d'un vert foncé, lancéolées, légèrement crénelées (crénelures cartilagineuses); les extérieures rougeâtres en dessous. Hampe comprimée, pourpre, longue de 2 pieds, à 6-à 8-flore. Fleurs très-longues, très-odorantes, subsessiles. Périanthe à tube pourpre, plus long que le limbe; segments linéaires-lancéolés, blancs, lavés de rose. Filets et style pourpres. — Indigène de l'Amérique méridionale.

CRINOLE POURPRE. — *Crinum cruentum* Ker, Bot. Reg. tab. 171. — Bulbe ovale-pyramidal, stolonifère, d'un pourpre violet à l'extérieur. Feuilles épaisses, d'un vert foncé, un peu scabres au bord. Hampe sub-7-flore, comprimée. Ombelle inclinée. Fleurs longues de 10 à 12 pouces, odorantes, d'un pourpre vif. Périanthe à segments lancéolés, recourbés. Filets d'un rouge de sang. — Présumé originaire de l'Inde.

B. *Fleurs pédonculées.*

CRINOLE D'ASIE. — *Crinum asiaticum* Linn. — *Crinum americanum* Redout. Lil. tab. 552.—Bulbe subcylindracé. Feuilles longues de 3 à 4 pieds, larges de 6 pouces, nombreuses, décombantes, lancéolées, lisses au bord. Hampe latérale. Ombelle hémisphérique, d'environ 60 fleurs. Périanthe long de 6 pouces, blanc; segments étroits, linéaires, recourbés, à peu près aussi longs que le tube. Style grêle, rougeâtre au sommet. — Indigène de Chine.

CRINOLE GRACIEUSE. — *Crinum amabile* Ker. — Bot. Mag. tab. 1605. — Bot. Reg. tab. 679.'—Bulbe atteignant la grosseur de la cuisse d'un homme, et 1 pied de long. Feuilles longues de 5 à 6 pieds, larges de 6 pouces, un peu glauques, linéaires-lancéolées, lisses aux bords. Hampe latérale, plus courte que les feuilles. Spathe très-grande, réfléchie. Ombelle d'environ 50 fleurs très-odorantes, très-grandes, d'un pourpre rose. Tube du périanthe subtrigone, long de $\frac{1}{2}$ pied ; segments révolutés, lancéolés, larges de 9 lignes, de la longueur du tube. Filets pourpres. — Originaire de Sumatra.

CRINOLE A LONGUES BRACTÉES. — *Crinum bracteatum* Willd. — Jacq. Hort. Schœnbr. 4, tab. 495. — Bot. Reg. tab. 179 — *Crinum asiaticum* Redout. Lil. tab. 548. — Bulbe gros, ovale, cylindrique. Feuilles longues de 1 pied et plus, lancéolées, lisses, ondulées, terminées en pointe calleuse. Bractées grandes, lancéolées, de la longueur du tube du périanthe. Périanthe grand, blanc, odorant ; segments linéaires-lancéolés, recourbés, à peine plus longs que le tube. Filets divergents, d'un pourpre foncé. Style plus court que les étamines. — Originaire de l'île de France.

CRINOLE PÉDONCULÉE.—*Crinum pedunculatum* R. Br. Prodr. —Bot. Reg. tab. 52.—*Crinum taitiense* Redout. Lil. tab. 408. — Bulbe très-gros, allongé, cylindrique. Feuilles larges-lancéolées, lisses aux bords. Ombelle lâche. Périanthe à tube jaunâtre, long de 4 pouces ; segments étroits, linéaires, obtus, mucronés. Filets étalés, rougeâtres au sommet de même que le style.

Genre CYRTANTHE. — *Cyrtanthus* Hort. Kew.

Périanthe infondibuliforme, inappendiculé, subrégulier; tube long, courbé, graduellement évasé dans le haut, ventru dans quelques espèces; limbe court, 6-fide : segments dressés ou étalés, presque égaux. Étamines 6, insérées à la gorge de la corolle, incluses. Filets filiformes, connivents, alternativement plus longs et plus courts. Anthères ovées, incombantes. Ovaire 5-loculaire ; loges multi-ovulées ; ovules bisériés, horizontaux. Style dressé ou décliné, filiforme. Stigmate courtement trifide. Capsule ovée, trigone, 5-loculaire, 3-valve, polysperme. Graines aplaties, noires. — Hampe multiflore ; spathe bivalve. Feuilles longues, étroites, distiques. Fleurs en ombelle simple ; pédicelles accompagnés de bractées scarieuses. — Genre propre à l'Afrique australe ; les espèces suivantes se cultivent comme plantes d'ornement de serre.

CYRTANTHE A FEUILLES ÉTROITES. — *Cyrtanthus angustifolius* Willd. — Bot. Mag. tab. 271. — Delaun. Herb. de l'Amat. vol. 4. — Redout. Lil. tab. 588. — *Crinum angustifolium* Linn. — Feuilles linéaires, canaliculées. Fleurs penchées. Périanthe à tube cylindracé. (*Willd.*) — Feuilles étalées. Fleurs d'un écarlate vif. Segments du périanthe courts, ovés, obtus.

CYRTANTHE A FLEUR VENTRUE. — *Cyrtanthus ventricosus* Willd. — *Cyrtanthus angustifolius* Jacq. Hort. Schœnbr. 1, tab. 76. — Feuilles linéaires, planes, dressées. Fleurs penchées. Périanthe à tube ventru. Etamines ascendantes. (*Willd.*) — Fleurs inodores, d'un écarlate vif. Spathe d'un rouge de sang. Filets rouges à la base. Ovaire d'un pourpre verdâtre.

CYRTANTHE A FEUILLES OBLIQUES. — *Cyrtanthus obliquus* Willd. — Redout. Lil. tab. 581. — Andr. Bot. Rep. tab. 265. — Bot. Mag. tab. 1153. — *Crinum obliquum* Linn. — *Amaryllis umbellata* L'hérit. Sert. 15, tab. 16. — Feuilles lancéolées, obtuses, planes, obliquement fléchies. Fleurs pendantes. Tube du périanthe obconique (*Willd.*) — Bulbe très-gros. Feuilles coriaces, longues de 1 pied et plus, larges de 2 pouces. Hampe glauque, rougeâtre au sommet, plus longue que les feuilles, 10-à 12-flore. Fleurs de la grandeur de celles de l'Impériale. Périanthe à tube d'un écarlate vif; segments ovés, acuminés, d'un jaune orange, bordés de vert.

CYRTANTHE RUBANÉ. — *Cyrtanthus vittatus* Desfont. Hort. Par. — Redout. Lil. tab. 182. — Feuilles étroites, linéaires, de la longueur des tiges, canaliculées. Fleurs grandes. Périanthe à tube long, grêle, infondibuliforme, d'un blanc verdâtre; lobes ovales, pointus, blancs, avec une bande rouge.

Genre COBURGIA. — *Coburgia* Sweet.

Périanthe infondibuliforme, régulier; gorge couronnée de 6 appendices courts, membraneux, connivents, bifurqués au sommet, alternes avec les étamines; tube long, courbé, évasé au-dessus du milieu; limbe court, 6-parti : segments étalés, imbriqués, presque égaux. Étamines 6, conniventes, isomètres, insérées à la gorge du périanthe. Filets filiformes, un peu élargis à la base. Anthères oblongues, supra-basifixes, incombantes. Ovaire oblong, trigone, 3-loculaire; loges multi-ovulées; ovules bisériés. Style filiforme, droit. Stigmate capitellé, subtrilobé. Capsule à 3 loges polyspermes. Graines. . . . . . Bulbe tuniqué. Feuilles linéaires, glauques. Hampe ancipitée, pauci-flore; spathe 2-à 4-phylle. Fleurs grandes, presque pendantes. — On ne connaît que l'espèce suivante.

COBURGIA A FLEURS CARNÉES. — *Coburgia incarnata* Sweet, Brit. Flow. Gard. ser. 2, tab. 17. — *Pancratium incarnatum* Kunth, in Humb. et Bonpl. Nov. Gen. et Spec. — Bulbe gros, subglobuleux, enveloppé de plusieurs tuniques sèches et noirâtres. Feuilles au nombre de 5 ou 6, longues de 1 ½ pied, larges de 6 à 9 lignes, lisses, glabres, subobtuses. Hampe haute de 2 ½ pieds, dressée, solide, en général 4-flore. Spathe à folioles brunâtres, striées, inégales, lancéolées, caduques. Fleurs courtement pédicellées. Périanthe à tube long de 3 à 4 pouces, claviforme, obscurément trigone, d'un rouge orangé, luisant ; segments ovés-elliptiques, acuminulés, longs d'environ 1 pouce, roses, avec une bande médiane verte ; appendices d'un jaune verdâtre. Étamines un peu plus courtes que les segments du périanthe. Style débordant les étamines. — Indigène du Pérou. Cultivé dans les collections de serre.

Genre EURYCLÈS. — *Eurycles* Salisb.

Périanthe infondibuliforme, régulier ; gorge couronnée de 6 appendices tridentés (la dent médiane plus longue, anthérifère) ; tube court ; limbe 6-parti ; segments étalés. Anthères sagittiformes, versatiles. Ovaire 3-loculaire ; loges 2-ovulées ; ovules collatéraux : l'un dressé, l'autre suspendu. Style filiforme, droit. Stigmate entier. Capsule 3-costée, incomplétement 5-loculaire, oligosperme. Graines...... Bulbe tuniqué. Feuilles pétiolées, cordiformes-arrondies, nerveuses, veinées, réticulées. Hampe subcylindrique, pluriflore. Spathe 2-ou 3-phylle. Fleurs blanches.

EURYCLÈS COURONNÉ. — *Eurycles coronata* Sweet. — *Eurycles sylvestris* Salisb.—*Pancratium nervifolium* Salisb. Parad. tab. 84. — *Pancratium amboinense* Linn. — Redout. Lil. tab. 384. — Bot. Mag. tab. 1419. — Delaun. Herb. de l'Amat. vol. 5, tab. 514. — *Proiphys amboinensis* Herbert. — Bulbe ovoïde. Feuilles grandes, très-glabres. Hampe succulente, latérale, haute de 1 à 1 ½ pied, 10-20-flore. Spathe à folioles lancéolées, 1 fois plus longue que les pédicelles. Fleurs odorantes, larges d'environ 1 pouce. — Indigène des Moluques. Cultivé comme plante d'ornement de serre.

Genre PANCRATIUM. — *Pancratium* Linn.

Périanthe régulier, infondibuliforme ; gorge couronnée d'un godet pétaloïde, campanulé, à 6 dents ou à 6 lanières alternes avec les étamines ; tube droit ou courbé,

long, grêle ; limbe 6-parti : segments étalés ou réfléchis.
Étamines 6, insérées entre les dents ou lanières du godet.
Filets dressés ou connivents, isomètres, ou alternativement plus longs et plus courts. Anthères linéaires ou oblongues, incombantes. Ovaire 3-loculaire ; loges multi-
ovulées ; ovules horizontaux, bisériés. Style droit, filiforme. Stigmate entier. Capsule submembranacée, 3-lo-
culaire, 3-valve, polysperme. Graines noires, irrégulièrement comprimées ; tégument épais, fongueux. — Bulbe
gros, tuniqué. Feuilles en général linéaires ou lancéolées.
Hampe cylindrique, ou anguleuse, 1-ou pauci-ou pluriflore ; spathe 1-2-ou poly-phylle. Fleurs grandes, blanches, odorantes.

Sous-genre HALMYRA Salisb. (*Pancratium* Herbert.)

Fleurs dressées. Tube du périanthe droit ; godet 6-fide ;
segments du limbe presque étalés. Étamines isomètres.

Pancratium maritime. — *Pancratium maritimum* Linn. —
Redout. Lil. tab. 8.—Bot. Reg. tab. 161.—Bulbe ovoïde. Feuilles
au nombre de 5 ou 6, planes, glauques, linéaires, obtuses.
Hampe haute de 1/2 pied à 1 pied, dressée, 6-à 10-flore. Spathe
2-phylle ; folioles ovées-lancéolées, acuminées, scarieuses, blanchâtres, plus courtes que les fleurs. Fleurs courtement pédicellées. Périanthe à tube long de 2 à 5 pouces ; segments étroits,
lancéolés, acuminés, striés, 2 fois plus courts que le tube, du
quart plus longs que le godet ; godet à lobes bifides au sommet.
Étamines un peu plus longues que les lobes du godet. Style filiforme, dressé, de la longueur du périanthe. — Indigène du littoral de la Méditerranée. Cultivé comme plante d'ornement.
(Vulgairement *Lis de Mathiole*.) — Fleurit en juillet ou août.

Pancratium d'Illyrie. — *Pancratium illyricum* Linn. —
Bot. Mag. tab. 718.—Redout. Lil. tab. 153.—Feuilles lancéolées, glauques, obtuses, subcanaliculées. Hampe haute d'environ
1 pied, comprimée, 6-à 12-flore. Spathe 1-phylle, caduque.

Fleurs pédicellées. Périanthe à tube long de 1 pouce ; godet beaucoup plus court que le limbe, à lobes bifides ; limbe à segments lancéolés, plus longs que le tube. Étamines presque aussi longues que les segments du périanthe, divergentes Style de la longueur du périanthe. — Indigène de l'Europe méridionale. Cultivé comme plante d'ornement ; fleurit en mai ou juin.

Sous-genre HYMENOCALLIS Herbert.

Périanthe à tube droit ; godet à 6 lanières filiformes ; limbe à segments flasques.

Pancratium élégant. — *Pancratium speciosum* Salisb. Trans. Soc. Linn. 2, tab. 12. — Redout. Lil. tab. 412. — *Pancratium caribæum* Bot. Mag. tab. 826. — Feuilles elliptiques. Hampe multiflore. (*Willd.*) — Indigène des Antilles. Cultivé dans les collections de serre.

Pancratium rotacé. — *Pancratium rotatum* Ker, in Bot. Mag. tab. 827. — *Pancratium disciforme* Redout. Lil. tab. 155. — Feuilles linéaires. Hampe pauciflore. Étamines divariquées, plus longues que le godet. (*Hort. Kew.*) — Indigène des provinces méridionales des États-Unis.

Pancratium littoral. — *Pancratium littorale* Jacq. Hort. Vindob. 5, tab. 75. — Redout. Lil. tab. 154. — Feuilles linéaires-lancéolées. Hampe multiflore. (*Willd.*) — Indigène des Antilles.

Genre NARCISSE. — *Narcissus* Linn.

Périanthe hypocratériforme, régulier ; tube droit, subcylindracé ; gorge couronnée d'un godet campanulé, ou infondibuliforme, très-entier, ou crénelé, ou 6-lobé, pétaloïde ; limbe 6-parti : segments étalés ou réfléchis, presque égaux. Étamines 6, incluses, ou subincluses, bisériées, insérées vers le sommet du tube du périanthe (plus bas que le godet). Filets inadhérents ou adnés au tube, très-courts. Anthères linéaires ou oblongues, supra-

basifixes, incombantes; connectif nul. Ovaire 3-loculaire;
loges multi-ovulées; ovules horizontaux, bisériés. Style
filiforme, droit. Stigmate obtus. Capsule ovoïde ou obovée,
submembranacée, 3-loculaire, 5-valve, subtrigone, oligosperme ou polysperme. Graines subglobuleuses, noires,
rugueuses. Embryon rectiligne ou un peu courbé, presque aussi long que le périsperme. — Bulbe tuniqué. Feuilles planes ou canaliculées, linéaires, ou subfiliformes,
allongées. Hampe 1-ou pauci-flore. Spathe 1-phylle, scarieuse. Fleurs jaunes ou blanches, odorantes, très-élégantes, pédicellées, plus ou moins penchées, en général
vernales.

Les bulbes des Narcisses ont des propriétés émétiques
très-prononcées; leur extrait, à forte dose, agit d'une manière délétère sur l'économie animale. L'infusion des
fleurs de certaines espèces passe pour antispasmodique.
— La plupart des espèces de ce genre croissent dans les
contrées voisines de la Méditerranée, où elles parent les
campagnes et les bois dès les premiers mois de l'année.
Toutes ces plantes méritent une place dans les parterres.
M. Haworth (*in Sweet, Brit. Flow. Gard. ser.* 2, *vol.* 1,
appendix) classe et caractérise les espèces ainsi qu'il suit.

Sous-genre CORBULARIA Haw.

Segments du périanthe en général plus courts que le godet; godet tronqué. Étamines ascendantes de même que
le style. Ovaire subturbiné, cylindrique, 5-loculaire.
Graines nombreuses, trigones, bisériées dans chaque
loge. — Feuilles filiformes, canaliculées, vertes.

A. *Fleurs blanches.*

NARCISSE DES ASTURIES. — *Corbularia cantabrica* Haw. in
Sweet, Brit. Flow. Gard. — Godet crénelé. Style inclus. Périanthe d'un blanc pur. (*Haw.*)

NARCISSE BLANCHATRE. — *Corbularia albicans* Haw. l. c. —

Périanthe d'un blanc jaunâtre. Godet très-entier. Style saillant. (*Haw.*) — Espagne.

B. *Fleurs jaunes.*

NARCISSE BULBOCODE. — *Narcissus Bulbocodium* Linn. — *Corbularia Bulbocodium* Haw. — Plante petite. Godet entier. Style inclus. (*Haw.*) — Espagne.

NARCISSE A FEUILLES MENUES. — *Corbularia tenuifolia* Haw. — Sweet, Brit. Flow. Gard. tab. 114. — Plante petite. Godet à 6 lobes. Style saillant. (*Haw.*) — Espagne.

NARCISSE JAUNE D'OR. — *Corbularia aurea* Haw. — Godet crénelé, plus court que les segments du périanthe. Style saillant. (*Haw.*) — Patrie incertaine.

NARCISSE VENTRU. — *Corbularia obesa* Haw. — Feuilles décombantes. Godet ventru, entier. Style saillant. (*Haw.*) — Espagne.

NARCISSE LOBULÉ. — *Corbularia lobulata* Haw. — Godet ondulé, lobé. Style en général inclus. (*Haw.*)

NARCISSE APPARENT. — *Corbularia conspicua* Haw. — Plante grande. Fleurs dressées lors de la floraison. Godet légèrement érosé. Style en général saillant. (*Haw.*)

NARCISSE TARDIF. — *Corbularia serotina* Haw. — *Narcissus turgidus* Salisb. — *Narcissus Bulbocodium* Bot. Mag. (non Linn.) — Plante grande. Godet entier. Style inclus. (*Haw.*) — Europe méridionale ; Afrique septentrionale.

NARCISSE ÉLANCÉ. — *Corbularia Gigas* Haw. — Plante grande. Périanthe à segments lancéolés-linéaires, aussi longs que le godet. Godet très-grand (long de plus de 2 pouces), campanulé. Style longuement saillant. (*Haw.*) — Patrie incertaine.

Sous-genre AJAX Haw.

Godet lobé, ou crénelé, ou dentelé, à peu près aussi long ou plus long que les segments du périanthe ; ceux-ci

imbriqués par les bords. Ovaire 5-loculaire ; ovules 4-sé-
riés dans chaque loge. — Feuilles ensiformes ou loriformes, obtuses, souvent carénées en dessous et involutées en dessus. (*Haw.*)

A. *Périanthe jaune, à tube allongé.*

a) *Segments du périanthe demi-étalés.*

NARCISSE MINIME. — *Ajax minimus* Haw. — *Narcissus minor* Bot. Mag. tab. 6. — Fleur nutante, penchée jusqu'à terre
en préfloraison. Godet étalé, 6-lobé, crépu. — Feuilles très-
glauques, presque décombantes. (*Haw.*) — Pyrénées ; Espagne.

NARCISSE MINEUR. — *Narcissus minor* Linn. — *Ajax minor*
Haw. — Feuilles ascendantes, très-glauques, longues de $^{1}/_{2}$ pied.
Hampe dressée. Segments du périanthe imbriqués. Godet étalé,
crépu, 6-lobé. (*Haw.*) — Pyrénées ; Espagne.

NARCISSE BAS. — *Narcissus (Ajax* Haw) *pumilus* Salisb. —
Périanthe à segments obcunéiformes, distants. Godet comme dans
le précédent. (*Haw.*) — Espagne.

b) *Segments du périanthe réfléchis.*

NARCISSE CYCLAME. — *Narcissus (Ajax) cyclamineus* Haw.
— Espagne.

B. *Périanthe à tube court. Segments blancs ou blanchâtres,*
plus ou moins étalés. Godet jaune.

NARCISSE NAIN. — *Narcissus (Ajax) nanus* Haw. — Périanthe à segments subsemi-dressés, ovés, d'un jaune pâle, de moitié plus longs que le tube. Godet d'un jaune vif, subrectiligne, cré-
nclé, crépu. — Feuilles très-glauques, larges de $^{1}/_{2}$ pouce. Fleurs
très-précoces (fin février ou commencement de mars). (*Haw.*) —
Espagne.

NARCISSE A COURTE FLEUR. — *Narcissus (Ajax) breviflos* Haw.
— Périanthe à segments blanchâtres. Tube 1 fois plus court que

le godet. Godet jaune, cylindracé, parfaitement rectiligne, in-
cisé-crénelé. Feuilles glauques. (*Haw.*) — Espagne.

NARCISSE A FEUILLES LORIFORMES. — *Narcissus (Ajax) lorifo-
lius* Haw.—*Narcissus bicolor* Bot. Mag. tab. 887. (Non Linn.)
— Périanthe à segments blancs ou blanchâtres. Godet jaune.
Hampe subcylindrique, ancipitée. Feuilles à peine glauques.
(*Haw.*) — Espagne.

NARCISSE BICOLORE.— *Narcissus (Ajax* Haw.) *bicolor* Linn.
— *Narcissus tubæflorus* Salisb. — Périanthe à tube de la
longueur de l'ovaire. Segments d'un blanc pur, subhorizontaux,
incourbés, subtordus, 5 fois plus longs que le tube, ovés-lancéolés. Godet jaune, crénelé, à peine plissé, très-courtement 6-lobé,
ventru à la base. (*Haw*). —Pyrénées ; Espagne.

C. *Périanthe d'abord d'un jaune pâle, puis blanc ; godet
très-long.*

NARCISSE TORTUEUX. — *Narcissus (Ajax) tortuosus* Haw.—
Narcissus moschatus Bot. Mag. tab. 924. (Non Linn.) — *Narcissus longiflorus* Salisb. — Périanthe à segments tortueux, d'un
jaune très-pâle, beaucoup plus court que le godet. Godet crénelé, d'un jaune de citron, finalement blanc. (*Haw.*) — Espagne.

NARCISSE PENCHÉ. — *Narcissus (Ajax* Haw.) *cernuus* Roth.
Cat. — Sweet, Brit. Flow. Gard. scr. 2, tab. 101. — Périanthe
d'un jaune pâle, finalement blanc ; segments très-tortueux. Godet
d'un jaune de citron, 6-lobé, légèrement plissé, subérosé : lobes
recourbés. (*Haw.*) — Espagne.

NARCISSE MUSQUÉ. — *Narcissus (Ajax* Haw.) *moschatus*
Linn. — Bot. Mag. tab. 1800. — *Narcissus candidissimus*
Redout. Lil. tab. 188. — *Ajax patulus* Salisb. — Segments du
périanthe tordus, d'abord d'un jaune pâle, puis blancs, aussi
longs que le godet. (*Haw.*) — France méridionale ; Espagne.

D. *Périanthe en général jaune ; godet plus foncé.*

a) *Godet légèrement dentelé ou crénelé.*

NARCISSE FAUX-NARCISSE. — *Narcissus Pseudo-Narcissus* Linn. — Engl. Bot. tab. 47. — Bull. Herb. tab. 589. — Redout. Lil. tab. 158. — *Ajax festalis* Salisb.—Hampe ancipitée, subcylindrique, droite, striée. Périanthe à segments d'un jaune pâle (ou par variation blancs) : les extérieurs lancéolés-elliptiques, à peine plus longs que le tube. Godet crénelé, de la longueur des segments. (*Haw.*) — Commun dans les prés et les bois; fleurit en mars dans le nord de la France. (Vulgairement : *Narcisse sauvage, Narcisse des prés, Porillon, Aiault, Fleur de Coucou, Clochette des bois.*) Fleur grande, presque inodore.

NARCISSE DENTELÉ. — *Narcissus (Ajax) serratus* Haw. — Hampe striée, subcomprimée. Périanthe à segments d'un jaune pâle, plans : les extérieurs ovés, acuminés, plus courts que le godet. Godet rectiligne, plissé, profondément dentelé. (*Haw.*) — Angleterre.

NARCISSE NOBLE. — *Narcissus (Ajax) nobilis* Haw. — Hampe cylindrique, ancipitée, fortement striée. Périanthe à segments très-étalés, tordus, elliptiques, jaunes, plus courts que le godet. Godet d'un jaune vif, à bord étalé, profondément dentelé. (*Haw.*) — Europe méridionale.

b) *Godet lobé; lobes dentelés.*

NARCISSE LOBULAIRE. — *Narcissus (Ajax) lobularis* Haw. — Périanthe à segments jaunes, 4 fois plus longs que le tube, plus courts que le godet ; tube obconique. Godet d'un jaune vif, étalé, 6-lobé. (*Haw.*) — Indigène d'Angleterre.

NARCISSE A LOBES RUGUEUX. — *Narcissus (Ajax) rugilobus* Haw. — Périanthe à segments jaunes, ovés, acuminés, du tiers plus longs que le tube. Godet d'un jaune vif, à 6 lobes profonds, étalés, crépus, rugueux. (*Haw.*) — Hybride?

NARCISSE A GODET INFONDIBULIFORME. — *Narcissus (Ajax*

Haw.) *obvallaris* Salisb.— Périanthe à segments de moitié plus longs que le tube, rectilignes, ovés : les intérieurs beaucoup plus étroits, imbriqués. Godet infondibuliforme, 6-fide, cylindracé à la base, érosé-denté, plissé dans le haut. (*Haw.*)— Angleterre.

c) *Godet à 6 lobes profonds, irrégulièrement incisés ou crénelés.*

Narcisse voisin. — *Narcissus* (*Ajax* Haw.) *propinquus* Salisb. — *Narcissus major :* β Bot. Mag. tab. 1501. — Périanthe d'un jaune très-vif ; segments demi-dressés, tordus, incourbés, de la longueur du godet. Godet à bord un peu étalé, irrégulièrement et profondément denté-crénelé. Feuilles planes, très-glauques. (*Haw.*) — Europe méridionale.

Narcisse très-grand. — *Narcissus* (*Ajax*) *maximus* Haw. —Périanthe d'un jaune très-vif ; segments étalés, légèrement tordus. Godet ample, à lobes étalés, largement crénelé. (*Haw.*) — Hybride?

Narcisse grand. — *Narcissus* (*Ajax* Haw.) *major* Bot. Mag.tab. 51.—Périanthe d'un jaune vif ; segments étalés. Godet très-ample, très-étalé, à lobes très-grands, recourbés, subondulés, crénelés. Feuilles très-glauques, tordues en spirale. (*Haw.*) — France.

Sous-genre ASSARACUS Haw.

Spathe biflore. Périanthe d'un jaune pâle ; segments presque réfléchis. Godet subondulé, cyathiforme, à peu près aussi long que les segments du périanthe. Étamines incluses. Feuilles planes, loriformes.

Narcisse ample. — *Narcissus* (*Assaracus* Haw. — *Quellia* Salisb.) *capax* Schult. Syst.— *Narcissus calathinus* Redout. Lil. (non Linn.) tab. 177.—Périanthe d'un jaune vif.—France méridionale.

Narcisse réfléchi.— *Narcissus* (*Assaracus* Haw.) *reflexus* Schult. Syst.—*Narcissus calathinus* Redout. Lil. (non Linn.) tab. 410. — Périanthe d'un jaune pâle. — Portugal.

Sous-genre ILLUS Haw.

Hampe 2-à 4-flore. Périanthe fortement incliné ou pendant, blanc, ou d'un jaune très-pâle ; segments réfléchis. Godet cyathiforme, entier, près de 1 fois plus court que les segments. Étamines incluses, rectilignes de même que le style : trois des filets adnés au tube et absolument inclus ; les trois autres inadhérents, débordant le tube, mais plus courts que le godet. Style saillant de 2 à 5 lignes au plus. Feuilles jonciformes, involutées. (*Haw.*)

Narcisse de Salisbury. — *Narcissus cernuus* Salisb. (Non Roth.) — *Narcissus triandrus* Bot. Mag. (non Linn.) tab. 48. — *Ganymedes ochroleucus* Haw. Rev.— *Narcissus coronatus* Schult. Syst. — Périanthe d'un jaune pâle ; segments plans, blanchâtres au sommet, de moitié plus longs que le godet. Hampe subcylindrique. (*Haw.*) — France méridionale ; Espagne.

Narcisse triandre. — *Narcissus triandrus* Linn. — *Narcissus Coornei* Schult. Syst. — *Ganymedes albus* Haw. Rev. — Périanthe blanc ; segments tordus, 1 fois plus longs que le godet. Hampe comprimée. (*Haw.*) — Pyrénées.

Sous-genre GANYMEDES Haw.

Périanthe légèrement penché ; segments demi-réfléchis. Godet cyathiforme, 5 à 4 fois plus court que les segments. Style parfois inclus. Graines ovoïdes, en petit nombre. (Autres caractères comme ceux du sous-genre précédent. (*Haw.*)

Narcisse joli. — *Narcissus (Ganymedes) pulchellus* Salisb. —*Narcissus triandrus luteus* Bot. Mag. tab. 1262. — Hampe 5-à 7-flore. Segments du périanthe réfléchis, jaunes ; godet blanc. Style inclus. (*Haw.*) — Europe méridionale.

Narcisse concolore. — *Narcissus (Ganymedes) concolor* Haw. — Périanthe jaune de même que le godet, nutant. Style très-saillant. (*Haw.*) — Patrie incertaine.

Narcisse strié. — *Narcissus (Ganymedes) striatellus* Haw.
— Hampe subuniflore. Segments du périanthe jaunes, tortueux,
non-imbriqués. Godet d'un blanc jaunâtre, strié, sinuolé, 2 fois
plus court que le limbe. Style saillant. (*Haw.*) — Europe méridionale.

Narcisse nutant. — *Narcissus (Ganymedes) nutans* Haw.
— *Narcissus trilobus* Linn. — Bot. Mag. tab. 945. — Hampe
subtriflore. Segments du périanthe d'un jaune pâle; godet d'un
jaune plus foncé. Style très-saillant. (*Haw.*) — Europe méridionale.

Narcisse blanc. — *Narcissus (Ganymedes) albus* Haw. —
Périanthe blanc; segments demi-réfléchis, 1 fois plus longs que
le godet. Godet entier, subcupuliforme. (*Haw.*)

Sous-genre DIOMEDES Haw.

Périanthe à tube claviforme, cylindrique, gros; godet
grand, cyathiforme, à peine de moitié plus court que les
segments. Étamines et style rectilignes. Filets subisomètres, adnés au tube dans leur moitié inférieure. (*Haw.*)

Narcisse de Macleay. — *Narcissus Macleayi* Bot. Mag. tab.
761. — *Diomedes minor* Haw. — Trois des filets adnés presque
jusqu'au sommet. Style plus court que le godet. (*Haw.*) — Pyrénées.

Narcisse de Sabine. — *Narcissus Sabini* Lindl. in Bot. Reg.
tab. 762. — *Diomedes major* Haw. — Segments du périanthe
réfléchis au sommet. Filets inadhérents à partir du milieu. Style
aussi long que le godet. (*Haw.*) — Pyrénées.

Narcisse de Parkinson. — *Narcissus (Diomedes) Parkin-
soni* Haw. — Segments du périanthe 1 fois plus longs que le
godet. (*Haw.*) — Origine incertaine. (Hybride?)

Sous-genre TROS Haw

Hampe 1 ou 2-flore. Périanthe d'un blanc jaunâtre, infléchi en préfloraison, puis nutant. Godet assez grand,

cyathiforme, plissé, crénelé, au moins 1 fois plus court que les segments. Filets isomètres : trois d'entre eux soudés au tube jusqu'au delà du milieu. Anthères presque dressées.

NARCISSE POCULIFORME. —*Narcissus* (*Queltia* Salisb. — *Tros* Haw.) *poculiformis* Salisb. — *Narcissus montanus* Bot. Reg. tab. 125. — Segments du périanthe rectilignes, demi-étalés, suboblongs, acuminulés (pointe concave infléchie). Godet à orifice érosé. (*Haw.*) — Pyrénées.

NARCISSE A FEUILLES DE GALANTHE. — *Narcissus* (*Tros*) *galanthifolius* Haw. — Périanthe à segments d'un blanc pur, subtordus, étalés, ovés-lancéolés, révolutés aux bords. Godet cyathiforme, fortement plissé. (*Haw.*) — Pyrénées.

Sous-genre QUELTIA Haw.

Godet grand, à 6 lobes crépus. (Autres caractères comme dans le sous-genre précédent.) Hampe 1-flore.

A. *Périanthe d'un jaune pâle. Godet d'un jaune vif.*

NARCISSE ORANGE. — *Narcissus* (*Queltia*) *aurantius* Haw. — Périanthe à segments d'un jaune pâle. Godet à lobes étalés, crépus, ondulés, subimbriqués. (*Haw.*) — Europe australe.

NARCISSE DE GOUAN. — *Narcissus Gouani* Redout. Lil. tab. 158. — Segments du périanthe d'un jaune pâle, révolutés au bord. Godet à lobes plissés, crépus, ondulés. (*Haw.*) — Feuilles glauques, longues d'environ 1 pied. Hampe ancipitée, de la longueur des feuilles. — France méridionale.

NARCISSE INCOMPARABLE. — *Narcissus incomparabilis* Curt. Bot. Mag. tab. 121. — Segments du périanthe d'un jaune pâle. Godet campanulé, à orifice très-étalé ; lobes grands, crépus, imbriqués. — Europe méridionale.

NARCISSE DE HAWORTH. — *Narcissus Haworthii* Don. —

Queltia concolor Haw. — Segments du périanthe d'un jaune vif, de même que le godet. Godet campanulé, à lobes crépus. (*Haw.*) — Hybride?

NARCISSE A GODET SEMI-PARTI. — *Narcissus (Queltia) semipartitus* Haw.— Segments du périanthe d'un jaune pâle. Godet campanulé, divisé jusqu'au milieu en lobes étalés, paraboliques, concaves, légèrement rugueux, non-imbriqués. (*Haw.*)— Patrie incertaine. (Hybride?)

B. *Segments du périanthe blancs ou blanchâtres. Godet d'un jaune vif.*

NARCISSE BLANC. — *Narcissus (Queltia) albus* Haw. — Segments du périanthe blanchâtres. Godet à lobes très-crépus. — Origine incertaine.

Sous-genre SCHISANTHES Haw.

Spathe 2-à 4-flore. Périanthe jaune ; limbe étalé en étoile ; godet 5-fide, d'un jaune vif, à peu près 1 fois plus court que les segments. —Hampe très-comprimée, fistuleuse, grêle, lisse, striée. Feuilles linéaires-liguliformes, planes, dressées, vertes, subinvolutées aux bords.

NARCISSE D'ORIENT. — *Narcissus (Schisanthes* Haw.) *orientalis* Linn. — *Narcissus incomparabilis* : β Bot. Mag. tab. 948. — *Hermione ambigua* Salisb. — Asie Mineure, Italie.

Sous-genre PHILOGYNE Haw.

Spathe 2-à 4-flore. Segments du périanthe jaunes de même que le godet. Filets grêles, anisomètres. Anthères contiguës, dressées, linéaires, à peine débordées par le tube. Style grêle, saillant, débordé par le godet. Godet de forme variable, en général plus court que le limbe. (*Haw.*)

A. *Godet à 6 lobes très-marqués, plans. Segments du limbe non-imbriqués.*

NARCISSE ODORANT. — *Narcissus (Philogyne* Haw.) *odorus*

Linn. — Redout. Lil. tab. 157. — *Narcissus calathinus* Curt. (*nec alior.*) Bot. Mag. tab. 954. — Hampes 5-ou 4-flores, plus longues que les feuilles. Limbe du périanthe stelliforme. Godet campanulé, étalé, à lobes très-marqués. (*Haw.*) — Europe australe.

NARCISSE DE CAMPERNELL. — *Narcissus Campernelli* Haw. —Hampes nombreuses, 2-ou 5-flores, plus courtes que les feuilles. Segments du périanthe flexueux, 1 fois plus longs que le godet. Godet étalé. (*Haw.*) — Variété du précédent. Patrie incertaine.

B. *Godet à 6 lobes peu marqués, crépus, ondulés. Segments du périanthe imbriqués, très-inégaux.*

NARCISSE RUGULEUX. — *Narcissus (Philogyne) rugulosus* Haw. — Godet plissé, légèrement rugueux en dedans, à peine 2 fois plus court que le limbe; lobes semi-circulaires, crépus et imbriqués vers la base. (*Haw.*) — Patrie inconnue.

NARCISSE DE CURTIS. — *Narcissus (Philogyne) Curtisii* Haw. — *Narcissus odorus* Curt. (non alior.) Bot. Mag. tab. 78. — *Narcissus lœtus* Hort. Kew. (non Linn.) — Segments du périanthe larges, ovés, obtus, 1 $^1/_2$ fois plus longs que le godet. Godet droit, campanulé, plus foncé que le limbe, à orifice crépu. (*Haw.*) — Europe méridionale.

NARCISSE A GRAND GODET. — *Narcissus calathinus* Linn. — Hampe multiflore. Godet campanulé, subcrénelé, aussi long que le limbe. Feuilles planes. (*Haw.*) — Europe méridionale.

NARCISSE TRILOBÉ. — *Narcissus trilobus* Linn. — Hampe 2-ou 5-flore. Godet campanulé, subtrifide, de moitié plus court que le limbe; lobes très-entiers. (*Haw.*) — France méridionale; Espagne.

Sous-genre JONQUILLA Haw.

Périanthe jaune de même que le godet; limbe étalé en étoile; godet érosé, petit, beaucoup plus court que les segments. — Hampe 2-à 6-flore, lisse, un peu comprimée. Feuilles dressées, jonciformes, demi-cylindriques, concaves antérieurement, en général d'un vert très-foncé. (Étamines et style comme chez les *Hermione*.) (*Haw.*)

Narcisse Grande-Jonquille. — *Narcissus Jonquilla major* Haw. — Hampe 5-à 6-flore, d'un vert foncé, haute de 1 ¹/₂ pied. Segments du périanthe 4 fois plus longs que le godet, horizontaux relativement au tube, étroits, obovés. (*Haw.*)

Narcisse Jonquille-Moyenne. — *Narcissus Jonquilla media* Haw. — Hampe haute de 1 pied, 5-ou 4-flore, d'un vert foncé. Segments du périanthe 5 fois au moins plus longs que le godet, larges, obovés-subspathulés, demi-réfléchis. (*Haw.*)

Narcisse Petite-Jonquille. — *Narcissus Jonquilla minor* Haw. — *Hermione similis* Salisb. — Hampe verte, biflore, haute de 6 à 9 pouces. Segments du périanthe 4 fois plus longs que le godet, cunéiformes-obovés. Godet plus grand et plus étalé que dans les 2 précédents. (*Haw.*)

Narcisse a petit godet. — *Narcissus Jonquilla parvicorona* Haw. — Hampe grêle, biflore, d'un vert foncé, haute d'environ 1 pied. Périanthe à segments étalés. Godet plus petit que dans les précédents. (*Haw.*)

Sous-genre CHLORASTER Haw.

Hampe 4-à 5-flore. Périanthe verdâtre ; limbe étalé en étoile ; godet très-petit, très-entier, ou 6-parti. Filets adnés au tube : les 5 inférieurs plus courts que le tube, les 5 supérieurs de la longueur du tube. (*Haw.*)

Narcisse a fleurs vertes. — *Narcissus viridiflorus* Schousb. — Bot. Mag. tab. 1687. — *Chloraster fissus* Haw. — Feuilles plus tardives que les fleurs. Godet 6-parti. (*Haw.*) — Indigène de l'Espagne méridionale et du nord de l'Afrique ; fleurit en septembre et octobre.

Narcisse a godet entier. — *Narcissus (Chloraster) integer* Haw. — Hampe 5-flore. Feuilles plus tardives que les fleurs. Godet très-entier. (*Haw.*)—Indigène de l'Afrique septentrionale. Fleurit en automne.

Sous-genre HERMIONE Haw.

Hampe 5-à 20-flore. Périanthe à limbe étalé en étoile ; tube grêle, anguleux, verdâtre, plus long que les segments. Godet petit, indivisé, 2 à 5 fois plus court que le limbe. Filets adnés presque jusqu'à leur sommet : les 5 inférieurs beaucoup plus courts, les 5 supérieurs presque aussi longs que le tube. Anthères petites, ovées, dressées : les 5 supérieures un peu saillantes. Style rectiligne, inclus. Stigmate plus ou moins profondément 5-lobé ; lobes obtus.

A. *Plantes lisses, très-vertes. Hampes subcylindriques ou un peu comprimées. Feuilles jonciformes ou subjonciformes, subulées au sommet, dressées.*

a) *Segments du périanthe d'un jaune vif, de même que le godet.*

Narcisse intermédiaire. — *Narcissus intermedius* Lois. — Redout. Lil. tab. 427. — Feuilles canaliculées, vertes, subsemi-cylindriques à la base. Hampe subcylindrique, 4-à 5-flore. Godet cyathiforme, 4 fois plus court que le limbe, à orifice dilaté, crépu, presque entier. (*Haw.*) — Pyrénées.

Narcisse a longues fleurs. — *Narcissus longiflorus* Willd. — *Narcissus bifrons* Bot. Mag. tab. 1186. — Hampe 4-à 5-flore. Pédoncules longs, grêles, divergents, étalés. Segments du périanthe 5 fois plus longs que le godet. Godet cyathiforme, 6-lobé. (*Haw.*) — Europe méridionale.

Narcisse comprimé. — *Narcissus compressus* Haw. — *Narcissus radiatus* Red. Lil. tab. 459. — Hampe 2-à 6-flore. Pédoncules presque dressés. Segments du périanthe imbriqués, plus longs que le godet. Godet droit, subtrilobé, érosé-crénelé. (*Haw.*) — Europe méridionale.

NARCISSE A GODET PRIMULOÏDE.—*Narcissus primulinus* Haw.
— *Narcissus bifrons :* β Bot. Mag. tab. 1299. —Hampe subquadriflore, obscurément comprimée. Segments du périanthe ovés,
imbriqués, 5 à 4 fois plus longs que le godet. Godet étalé, 6-lobé,
d'un jaune orange plus foncé que le limbe. (*Haw.*) — Europe
méridionale.

NARCISSE DOUBLEMENT CRÉNELÉ. — *Narcissus biscrenatus*
Haw. — Hampe très-lisse, 6-à 9-flore, à peine comprimée. Segments du périanthe larges, ovés, plus de 2 fois plus longs que le
godet. Godet subsexlobé : lobes plissés, crépus, bilobulés. (*Haw.*)
— Origine incertaine.

b) *Segments du périanthe et godet blancs.*

NARCISSE HERMIONE BLANCHE. — *Hermione alba* Haw. —
Hampe subsexflore. Feuilles jonciformes, subobtuses. Segments du
périanthe ovés, pointus, imbriqués, près de 2 fois plus longs que
le godet. Godet élégamment crénelé. (*Haw.*) — Variété du précédent? ou hybride?

B. *Godet cupuliforme. Limbe d'un jaune pâle ou blanchâtre.*

NARCISSE A HAMPE CYLINDRIQUE. — *Narcissus tereticaulis*
Haw.—*Narcissus orientalis* Bot. Mag. tab. 1298.—*Narcissus
ochroleucus* Lois.—Hampe subcylindrique, 6-flore, cylindrique
dans le bas, verte de même que les feuilles. Segments du périanthe
ovés-arrondis, imbriqués, d'un blanc de lait, 2 ½ fois plus longs
que le godet. Godet jaune, subétalé, peu ou point lobulé. (*Haw.*)
— France méridionale.

NARCISSE ROTULAIRE. — *Narcissus rotularis* Haw. — Hampe
sub-8-flore, subcylindrique, glauque de même que les feuilles.
Feuilles larges de ½ pouce, planes, très-obtuses. Périanthe
rotacé ; segments très-imbriqués, d'un jaune très-pâle, 2 fois
plus longs que le godet. Godet jaune. (*Haw.*)— Origine inconnue.

NARCISSE LACTÉ. — *Narcissus Flos-lactis* Haw. — Hampe

sub-7-flore. Feuilles planes, vertes, de la longueur de la hampe. Périanthe rotacé; segments imbriqués, horizontaux relativement au tube et du tiers plus courts que celui-ci, 2 fois plus longs que le godet, arrondis au sommet, d'un blanc de lait. Godet cupuliforme, entier, d'un jaune vif. (*Haw.*) — Origine inconnue.

NARCISSE MULTIFLORE. — *Narcissus multiflorus* Haw. — *Narcissus orientalis :* ♂ Bot. Mag. tab. 1026.—Hampe sub-9-flore. Périanthe subrotacé ; segments d'un jaune pâle, près de 2 fois plus longs que le godet. Godet d'un jaune vif, subcupuliforme, tronqué, érosé. (*Haw.*) — Origine incertaine.

C. *Segments du périanthe (plus longs et plus pointus que dans les espèces des deux sous-divisions précédentes) d'un jaune plus ou moins vif. Godet en général d'un jaune orangé.*

a) *Godet cupuliforme.*

NARCISSE TRÈS-JAUNE.— *Narcissus perluteus* Haw.— Hampe subquadriflore. Segments du périanthe horizontaux relativement au tube, au moins 2 fois plus longs que le godet. Godet subcrénelé. (*Haw.*) — Origine incertaine.

NARCISSE JAUNATRE. — *Narcissus flaveolus* Haw. — Hampe sub-4-flore. Segments du périanthe ovés, imbriqués, jaunâtres, 2 fois plus longs que le godet. Godet presque entier. — Feuilles vertes, obtuses, larges de 5 à 6 lignes, aussi longues que la hampe. Segments du périanthe presque 2 fois plus longs que le tube. (*Haw.*) — Origine incertaine.

NARCISSE DÉCLINÉ. — *Narcissus deflexicaulis* Haw.—Hampe déclinée, sub-7-flore. Spathe courte, pointue. Fleurs unilatérales, concolores. Segments du périanthe larges, ovés, imbriqués. — Feuilles larges, loriformes, dressées, planes, glauques, obtuses. Hampe subcylindrique, haute de 1 pied. Fleurs de grandeur moyenne. (*Haw.*) — Indigène d'Orient.

b) *Godet subinfondibuliforme.*

NARCISSE A GODET ÉVASÉ. — *Narcissus aperticoronus* Haw.

— Hampe sub-6-flore, comprimée. Segments du périanthe demi-réfléchis, larges, ovales, très-imbriqués, d'un jaune vif, plus courts que le tube, au delà de 2 fois plus longs que le godet. Godet étalé, plissé, subérosé.—Feuilles planes, glauques, obtuses, loriformes, larges de 10 lignes. (*Haw.*) — Origine incertaine.

D. *Segments du périanthe d'un jaune très-vif. Godet d'un orange très-foncé ou rougeâtre.*

NARCISSE CUPULAIRE. — *Narcissus cupularis* Salisb. — *Narcissus flavus* Lagasc. — *Narcissus Tazetta* Bot. Mag. tab. 925. —Redout. Lil. tab. 17. —Hampe sub-10-flore. Segments du périanthe à peu près 3 fois plus longs que le godet. Godet cupuliforme, d'un orange rougeâtre, tronqué, subérosé. — Europe méridionale.

NARCISSE SOLEIL. — *Narcissus solaris* Haw.— Limbe du périanthe stelliforme ; segments subovés, non-imbriqués, au delà de 2 fois plus longs que le godet. Godet presque entier, d'un orange roux. (*Haw.*) — Variété du précédent?

NARCISSE A LARGES FEUILLES. — *Narcissus latifolius* Haw. — Hampe subtriflore. Segments du périanthe oblongs-arrondis, très-imbriqués, 2 à 3 fois plus longs que le godet. Godet d'un orange roux, droit, entier ou fendu. Style plus court que le tube du périanthe. — Feuilles loriformes, obtuses, larges de 1 pouce à la base. (*Haw.*) — Origine incertaine.

E. *Hampe 5-à 8-flore. Périanthe plus grand que dans les subdivisions précédentes; segments blancs ou jaunes, subimbriqués, au moins 2 fois plus longs que le godet. Godet grand, jaune, subinfondibuliforme, étalé. Jeunes graines subclaviformes.*

NARCISSE DE TREW. — *Narcissus Trewianus* Ker, in Bot. Mag. — *Narcissus orientalis :* α Gawl. Bot. Mag. tab. 940. — *Narcissus grandiflorus* Haw. Syn. — Hampe sub-8-flore. Périanthe très-grand, rotacé ; segments blancs, plans. Godet étalé, d'un jaune uniforme, subcrénelé. (*Haw.*) — Indigène d'Orient?

Narcisse a fleur flexueuse. — *Narcissus flexiflora* Haw. — Hampe subtriflore. Segments du périanthe horizontaux relativement au tube, obovés, d'un blanc pur, plus ou moins flexueux. Godet jaune, plissé, subondulé, étalé. (*Haw.*) — Origine incertaine.

Narcisse crénelé. — *Narcissus crenulatus* Haw. — Hampe subtriflore. Feuilles loriformes, étroites. Segments du périanthe subréfléchis, blancs, 2 à 5 fois plus longs que le godet. Godet jaune, étalé, crénelé, à orifice bordé de jaune de safran. (*Haw.*) — Origine incertaine.

Narcisse jaune de soufre. — *Narcissus sulphureus* Haw. — Hampe sub-5-flore. Segments du périanthe diversement tordus, d'un jaune de soufre. Godet orange, à orifice fimbrié, d'un jaune pâle. (*Haw.*) — Origine incertaine.

F. *Hampe 4-à 20-flore. Segments du périanthe blancs ou lactés, assez longs, pointus, 2 à 5 fois plus longs que le godet. Godet jaune ou orange.*

Narcisse Tazzette. — *Narcissus Tazzetta* Linn. — Hampe 5-ou 6-flore. Segments du périanthe blancs, ovés-oblongs, pointus, imbriqués, souvent 5 fois plus longs que le godet. Godet droit, jaune, presque entier. (*Haw.*) — Europe méridionale.

Narcisse de Chypres. — *Narcissus Cypri* Haw. — Sweet, Brit. Flow. Gard. ser. 2, tab. 92. — Hampe grêle, subquadriflore. Segments du périanthe obovés, mucronés, subimbriqués, demi-réfléchis, plus ou moins flexueux, 2 $^1/_2$ fois plus longs que le godet. Godet jaune, tronqué, cupuliforme. (*Haw.*)

Narcisse blanc de lait. — *Narcissus lacticolor* Haw. — — *Narcissus Tazzetta* Sibth. et Sm. Flor. Græc. tab. 508. — Hampe sub-7-flore. Feuilles glauques, planes. Segments du périanthe d'un blanc de lait, horizontaux relativement au tube, plans, ovés, très-imbriqués, 2 $^1/_2$ fois plus longs que le godet. Godet d'un jaune très-vif, droit, cupuliforme, crénelé, subplissé, légèrement rugueux. (*Haw.*) — Grèce.

G. *Hampes multiflores, subcylindriques, en général fistuleuses. Feuilles larges, planes, loriformes, plus ou moins
glauques. Segments du périanthe en général égaux, plus
larges que dans les subdivisions précédentes, blancs, à peu
près 1 ¹/₂ fois plus longs que le godet. Godet jaune ou
orange.*

NARCISSE A GODET COULEUR DE CIRE. — *Narcissus cerinus*
Haw. — Hampe subquadriflore. Segments du périanthe ovés,
imbriqués à la base, 2 fois plus longs que le godet. Godet ample,
cyathiforme, tronqué, entier, d'un jaune de cire. (*Haw.*) — Origine incertaine.

NARCISSE FISTULEUX. — *Narcissus fistulosus* Haw. —Hampe
sub-9-flore. Segments du périanthe subréfléchis, incourbés, ovés,
égaux, très-imbriqués, près de 2 fois plus longs que le godet.
Godet jaune, droit, renflé, presque entier. (*Haw.*) — Origine
incertaine.

NARCISSE A FEUILLES ÉTALÉES. — *Narcissus patulus* Lois. —
Feuilles glauques, subcanaliculées, étalées. Hampe subcylindrique, 2-à 6-flore. Segments du périanthe alternativement plus
larges et plus étroits, de moitié plus larges que le godet. Godet
cyathiforme, presque très-entier, d'un jaune doré. (*Schult. fil.
Syst.*) — France méridionale.

NARCISSE A SÉPALES COURTS. — *Narcissus breviflorus* Haw. —
Hampe subquadriflore. Segments du périanthe égaux, orbicu-
laires, très-imbriqués, près de 2 fois plus courts que le godet.
Godet jaune, entier. (*Haw.*) — Origine incertaine.

NARCISSE A GODET ORANGÉ. — *Narcissus auranticoronus* Haw.
— Hampe sub-9-flore. Segments du périanthe ovés, imbriqués,
diversement fléchis, au delà de 2 fois plus longs que le godet.
Godet subinfondibuliforme, légèrement érosé, d'un orange vif.
(*Haw.*) — Origine incertaine.

NARCISSE A GODET CRÉPU. — *Narcissus crispicoronus* Haw.

— Hampe sub-11-flore. Périanthe subrotacé ; segments ovés-arrondis, très-imbriqués ; subruyueux, près de 2 fois plus longs que le godet. Godet cupuliforme-campanulé, plissé, d'un jaune orange, à bords très-crépus. (*Haw.*) — Origine incertaine.

H. *Hampe 5-à 20-flore. Segments du périanthe blancs (plus longs que dans la subdivision précédente). Godet subcupuliforme, d'abord d'un jaune pâle, puis blanchâtre.*

NARCISSE FLEURI. — *Narcissus floribundus* Haw. —Hampe sub-16-flore. Périanthe grand ; segments ovales-arrondis, subréfléchis, incourbés, 3 à 4 fois plus longs que le godet. Godet ample, presque droit, entier, d'un jaune de citron. (*Haw.*) — Origine inconnue. Cultivé sous le nom vulgaire de *Narcisse Grand-Monarque.*

NARCISSE CITRONNIÈRE. — *Narcissus citrinus* Haw.— *Narcissus orientalis* : γ Bot. Mag. tab. 946. — Hampe sub-10-flore. Segments du périanthe ovés-arrondis, près de 3 fois plus longs que le godet. Godet subétalé, souvent irrégulièrement fendu, d'un jaune de citron. (*Haw.*) — Origine incertaine. Cultivé sous le nom de *Narcisse Citronnière.*

NARCISSE ORNÉ. — *Narcissus decorus* Haw. — Segments du périanthe obovés, d'un blanc pur, 2 fois plus longs que le godet. Godet cupuliforme, subérosé, d'un jaune de citron pâle.— Feuilles loriformes, glaucescentes. Hampe ancipitée. (*Haw.*) — Origine inconnue.

NARCISSE TOUT-BLANC. — *Narcissus polyanthos* Lois. — Delaun. Herb. de l'Amat. vol. 3. — Hampe 8-20-flore subcylindrique, ancipitée. Segments du périanthe ovés, alternativement plus larges et plus étroits, près de 3 fois plus longs que le godet. Godet blanc, cyathiforme, presque très-entier. (*Haw.*)— Feuilles assez larges, loriformes, d'un vert foncé. — France méridionale. Cultivé sous le nom vulgaire de *Narcisse Tout-blanc.*

NARCISSE A HAMPE SILLONNÉE. — *Narcissus sulcicaulis* Haw. — Hampe 8-à 16-flore. Segments du périanthe elliptiques, mu-

cronés, recourbés aux bords, subimbriqués, d'un blanc de neige,
5 fois plus longs que le godet. Godet cupuliforme, finement crénelé, d'un jaune de citron. — Feuilles loriformes, un peu glauques. Hampe comprimée, sillonnée, de même couleur que les
feuilles. (*Haw.*) — Origine incertaine.

NARCISSE LUNE. — *Narcissus Luna* Haw. — Hampe 5-à
5-flore. Feuilles vertes, planes, subensiformes. Segments du périanthe imbriqués, d'un blanc pur, près de 5 fois plus longs que
le godet. Godet d'abord jaune de citron, puis blanc. (*Haw.*) —
Origine incertaine.

I. *Hampes très-comprimées, fortement ancipitées.*

a) *Hampes 5-à 9-flores. Segments du périanthe d'abord jaunes ou
jaunâtres, puis blanchâtres, en général ovés-lancéolés, acuminés, ou lancéolés, allongés.*

NARCISSE CHRYSANTHE. — *Narcissus chrysanthus* Redout.
Lil. — Hampe subtriflore. Segments du périanthe horizontaux relativement au tube, au moins 4 fois plus longs que le
godet, lancéolés, non-imbriqués, d'un jaune de citron foncé.
Godet orangé, cupuliforme, obscurément érosé-crénelé. — Plante
de grandeur médiocre. Feuilles planes, loriformes, glauques;
segments du périanthe longs d'environ 9 lignes. (*Haw.*) —
Italie.

NARCISSE D'ITALIE.—*Narcissus italicus* Bot. Mag. tab. 1188.
—Hampe sub-10-flore. Segments du périanthe elliptiques-lancéolés, subflexueux, imbriqués à la base, près de 4 fois plus longs
que le godet, d'abord d'un jaune de soufre. Godet d'un jaune de
citron, cupuliforme, étalé, érosé-crénelé, subdébordé par le style.
(*Haw.*)

NARCISSE PRÉCOCE. —*Narcissus præcox* Ten. Flor. Nap.
tab. 27. — Segments du périanthe lancéolés, acuminés, ondulés,
non-imbriqués, 4 fois plus longs que le godet, d'abord d'un
jaune de soufre. Godet droit, subcampanulé, plissé, 6-parti, d'un
jaune de citron. (*Haw.*) — Italie.

Narcisse couleur de paille. — *Narcissus stramineus* Haw. — Variété du précédent. Diffère seulement par les segments du périanthe, plus larges.

Narcisse subblanchatre. — *Narcissus subalbidus* Lois. — Hampe subquadriflore. Segments du périanthe étroits, lancéolés, d'un blanc de lait, imbriqués à la base, près de 4 fois plus longs que le godet. Godet cyathiforme, plissé, érosé-crénelé, d'un jaune de paille. —Hampe haute de plus de 1 pied, fortement striée et verte de même que les feuilles. Feuilles larges de 7 lignes. (*Haw.*) — France méridionale.

Narcisse a sépales menus. — *Narcissus tenuiflorus* Haw.—Hampe sub-4-flore. Segments du périanthe d'un blanc sale, lancéolés, non-imbriqués, étalés en étoile, 5 fois plus longs que le godet. Godet petit, jaune, sublacéré, infléchi. (*Haw.*) — Origine incertaine.

b) *Limbe du périanthe d'un blanc pur de même que le godet.*
Fleurs très-odorantes, grêles.

Narcisse papyracé. — *Narcissus papyratius* Ker, Bot. Mag. tab. 947. — *Narcissus niveus* Lois. — Hampe sub-11-flore. Segments du périanthe subovés-lancéolés, imbriqués, 4 fois plus longs que le godet. Godet cupuliforme, subplissé, érosé. (*Haw.*) — Italie ; France méridionale.

Narcisse douteux. — *Narcissus dubius* Gouan. — Redout. Lil. tab. 429. — Hampe sub-9-flore. Segments du périanthe ovés, 5 fois plus longs que le godet. Godet campanulé, très-entier. (*Haw.*) — France méridionale.

Narcisse unicolore.—*Narcissus unicolor* Tenor. Flor. Napol. tab. 26. — Hampe multiflore. Feuilles planes, liguliformes, plus longues que la hampe. Segments du périanthe oblongs, 6 fois plus longs que le godet. Godet campanulé, plissé, lacéré. (*Haw.*) —Italie méridionale. Fleurit en novembre et décembre.

Narcisse Jasmin. — *Narcissus jasmineus* Haw. — Segments

du périanthe lancéolés, non-imbriqués, 5 fois plus longs que le godet. Godet érosé. (*Haw.*) — Origine incertaine.

NARCISSE ÉLÉGANT. — *Narcissus elegans* Haw. — *Narcissus serotinus* Desfont. Atl. 1, tab. 82. (non Linn.) — Hampe 1-à 7-flore ; pédoncules très-grêles, allongés. Segments du périanthe lancéolés-linéaires, acuminés, beaucoup plus longs que le godet. Godet petit, entier. (*Haw.*) — Indigène de l'Afrique septentrionale ; fleurit en automne.

NARCISSE A GODET INAPPARENT. — *Narcissus obsoletus* Haw. — Hampe 2-flore. Feuilles presque jonciformes, très-étroites. Segments du périanthe ovés-oblongs, pointus, imbriqués. Godet minime, jaune. (*Haw.*) — Indigène du nord de l'Afrique ; fleurit en automne.

   c) *Plante aphylle à l'époque de la floraison. Hampe articulée.*
           Fleurs automnales.

NARCISSE TARDIF. — *Narcissus serotinus* Linn. — Hampe basse, 1-flore. Segments du périanthe ovés-oblongs, pointus, étalés en étoile, 7 fois plus longs que le godet. Godet jaune, petit, 6-denté. (*Haw.*) — Afrique septentrionale.

NARCISSE A GODET OBLITÉRÉ. — *Narcissus obliteratus* Haw. — Hampe sub-8-flore. Feuilles linéaires-lancéolées. Godet oblitéré. — Hampe haute de 1 pied. Feuilles plus courtes que la hampe, subobtuses, larges de ¹/₂ pouce. Fleurs presque dressées. Spathe presque aussi longue que les fleurs. (*Haw.*) — Mogador.

      Sous-genre HELENA Haw.

Hampe 1-à 5-flore. Périanthe jaune ou blanc ; limbe étalé en étoile : segments beaucoup plus courts que le tube. Tube gros, fortement comprimé. Filets adnés dans presque toute leur longueur. Anthères tordues en spirale après l'anthèse : 5 incluses ; les 5 autres demi-saillantes. Style de la longueur du tube du périanthe. Stigmates 5, subdisciformes. — Feuilles étroites, linéaires, presque planes.

A. *Fleurs d'un jaune vif. Feuilles vertes.*

NARCISSE GRÊLE. — *Narcissus gracilis* Bot. Reg. tab. 816. — Sweet, Brit. Flow. Gard. ser. 2, tab. 156. — *Narcissus lætus* Redout. Lil. (non Salisb.) tab. 428.—Hampe 1-à 5-flore, grêle, comprimée, ancipitée dans le haut. — Spathe plus courte que les pédicelles, entière à la base. Segments du périanthe d'un jaune vif, 5 à 6 fois plus longs que le godet, ovés, pointus, horizontaux, imbriqués. Godet subinfundibuliforme, étalé, érosé-crénelé. (*Haw.*) — Origine incertaine.

B. *Fleurs d'un jaune très-pâle. Feuilles très-étroites, mais planes et non jonciformes, vertes.*

NARCISSE TRÈS-GRÊLE. — *Narcissus tenuior* Curt. Bot. Mag. tab. 579. — Hampe 1-ou 2-flore, très-grêle. Segments du périanthe 5 à 4 fois plus longs que le godet, finalement blancs. Godet jaune, patelliforme. (*Haw.*) — France méridionale.

NARCISSE A GODET PLAN. — *Narcissus planicorona* Haw. — Feuilles très-étroites (larges de 1 ligne). Godet jaune, rotacé. (*Haw.*) — Origine incertaine.

C. *Plantes basses, 1-flores. Périanthe à limbe blanc. Godet petit, jaune, avec un bord d'une autre couleur.*

NARCISSE A GODET MARGINÉ DE POURPRE. — *Narcissus purpureo-cinctus* Haw.—Périanthe petit. Godet jaune, à rebord pourpre. (*Haw.*) — Origine incertaine.

NARCISSE A GODET BORDÉ D'ORANGE. — *Narcissus croceocinctus* Haw. — Godet à rebord orange. — Plante haute de ½ pied. Feuilles au nombre de 4 ou 5. Fleur petite, blanche. (*Haw.*) — Origine incertaine.

D. *Feuilles glauques. Godet blanc de même que le limbe.*

NARCISSE NAIN DE REDOUTÉ. — *Narcissus pumilus* Redout. Lil. tab. 409. — Feuilles linéaires, très-glauques. Segments du

périanthe ovés-arrondis, 5 fois plus longs que le godet. Godet
largement crénelé. (*Haw.*) — Origine incertaine.

Sous-genre NARCISSUS Haw.

Hampe 1-à 5-flore. Godet petit, pelviforme, jaune ou
orange, en général très-court, souvent bordé d'une autre couleur. Limbe du périanthe en général d'un blanc
pur. Filets adnés. Les 5 anthères inférieures incluses ;
les 5 supérieures demi-saillantes.

NARCISSE A FEUILLES ÉTROITES. — *Narcissus angustifolius*
Bot. Mag. tab. 193. — *Narcissus radiiflorus* Salisb. — Segments du périanthe horizontaux, spathulés-obovés, non-imbriqués. Godet subinfondibuliforme, à orifice scarieux, fortement
crénelé, écarlate antérieurement. (*Haw.*) — France.

NARCISSE SPATHULÉ. — *Narcissus spathulatus* Haw. — Segments du périanthe spathulés, obtus. Godet jaune, à bord plissé,
crépu, safrané. (*Haw.*) — Origine incertaine.

NARCISSE DE MILLER. — *Narcissus albus* Mill. — Segments-
externes du périanthe obovés ; segments-internes subovés, imbriqués. Godet jaune, étalé, à bord plissé, crépu, subsafrané,
finalement blanchâtre. (*Haw.*) — Origine incertaine.

NARCISSE TRIFLORE. — *Narcissus triflorus* Haw. — Hampe
2-à 4-flore. Segments du périanthe ovés, plans, demi-réfléchis,
imbriqués. Godet patelliforme, légèrement plissé, d'un jaune vif.
(*Haw.*) — Origine incertaine.

NARCISSE BIFLORE. — *Narcissus biflorus* Curt. Bot. Mag. tab.
197. — Engl. Bot. tab. 276. — Hampe 1-à 5-flore. Segments
du périanthe d'un blanc jaunâtre, inégaux, ovés. Godet pelviforme, jaune, à bord marcescent, crénelé, légèrement plissé, blanchâtre. (*Haw.*) — France ; Angleterre ; fleurs plus précoces et
moins odorantes que celles du *Narcisse commun*.

NARCISSE A FEUILLES RECOURBÉES. — *Narcissus recurvus* Haw.
— Sweet, Brit. Flow. Gard. ser. 2, tab. 188. — Hampe 1-flore.
Feuilles larges de 1/2 pouce, très-glauques, recourbées au sommet,

plus courtes que la hampe. Segments du périanthe d'un blanc
pur, imbriqués, larges, ovés, rétus, mucronés, infléchis aux bords.
Godet pelviforme, plissé, à bord d'un rouge orangé, crénelé.
(*Haw.*) — Origine incertaine.

NARCISSE COMMUN. — *Narcissus poeticus* Linn. — Redout.
Lil. tab. 260. — Bull. Herb. tab. 306. — Feuilles glauques,
dressées, légèrement incourbées, larges de 4 lignes. Segments
du périanthe larges, imbriqués, révolutés aux bords. Godet patelliforme, jaune, très-légèrement plissé, à bord subscarieux, cré-
ne'é, écarlate à l'extérieur. Stigmate de la longueur des étamines
intérieures. (*Haw.*) — Commun en France. Vulgairement : *Ge-
nette, Janette, Clodinette, Porillon, Porion* : noms qui s'appliquent d'ailleurs indistinctement aux espèces voisines ; fleurit
fin avril ou en mai, dans le nord de la France.

NARCISSE DE MAI. — *Narcissus majalis* Curt. — *Narcissus
poeticus* Smith, Engl. Bot. tab. 275. — *Narcissus patellaris*
Salisb. — Périanthe à limbe très-grand ; segments orbiculaires-
obovés, très-imbriqués, demi-réfléchis ; les intérieurs horizontaux. Godet pelviforme, jaune, blanchâtre dans le haut, à bord
denticulé, crépu, orangé. Feuilles glauques, carénées, larges
de 8 lignes. (*Haw.*)—France ; Angleterre ; Allemagne ; Suisse.

NARCISSE EN ÉTOILE. — *Narcissus stellaris* Haw. — Sweet,
Brit. Flow. Gard. ser. 2, tab. 132. — Limbe du périanthe allongé, stelliforme, d'un blanc pur ; segments cunéiformes-obovés,
mucronés, tordus, révolutés et ondulés aux bords, non-imbriqués.
Godet pelviforme, d'un jaune vif, à bord plissé, crénelé, orangé,
finalement blanchâtre antérieurement. Anthères toutes subsaillantes. — Tube du périanthe d'environ 3 lignes plus court que
le limbe. Hampe grêle, ancipitée. Feuilles vertes ou légèrement
glauques, loriformes. (*Haw.*) — Origine incertaine.

Genre ALSTRÉMÉRE. — *Alstrœmeria* Linn.

Périanthe irrégulier, subringent, 6-sépale, subinfondibuliforme ; sépales disjoints, inégaux, dissimilaires, on-

guiculés : les 5 intérieurs plus étroits ; onglets (excepté celui du sépale impair) en général concaves. Étamines 6, anisomètres, plus ou moins déclinées, insérées à la base des sépales. Filets libres, filiformes, arqués en arrière. Anthères ovées ou ovales, basifixes, sans connectif. Ovaire 5-loculaire ; loges multi-ovulées ; ovules horizontaux, anatropes. Style filiforme, courbé comme les étamines. Stigmate à 5 lanières finalement recourbées. Capsule oblongue, 5-loculaire, 5-valve, polysperme. Graines subglobuleuses ; tégument membranacé, rugueux. — Herbes vivaces. Racine tubéreuse ou tuberculeuse, fasciculée. Tiges dressées, feuillées, cylindriques, pauciflores, ou pluriflores, en général très-simples. Feuilles sessiles (les inférieures en général pétiolées), non-engaînantes, nerveuses, alternes, un peu charnues, très-entières. Fleurs terminales, pédicellées, dressées, ou penchées, disposées en ombelle simple, ou en cyme lâche ; inflorescence accompagnée d'une collerette de feuilles. — Genre propre à l'Amérique, et remarquable par l'élégance des fleurs ; les espèces suivantes se cultivent comme plantes d'ornement.

ALSTRÉMÈRE PÉLÉGRINE. — *Alstrœmeria Pelegrina* Linn. — Bot. Mag. tab. 159. — Redout. Lil. tab. 46. — Delaun. Herb. de l'Amat. vol. 5. — Racine fasciculée. Tige haute de 1 pied à 2 pieds, faible, 1-à 4-flore. Feuilles lancéolées, pointues, étroites, sessiles, les inférieures graduellement plus petites. Pédoncules simples, dressés. Sépales longs de près de 2 pouces, presque étalés, à fond blanc, striés de rose et ponctués de pourpre ; les extérieurs cunéiformes, trilobés au sommet ; les intérieurs lancéolés-obovés, acuminulés, marqués à la base d'une tache jaune. Étamines 1 fois plus courtes que les sépales. — Pérou. (Vulgairement *Lis des Incas.*)

ALSTRÉMÈRE A FLEURS RAYÉES. — *Alstrœmeria Ligtu* Linn. — Bot. Mag. tab 125. — Redout. Lil. tab. 40. — Delaun. Herb. de l'Amat. vol. 2. — Tiges les unes stériles, hautes de 7 à 8 pouces, terminées par une rosette de feuilles, les autres 5-à 6-

flores, hautes de 1 à 1 ¹/₂ pied. Feuilles petites, lancéolées-linéaires ; celles des rosettes spathulées-oblongues. Fleurs grandes,
penchées, comme bilabiées, disposées en ombelle simple. Pédoncules plus longs que les feuilles florales. Sépales-externes blancs,
tachetés de rouge. Sépales internes écarlates, immaculés.—Pérou.

ALSTRÉMÈRE ÉCARLATE. — *Alstrœmeria hœmantha* Ruiz et
Pavon.—Sweet, Brit. Flow. Gard. ser. 2, tab. 159. — Racine
composée d'un grand nombre de tubercules charnus, blanchâtres, subcylindriques, de la grosseur du doigt. Tiges hautes de
2 à 5 pieds, lisses, glauques, de la grosseur d'un tuyau de plume
d'oie. Feuilles glauques, pointues, denticulées-cartilagineuses au
bord, obliquement horizontales, sessiles, longues d'environ
5 pouces, larges de 4 à 10 lignes, les inférieures lancéolées, les
autres linéaires ou linéaires-lancéolées. Fleurs grandes, nombreuses, un peu penchées, disposées en cyme lâche ; pédoncules sub-
triflores. Sépales d'un rouge orangé, connivents à la base, étalés
dans le haut, imbriqués par les bords de la base jusque vers le
milieu ; les externes ovés-lancéolés, dentelés, un peu recourbés,
immaculés, terminés en courte pointe obtuse, épaissie, verte ;
sépales-internes lancéolés, pointus, très-entiers, plus étroits,
presque dressés, lavés de jaune, panachés de larges bandes d'un
pourpre noirâtre ; l'inférieur plus large, décliné, panaché de
bandes d'un pourpre foncé. Étamines inégales, plus courtes que
les sépales. Style à peine plus long que les étamines. (*D. Don,
in Sweet, l. c.*) — Chili.

ALSTRÉMÈRE PERROQUET. — *Alstrœmeria psittacina* Lehm.
Cat. Hort. Hamb. 1826. — Sweet, Brit. Flow. Gard. ser. 2,
tab. 15. — Bot. Mag. tab. 5055.— Tiges lisses, feuillues, ponctuées de pourpre, les unes courtes, stériles, terminées par une
rosette de feuilles, les autres hautes d'environ 2 pieds, 9-15-
flores. Feuilles sessiles, lisses, veineuses, d'un vert foncé en dessus, lancéolées-oblongues, pointues ; celles des tiges stériles spathulées-oblongues, obtuses. Feuilles florales inégales, les unes
lancéolées-oblongues, les autres linéaires ou lancéolées-linéaires.
Fleurs longues de près de 2 pouces, penchées, disposées en om-

belle simple. Pédoncules dressés, anguleux, longs d'environ 1 pouce. Sépales lancéolé-spathulés, d'un pourpre foncé dans leur partie inférieure, verts dans le haut, parsemés d'un grand nombre de petites taches d'un pourpre noirâtre, le sépale inférieur un peu décliné, plus court; les 5 autres dressés, à onglet ciliolé. Étamines presque aussi longues que les sépales. Style plus court que les étamines. — Mexique.

FIN DU TOME DOUZIÈME DES PHANÉROGAMES.

COLLABORATEURS.

MM.

AUDINET-SERVILLE, *ex-président de la Société Entomologique, Membre de plusieurs Sociétés savantes, nationales et étrangères.* (ORTHOPTÈRES, NÉVROPTÈRES ET HÉMIPTÈRES).

AUDOUIN, *Professeur-Administrateur du Muséum, Membre de plusieurs Sociétés savantes, nationales et étrangères,* (ANNELIDES).

BIBRON, *Aide-Naturaliste au Muséum, collaborateur de M. Duméril pour les Reptiles.*

BOISDUVAL, *Membre de plusieurs Sociétés savantes, nationales et étrangères, auteur de l'Entomologie de l'Astrolabe, de l'Icones des Lépidoptères d'Europe, de la Faune de Madagascar, etc. etc.* (LÉPIDOPTÈRES).

DE BLAINVILLE, *Membre de l'Institut, Professeur-Administrateur du Muséum d'Histoire Naturelle, Professeur à la Faculté des Sciences, etc.* (MOLLUSQUES).

DE BREBISSON, *Membre de plusieurs Sociétés savantes, auteur des Mousses et de la Flore de Normandie.* (PLANTES CRYPTOGAMES).

A. DE CANDOLLE, *de Genève* (BOTANIQUE).

CUVIER (Fr.), *Membre de l'Institut* (CÉTACÉS).

DEJEAN (le comte) *Lieut.-général, Pair de France.* (COLÉOPTÈRES).

DESMAREST, *Membre correspondant de l'Institut, Professeur de Zoologie à l'École vétérinaire d'Alfort.* (POISSONS).

MM.

DUMÉRIL, *Membre de l'Institut, Professeur Administrateur du Muséum d'Histoire Naturelle, Professeur à l'École de Médecine, etc. etc.* (REPTILES).

LACORDAIRE, *Naturaliste-voyageur, Membre de la Société Entomologique, etc.* (INTRODUCTION A L'ENTOMOLOGIE).

HUOT, GÉOLOGIE.

* **BRONGNIART**
DELAFOSSE } MINÉRALOGIE.

LESSON, *Membre correspondant de l'Institut, Professeur à Rochefort, etc.* (ZOOPHYTES ET VERS).

MACQUART, *Directeur du Muséum de Lille, auteur des Diptères du Nord de la France, etc. etc.* (DIPTÈRES).

MILNE-EDWARS, *Professeur d'Histoire Naturelle, Membre de diverses Sociétés savantes, etc. etc.* (CRUSTACÉS).

LE PELETIER DE SAINT-FARGEAU, *Président de la Société Entomologique, auteur de la Monographie des Tenthrédines etc. etc.* (HYMÉNOPTÈRES).

SPACH, *Aide-Naturaliste au Muséum* (PLANTES PHANÉROGAMES).

WALCKENAER, *Membre de l'Institut, travaux sur les Arachnides, etc. etc.* (ARACHNIDES ET INSECTES APTÈRES).

CONDITIONS DE LA SOUSCRIPTION.

Les Suites à Buffon formeront 55 volumes in-8° environ, imprimés avec le plus grand soin et sur beau papier; ce nombre paraît suffisant pour donner à cet ensemble toute l'étendue convenable. Chaque auteur s'occupant depuis long temps de la partie qui lui est confiée, l'éditeur sera à même de publier en peu de temps la totalité des traités dont se composera cette utile collection.

A partir de janvier 1834, il paraîtra à peu près tous les mois un volume in-8°, accompagné de livraisons d'environ 10 planches noires ou coloriées.

Prix du texte, chaque volume (1), ... 5.f 30.c

Prix de chaque livraison { *noire . . . . 3.* / *coloriée . . . . 6.*

N.B. Les personnes qui souscriront pour des parties séparées paieront chaque volume 6 fr.

Un petit nombre d'exemplaires seront imprimés sur grand papier vélin, dont le prix sera double.

ON SOUSCRIT, SANS RIEN PAYER D'AVANCE,
A LA LIBRAIRIE ENCYCLOPÉDIQUE DE RORET,
RUE HAUTEFEUILLE, N° 10 BIS, À PARIS,
AU COIN DE CELLE DU BATTOIR.

(1) L'Éditeur ayant à payer pour cette collection des honoraires aux auteurs, le prix des volumes ne peut être comparé à celui des réimpressions d'ouvrages appartenant au domaine public et exempts de droits d'auteur, tels que Buffon, Voltaire, etc. etc.

** N'ont pas été compris dans la première souscription les ouvrages de M.*
BRONGNIART, DELAFOSSE, HUOT.